普通高等教育“十一五”国家级规划教材
国家级精品课程主教材

数字逻辑

(第五版)

主编 欧阳星明
副主编 赵贻竹
于俊清

Digital Logic

華中科技大學出版社
http://www.hustp.com
中国·武汉

图书在版编目(CIP)数据

数字逻辑/欧阳星明主编. —5版. —武汉:华中科技大学出版社,2021.8(2025.1重印)
ISBN 978-7-5680-7331-8

Ⅰ. ①数… Ⅱ. ①欧… Ⅲ. ①数字逻辑-高等学校-教材 Ⅳ. ①TP302.2

中国版本图书馆CIP数据核字(2021)第149335号

数字逻辑(第五版) 欧阳星明 主编
Shuzi Luoji(Di-wu Ban)

策划编辑:谢燕群
责任编辑:谢燕群
封面设计:潘 群
责任校对:陈元玉
责任监印:周治超

出版发行:华中科技大学出版社(中国·武汉) 电话:(027)81321913
武汉市东湖新技术开发区华工科技园 邮编:430223

录 排:华中科技大学惠友文印中心
印 刷:武汉市首壹印务有限公司
开 本:787mm×1092mm 1/16
印 张:19.5
字 数:512千字
版 次:2025年1月第5版第8次印刷
定 价:55.00元

第五版前言

我们正处在一个信息急剧增长的时代，事物的发展和技术的进步，对传统的教育体系和人才培养模式提出了新的挑战。21世纪的高等教育正在对专业结构、课程体系、教学内容和教学方法进行系统的、整体的改革，教材建设是改革的重要内容之一。随着信息技术的飞速发展，各行各业对信息学科人才的需求越来越大。如何为社会培养更多的具有创新能力、解决实际问题能力和高素质的信息学科人才，是目前高等教育的重要任务之一。

“数字逻辑”是信息学科各专业学生必修的一门重要专业技术基础课。设置本课程的主要目的是：使学生掌握数字系统分析与设计的基本知识与理论，熟悉各种不同规模的逻辑器件，掌握各类逻辑电路分析与设计的基本方法，为数字计算机和其他数字系统的硬件分析与设计奠定坚实的基础。针对教学需求，国内外出版了大量相关的教科书，这些教科书各具特色，其中有许多被公认是十分优秀的作品。然而，该领域的教科书一般都因摩尔定律而适用周期受限。为了适应不断发生的各种变化，优秀的教科书也必须不断更新、完善。本教材第一版是在参照全国高校计算机专业类教学指导委员会、中国计算机学会教育工作委员会与全国高等学校计算机教育研究会联合推荐的《计算机学科教学计划2000》指导思想的基础上，从传授知识和培养能力的目标出发，吸取国内外最新相关教材优点，结合作者长期从事教学与科研积累的知识、经验，以及本课程的特点、要点和难点编写的。自2000年出版以来，本教材已先后4次改版，第一版至第四版发行后受到了广大读者的关爱，在20年的时间里先后45次印刷，发行20多万册。该教材一直作为国家精品课程“数字电路与逻辑设计”的主教材，并列入国家“十一五”规划教材。然而，数字技术的发展日新月异，随着时代的发展和教学改革的不断深入，在教材使用过程中我们深感其仍存在某些不尽人意的地方，希望加以改进和完善。教材第五版就是在第四版的基础上修订而成的。

数字集成电路是数字计算机和各类数字系统功能实现的物质基础。本教材以高速发展的数字集成电路为纽带，将数字电子技术和数字逻辑的有关知识融为一体，较完整地阐述了各种不同规模的数字集成电路及其在数字系统逻辑设计中的应用；力图使学生在掌握逻辑设计基本理论和方法的基础上，了解数字器件的更新换代对数字系统设计方法产生的重要影响，以及数字器件与数字系统设计方法的发展趋势，不断掌握新的技术，以适应数字技术快速发展的需要。全书共分九章和三个附录，内容可归纳为五大部分。第一部分主要介绍数字系统逻辑设计的基本知识、基本理论和基本逻辑器件，由第1～3章组成；第二部分以小规模集成电路为基础，详细讨论组合逻辑电路和时序逻辑电路分析与设计的经典方法，由第4～6章组成；第三部分重点介绍常用中规模通用集成电路、大规模可编程逻辑器件及其在逻辑设计中的应用，包括常用中规模组合逻辑电路、中规模时序逻辑电路、信号产生与变换电路、可编程逻辑器件(PROM、PLA、PAL、GAL)、复杂可编程逻辑器件(CPLD)、现场可编程门阵列(FPGA)，以及20世纪90年代问世的ISP技术等内容，由7、8两章组成；第四部分综合运用该课程所学知识，进行了实际问题设计举例，意在进一步将理论知识与实际应用紧密结合，达到学以致用的目的；第五部分为附录，由硬件描述语言VHDL基础和英汉名词对照表等内容组成。本教材的本科教学参考学时数为80学时(含16学时左右实验),不同专业和不同层次可按课程学时数的多少和实际需求,由任课教师根据具体情况对教材内容,尤其是标题前注有星号(*)的部分进行适当取舍。

需要说明的是,有关采用硬件描述语言以及PLD开发系统设计数字系统的方法均已有专门的教科书,考虑到课程范围、教学时数和教材篇幅的关系,本教材中未作详细介绍,必要时读者可阅读相关书籍,或者在相应选修课程中学习。

扫一扫有关二维码,即可获得多媒体教学课件、学习自评测试题。为了满足教学的需要,开发了与教材配套的MOOC教学资源。使用者可根据需要对各项教学资源灵活选用。

本书由欧阳星明主编,赵贻竹、于俊清副主编。在本书的编写过程中,得到了华中科技大学计算机学院领导和许多同事的关心,"数字逻辑"课程组的老师为教材建设做了大量工作,兄弟院校的许多老师对该书内容的组织提出了宝贵的意见,在此表示衷心感谢。同时,华中科技大学出版社为本书的出版给予了大力支持,借此机会向本书的责任编辑、美术编辑以及关心和参加过本书出版、发行的全体同志表示深深的谢意。

此外,由于编者水平有限,书中缺点、错误难免,殷切希望广大读者批评指正。

编　者

2021年3月于华中科技大学

目　　录

第1章 基本知识

欢迎来到数字系统设计领域！众所周知，21世纪是信息的时代，如何对各种各样的信息进行描述、传递、处理和存储呢？应该说，人类迄今为止找到的最佳信息表达形式是“数字”！数字系统已经成为各个领域，乃至人们日常生活的重要组成部分。在我们研究计算机以及其他数字系统中那些神奇的硬件是如何工作的之前，必须首先了解有关数字系统设计的基本知识。本章在对数字系统基本概念作简单介绍的基础上，重点讨论数字系统中数据的表示形式。

1.1 概　　述

1.1.1 数字系统

什么是数字系统？简单地说，数字系统是一个能够对数字信号进行加工、传递和存储的实体，它由实现各种功能的数字逻辑电路相互连接而成。例如，广泛应用于科学计算、数据处理和过程控制等领域的数字计算机就是一种典型的数字系统。

1. 数字信号

在客观世界中，存在各种不同的物理量。按其变化规律可以分为两种类型：一类是连续量，另一类是数字量。所谓连续量是指在时间上和数值上均作连续变化的物理量，例如，温度、压力等。在工程应用中，为了方便处理和传送这种物理量，通常用某一种连续量去模拟另一种连续量，例如，用电压的变化模拟温度的变化等。因此，人们习惯将连续量称为**模拟量**。表示模拟量的信号称为**模拟信号**。对模拟信号进行处理的电路称为模拟电路。反之，另一类物理量的变化在时间上和数值上都是离散的，或者说断续的。例如，学生成绩记录，工厂产品统计，电路开关的状态等。这类物理量的变化可以用不同的数字反映，所以称为**数字量**。表示数字量的信号称为**数字信号**。

数字系统中处理的是数字信号，当数字系统要与模拟信号发生联系时，必须经模/数(A/D)转换电路和数/模(D/A)转换电路对信号类型进行变换。例如，某控制系统框图如图1.1所示。

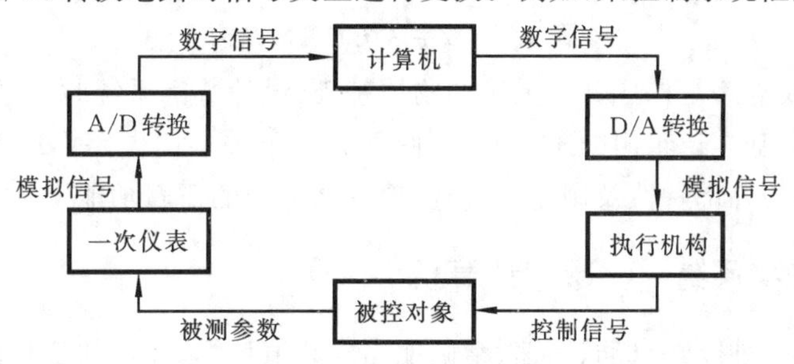

图1.1 某控制系统框图

2. 数字逻辑电路

用来处理数字信号的电子线路称为**数字电路**。由于数字电路的各种功能是通过逻辑运算和逻辑判断来实现的，所以，又将数字电路称为**数字逻辑电路**或者**逻辑电路**。数字逻辑电路与模拟电路相比，具有如下特点：

① 电路的基本工作信号是二值信号。它表现为电路中电压的“高”或“低”、开关的“接通”或“断开”、晶体管的“导通”或“截止”等两种稳定的物理状态。

② 电路中的半导体器件一般都工作在开、关状态，对电路进行研究时，主要关心输出和输入之间的逻辑关系。

③ 电路结构简单、功耗低、便于集成制造和系列化生产。产品价格低廉、使用方便、通用性好。

④ 由数字逻辑电路构成的数字系统工作速度快、精度高、功能强、可靠性好。

由于具有上述特点，所以数字逻辑电路的应用十分广泛。随着半导体技术和工艺的发展，出现了数字集成电路，人们已不再用分立元件去构造实现各种逻辑功能的部件，而是采用标准集成电路进行逻辑设计。因此，数字集成电路是数字系统实现各种功能的物质基础。

数字集成电路的基本逻辑单元是逻辑门，任何一个复杂的数字部件均可由逻辑门构成。一块集成电路芯片所容纳的逻辑门数量反映了芯片的集成度，集成度越高，单个芯片所实现的逻辑功能就越强。通常，按照单个芯片所集成的逻辑门数量将数字集成电路分为小规模(SSI)、中规模(MSI)、大规模(LSI)和超大规模(VLSI)等几种类型。

3. 数字系统的层次结构

任何复杂的数字系统都是由最底层的基本电路开始逐步向上构建起来的。从底向上，复杂度逐层增加，功能不断增强。图 1.2 所示为数字系统的层次结构。

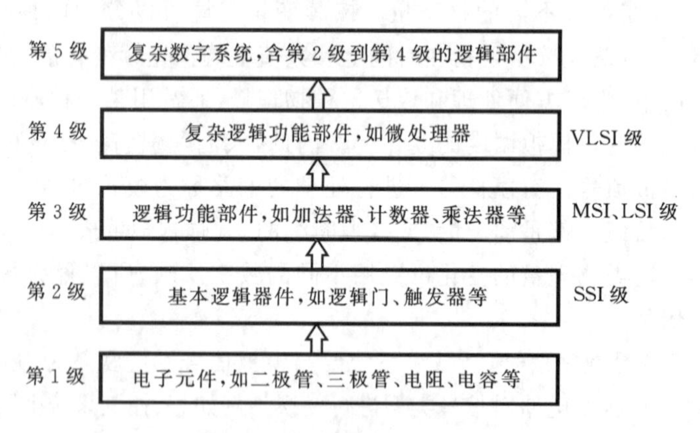

图 1.2　数字系统的层次结构

如上所述，集成电路是构成数字系统的物质基础，设计数字系统时考虑的基本逻辑单元为逻辑门，一旦理解了基本逻辑门的工作原理，便不必过于关心门电路内部电子线路的细节，而是更多地关注它们的外部特性及用途，以便实现更高一级的逻辑功能。

4. 典型的数字系统——数字计算机

数字计算机是一种能够自动、高速、精确地完成数值计算、数据加工和控制、管理等功能的数字系统。

(1) 数字计算机的组成

数字计算机由存储器、运算器、控制器、输入设备、输出设备以及适配器等主要部分组成，各部分通过总线连成一个整体。图1.3所示为数字计算机的一般结构。

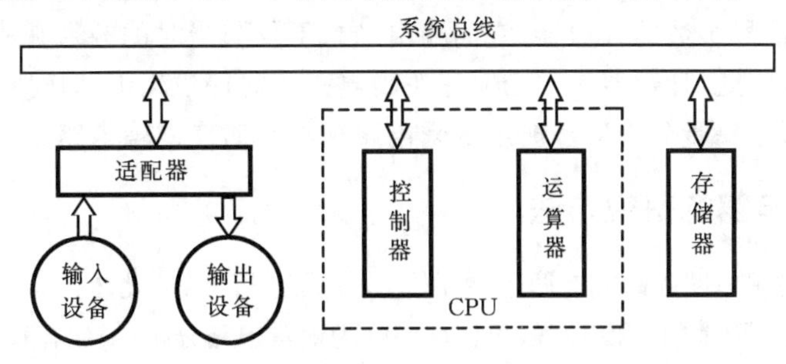

图1.3 数字计算机的一般结构

(2) 计算机的发展历程

1946年，在美国宾夕法尼亚大学诞生了世界上第一台数字计算机——ENIAC，人们将其誉为数字计算机的始祖。该台机器共用了18 000多个电子管，占用空间的长度超过30 m，重量达30 t，而运算速度仅5 000次/s。显然，用现代的眼光来看这是一台体积庞大、耗费多而又十分低效的计算机，但正是这台机器的研制成功奠定了数字计算机的基础，成为科学史上一次划时代的创新。

根据组成计算机的主要元器件的不同，计算机的发展历程如表1.1所示。

表1.1 数字计算机的发展历程

主 要 器 件	开始时间(年)	运 算 速 度
电子管	1946	几千次/秒～几万次/秒
晶体管	1958	几万次/秒～几十万次/秒
小、中规模集成电路	1965	几十万次/秒～几百万次/秒
大规模、超大规模集成电路	1971	几百万次/秒～几千万次/秒
巨大规模集成电路	1986	几千万次/秒～几百亿次/秒

计算机发展的历程表明，从1946年以来，总的发展规律是大约每隔5年运算速度提高10倍，可靠性提高10倍，成本降低10倍，体积缩小10倍。自1970年以来，计算机的生产数量每年递增25%。可见，计算机的发展速度是十分惊人的。据专家预测，这种发展趋势还将继续维持至少10年以上。

1.1.2 数字逻辑电路的类型和研究方法

1. 数字逻辑电路的类型

根据一个电路有无记忆功能，可将数字逻辑电路分为组合逻辑电路和时序逻辑电路两种类型。

如果一个逻辑电路在任何时刻的稳定输出仅取决于该时刻的输入，而与电路过去的输入无关，则称之为**组合逻辑电路**(Combinational Logic Circuit)。由于这类电路的输出与过去的输入信号无关，所以不需要有记忆功能。例如，一个“多数表决器”，由于表决的结果仅取决于各个参与表决成员当时的态度是“赞成”还是“反对”，因此，它属于组合电路。

如果一个逻辑电路在任何时刻的稳定输出不仅取决于该时刻的输入,而且与过去的输入相关,则称之为**时序逻辑电路**(Sequential Logic Circuit)。由于这类电路的输出与过去的输入相关,所以需要有记忆功能,通常采用电路中记忆元件的状态来反映过去的输入信号。例如,一个统计输入脉冲信号个数的计数器,它的输出结果不仅与当时的输入脉冲相关,还与前面收到的脉冲个数相关,因此,计数器是一个时序逻辑电路。时序逻辑电路按照是否有统一的时钟信号进行同步,又可进一步分为**同步时序逻辑电路**和**异步时序逻辑电路**。

2. 数字逻辑电路的研究方法

对数字系统中逻辑电路的研究有两个主要任务:一是分析,二是设计。对一个给定的数字逻辑电路,研究它所实现的逻辑功能和电路的工作性能称为**逻辑电路分析**;根据客观提出的功能要求,在给定条件下构造出实现预定功能的逻辑电路称为**逻辑电路设计**,简称**逻辑设计**或者**逻辑综合**。

随着集成电路技术的飞跃发展,数字逻辑电路的分析和设计方法在不断发生变化。但不管怎样变化,用逻辑代数作为基本理论的传统方法仍不失为逻辑电路分析和设计的基本方法。传统方法详细讨论了从问题的逻辑抽象到功能实现的全过程,可以说是至今为止最成熟、最基本的方法。该方法是建立在小规模集成电路基础之上的,它以技术经济指标作为评价一个设计方案优劣的主要性能指标,设计时追求的是如何使一个电路达到最简。因此,在组合逻辑电路设计时,通过逻辑函数化简,尽可能使电路中的逻辑门和连线数目达到最少。而在时序逻辑电路设计时,则通过状态化简和逻辑函数化简,尽可能使电路中的记忆元件、逻辑门和连线数目达到最少。但值得指出的是,一个**最简**的方案并不等于一个**最佳**的方案,最佳方案应满足全面的性能指标和实际应用要求。所以,在用传统方法求出一个实现预定功能的最简方案之后,往往要根据实际情况进行相应调整。

随着中、大规模集成电路的出现和集成电路规模的迅速发展,单个芯片内部容纳的逻辑功能越来越强,因而实现某种逻辑功能所需要的门和触发器数量不再成为影响经济指标的突出问题。如何用各种廉价的中、大规模集成电路组件构造满足各种功能的、经济合理的电路,这无疑给设计人员提出了更高的要求。要适应这种要求就必须充分了解各种器件的逻辑结构和外部特性,做到合理选择器件,充分利用每一个已选器件的功能,用灵活多变的方法完成各类逻辑电路或功能模块的设计。此外,**可编程逻辑器件**(Programmable Logic Devices,简称 PLD)的出现,给逻辑设计带来了一种全新的方法。人们不再用常规硬线连接的方法去构造电路,而是借助丰富的计算机软件对器件编程来实现各种逻辑功能,这无疑给逻辑设计者带来了极大的方便。

其次,面对日益复杂的集成电路芯片设计和数字系统设计,人们不得不越来越多地借助计算机辅助设计(Computer Aided Design,简称 CAD)。目前,已有各种电子设计自动化(Electronic Design Automatic,简称 EDA)软件在市场上出售。计算机辅助逻辑设计方法正在不断推广和应用。不少人认为计算机设计自动化已形成计算机科学中的一个独立的学科。

1.2 数制及其转换

1.2.1 进位计数制

数制是人们对数量计数的一种统计规律。日常生活中广泛使用的是十进制,而数字系统中使用的是二进制。

十进制中采用了0,1,…,9共10个基本数字符号,进位规律是"逢十进一"。当用若干个数字符号并在一起表示一个数时,处在不同位置的数字符号,其值的含意不同。如

$$\begin{array}{ccc} & 5\ 5\ 5 & \\ 5\times10^2 & 5\times10^1 & 5\times10^0 \end{array}$$

同一个字符5从左到右所代表的值依次为500、50、5。该数又可表示成

$$5\times10^2+5\times10^1+5\times10^0$$

广义地说,一种进位计数制包含着基数和位权两个基本要素:

- **基数**是指计数制中所用到的数字符号的个数。在基数为R的计数制中,包含0,1,…,$R-1$共R个数字符号,进位规律是"逢R进一",称为R进位计数制,简称R进制。
- **位权**是指在一种进位计数制表示的数中,用来表明不同数位上数值大小的一个固定常数。不同数位有不同的位权,某一个数位的数值等于这一位的数字符号乘上与该位对应的位权。R进制数的位权是R的整数次幂。例如,十进制数的位权是10的整数次幂,其个位的位权是10^0,十位的位权是10^1……

一般来说,一个R进制数N可以有以下两种表示方法:

- **并列表示法**,又称位置计数法,其表达式为

$$(N)_R=(K_{n-1}K_{n-2}\cdots K_1K_0.K_{-1}K_{-2}\cdots K_{-m})_R$$

- **多项式表示法**,又称按权展开法,其表达式为

$$\begin{aligned}(N)_R&=K_{n-1}\times R^{n-1}+K_{n-2}\times R^{n-2}+\cdots+K_1\times R^1+K_0\times R^0\\&\quad+K_{-1}\times R^{-1}+K_{-2}\times R^{-2}+\cdots+K_{-m}\times R^{-m}\\&=\sum_{i=-m}^{n-1}K_iR^i\end{aligned}$$

其中,R表示基数;n为整数部分的位数;m为小数部分的位数;K_i为R进制中的一个数字符号,其取值范围为

$$0\leqslant K_i\leqslant R-1\qquad -m\leqslant i\leqslant n-1$$

例如,十进制数2005.18可以表示成

$$(2005.18)_{10}=2\times10^3+0\times10^2+0\times10^1+5\times10^0+1\times10^{-1}+8\times10^{-2}$$

1. 二进制

基数$R=2$的进位计数制称为二进制。二进制数中只有0和1两个基本数字符号,进位规律是"逢二进一"。二进制数的位权是2的整数次幂。

任意一个二进制数N可以表示成

$$\begin{aligned}(N)_2&=(K_{n-1}K_{n-2}\cdots K_1K_0.K_{-1}K_{-2}\cdots K_{-m})_2\\&=K_{n-1}\times2^{n-1}+K_{n-2}\times2^{n-2}+\cdots+K_1\times2^1+K_0\times2^0\\&\quad+K_{-1}\times2^{-1}+K_{-2}\times2^{-2}+\cdots+K_{-m}\times2^{-m}\\&=\sum_{i=-m}^{n-1}K_i\times2^i\end{aligned}$$

其中,n为整数位数;m为小数位数;K_i为0或者1,$-m\leqslant i\leqslant n-1$。

例如,一个二进制数 1011.01 可以表示成

$$(1011.01)_2=1\times2^3+0\times2^2+1\times2^1+1\times2^0+0\times2^{-1}+1\times2^{-2}$$

二进制数的运算十分简便,其运算规则如下:

加法规则　　$0+0=0$　　$0+1=1$

　　　　　　　$1+0=1$　　$1+1=0$　(进位为 1)

减法规则　　$0-0=0$　　$0-1=1$　(借位为 1)

　　　　　　　$1-0=1$　　$1-1=0$

乘法规则　　$0\times0=0$　　$0\times1=0$

　　　　　　　$1\times0=0$　　$1\times1=1$

除法规则　　$0\div1=0$　　$1\div1=1$

例如,二进制数 $A=11001$,$B=101$,则 $A+B$,$A-B$,$A\times B$,$A\div B$ 的运算为

$$\begin{array}{r} 11001 \\ +\quad 101 \\ \hline 11110 \end{array} \qquad \begin{array}{r} 11001 \\ -\quad 101 \\ \hline 10100 \end{array}$$

$$\begin{array}{r} 11001 \\ \times\quad 101 \\ \hline 11001 \\ 00000 \\ +11001 \\ \hline 1111101 \end{array} \qquad \begin{array}{r} 101 \\ 101\,\overline{)\,11001} \\ -101 \\ \hline 101 \\ -101 \\ \hline 0 \end{array}$$

二进制除了运算简单之外,还具有物理实现容易,存储和传送方便、可靠等优点。因为二进制中只有 0 和 1 两个数字符号,可以用电子器件的两种不同状态来表示一位二进制数,例如,可以用晶体管的截止和导通表示 1 和 0,也可以用电平的高和低表示 1 和 0 等,所以在数字系统中普遍采用二进制。

二进制的缺点是数的位数太长且字符单调,使得书写、记忆和阅读不方便。因此,人们在进行指令书写、程序输入和输出等工作时,通常采用八进制数或十六进制数作为二进制数的缩写。

2. 八进制

基数 $R=8$ 的进位计数制称为八进制。八进制数中有 0,1,…,7 共 8 个基本数字符号,进位规律是"逢八进一"。八进制数的位权是 8 的整数次幂。

任意一个八进制数 N 可以表示成

$$\begin{aligned}(N)_8&=(K_{n-1}K_{n-2}\cdots K_1K_0.K_{-1}K_{-2}\cdots K_{-m})_8\\&=K_{n-1}\times8^{n-1}+K_{n-2}\times8^{n-2}+\cdots+K_1\times8^1+K_0\times8^0\\&\quad+K_{-1}\times8^{-1}+K_{-2}\times8^{-2}+\cdots+K_{-m}\times8^{-m}\\&=\sum_{i=-m}^{n-1}K_i\times8^i\end{aligned}$$

其中，n为整数位数，m为小数位数，K_i表示0～7中的任何一个字符，$-m \leqslant i \leqslant n-1$。

3. 十六进制

基数$R=16$的进位计数制称为十六进制。十六进制数中有0,1,…,9,A,B,C,D,E,F共16个数字符号，其中，A～F分别表示十进制数的10～15。进位规律为“逢十六进一”，十六进制数的位权是16的整数次幂。

任意一个十六进制数N可以表示成

$$\begin{aligned}(N)_{16} &= (K_{n-1}K_{n-2}\cdots K_1K_0.K_{-1}K_{-2}\cdots K_{-m})_{16} \\ &= K_{n-1}\times 16^{n-1}+K_{n-2}\times 16^{n-2}+\cdots+K_1\times 16^1+K_0\times 16^0 \\ &\quad +K_{-1}\times 16^{-1}+K_{-2}\times 16^{-2}+\cdots+K_{-m}\times 16^{-m} \\ &= \sum_{i=-m}^{n-1}K_i\times 16^i\end{aligned}$$

其中，n为整数位数，m为小数位数，K_i表示0～9及A～F中的任何一个字符，$-m \leqslant i \leqslant n-1$。

表1.2列出了与十进制数0～16对应的二进制数、八进制数、十六进制数。

表1.2 十进制数与二、八、十六进制数对照表

十进制数	二进制数	八进制数	十六进制数
0	0000	00	0
1	0001	01	1
2	0010	02	2
3	0011	03	3
4	0100	04	4
5	0101	05	5
6	0110	06	6
7	0111	07	7
8	1000	10	8
9	1001	11	9
10	1010	12	A
11	1011	13	B
12	1100	14	C
13	1101	15	D
14	1110	16	E
15	1111	17	F
16	10000	20	10

1.2.2 数制转换

人们习惯使用的是十进制数，数字系统中普遍采用的是二进制数。人们在与二进制数打交道时，为了书写和阅读的方便，又通常使用八进制数或十六进制数，因此，产生了不同进位计数制之间的转换问题。下面讨论二进制数与十进制数、八进制数和十六进制数之间的相互转换。

1. 二进制数与十进制数之间的转换

(1) 二进制数转换为十进制数

二进制数转换成十进制数非常简单，只需将二进制数表示成按权展开式，并按十进制数的

运算法则进行计算,所得结果即为与该数对应的十进制数。例如,

$$
\begin{aligned}
(10110.101)_2 &= 1\times 2^4+1\times 2^2+1\times 2^1+1\times 2^{-1}+1\times 2^{-3}\\
&= 16+4+2+0.5+0.125\\
&= (22.625)_{10}
\end{aligned}
$$

(2) 十进制数转换为二进制数

十进制数转换成二进制数时,应对整数和小数分别进行处理。整数转换采用**除 2 取余**的方法,小数转换采用**乘 2 取整**的方法。

1) 整数转换

整数转换采用**除 2 取余**法。将十进制整数 N 除以 2,取余数记为 K_0;再将所得商除以 2,取余数记为 K_1……以此类推,直至商为 0,取余数记作 K_{n-1} 为止,即可得到与 N 对应的 n 位二进制整数 $K_{n-1}\cdots K_1K_0$。

例如,将十进制整数 45 转换成二进制整数:

除数	被除数/商	余数	
2	45		
2	22	……1(K_0)	↑ 低位
2	11	……0(K_1)	
2	5	……1(K_2)	
2	2	……1(K_3)	
2	1	……0(K_4)	
	0	……1(K_5)	高位

即 $(45)_{10}=(101101)_2$

2) 小数转换

小数转换采用**乘 2 取整**法。将十进制小数 N 乘以 2,取整数部分记为 K_{-1};再将其小数部分乘以 2,取整数部分记为 K_{-2}……以此类推,直至其小数部分为 0 或达到规定精度要求,取整数部分记作 K_{-m} 为止,即可得到与 N 对应的 m 位二进制小数 $0.K_{-1}K_{-2}\cdots K_{-m}$。

例如,将十进制小数 0.6875 转换成二进制小数:

	整数部分	计算
		0.6875
		× 2
高位 ↓	1(K_{-1})……	[1].3750
		× 2
	0(K_{-2})……	[0].7500
		× 2
	1(K_{-3})……	[1].5000
		× 2
低位	1(K_{-4})……	[1].0000

即 $(0.6875)_{10}=(0.1011)_2$

值得注意的是,有的十进制小数不能用有限位二进制小数精确表示。这时只能根据精度要求,求出相应的二进制位数近似地表示。一般当要求二进制数取 m 位小数时,可求出 $m+1$ 位,然后对最低位作 **0 舍 1 入**处理。

例如，将十进制小数0.323转换成二进制小数(保留4位小数)：

$$\begin{array}{r} 0.323 \\ \times\quad 2 \\ \hline \boxed{0}.646 \\ \times\quad 2 \\ \hline \boxed{1}.292 \\ \times\quad 2 \\ \hline \boxed{0}.584 \\ \times\quad 2 \\ \hline \boxed{1}.168 \\ \times\quad 2 \\ \hline \boxed{0}.336 \end{array}$$

即 $(0.323)_{10} \approx (0.0101)_2$

此外，当一个十进制数既包含整数部分，又包含小数部分时，只需将整数部分和小数部分分别转换为二进制数，然后用小数点将两部分结果连起来即可。

例如，将十进制数35.625转换成二进制数：

$$\begin{array}{r|l l} 2 & 35 & \\ \hline 2 & 17 & \cdots\cdots 1 \\ \hline 2 & 8 & \cdots\cdots 1 \\ \hline 2 & 4 & \cdots\cdots 0 \\ \hline 2 & 2 & \cdots\cdots 0 \\ \hline 2 & 1 & \cdots\cdots 0 \\ \hline & 0 & \cdots\cdots 1 \end{array} \uparrow \qquad \downarrow \begin{array}{r} 0.625 \\ \times\quad 2 \\ \hline \boxed{1}.250 \\ \times\quad 2 \\ \hline \boxed{0}.500 \\ \times\quad 2 \\ \hline \boxed{1}.000 \end{array}$$

即 $(35.625)_{10} = (100011.101)_2$

2. 二进制数与八进制数、十六进制数之间的转换

(1) 二进制数与八进制数之间的转换

由于 $2^3 = 8$，所以1位八进制数所能表示的数值恰好等于3位二进制数所能表示的数值，即八进制中的基本数字符号0～7正好和3位二进制数的8种取值000～111对应。因此，二进制数与八进制数之间的转换可以按位进行。

二进制数转换成八进制数时，以小数点为界，分别往高、往低每3位为一组，最后不足3位时用0补充，然后写出每组对应的八进制字符，即为相应的八进制数。

例如，将二进制数11100101.01转换成八进制数：

$$\underbrace{0\ 1\ 1}_{3}\ \underbrace{1\ 0\ 0}_{4}\ \underbrace{1\ 0\ 1}_{5}\ .\ \underbrace{0\ 1\ 0}_{2}$$

即 $(11100101.01)_2 = (345.2)_8$

八进制数转换成二进制数时，只需将每位八进制数用3位二进制数表示。

例如，将八进制数56.7转换成二进制数：

$$\underbrace{1\ 0\ 1}_{5}\ \underbrace{1\ 1\ 0}_{6}\ .\ \underbrace{1\ 1\ 1}_{7}$$

即　$(56.7)_8=(101110.111)_2$

(2) 二进制数与十六进制数之间的转换

二进制数与十六进制数之间的转换类似于二进制数与八进制数之间的转换，只不过是 4 位二进制数对应 1 位十六进制数，即 4 位二进制数的取值0000～1111分别对应十六进制字符 0～F。

二进制数转换成十六进制数时，以小数点为界，分别往高、往低每 4 位为一组，最后不足 4 位时用 0 补充，然后写出每组对应的十六进制字符即可。

例如，将二进制数 101110.011 转换成十六进制数：

$$\underbrace{0\ 0\ 1\ 0}_{2}\ \underbrace{1\ 1\ 1\ 0}_{E}\ .\ \underbrace{0\ 1\ 1\ 0}_{6}$$

即　$(101110.011)_2=(2E.6)_{16}$

十六进制数转换成二进制数时，只需将每位十六进制数用 4 位二进制数表示。

例如，将十六进制数 5A.B 转换成二进制数：

$$\underbrace{0\ 1\ 0\ 1}_{5}\ \underbrace{1\ 0\ 1\ 0}_{A}\ .\ \underbrace{1\ 0\ 1\ 1}_{B}$$

即　$(5A.B)_{16}=(1011010.1011)_2$

由于八进制数、十六进制数与二进制数的转换很方便，因此，常用作二进制数的缩写。

1.3　带符号二进制数的代码表示

在对带符号数进行算术运算时，必然涉及数的符号问题。人们通常在一个数的前面用"+"号表示正数，用"−"号表示负数。而在数字系统中，符号和数值一样是用 0 和 1 来表示的，一般将数的最高位作为符号位，用 0 表示正，用 1 表示负。其格式为

符号位	数值位

为了区分一般书写表示的带符号二进制数和数字系统中的带符号二进制数，通常将用"+"、"−"表示正、负的二进制数称为符号数的**真值**，而把将符号和数值一起编码表示的二进制数称为**机器数**或**机器码**。常用的机器码有原码、反码和补码三种。

1.3.1　原码

用原码表示带符号二进制数时，符号位用 0 表示正，1 表示负；数值位保持不变。原码表示法又称为符号-数值表示法。

1. 小数原码的定义

设二进制小数 $X=\pm 0.x_{-1}x_{-2}\cdots x_{-m}$，则其原码定义为

$$[X]_{原}=\begin{cases} X & 0\leqslant X<1 \\ 1-X & -1<X\leqslant 0 \end{cases}$$

例如，若 $X_1=+0.1011$，$X_2=-0.1011$，则 X_1 和 X_2 的原码为

$$[X_1]_{原}=0.1011$$

$$[X_2]_{原}=1-(-0.1011)=1.1011$$

根据定义，小数“0”的原码有正、负之分，分别用 0.0…0 或 1.0…0 表示。

2. 整数原码的定义

设二进制整数 $X=\pm x_{n-1}x_{n-2}\cdots x_0$，则其原码定义为

$$[X]_{原}=\begin{cases}X & 0\leqslant X<2^n\\ 2^n-X & -2^n<X\leqslant 0\end{cases}$$

例如，若 $X_1=+1101$，$X_2=-1101$，则 X_1 和 X_2 的原码为

$$[X_1]_{原}=01101$$

$$\begin{aligned}[X_2]_{原}&=2^4-(-1101)\\&=10000+1101\\&=11101\end{aligned}$$

同样，整数“0”的原码也有两种形式，即 00…0 和 10…0。

采用原码表示带符号的二进制数简单易懂，但实现加、减运算不方便。当进行两数加、减运算时，要根据运算及参加运算的两个数的符号来确定是加还是减。如果是做减法，则还需根据两数的大小确定被减数和减数，以及运算结果的符号。显然，这将增加运算的复杂性。

1.3.2 反码

用反码表示带符号的二进制数时，符号位与原码相同，即用 0 表示正，用 1 表示负；数值位与符号位相关，正数反码的数值位和真值的数值位相同，而负数反码的数值位是真值的数值位按位变反。

1. 小数反码的定义

设二进制小数 $X=\pm 0.x_{-1}x_{-2}\cdots x_{-m}$，则其反码定义为

$$[X]_{反}=\begin{cases}X & 0\leqslant X<1\\ (2-2^{-m})+X & -1<X\leqslant 0\end{cases}$$

例如，若 $X_1=+0.1011$，$X_2=-0.1011$，则 X_1 和 X_2 的反码为

$$[X_1]_{反}=0.1011$$

$$\begin{aligned}[X_2]_{反}&=2-2^{-4}+X_2\\&=10.0000-0.0001-0.1011\\&=1.0100\end{aligned}$$

根据定义，小数“0”的反码有两种表示形式，即 0.0…0 和 1.1…1。

2. 整数反码的定义

设二进制整数 $X=\pm x_{n-1}x_{n-2}\cdots x_0$，则其反码定义为

$$[X]_{反}=\begin{cases}X & 0\leqslant X<2^n\\ (2^{n+1}-1)+X & -2^n<X\leqslant 0\end{cases}$$

例如,若 $X_1=+1001$,$X_2=-1001$,则 X_1 和 X_2 的反码为

$$
\begin{aligned}
[X_1]_{反} &= 01001 \\
[X_2]_{反} &= (2^5-1)+X \\
&= (100000-1)+(-1001) \\
&= 11111-1001 \\
&= 10110
\end{aligned}
$$

同样,整数"0"的反码也有两种形式,即 00…0 和 11…1。

采用反码进行加、减运算时,无论两数相加还是两数相减,均可通过加法实现。其加、减运算规则如下:

$$
\begin{aligned}
[X_1+X_2]_{反} &= [X_1]_{反}+[X_2]_{反} \\
[X_1-X_2]_{反} &= [X_1]_{反}+[-X_2]_{反}
\end{aligned}
$$

运算时,符号位和数值位一样参加运算。当符号位有进位产生时,应将进位加到运算结果的最低位,才能得到最后结果。

例如,若 $X_1=+0.1110$,$X_2=+0.0101$,则求 X_1-X_2 可通过反码相加实现。运算如下:

$$[X_1-X_2]_{反}=[X_1]_{反}+[-X_2]_{反}=0.1110+1.1010$$

$$
\begin{array}{r}
0.1110 \\
+\quad 1.1010 \\
\hline
\boxed{1}\ 0.1000 \\
+\qquad\quad 1 \\
\hline
0.1001
\end{array}
$$

即 $[X_1-X_2]_{反}=0.1001$

由于结果的符号位为 0,表示是正数,故

$$X_1-X_2=+0.1001$$

1.3.3 补码

用补码表示带符号的二进制数时,符号位与原码、反码相同,即用 0 表示正,用 1 表示负;数值位与符号位相关,正数补码的数值位与真值相同,而负数补码的数值位是真值的数值位按位变反,并在最低位加 1。

1. 小数补码的定义

设二进制小数 $X=\pm 0.x_{-1}x_{-2}\cdots x_{-m}$,则其补码定义为

$$
[X]_{补}=\begin{cases} X & 0 \leqslant X < 1 \\ 2+X & -1 \leqslant X < 0 \end{cases}
$$

例如,若 $X_1=+0.1011$,$X_2=-0.1011$,则 X_1 和 X_2 的补码为

$$
\begin{aligned}
[X_1]_{补} &= 0.1011 \\
[X_2]_{补} &= 2+X \\
&= 10.0000-0.1011 \\
&= 1.0101
\end{aligned}
$$

小数"0"的补码只有一种表示形式,即 0.0…0。

2. 整数补码的定义

设二进制整数 $X=\pm x_{n-1}x_{n-2}\cdots x_0$，则其补码定义为

$$[X]_{补}=\begin{cases} X & 0\leqslant X<2^n \\ 2^{n+1}+X & -2^n\leqslant X<0 \end{cases}$$

例如，若 $X_1=+1010$，$X_2=-1010$，则 X_1 和 X_2 的补码为

$$[X_1]_{补}=01010$$

$$\begin{aligned}[X_2]_{补}&=2^5+X\\&=100000-1010\\&=10110\end{aligned}$$

同样，整数“0”的补码也只有一种表示形式，即 00…0。

采用补码进行加、减运算时，其加、减运算均可以通过加法实现，运算规则如下：

$$[X_1+X_2]_{补}=[X_1]_{补}+[X_2]_{补}$$

$$[X_1-X_2]_{补}=[X_1]_{补}+[-X_2]_{补}$$

运算时，符号位和数值位一样参加运算，若符号位有进位产生，则应将进位丢掉才能得到正确结果。

例如，若 $X_1=-1001$，$X_2=+0011$，则采用补码求 X_1-X_2 的运算如下：

$$[X_1-X_2]_{补}=[X_1]_{补}+[-X_2]_{补}=10111+11101$$

$$\begin{array}{rcccccc} & & 1 & 0 & 1 & 1 & 1 \\ & + & 1 & 1 & 1 & 0 & 1 \\ \hline 丢掉 & \boxed{1} & 1 & 0 & 1 & 0 & 0 \end{array}$$

即 $[X_1-X_2]_{补}=10100$

由于结果的符号位为 1，表示是负数，故

$$X_1-X_2=-1100$$

显然，采用补码进行加、减运算最方便。

1.4 几种常用的编码

1.4.1 十进制数的二进制编码

在数字系统的输入/输出过程中，为了既满足系统中使用二进制数的要求，又适应人们使用十进制数的习惯，通常使用 4 位二进制代码对十进制数字符号进行编码，简称为二-十进制代码，或称 BCD(Binary Coded Decimal)码。它既有二进制数的形式，又有十进制数的特点，便于传递、处理。

十进制数中有 0～9 共 10 个数字符号，4 位二进制代码可组成 16 种状态，从 16 种状态中取出 10 种状态来表示 10 个数字符号的编码方案很多，但不管哪种编码方案都有 6 种状态不允许出现。根据代码中每一位是否有固定的权，将 BCD 码分为有权码和无权码两种。常用的 BCD 码有 8421 码、2421 码和余 3 码 3 种，它们与十进制数字符号对应的编码如表 1.3 所示。

表 1.3 常用的 3 种 BCD 码

十进制字符	8421 码	2421 码	余 3 码
0	0000	0000	0011
1	0001	0001	0100
2	0010	0010	0101
3	0011	0011	0110
4	0100	0100	0111
5	0101	1011	1000
6	0110	1100	1001
7	0111	1101	1010
8	1000	1110	1011
9	1001	1111	1100

1. 8421 码

8421 码是最常用的一种有权码，其 4 位二进制码从高位至低位的权依次为2^3、2^2、2^1、2^0，即为 8、4、2、1。显然，这与普通的 4 位二进制数的权是一样的。因此，按 8421 码编码的 0～9 与用 4 位二进制数表示的 0～9 完全一样。值得注意的是：4 位二进制数中的 1010～1111 不允许在 8421 码中出现，因为没有十进制数字符号与其对应。此外，十进制数字符号的 8421 码与相应 ASCII 码的低 4 位相同，这一特点有利于简化输入/输出过程中 BCD 码与字符代码的转换。所以，8421 码是一种人机联系时广泛使用的中间形式。

8421 码与十进制数之间的转换是按位进行的，即十进制数的每一位与 4 位二进制编码对应。例如，

$$(258)_{10}=(0010\ 0101\ 1000)_{8421码}$$

$$(0001\ 0010\ 0000\ 1000)_{8421码}=(1208)_{10}$$

2. 2421 码

2421 码是另一种有权码，其 4 位二进制码从高位至低位的权依次为 2、4、2、1。若一个十进制字符 X 的 2421 码为 $a_3a_2a_1a_0$，则该字符的值为

$$X=2a_3+4a_2+2a_1+a_0$$

例如，

$$(1101)_{2421码}=(7)_{10}$$

2421 码不具备单值性，为了与十进制字符一一对应，2421 码不允许出现 0101～1010 的 6 种状态。

在 2421 码中，十进制字符 0 和 9、1 和 8、2 和 7、3 和 6、4 和 5 的各码位互为相反。具有这种特性的代码称为**对 9 的自补代码**，即一个数的 2421 码只要自身按位变反，便可得到该数对 9 的补数的 2421 码。例如，4 对 9 的补数是 5，将 4 的 2421 码 0100 按位变反，便可得到 5 的 2421 码 1011。具有这一特征的 BCD 码可给运算带来方便，因为直接对 BCD 码进行运算时，可利用其对 9 的补数将减法运算转化为加法运算。

2421 码与十进制数之间的转换同样是按位进行的，例如，

$$(258)_{10}=(0010\ 1011\ 1110)_{2421码}$$

$$(0010\ 0001\ 1110\ 1011)_{2421码}=(2185)_{10}$$

3. 余 3 码

余 3 码是由 8421 码加上 0011 形成的一种无权码，由于它的每个字符编码比相应 8421

码多3,故称为余3码。例如,十进制字符5的余3码等于5的8421码0101加上0011,即为1000。同样,余3码中也有6种状态0000、0001、0010、1101、1110和1111是不允许出现的。

余3码也是一种对9的自补代码,因而可给运算带来方便。其次,在将两个余3码表示的十进制数相加时,能正确产生进位信号,但对"和"必须修正。修正的方法是:如果有进位,则结果加3;如果无进位,则结果减3。

余3码与十进制数之间的转换也是按位进行的,值得注意的是每位十进制数的编码都应余3。例如,

$$(256)_{10}=(0101\ 1000\ 1001)_{余3码}$$

$$(1000\ 1001\ 1001\ 1011)_{余3码}=(5668)_{10}$$

1.4.2 可靠性编码

顾名思义,可靠性编码的作用是提高系统的可靠性。代码在形成和传送过程中都可能发生错误。为了使代码本身具有某种特征或能力,尽可能减少错误的发生,或者出错后容易被发现,甚至检查出错误的码位后能予以纠正,因而形成了各种编码方法。下面介绍两种简单、常用的可靠性编码。

1. 格雷码

格雷码(Gray Code)的特点是:任意两个相邻的数,其格雷码仅有一位不同。表1.4给出了与4位二进制码对应的典型格雷码。

表1.4 与4位二进制码对应的典型格雷码

十进制数	4位二进制码	典型格雷码	十进制数	4位二进制码	典型格雷码
0	0000	0000	8	1000	1100
1	0001	0001	9	1001	1101
2	0010	0011	10	1010	1111
3	0011	0010	11	1011	1110
4	0100	0110	12	1100	1010
5	0101	0111	13	1101	1011
6	0110	0101	14	1110	1001
7	0111	0100	15	1111	1000

在数字系统中,数字0或1是用电子器件的不同状态来表示的。当数据按升序或降序变化时,若采用普通二进制数,则每次增1或者减1时,可能引起若干位发生变化。例如,用4位二进制数表示的十进制数由7变为8时,要求4位同时发生变化,即由0111变为1000。与4位二进制数对应的4个电子器件的状态变化如下:

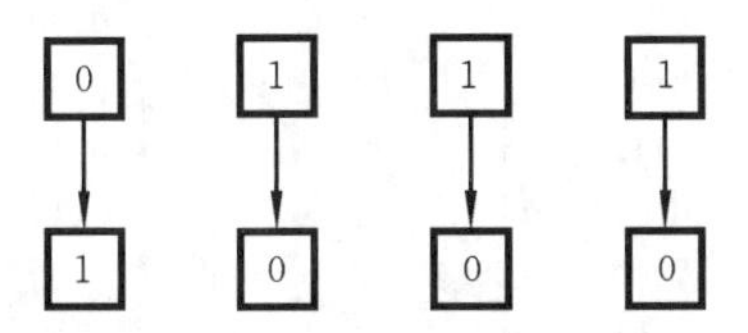

显然,当电子器件的变化速度不一致时,便会产生错误代码,如产生1111(假定最高位变化比低3位快)、1001(假定最低位变化比高3位慢)等错误代码。尽管这种错误代码出现的时

间是短暂的,但有时是不允许的,因为它将形成干扰,影响数字系统的正常工作。格雷码从编码上杜绝了这类错误的发生。

格雷码可以从普通二进制数转换得到。设二进制数为 $B=B_{n-1}B_{n-2}\cdots B_{i+1}B_i\cdots B_1B_0$,对应格雷码为 $G=G_{n-1}G_{n-2}\cdots G_{i+1}G_i\cdots G_1G_0$,则有

$$G_{n-1}=B_{n-1}$$

$$G_i=B_{i+1}\oplus B_i \qquad 0\leqslant i\leqslant n-2$$

其中,运算“$\oplus$”称为“异或”运算,运算规则是

$$0\oplus 0=0 \qquad 0\oplus 1=1 \qquad 1\oplus 0=1 \qquad 1\oplus 1=0$$

异或运算又称为“模 2 加”,即不计进位的二进制加法。

例如,二进制数 10110100 对应的格雷码为 11101110,转换过程如下:

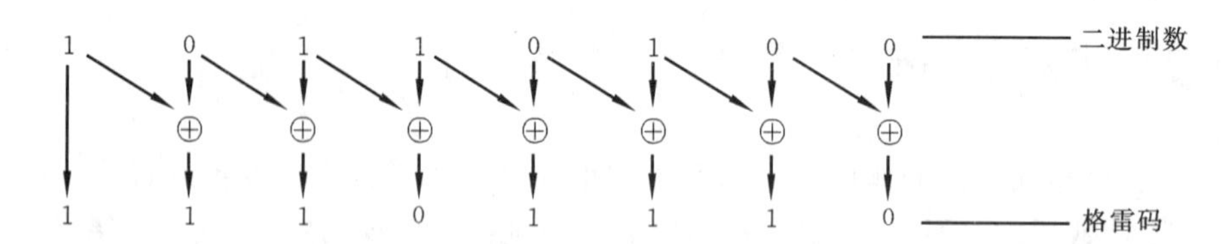

2. 奇偶检验码

二进制信息在传送时,可能由于外界干扰或其他原因而发生错误,即可能有的 1 错为 0 或者有的 0 错为 1。奇偶检验码(Parity Check Code)是一种能够检验出这类错误的代码。这种代码由两部分组成:一是信息位,即需要传递的信息本身,可以是位数不限的一组二进制代码;二是奇偶检验位,它仅有一位。奇偶检验位的编码方式有两种:一种是使信息位和检验位中“1”的个数为奇数,称为奇检验;另一种是使信息位和检验位中“1”的个数为偶数,称为偶检验。例如,二进制代码 1001101 奇偶检验码表示时的两种编码方式为

信息位(7 位)	采用奇检验的检验位(1 位)	采用偶检验的检验位(1 位)
1 0 0 1 1 0 1	1	0

表 1.5 列出了与 8421 码对应的奇偶检验码。

表 1.5　8421 码的奇偶检验码

十进制数码	采用奇检验的 8421 码		采用偶检验的 8421 码	
	信息位	检验位	信息位	检验位
0	0000	1	0000	0
1	0001	0	0001	1
2	0010	0	0010	1
3	0011	1	0011	0
4	0100	0	0100	1
5	0101	1	0101	0
6	0110	1	0110	0
7	0111	0	0111	1
8	1000	0	1000	1
9	1001	1	1001	0

奇偶检验码的工作原理如图 1.4 所示。

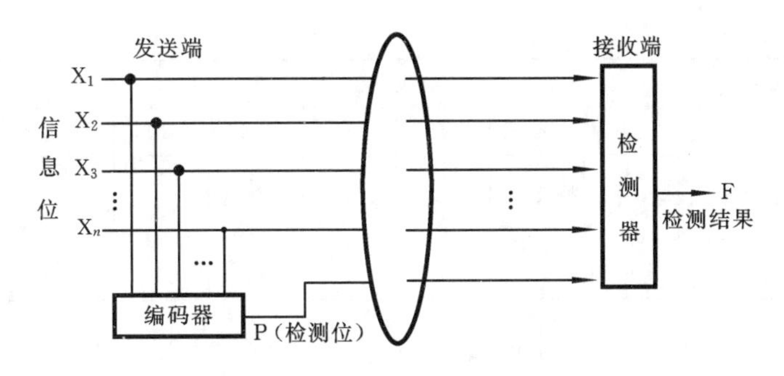

图 1.4 奇偶检验码的工作原理图

采用奇偶检验码进行错误检测时，在发送端由编码器根据信息位编码产生奇偶检验位，形成奇偶检验码发往接收端；接收端通过检测器检查代码中含“1”个数的奇偶，判断信息是否出错。例如，当采用偶检验时，若收到的代码中含奇数个“1”，则说明发生了错误。但判断出错后，并不能确定是哪一位出错，也就无法纠正。因此，奇偶检验码只有检错能力，没有纠错能力。其次，这种码只能发现单错，不能发现双错，但由于单错的概率远远大于双错，所以，这种编码还是很有实用价值的。加之它编码简单、容易实现，因而，在数字系统中被广泛采用。

*1.4.3 字符编码

数字系统中处理的数据除了数字之外，还有字母、运算符号、标点符号以及其他特殊符号，人们将这些符号统称为字符。所有字符在数字系统中必须用二进制编码表示，通常将其称为字符编码(Alphanumeric Code)。

最常用的字符编码是美国信息交换标准码，简称 ASCII 码(American Standard Code for Information Interchange)。ASCII 码用 7 位二进制码表示 128 种字符，编码规则如表 1.6 所示。由于数字系统中实际是用一个字节表示一个字符，所以使用 ASCII 码时，通常在最左边增加一位奇偶检验位。

表 1.6 7 位 ASCII 码编码表

低 4 位代码 ($a_4a_3a_2a_1$)	高 3 位代码($a_7a_6a_5$)							
	000	001	010	011	100	101	110	111
0000	NUL	DEL	SP	0	@	P	、	p
0001	SOH	DC1	!	1	A	Q	a	q
0010	STX	DC2	"	2	B	R	b	r
0011	ETX	DC3	#	3	C	S	c	s
0100	EOT	DC4	$	4	D	T	d	t
0101	ENQ	NAK	%	5	E	U	e	u
0110	ACK	SYN	&	6	F	V	f	v
0111	BEL	ETB	’	7	G	W	g	w
1000	BS	CAN	(	8	H	X	h	x
1001	HT	EM	)	9	I	Y	i	y
1010	LF	SUB	*	:	J	Z	j	z
1011	VT	ESC	+	;	K	[	k	{

续表

低4位代码 ($a_4a_3a_2a_1$)	高3位代码($a_7a_6a_5$)							
	000	001	010	011	100	101	110	111
1100	FF	FS	,	<	L	\	l	|
1101	CR	GS	—	=	M	]	m	}
1110	SO	RS	.	>	N	∧	n	~
1111	SI	US	/	?	O	—	o	DEL

注:NUL 空白 SOH 序始 STX 文始 ETX 文终 EOT 送毕 ENQ 询问
ACK 承认 BEL 告警 BS 退格 HT 横表 LF 换行 VT 纵表
FF 换页 CR 回车 SO 移出 SI 移入 DEL 转义 DC1 机控1
DC2 机控2 DC3 机控3 DC4 机控4 NAK 否认 SYN 同步 ETB 组终
CAN 作废 EM 载终 SUB 取代 ESC 扩展 FS 卷隙 GS 群隙
RS 录隙 US 元隙 SP 间隔 DEL 抹掉

习 题 一

1.1 什么是模拟信号?什么是数字信号?试各举一例。

1.2 数字逻辑电路具有哪些主要特点?

1.3 数字逻辑电路可分为哪两种类型?主要区别是什么?

1.4 最简电路是否一定最佳?为什么?

1.5 把下列不同进制数写成按权展开形式:

(1) $(4517.239)_{10}$ (2) $(10110.0101)_2$ (3) $(325.744)_8$ (4) $(785.4AF)_{16}$

1.6 将下列二进制数转换成十进制数、八进制数和十六进制数:

(1) 1110101 (2) 0.110101 (3) 10111.01

1.7 将下列十进制数转换成二进制数、八进制数和十六进制数(二进制数精确到小数点后4位):

(1) 29 (2) 0.27 (3) 33.33

1.8 如何判断一个二进制正整数 $B=b_6b_5b_4b_3b_2b_1b_0$ 能否被 $(4)_{10}$ 整除?

1.9 写出下列各数的原码、反码和补码:

(1) 0.1011 (2) −10110

1.10 已知 $[N]_{补}=1.0110$,求 $[N]_{原}$,$[N]_{反}$ 和 N。

1.11 将下列余3码转换成十进制数和2421码:

(1) 011010000011 (2) 01000101.1001

1.12 试用8421码和格雷码分别表示下列各数:

(1) $(111110)_2$ (2) $(1100110)_2$

第2章 逻辑代数基础

逻辑代数是从哲学领域中的逻辑学发展而来的。1847年，英国数学家乔治·布尔(G. Boole)提出了用数学分析方法表示命题陈述的逻辑结构，并成功地将形式逻辑归结为一种代数演算，从而诞生了有名的"布尔代数"。1938年，克劳德·向农(C. E. Shannon)将布尔代数应用于电话继电器的开关电路，提出了"开关代数"。随着电子技术的发展，集成电路逻辑门已经取代了机械触点开关，故"开关代数"这个术语已很少使用。为了与"数字系统逻辑设计"这一术语相适应，人们更习惯于把开关代数叫做逻辑代数。

逻辑代数是数字系统逻辑设计的数学工具。无论何种形式的数字系统，都是由一些基本的逻辑电路所组成的。为了解决数字系统分析和设计中的各种具体问题，必须掌握逻辑代数这一重要数学工具。

本章将从实用的角度介绍逻辑代数的基本概念、基本定理和规则、逻辑函数的表示形式以及逻辑函数的化简。

2.1 逻辑代数的基本概念

逻辑代数L是一个封闭的代数系统，它由一个逻辑变量集K，常量0和1以及"或"、"与"、"非"3种基本运算所构成，记为L={K，+，·，-，0，1}。该系统应满足下列公理。

公理1 交换律

对于任意逻辑变量A、B，有

$$A+B=B+A \qquad A\cdot B=B\cdot A$$

公理2 结合律

对于任意的逻辑变量A、B、C，有

$$(A+B)+C=A+(B+C)$$

$$(A\cdot B)\cdot C=A\cdot (B\cdot C)$$

公理3 分配律

对于任意的逻辑变量A、B、C，有

$$A+(B\cdot C)=(A+B)\cdot (A+C)$$

$$A\cdot (B+C)=A\cdot B+A\cdot C$$

公理4 0-1律

对于任意逻辑变量A，有

$$A+0=A \qquad A\cdot 1=A$$

$$A+1=1 \qquad A\cdot 0=0$$

公理5 互补律

对于任意逻辑变量A，存在唯一的$\overline{A}$，使得

$$A+\overline{A}=1 \qquad A \cdot \overline{A}=0$$

公理是一个代数系统的基本出发点,无需加以证明。

显而易见,逻辑代数是一种比普通代数更为简单的代数。为了加深对这个代数系统的了解,更好地弄清它和普通代数的区别,下面将对逻辑代数中涉及的一些基本概念作进一步说明。

2.1.1 逻辑变量及基本逻辑运算

逻辑代数和普通代数一样,也是用字母表示变量。所不同的是,在普通代数中,变量的取值可以是任意实数,而逻辑代数是一种二值代数系统,即任何逻辑变量的取值只有两种可能性——取值0或取值1。逻辑值0和1不再像普通代数中那样具有数量的概念,而是用来表征矛盾的双方和判断事件真伪的形式符号,无大小、正负之分。在数字系统中,开关的接通与断开,电压的高和低,信号的有和无,晶体管的导通与截止等两种稳定的物理状态,均可用1和0这两种不同的逻辑值来表征。然而,要描述一个数字系统,仅用逻辑变量的取值来反映单个开关元件的两种状态是不够的,还必须反映一个复杂系统中各开关元件之间的联系,这种相互联系反映到数学上就是几种运算关系。如前所述,逻辑代数中定义了“或”、“与”、“非”3种基本运算。

1. 或运算

在逻辑问题的描述中,如果决定某一事件发生的多个条件中,只要有一个或一个以上条件成立,事件便可发生,则称这种因果关系为或逻辑关系。在逻辑代数中,或逻辑关系用或运算描述。或运算又称逻辑加(Logic Addition),其运算符号为“+”,有时也用“∨”表示。两变量或运算的关系可表示为

$$F=A+B \qquad 或者 \qquad F=A\vee B$$

读作“F等于A或B”。这里,A、B是参加运算的两个逻辑变量,F表示运算结果。意思是:A、B中只要有一个为1,则F为1;仅当A、B均为0时,F才为0。该逻辑关系可用表2.1来描述。

表2.1 或运算表

A	B	F
0	0	0
0	1	1
1	0	1
1	1	1

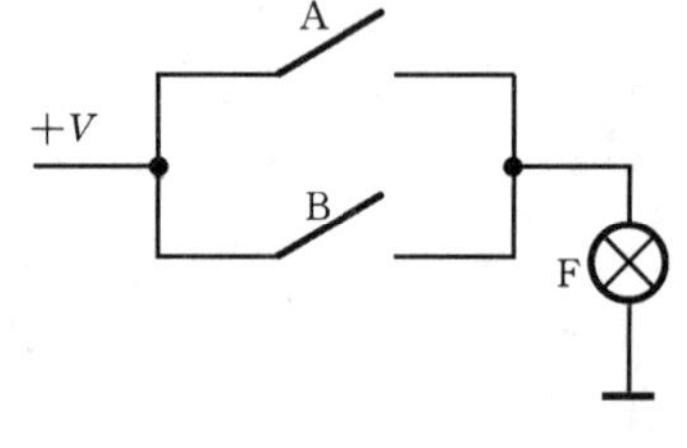

图2.1 并联开关电路

例如,在图2.1所示电路中,开关A和B并联控制灯F。可以看出,当开关A、B中有一个闭合或者两个均闭合时,灯F亮。因此,灯F与开关A、B之间的关系是或逻辑关系。假定开关断开用0表示,开关闭合用1表示,灯灭用0表示,灯亮用1表示,则灯F与开关A、B的关系即为表2.1所示的或运算关系。

由表2.1可得出或运算的运算法则为

$$0+0=0 \qquad 1+0=1 \qquad 0+1=1 \qquad 1+1=1$$

在数字系统中,实现或运算关系的逻辑电路称为或门。

2. 与运算

在逻辑问题中，如果决定某一事件发生的多个条件必须同时具备，事件才能发生，则称这种因果关系为与逻辑。在逻辑代数中，与逻辑关系用与运算描述。与运算又称为逻辑乘(Logic Multiplication)，其运算符号为“·”，有时也用“∧”表示。两变量与运算关系可表示为

$$F=A\cdot B \qquad 或者 \qquad F=A\wedge B$$

读作“F 等于 A 与 B”。意思是：若 A、B 均为 1，则 F 为 1；否则，F 为 0。该逻辑关系可用表 2.2 来描述。

表 2.2　与运算表

A	B	F
0	0	0
0	1	0
1	0	0
1	1	1

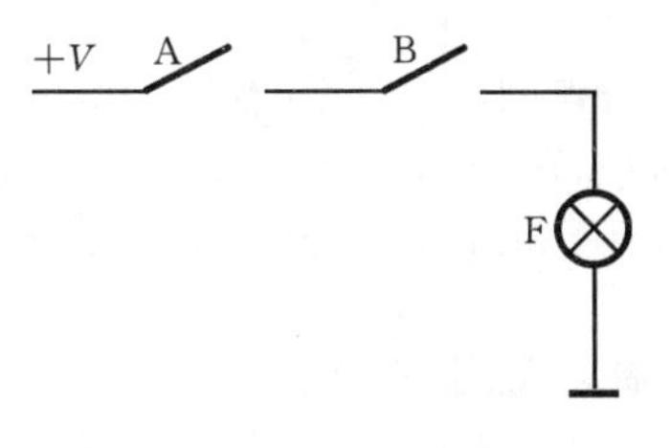

图 2.2　串联开关电路

例如，在图 2.2 所示电路中，两个开关串联控制同一个灯。显然，仅当两个开关均闭合时，灯才能亮，否则，灯灭。假定开关闭合状态用 1 表示，开关断开状态用 0 表示，灯亮用 1 表示，灯灭用 0 表示，则电路中灯 F 和开关 A、B 之间的关系即为表 2.2 所示的与运算关系。

由表 2.2 可得出与运算的运算法则为

$$0\cdot 0=0 \qquad 1\cdot 0=0 \qquad 0\cdot 1=0 \qquad 1\cdot 1=1$$

在数字系统中，实现与运算关系的逻辑电路称为与门。

3. 非运算

在逻辑问题中，如果某一事件的发生取决于条件的否定，即事件与事件发生的条件之间构成矛盾，则称这种因果关系为非逻辑。在逻辑代数中，非逻辑用非运算描述。非运算也叫求反运算或者逻辑否定(Logic Negation)。其运算符号为“—”，有时也用“¬”表示。非运算的逻辑关系可表示为

$$F=\overline{A} \qquad 或者 \qquad F=\neg A$$

读作“F 等于 A 非”。意思是：若 A 为 0，则 F 为 1；若 A 为 1，则 F 为 0。该逻辑关系可用表 2.3 描述。

表 2.3　非运算表

A	F
0	1
1	0

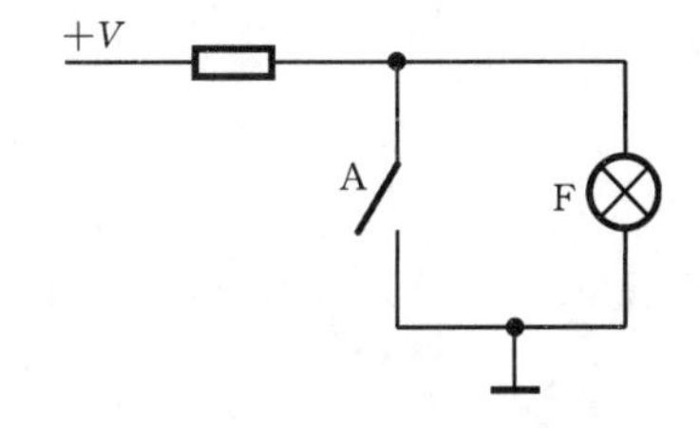

图 2.3　开关与灯并联电路

例如，在图 2.3 所示电路中，开关与灯并联。显然，仅当开关断开时，灯亮；一旦开关闭合，则灯灭。令开关断开用 0 表示，开关闭合用 1 表示，灯亮用 1 表示，灯灭用 0 表示，则电路中灯

F 与开关 A 的关系即为表 2.3 所示的非运算关系。

由表 2.3 可得出非运算的运算法则为

$$\overline{0}=1 \qquad \overline{1}=0$$

在数字系统中,实现非运算功能的逻辑电路称为非门,有时又称为反相器。

上面介绍的或、与、非 3 种逻辑运算是逻辑代数中最基本的逻辑运算,由这些基本逻辑运算可以组成各种复杂的逻辑关系。

2.1.2 逻辑函数及逻辑函数间的相等

在实际逻辑问题中,前面介绍的 3 种基本运算是很少单独出现的。通常,总是以这些基本运算构成各种复杂程度不一的逻辑关系来描述各种各样的逻辑问题。对各种复杂的逻辑关系必须进一步用数学方法加以描述,这就引出了逻辑函数的概念。

1. 逻辑函数的定义

逻辑代数中函数的定义与普通代数中函数的定义类似,但和普通代数中函数的概念相比,逻辑函数具有它自身的特点:

①逻辑变量和逻辑函数的取值只有 0 和 1 两种可能;

②函数和变量之间的关系是由或、与、非 3 种基本运算决定的。

从数字系统研究的角度看,逻辑函数的定义可叙述如下:

设某一逻辑电路的输入逻辑变量为 $A_1, A_2, \cdots, A_n$,输出逻辑变量为 F,如图 2.4 所示。如果当 $A_1, A_2, \cdots, A_n$ 的值确定后,F 的值就唯一地确定下来,则称 F 为 $A_1, A_2, \cdots, A_n$ 的逻辑函数,记为

$$F=f(A_1, A_2, \cdots, A_n)$$

A_1
A_2
A_n
逻辑电路
F

图 2.4 广义的逻辑电路

图 2.4 所示为一广义的逻辑电路。相对某一具体的逻辑电路而言,其逻辑变量的取值是“自行”变化的,而逻辑函数的取值则是由逻辑变量的取值和电路本身的结构决定的。在逻辑电路和逻辑函数之间存在着严格的对应关系,任何一个逻辑电路的全部属性和功能都可由相应的逻辑函数完全描述,这便使我们能够将一个具体的逻辑电路转换为抽象的代数表达式,从而很方便地对它加以分析研究。

2. 逻辑函数的相等

逻辑函数和普通代数中的函数一样存在相等的问题。什么叫做两个逻辑函数相等呢?

设有两个逻辑函数

$$F_1=f_1(A_1, A_2, \cdots, A_n)$$
$$F_2=f_2(A_1, A_2, \cdots, A_n)$$

若对应于逻辑变量 $A_1, A_2, \cdots, A_n$ 的任何一组取值,F_1 和 F_2 的值都相同,则称函数 F_1 和 F_2 相等,记作 $F_1=F_2$。

判断两个逻辑函数是否相等,通常有两种方法:一种方法是列出输入变量所有可能的取值组合,并按逻辑运算法则计算出各种输入取值下两个函数的相应值,然后进行比较;另一种方法是用逻辑代数的公理、定理和规则进行证明。

2.1.3　逻辑函数的表示法

描述逻辑函数的方法并不是唯一的，常用的方法有逻辑表达式、真值表、卡诺图3种。

1. 逻辑表达式

逻辑表达式是由逻辑变量、逻辑运算符和必要的括号所构成的式子。例如，

$$F=f(A,B)=\overline{A}\cdot B+A\cdot\overline{B}$$

为一由两个变量（A和B）进行逻辑运算构成的逻辑表达式，它描述了一个两变量的逻辑函数F。函数F和变量A、B的关系是：当变量A和B取值不同时，函数F的值为“1”；否则，函数F的值为“0”。

关于逻辑表达式的书写，为了简便起见，可按下述规则省略某些括号或运算符号：

① 进行非运算可不加括号，如$\overline{A}$，$\overline{A+B}$等。

② 与运算符一般可省略，如A·B可写成AB。

③ 在一个表达式中，如果既有与运算又有或运算，则按先与后或的规则进行运算，如(A·B)+(C·D)可以省略括号写成AB+CD。

④ 由于与运算和或运算均满足结合律，因此，(A+B)+C或者A+(B+C)可用A+B+C代替；(AB)C或者A(BC)可用ABC代替。

2. 真值表

用真值表描述逻辑函数的方法是一种表格表示法。由于一个逻辑变量只有0和1两种可能的取值，故n个逻辑变量一共只有2^n种可能的取值组合。任何逻辑函数总是和若干个逻辑变量相关的，由于变量的个数是有限的，所以变量取值组合的总数也必然是有限的，因此，可以用穷举的方法来描述逻辑函数的功能。

为了清晰，常用的方法是对一个函数求出所有输入变量取值下的函数值并用表格形式记录下来，这种表格称为**真值表**。换而言之，真值表是一种由逻辑变量的所有可能取值组合及其对应的逻辑函数值所构成的表格。

真值表由两部分组成，左边一栏列出变量的所有取值组合，为了不发生遗漏，通常各变量取值组合按二进制数码顺序给出；右边一栏为逻辑函数值。例如，函数$F=A\overline{B}+\overline{A}C$的真值表如表2.4所示。事实上，前面介绍3种基本运算时所列出的表2.1、表2.2、表2.3分别是或、与、非3种逻辑运算的真值表。

真值表是一种十分有用的逻辑工具。在逻辑问题的分析和设计中，将经常用到这一工具。

表2.4　函数$F=A\overline{B}+\overline{A}C$的真值表

A	B	C	F
0	0	0	0
0	0	1	1
0	1	0	0
0	1	1	1
1	0	0	1
1	0	1	1
1	1	0	0
1	1	1	0

3. 卡诺图

卡诺图是由表示逻辑变量所有取值组合的小方格所构成的平面图。它是一种用图形描述逻辑函数的方法，这种方法在逻辑函数化简中十分有用，将在后面结合函数化简问题进行详细介绍。

上述表示逻辑函数的3种方法各有特点,它们各适用于不同场合。但针对某个具体问题而言,仅仅是同一问题的不同描述形式,彼此之间可以很方便地相互变换。

2.2 逻辑代数的基本定理和规则

逻辑代数和普通代数一样,作为一个完整的代数系统,它具有用于运算的一些定理和规则。本节将对逻辑代数的一些基本定理和规则进行介绍。

2.2.1 基本定理

根据逻辑代数的公理,可以推导出逻辑代数的基本定理。由于每条公理的逻辑表达式是成对出现的,所以由公理推导出来的定理的逻辑表达式也是成对出现的。下面只对定理中的一个表达式加以证明,另一个留给读者自己证明。

定理1(0-1律) $0+0=0 \quad 1+0=1 \quad 0+1=1 \quad 1+1=1$

$0\cdot 0=0 \quad 1\cdot 0=0 \quad 0\cdot 1=0 \quad 1\cdot 1=1$

证明　在公理4中,A表示集合K中的任意元素,因而可以是0或1。于是,以0和1代替公理4中的A,就得到上述关系。

如果以1和0代替公理5中的A,则可得到如下推论:

$\overline{1}=0 \qquad \overline{0}=1$

定理2(重叠律) $A+A=A \qquad A\cdot A=A$

证明
$$\begin{aligned} A+A &= (A+A)\cdot 1 && \text{公理4} \\ &= (A+A)\cdot(A+\overline{A}) && \text{公理5} \\ &= A+(A\cdot\overline{A}) && \text{公理3} \\ &= A+0 && \text{公理5} \\ &= A && \text{公理4} \end{aligned}$$

定理3(吸收律) $A+A\cdot B=A \qquad A\cdot(A+B)=A$

证明
$$\begin{aligned} A+A\cdot B &= A\cdot 1+A\cdot B && \text{公理4} \\ &= A\cdot(1+B) && \text{公理3} \\ &= A(B+1) && \text{公理1} \\ &= A\cdot 1 && \text{公理4} \\ &= A && \text{公理4} \end{aligned}$$

定理4(消除律) $A+\overline{A}\cdot B=A+B \qquad A\cdot(\overline{A}+B)=A\cdot B$

证明
$$\begin{aligned} A+\overline{A}\cdot B &= (A+\overline{A})\cdot(A+B) && \text{公理3} \\ &= 1\cdot(A+B) && \text{公理5} \\ &= A+B && \text{公理4} \end{aligned}$$

定理5(对合律) $\overline{\overline{A}}=A$

证明　令 $\overline{A}=X$

因而 $\overline{A}\cdot X=0 \qquad \overline{A}+X=1$ 　　公理5

但是 $A\cdot\overline{A}=0 \qquad \overline{A}+A=1$ 　　公理5

由于 X 和 A 都满足公理 5，因此，根据公理 5 的唯一性，得到

$$A=X$$

定理 6（互补律） $\overline{A+B}=\overline{A}\cdot\overline{B}\qquad\overline{A\cdot B}=\overline{A}+\overline{B}$

证明　由于

$$\begin{aligned}(\overline{A}\cdot\overline{B})+(A+B)&=(\overline{A}\cdot\overline{B}+A)+B && \text{公理 2}\\&=(\overline{B}+A)+B && \text{定理 4}\\&=A+(\overline{B}+B) && \text{公理 1,2}\\&=A+1 && \text{公理 5}\\&=1 && \text{公理 4}\end{aligned}$$

而且

$$\begin{aligned}(\overline{A}\cdot\overline{B})\cdot(A+B)&=\overline{A}\cdot\overline{B}\cdot A+\overline{A}\cdot\overline{B}\cdot B && \text{公理 3}\\&=0+0 && \text{公理 1,5}\\&=0 && \text{定理 1}\end{aligned}$$

所以，根据公理 5 的唯一性，可得

$$\overline{A+B}=\overline{A}\cdot\overline{B}$$

定理 7（并项律） $A\cdot B+A\cdot\overline{B}=A\qquad(A+B)\cdot(A+\overline{B})=A$

证明

$$\begin{aligned}A\cdot B+A\cdot\overline{B}&=A\cdot(B+\overline{B}) && \text{公理 3}\\&=A\cdot 1 && \text{公理 5}\\&=A && \text{公理 4}\end{aligned}$$

定理 8（包含律） $A\cdot B+\overline{A}\cdot C+B\cdot C=A\cdot B+\overline{A}\cdot C$

$(A+B)\cdot(\overline{A}+C)\cdot(B+C)=(A+B)\cdot(\overline{A}+C)$

证明

$$\begin{aligned}&A\cdot B+\overline{A}\cdot C+B\cdot C\\&=A\cdot B+\overline{A}\cdot C+B\cdot C\cdot(A+\overline{A}) && \text{公理 5}\\&=A\cdot B+\overline{A}\cdot C+B\cdot C\cdot A+B\cdot C\cdot\overline{A} && \text{公理 3}\\&=A\cdot B+A\cdot B\cdot C+\overline{A}\cdot C+\overline{A}\cdot B\cdot C && \text{公理 1}\\&=A\cdot B\cdot(1+C)+\overline{A}\cdot C\cdot(1+B) && \text{公理 3}\\&=A\cdot B\cdot(C+1)+\overline{A}\cdot C\cdot(B+1) && \text{公理 1}\\&=A\cdot B+\overline{A}\cdot C && \text{公理 4}\end{aligned}$$

2.2.2 重要规则

逻辑代数有 3 条重要规则，即代入规则、反演规则和对偶规则。这些规则在逻辑运算中十分有用，要求熟练地掌握。

1. 代入规则

任何一个含有变量 A 的逻辑等式，如果将所有出现 A 的位置都代之以同一个逻辑函数 F，则等式仍然成立。这个规则称为代入规则。

例如，给定逻辑等式 $A(B+C)=AB+AC$，若等式中的 C 都用 $(C+D)$ 代替，则该等式仍然成立，即

$$A[B+(C+D)]=AB+A(C+D)$$

代入规则的正确性是显然的，因为任何逻辑函数都和逻辑变量一样，只有 0 和 1 两种可能的取值。

代入规则在推导公式中有重要意义。利用这条规则可以将逻辑代数公理、定理中的变量用任意函数代替,从而推导出更多的等式。这些等式可直接当作公式使用,无需另加证明。

例如,已知 $A+\overline{A}=1$(公理 5),逻辑函数 $F=f(A_1,A_2,\cdots,A_n)$,将等式中的变量 A 用函数 F 取代,便可得到等式

$$f(A_1,A_2,\cdots,A_n)+\overline{f}(A_1,A_2,\cdots,A_n)=1$$

即一个函数和其反函数进行或运算,其结果为 1。

值得注意的是,使用代入规则时必须将等式中所有出现同一变量的地方均以同一函数代替,否则代入后的等式将不成立。

2. 反演规则

如果将逻辑函数 F 表达式中所有的"·"变成"+","+"变成"·","0"变成"1","1"变成"0",原变量变成反变量,反变量变成原变量,并保持原函数中的运算顺序不变,则所得到的新的函数为原函数 F 的反函数 $\overline{F}$。这一规则称为反演规则。

例如,已知函数 $F=\overline{A}B+C\overline{D}$,根据反演规则可得到

$$\overline{F}=(A+\overline{B})\cdot(\overline{C}+D)$$

反演规则实际上是定理 6 的推广,可通过定理 6 和代入规则得到证明。

显然,运用反演规则可以很方便地求出一个函数的反函数。使用反演规则时,应注意保持原函数式中运算的优先顺序不变。

例如,已知函数 $F=\overline{A}+\overline{B}\cdot(C+\overline{D}E)$,根据反演规则得到的反函数应该是

$$\overline{F}=A\cdot[B+\overline{C}\cdot(D+\overline{E})]$$

而不应该是 $\overline{F}=A\cdot B+\overline{C}\cdot D+\overline{E}$

3. 对偶规则

如果将逻辑函数 F 表达式中所有的"·"变成"+","+"变成"·","0"变成"1","1"变成"0",并保持原函数中的运算顺序不变,则所得到的新的逻辑表达式称为函数 F 的对偶式,并记作 F'。例如,

$$F_1=\overline{A}B+\overline{B}(C+0) \qquad F_1'=(\overline{A}+B)(\overline{B}+C\cdot 1)$$

$$F_2=(\overline{A}+B)(\overline{B}+C\cdot 1) \qquad F_2'=\overline{A}B+\overline{B}(C+0)$$

$$F_3=AB+\overline{A}C+C(D+E) \qquad F_3'=(A+B)(\overline{A}+C)(C+DE)$$

$$F_4=(A+B)(\overline{A}+C)(C+DE) \qquad F_4'=AB+\overline{A}C+C(D+E)$$

从上面的例子可以看出,如果 F 的对偶式是 F',则 F'的对偶式就是 F。也就是说,F 和 F'互为对偶式。

有些逻辑函数表达式的对偶式就是原函数表达式本身,即 $F'=F$。这时,称函数 F 为自对偶函数。

例如,函数 $F=(A+\overline{C})\overline{B}+A(\overline{B}+\overline{C})$是一自对偶函数,因为

$$\begin{aligned}F'&=(A\cdot\overline{C}+\overline{B})\cdot(A+\overline{B}\overline{C})\\&=(A+\overline{B})(\overline{C}+\overline{B})(A+\overline{B})(A+\overline{C})\\&=(A+\overline{B})(\overline{C}+\overline{B})(A+\overline{C})\\&=A(\overline{B}+\overline{C})(A+\overline{C})+\overline{B}(\overline{B}+\overline{C})(A+\overline{C})\\&=(\overline{B}+\overline{C})(A+A\overline{C})+(\overline{B}+\overline{B}\,\overline{C})(A+\overline{C})\end{aligned}$$

$$= A(\overline{B} + \overline{C}) + \overline{B}(A + \overline{C})$$
$$= F$$

此外，在求某一逻辑表达式的对偶式时，同样要注意保持原函数的运算顺序不变。

若两个逻辑函数表达式 $F(A,B,C,\cdots)$ 和 $G(A,B,C,\cdots)$ 相等，则其对偶式 $F'(A,B,C,\cdots)$ 和 $G'(A,B,C,\cdots)$ 也相等。这一规则称为对偶规则。

根据对偶规则，当已证明某两个逻辑表达式相等时，便可知道它们的对偶式也相等。

例如，已知 $AB+\overline{A}C+\overline{B}C=AB+C$，根据对偶规则可知等式两端表达式的对偶式也相等，即有

$$(A+B)\cdot(\overline{A}+C)\cdot(\overline{B}+C)=(A+B)\cdot C$$

显然，利用对偶规则可以使定理、公式的证明减少一半。

2.2.3 复合逻辑

前面提到，用来实现与、或、非 3 种基本运算的逻辑电路分别称为与门、或门、非门，它们是最基本的逻辑门。尽管由这 3 种基本逻辑门可以实现各种复杂的逻辑功能，但实际应用中更广泛采用的是与非门、或非门、与或非门、异或门等逻辑功能更强、性能更优越的逻辑门。这些逻辑门输出和输入之间的逻辑关系可由 3 种基本运算构成的复合运算来描述，通常将这种逻辑关系称为复合逻辑关系，相应的逻辑门则称为复合门。

1. 与非逻辑及或非逻辑

(1) 与非逻辑

与非逻辑是由与、非两种逻辑复合形成的，可用逻辑函数表示为

$$F=\overline{A\cdot B\cdot C\cdots}$$

其逻辑功能是：只要变量 $A,B,C,\cdots$ 中有一个为 0，则函数 F 为 1；仅当变量 $A,B,C,\cdots$ 全部为 1 时，函数 F 为 0。

实现与非逻辑的逻辑门称为与非门。

由定理 $\overline{A\cdot B}=\overline{A}+\overline{B}$ 不难看出，“与”之“非”可以产生“或”的关系。因此，实际上只要有了与非逻辑便可实现与、或、非 3 种基本逻辑。以两变量与非逻辑为例：

与 $F=\overline{\overline{AB\cdot 1}}=\overline{\overline{AB}}=A\cdot B$

或 $F=\overline{\overline{A\cdot 1}\cdot\overline{B\cdot 1}}=\overline{\overline{A}\cdot\overline{B}}=A+B$

非 $F=\overline{A\cdot 1}=\overline{A}$

由于任何一种逻辑关系均可由 3 种基本逻辑通过适当的组合来实现，而与非逻辑又可实现 3 种基本逻辑，所以，只要有了与非门便可组成实现各种逻辑功能的电路。由此可见，采用与非逻辑可以减少逻辑电路中门的种类，提高标准化程度。

(2) 或非逻辑

或非逻辑是由或、非两种逻辑复合形成的，可用逻辑函数表示为

$$F=\overline{A+B+C+\cdots}$$

其逻辑功能是：只要变量 $A,B,C,\cdots$ 中有一个为 1，则函数 F 为 0；仅当变量 $A,B,C,\cdots$ 全部为 0 时，函数 F 为 1。

实现或非逻辑的逻辑门称为或非门。

同样，由定理 $\overline{A+B}=\overline{A}\cdot\overline{B}$ 可知，“或”之“非”可以产生“与”的关系。因此，或非逻辑也可以

实现与、或、非 3 种基本逻辑。下面以两变量或非逻辑为例进行说明：

与　　$F=\overline{\overline{A+0}+\overline{B+0}}=\overline{\overline{A}+\overline{B}}=A\cdot B$

或　　$F=\overline{\overline{A+B}+0}=\overline{\overline{A+B}}=A+B$

非　　$F=\overline{A+0}=\overline{A}$

可见，只要有了或非门，同样可组成实现各种逻辑功能的逻辑电路。

2. 与或非逻辑

与或非逻辑是由 3 种基本逻辑复合形成的，其逻辑函数表达式的形式为

$$F=\overline{AB+CD+\cdots}$$

其逻辑功能是：仅当每一个与项均为 0 时，才能使 F 为 1，否则 F 为 0。

实现与或非功能的逻辑门称为与或非门。

显然，与或非逻辑可以实现与、或、非的功能，这就意味着可以仅用与或非门去组成实现各种功能的逻辑电路。但实际应用中这样做一般会很不经济，所以，与或非门主要用来实现与或非形式的函数。必要时可将逻辑函数表达式的形式变换成与或非的形式，以便使用与或非门来实现其逻辑功能。例如，

$$F=\overline{A}B+C=\overline{\overline{\overline{A}B}\cdot\overline{C}}=\overline{(A+\overline{B})\cdot\overline{C}}=\overline{A\overline{C}+\overline{B}\overline{C}}$$

该函数经变换后可用与或非门来实现。

3. 异或逻辑及同或逻辑

(1) 异或逻辑

异或逻辑是一种两变量逻辑关系，可用逻辑函数表示为

$$F=A\oplus B=\overline{A}B+A\overline{B}$$

式中，$\oplus$是异或运算的运算符。

异或逻辑的功能是：变量 A、B 取值相同，F 为 0；变量 A、B 取值相异，F 为 1。

实现异或运算的逻辑门称为异或门。

根据异或逻辑的定义可知：

$$A\oplus 0=A \qquad A\oplus 1=\overline{A} \qquad A\oplus A=0 \qquad A\oplus \overline{A}=1$$

当多个变量进行异或运算时，可用两两运算的结果再运算，也可两两依次运算。例如，

$$F=A\oplus B\oplus C\oplus D=(A\oplus B)\oplus(C\oplus D)=[(A\oplus B)\oplus C]\oplus D$$

在进行异或运算的多个变量中，若有奇数个变量的值为 1，则运算结果为 1；若有偶数个变量的值为 1，则运算结果为 0。

(2) 同或逻辑

同或逻辑也是一种两变量逻辑关系，其逻辑函数表达式为

$$F=A\odot B=\overline{A}\overline{B}+AB$$

式中，“$\odot$”为同或运算的运算符。

同或逻辑的功能是：变量 A、B 取值相同，F 为 1；变量 A、B 取值相异，F 为 0。

实现同或运算的逻辑门称为同或门。

同或逻辑与异或逻辑的关系既互为相反，又互为对偶，即有

$$\overline{A\oplus B}\quad=\overline{A\overline{B}+\overline{A}B}=(\overline{A}+B)(A+\overline{B})=AB+\overline{A}\overline{B}=A\odot B$$

$$(A\oplus B)'=(A\overline{B}+\overline{A}B)'=(A+\overline{B})(\overline{A}+B)=\overline{A}\overline{B}+AB=A\odot B$$

当多个变量进行同或运算时，若有奇数个变量的值为 0，则运算结果为 0；反之，若有偶数个变量的值为 0，则运算结果为 1。

由于同或实际上是异或之非，所以实际应用中通常用异或门加非门实现同或运算。

2.3 逻辑函数表达式的形式与变换

任何一个逻辑函数，其表达式的形式都不是唯一的。下面从分析与应用的角度出发，介绍逻辑函数表达式的基本形式、标准形式及其相互转换。

2.3.1 逻辑函数表达式的基本形式

逻辑函数表达式有"与-或"表达式和"或-与"表达式两种基本形式。

1. 与-或表达式

所谓与-或表达式是指由若干与项进行或运算构成的表达式。每个与项可以是单个变量的原变量或者反变量，也可以由多个原变量或者反变量相与组成。例如，$\overline{A}B$、$A\overline{B}C$、$\overline{C}$ 均为与项，将这 3 个与项相或便可构成一个 3 变量函数的与-或表达式，即

$$F(A,B,C)=\overline{A}B+A\overline{B}C+\overline{C}$$

与项有时又被称为积项，相应地与-或表达式又称为"积之和"表达式。

2. 或-与表达式

所谓或-与表达式是指由若干或项进行与运算构成的表达式。每个或项可以是单个变量的原变量或者反变量，也可以由多个原变量或者反变量相或组成。例如，$(\overline{A}+B)$、$(B+\overline{C})$、$(A+\overline{B}+C)$、$\overline{D}$ 均为或项，将这 4 个或项相与便可构成一个 4 变量函数的或-与表达式，即

$$F(A,B,C,D)=(\overline{A}+B)(B+\overline{C})(A+\overline{B}+C)\overline{D}$$

或项有时又被称为和项，相应地或-与表达式又称为"和之积"表达式。

通常逻辑函数表达式可以被表示成任意的混合形式，如函数 $F(A,B,C)=(A\overline{B}+C)(\overline{A}+\overline{BC})+\overline{B}$ 既不是与-或式也不是或-与式，但不论什么形式都可以变换成上述两种基本形式。

2.3.2 逻辑函数表达式的标准形式

逻辑函数的两种基本形式都不是唯一的。为了在逻辑问题的研究中使逻辑函数能和唯一的表达式对应，引入了逻辑函数表达式的标准形式。

1. 最小项和最大项

逻辑函数表达式的标准形式是建立在最小项和最大项概念的基础之上的。所以，下面首先介绍最小项和最大项的定义和性质。

(1) 最小项的定义和性质

定义 如果一个具有 n 个变量的函数的与项包含全部 n 个变量，每个变量都以原变量或

反变量形式出现,且仅出现一次,则该与项被称为最小项。有时又将最小项称为标准与项 。

由定义可知,n 个变量可以构成 2^n 个最小项。例如,3 个变量 A,B,C 可以构成 $\bar{A}\bar{B}\bar{C}$,$\bar{A}\bar{B}C$,…,ABC 共 8 个最小项。

为了书写方便,在变量个数和变量顺序确定之后,通常用 m_i 表示最小项。下标 i 的取值规则是:按照变量顺序将最小项中的原变量用 1 表示,反变量用 0 表示,由此得到一个二进制数,与该二进制数对应的十进制数即下标 i 的值。例如,3 变量 A,B,C 构成的最小项 $A\bar{B}C$ 可用 m_5 表示。

最小项具有如下性质:

性质 1 任意一个最小项,其相应变量有且仅有一种取值使这个最小项的值为 1。并且,最小项不同,使其值为 1 的变量取值也不同。

显然,在 由 n 个变量构成的任意与项中,最小项是使其值为 1 的变量取值组合数最少的一种与项,因而将其称为最小项。

性质 2 相同变量构成的两个不同最小项相与为 0。

因为任何一种变量取值都不可能使两个不同最小项同时为 1,故相与为 0。

性质 3 n 个变量的全部最小项相或为 1。通常借用数学中的累加符号"$\sum$",将其记为

$$\sum_{i=0}^{2^n-1} m_i = 1$$

性质 4 n 个变量构成的最小项有 n 个相邻最小项。

相邻最小项是指除一个变量互为相反外,其余部分均相同的最小项。例如,$A\bar{B}C$ 和 $A\bar{B}\bar{C}$。

(2) 最大项的定义和性质

定义 如果一个具有 n 个变量的函数的或项包含全部 n 个变量,每个变量都以原变量或反变量形式出现,且仅出现一次,则该或项被称为最大项。有时又将最大项称为标准或项。

n 个变量可以构成 2^n 个最大项。例如,3 个变量 A,B,C 可构成 $A+B+C$,$A+B+\bar{C}$,…,$\bar{A}+\bar{B}+\bar{C}$ 共 8 个最大项。

为了书写方便,在变量个数和变量顺序确定之后,通常用 M_i 表示最大项。下标 i 的取值规则是:按照变量顺序将最大项中的原变量用 0 表示,反变量用 1 表示,由此得到一个二进制数,与该二进制数对应的十进制数即下标 i 的值。例如,3 变量 A,B,C 构成的最大项 $\bar{A}+B+\bar{C}$ 可用 M_5 表示。

最大项具有如下性质:

性质 1 任意一个最大项,其相应变量有且仅有一种取值使这个最大项的值为 0。并且,最大项不同,使其值为 0 的变量取值也不同。

由此可见,在由 n 个变量构成的任意或项中,最大项是使其值为 1 的变量取值组合数最多的一种或项,因而将其称为最大项。

性质 2 相同变量构成的两个不同最大项相或为 1。

因为任何一种变量取值都不可能使两个不同最大项同时为 0,故相或为 1。

性质 3 n 个变量的全部最大项相与为 0。通常借用数学中的累乘符号"$\prod$",将其记为

$$\prod_{i=0}^{2^n-1} M_i = 0$$

性质4 n 个变量构成的最大项有 n 个相邻最大项。

相邻最大项是指除一个变量互为相反外，其余变量均相同的最大项。

2变量最小项、最大项真值表如表2.5所示。真值表体现了最小项、最大项的有关性质。

表2.5 2变量最小项、最大项真值表

变量	最小项				最大项			
A B	$\overline{A}\overline{B}$	$\overline{A}B$	$A\overline{B}$	AB	$A+B$	$A+\overline{B}$	$\overline{A}+B$	$\overline{A}+\overline{B}$
	m_0	m_1	m_2	m_3	M_0	M_1	M_2	M_3
0 0	1	0	0	0	0	1	1	1
0 1	0	1	0	0	1	0	1	1
1 0	0	0	1	0	1	1	0	1
1 1	0	0	0	1	1	1	1	0

(3) 最小项和最大项的关系

在前面讨论最小项、最大项的简写形式时，为什么在确定最小项 m_i 的下标 i 时，令标准与项中的反变量用0表示、原变量用1表示，而在确定最大项 M_i 的下标时，却令标准或项中的反变量用1表示，原变量用0表示呢？因为这样做可使在同一问题中下标相同的最小项和最大项互为反函数。或者说，相同变量构成的最小项 m_i 和最大项 M_i 之间存在互补关系，即

$$\overline{m}_i = M_i \qquad 或者 \qquad m_i = \overline{M}_i$$

例如，由3变量A、B、C构成的最小项 m_3 和最大项 M_3 之间有

$$\overline{m}_3 = \overline{\overline{A}BC} = A+\overline{B}+\overline{C} = M_3$$

$$\overline{M}_3 = \overline{A+\overline{B}+\overline{C}} = \overline{A}BC = m_3$$

2. 逻辑函数表达式的标准形式

逻辑函数表达式的标准形式有标准“与-或”表达式和标准“或-与”表达式两种类型。

(1) 标准与-或表达式

由若干最小项相或构成的逻辑表达式称为标准与-或表达式，也叫做最小项表达式。

例如，$\overline{A}\overline{B}C$，$\overline{A}B\overline{C}$，$A\overline{B}\overline{C}$，ABC为3变量构成的4个最小项，对这4个最小项进行或运算，即可得到一个3变量函数的标准与-或表达式

$$F(A,B,C) = \overline{A}\overline{B}C + \overline{A}B\overline{C} + A\overline{B}\overline{C} + ABC$$

该函数表达式又可简写为

$$F(A,B,C) = m_1 + m_2 + m_4 + m_7 = \sum m(1,2,4,7)$$

(2) 标准或-与表达式

由若干最大项相与构成的逻辑表达式称为标准或-与表达式，也叫做最大项表达式。

例如，$A+B+C$，$\overline{A}+B+\overline{C}$，$\overline{A}+\overline{B}+\overline{C}$ 为3变量构成的3个最大项，对这3个最大项进行与运算，即可得到一个3变量函数的标准或-与表达式

$$F(A,B,C) = (A+B+C)(\overline{A}+B+\overline{C})(\overline{A}+\overline{B}+\overline{C})$$

该表达式又可简写为

$$F(A,B,C) = M_0 M_5 M_7 = \prod M(0,5,7)$$

2.3.3 逻辑函数表达式的转换

将一个任意逻辑函数表达式转换成标准表达式有两种常用方法,一种是代数转换法,另一种是真值表转换法。

1. 代数转换法

所谓代数转换法,就是利用逻辑代数的公理、定理和规则进行逻辑变换,将函数表达式从一种形式变换为另一种形式。

用代数转换法求一个函数的标准与-或表达式,一般分为两步。

第一步:将函数表达式变换成一般与-或表达式。

第二步:反复使用 $X=X\cdot(Y+\overline{Y})$,将表达式中所有非最小项的与项扩展成最小项。

例 2.1 将逻辑函数表达式 $F(A,B,C)=\overline{(A\overline{B}+B\overline{C})\cdot\overline{AB}}$ 转换成标准与-或表达式。

解 第一步:将函数表达式变换成与-或表达式,即

$$
\begin{aligned}
F(A,B,C)&=\overline{(A\overline{B}+B\overline{C})\cdot\overline{AB}}\\
&=\overline{A\overline{B}+B\overline{C}}+AB\\
&=(\overline{A}+B)(\overline{B}+C)+AB\\
&=\overline{A}\overline{B}+\overline{A}C+BC+AB
\end{aligned}
$$

第二步:把所得与-或表达式中的与项扩展成最小项。具体地说,若某与项缺少函数变量Y,则用$(\overline{Y}+Y)$和这一项相与,并把它拆开成两项,即

$$
\begin{aligned}
F(A,B,C)&=\overline{A}\overline{B}(\overline{C}+C)+\overline{A}C(\overline{B}+B)+(\overline{A}+A)BC+AB(\overline{C}+C)\\
&=\overline{A}\overline{B}\overline{C}+\overline{A}\overline{B}C+\overline{A}\overline{B}C+\overline{A}BC+\overline{A}BC+ABC+AB\overline{C}+ABC\\
&=\overline{A}\overline{B}\overline{C}+\overline{A}\overline{B}C+\overline{A}BC+AB\overline{C}+ABC
\end{aligned}
$$

该标准与-或表达式的简写形式为

$$F(A,B,C)=m_0+m_1+m_3+m_6+m_7=\sum m(0,1,3,6,7)$$

当给定函数表达式为与-或表达式时,可直接进行第二步。

类似地,用代数转换法求一个函数的标准或-与表达式同样分为两步。

第一步:将函数表达式转换成或-与表达式。

第二步:反复用定理 $X=(X+\overline{Y})(X+Y)$ 把表达式中所有非最大项的或项扩展成最大项。

例 2.2 将逻辑函数表达式 $F(A,B,C)=\overline{AB+\overline{A}C}+\overline{B}C$ 变换成标准或-与表达式。

解 第一步:将函数表达式变换成或-与表达式,即

$$
\begin{aligned}
F(A,B,C)&=\overline{AB+\overline{A}C}+\overline{B}C\\
&=\overline{AB}\cdot\overline{\overline{A}C}+\overline{B}C\\
&=(\overline{A}+\overline{B})(A+\overline{C})+\overline{B}C\\
&=[(\overline{A}+\overline{B})(A+\overline{C})+\overline{B}]\cdot[(\overline{A}+\overline{B})(A+\overline{C})+C]\\
&=(\overline{A}+\overline{B}+\overline{B})(A+\overline{C}+\overline{B})(\overline{A}+\overline{B}+C)(A+\overline{C}+C)\\
&=(\overline{A}+\overline{B})(A+\overline{B}+\overline{C})(\overline{A}+\overline{B}+C)
\end{aligned}
$$

第二步:将所得或-与表达式中的非最大项扩展成最大项,即

$$
\begin{aligned}
F(A,B,C)&=(\overline{A}+\overline{B})(A+\overline{B}+\overline{C})(\overline{A}+\overline{B}+C)\\
&=(\overline{A}+\overline{B}+\overline{C})(\overline{A}+\overline{B}+C)(A+\overline{B}+\overline{C})(\overline{A}+\overline{B}+C)
\end{aligned}
$$

$$=(A+\overline{B}+\overline{C})(\overline{A}+\overline{B}+C)(\overline{A}+\overline{B}+\overline{C})$$

该标准或-与表达式的简写形式为

$$F(A,B,C)=M_3\cdot M_6\cdot M_7=\prod M(3,6,7)$$

当给出函数已经是或-与表达式时，可直接进行第二步。

2. 真值表转换法

一个逻辑函数的真值表与它的最小项表达式具有一一对应的关系。假定在函数F的真值表中有k组变量取值使F的值为1、其他变量取值下F的值为0，那么，函数F的最小项表达式由这k组变量取值对应的k个最小项组成。因此，求一个函数的最小项表达式时，可以通过先列出该函数的真值表，然后根据真值表写出最小项表达式。

例 2.3 将函数表达式$F(A,B,C)=A\overline{B}+B\overline{C}$表示成最小项表达式。

解 首先，列出F的真值表如表2.6所示，然后，根据真值表直接写出F的最小项表达式

$$F(A,B,C)=\sum m(2,4,5,6)$$

表 2.6 函数 $F(A,B,C)=A\overline{B}+B\overline{C}$ 的真值表

A	B	C	F
0	0	0	0
0	0	1	0
0	1	0	1
0	1	1	0
1	0	0	1
1	0	1	1
1	1	0	1
1	1	1	0

$F(A,B,C)=\sum m(2,4,5,6)$

类似地，一个逻辑函数的真值表与它的最大项表达式之间同样具有一一对应的关系。假定在函数F的真值表中有k组变量取值使F的值为0、其他变量取值下F的值为1，那么，函数F的最大项表达式由这k组变量取值对应的k个最大项组成。因此，当求一个函数的最大项表达式时，可以先列出函数真值表，然后根据真值表直接写出最大项表达式。

例 2.4 将函数表达式$F(A,B,C)=\overline{A}C+A\overline{B}\overline{C}$表示成最大项表达式的形式。

解 首先列出F的真值表如表2.7所示；然后根据真值表直接写出F的最大项表达式

$$F(A,B,C)=\prod M(0,2,5,6,7)$$

表 2.7 函数 $F(A,B,C)=\overline{A}C+A\overline{B}\,\overline{C}$ 的真值表

A	B	C	F
0	0	0	0
0	0	1	1
0	1	0	0
0	1	1	1
1	0	0	1
1	0	1	0
1	1	0	0
1	1	1	0

$F(A,B,C)=\prod M(0,2,5,6,7)$

由于函数的真值表与函数的两种标准表达式之间存在一一对应的关系，而任何一个逻辑函数的真值表是唯一的，所以，任何一个逻辑函数的两种标准形式也是唯一的。这给我们分析和研究逻辑问题带来了很大的方便。

2.4 逻辑函数化简

逻辑函数表达式有各种不同的表示形式，即使同一类型的表达式也有繁有简。对于某一个逻辑函数来说，尽管函数表达式的形式不同，但所描述的逻辑功能是相同的。在数字系统中，实现某一逻辑功能的逻辑电路的复杂性与描述该功能的逻辑表达式的复杂性直接相关。一般说，逻辑函数表达式越简单，设计出来的相应逻辑电路也就越简单。然而，从逻辑问题概括出来的逻辑函数通常都不是最简的，因此，为了简化电路结构、降低系统成本、提高可靠性，必须对逻辑函数进行化简。通常，把逻辑函数化简成最简形式称为逻辑函数的最小化。

在各种各样的逻辑表达式中，与-或表达式和或-与表达式是最基本的形式，通过这两种基本形式可以很方便地将逻辑表达式转换成任何其他所要求的形式。因此，将从这两种基本形式出发讨论函数化简问题，并将重点放在与-或表达式的化简上。

下面，分别介绍逻辑函数化简的 3 种方法，即代数化简法、卡诺图化简法和列表化简法。

2.4.1 代数化简法

代数化简法是指运用逻辑代数的公理、定理和规则对逻辑函数进行化简的方法。这种方法没有固定的步骤可以遵循，主要取决于对逻辑代数中公理、定理和规则的熟练掌握及灵活运用的程度。尽管如此，还是可以总结出一些适用于大多数情况的常用方法。

1. 与-或表达式的化简

最简与-或表达式应满足两个条件：

① 表达式中的与项个数最少；

② 在满足条件①的前提下，每个与项中的变量个数最少。

满足上述两个条件可以使相应逻辑电路中所需门的数量、门的输入端个数以及相互连线均为最少，从而使电路最经济。

化简与-或表达式有以下几种常用方法。

(1) 并项法

利用定理 7 中的 $AB+A\overline{B}=A$，将两个与项合并成一个与项，合并后消去一个变量。例如，

$$\overline{A}BC+\overline{A}B\overline{C}+\overline{A}\overline{B}=\overline{A}B+\overline{A}\overline{B}=\overline{A}$$

(2) 吸收法

利用定理 3 中 $A+AB=A$，消去多余的项。例如，

$$\overline{A}B+\overline{A}B\overline{C}D(E+\overline{F})=\overline{A}B$$

(3) 消去法

利用定理 4 中 $A+\overline{A}B=A+B$，消去多余变量。例如，

$$
\begin{aligned}
AB+\bar{A}\bar{C}+\bar{B}\bar{C} &= AB+(\bar{A}+\bar{B})\bar{C} \\
&= AB+\overline{AB}\,\bar{C} \\
&= AB+\bar{C}
\end{aligned}
$$

(4) 配项法

利用公理 4 和公理 5 中的 $A\cdot 1=A$ 及 $A+\bar{A}=1$，先从函数式中适当选择某些与项，并配上其所缺的一个合适的变量，然后再利用并项、吸收和消去等方法进行化简。例如，

$$
\begin{aligned}
A\bar{B}+B\bar{C}+\bar{B}C+\bar{A}B &= A\bar{B}+B\bar{C}+(A+\bar{A})\bar{B}C+\bar{A}B(C+\bar{C}) \\
&= A\bar{B}+B\bar{C}+A\bar{B}C+\bar{A}\bar{B}C+\bar{A}BC+\bar{A}B\bar{C} \\
&= A\bar{B}+B\bar{C}+\bar{A}C
\end{aligned}
$$

上面介绍的是几种常用的方法，举出的例子都比较简单，而实际应用中遇到的逻辑函数往往比较复杂，因此在化简时应灵活使用所学的公理、定理及规则，综合运用各种方法。

例 2.5　化简　$F=AD+A\bar{D}+AB+\bar{A}C+BD+\bar{B}E+DE$。

解

$$
\begin{aligned}
F &= AD+A\bar{D}+AB+\bar{A}C+BD+\bar{B}E+DE \\
&= A+AB+\bar{A}C+BD+\bar{B}E+DE \\
&= A+\bar{A}C+BD+\bar{B}E+DE \\
&= A+C+BD+\bar{B}E
\end{aligned}
$$

例 2.6　化简　$F=\bar{A}\bar{C}(\bar{B}+BD)+A\bar{C}D$。

解

$$
\begin{aligned}
F &= \bar{A}\bar{C}(\bar{B}+BD)+A\bar{C}D \\
&= \bar{A}\bar{C}[(\bar{B}+B)(\bar{B}+D)]+A\bar{C}D \\
&= \bar{A}\bar{B}\bar{C}+\bar{A}\bar{C}D+A\bar{C}D \\
&= \bar{A}\bar{B}\bar{C}+\bar{C}D(\bar{A}+A) \\
&= \bar{A}\bar{B}\bar{C}+\bar{C}D
\end{aligned}
$$

例 2.7　化简　$F=AB+A\bar{C}+\bar{B}C+B\bar{C}+\bar{B}D+B\bar{D}+ADE$。

解

$$
\begin{aligned}
F &= AB+A\bar{C}+\bar{B}C+B\bar{C}+\bar{B}D+B\bar{D}+ADE \\
&= A\,\overline{\bar{B}\bar{C}}+\bar{B}C+B\bar{C}+\bar{B}D+B\bar{D}+ADE \\
&= A+\bar{B}C+B\bar{C}+\bar{B}D+B\bar{D}+ADE \\
&= A+\bar{B}C+B\bar{C}+\bar{B}D+B\bar{D} \\
&= A+\bar{B}C(\bar{D}+D)+B\bar{C}+\bar{B}D+B\bar{D}(C+\bar{C}) \\
&= A+\bar{B}C\bar{D}+\bar{B}CD+B\bar{C}+\bar{B}D+BC\bar{D}+B\bar{C}\bar{D} \\
&= A+(\bar{B}C\bar{D}+BC\bar{D})+(\bar{B}CD+\bar{B}D)+(B\bar{C}+B\bar{C}\bar{D}) \\
&= A+C\bar{D}+\bar{B}D+B\bar{C}
\end{aligned}
$$

2. 或-与表达式的化简

同最简与-或表达式类似，最简或-与表达式也应满足两个条件：

① 表达式中的或项个数最少；

② 在满足条件①的前提下，每个或项的变量个数最少。

用代数化简法化简或-与表达式可直接运用公理、定理中的或-与形式，并综合运用前面介绍与-或表达式化简时提出的各种方法进行化简。

例 2.8　化简　$F=(A+B)(A+\bar{B})(B+C)(B+C+D)$。

解

$$
F = (A+B)(A+\bar{B})(B+C)(B+C+D)
$$

$$=(A+B)(A+\overline{B})(B+C)$$
$$=A(B+C)$$

如果对于公理、定理中的或-与形式不太熟悉,也可以采用两次对偶法:首先,对用或-与表达式表示的函数 F 求对偶,得到与-或表达式 F′,并按与-或表达式的化简方法求出 F′的最简表达式;然后,对 F′再次求对偶,即可得到 F 的最简或-与表达式。

例 2.9 化简 $F=(A+\overline{B})(\overline{A}+B)(B+C)(\overline{A}+C)$。

解 先求 F 的对偶式 F′并进行化简。

$$\begin{aligned} F' &= A\overline{B}+\overline{A}B+BC+\overline{A}C \\ &= A\overline{B}+\overline{A}B+(B+\overline{A})C \\ &= A\overline{B}+\overline{A}B+\overline{A\overline{B}}C \\ &= A\overline{B}+\overline{A}B+C \end{aligned}$$

再对 F′求对偶,得到

$$F=(F')'=(A+\overline{B})(\overline{A}+B)C$$

从前面的介绍可以看出,代数化简法的优点是不受变量数目的约束,当对公理、定理和规则十分熟练时化简比较方便;缺点是没有一定的规律和步骤,技巧性很强,而且在很多情况下难以判断化简结果是否为最简。因此,这种方法有较大的局限性。

2.4.2 卡诺图化简法

卡诺图化简法又称为图形化简法。这种方法简单、直观、容易掌握,因而在逻辑设计中得到了广泛应用。

1. 卡诺图的构成

卡诺图是一种平面方格图,n 个变量的卡诺图由 2^n 个小方格构成。可以把卡诺图看成是真值表图形化的结果,n 个变量的真值表是用 2^n 行的纵列依次给出变量的 2^n 种取值,每行的取值与一个最小项对应;而 n 个变量的卡诺图是用二维图形中 2^n 个小方格的坐标值给出变量的 2^n 种取值,每个小方格与一个最小项对应。

卡诺图中最小项的排列方案不是唯一的,但任何一种排列方案都应保证能清楚地反映最小项的相邻关系。本教材中使用图 2.5 所示的画法。图 2.5(a)、(b)、(c)、(d)分别为 2 变量、3 变量、4 变量、5 变量卡诺图。图中,变量的坐标值 0 表示相应变量的反变量,1 表示相应变量的原变量。各小方格依变量顺序取坐标值,得到的二进制数所对应的十进制数即为相应最小项 m_i 的下标 i。在 5 变量卡诺图中,为了方便省略了符号“m”,直接标出 m 的下标 i。

从图 2.5 所示的各卡诺图可以看出,卡诺图上变量的排列是有一定规律的。假定把彼此只有一个变量不同,且这个不同变量互为反变量的两个最小项称为相邻最小项,那么,卡诺图上变量的排列规律将使最小项的相邻关系能在图形上清晰地反映出来。具体地说,在 n 个变量的卡诺图中,能从图形上直观、方便地找到每个最小项的 n 个相邻最小项。例如,4 变量卡诺图中,每个最小项应有 4 个相邻最小项。如 m_5 的 4 个相邻最小项分别是 m_1,m_4,m_7,m_{13},这 4 个最小项对应的小方格与 m_5 对应的小方格分别相连,也就是说在几何位置上是相邻的,这种相邻称为几何相邻。而 m_0 则不完全相同,它的 4 个相邻最小项除了与之几何相邻的 m_1 和 m_4 之外,另外两个是处在“相对”位置的 m_2(同一列的两端)和 m_8(同一行的两端)。

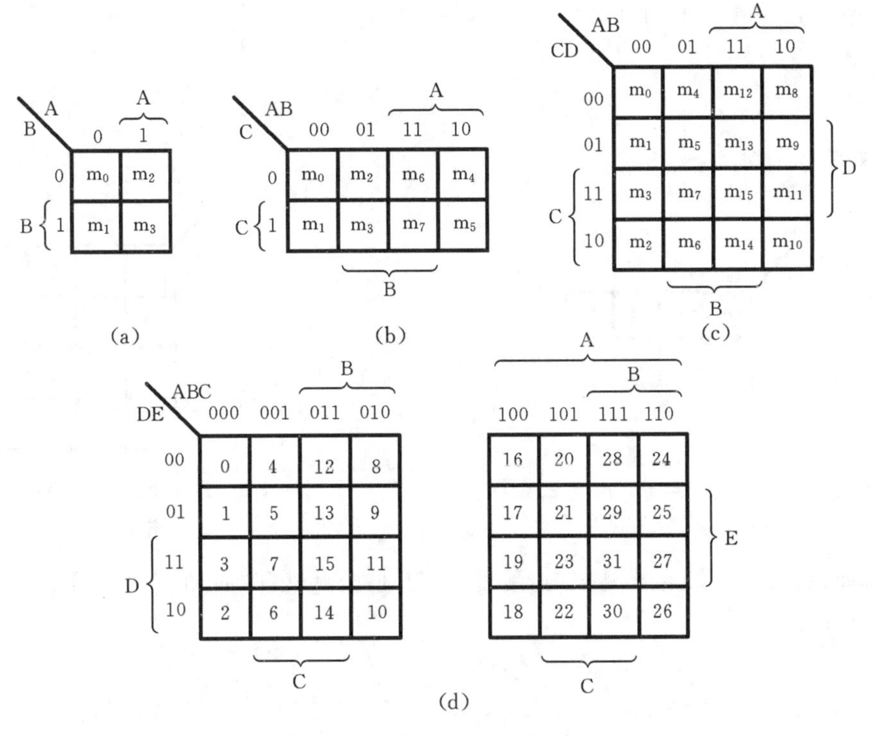

图 2.5 2～5 变量卡诺图

这种相邻似乎不太直观,但只要按图 2.6(a)所示把这个图的上、下边缘连接,卷成圆筒状,便可看出m_0和m_2在几何位置上是相邻的。同样,按图 2.6(b)所示把图的左、右边缘连接,卷成圆筒状,便可使m_0和m_8相邻。通常把这种相邻称为相对相邻。

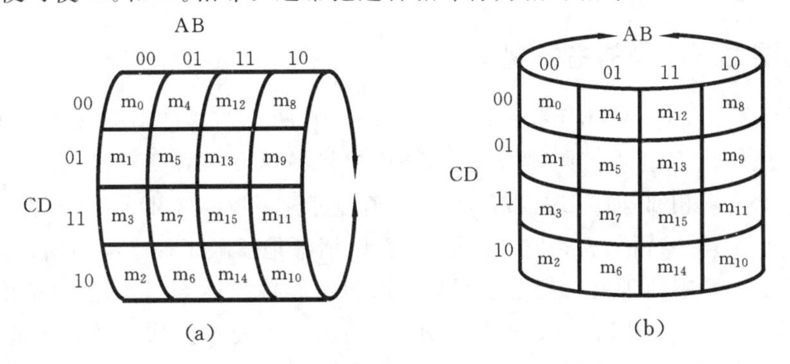

图 2.6 4 变量卡诺图卷成筒状的示意图

除此之外,还有“相重”位置的最小项相邻,如 5 变量卡诺图中的m_3,除了几何相邻的m_1,m_2,m_7和相对相邻的m_{11}外,还与m_{19}相邻。对于这种情形,可以把卡诺图左边的矩形重叠到右边矩形之上来看,凡上下重叠的最小项相邻,则称为重叠相邻。

归纳起来,卡诺图在构造上具有以下两个特点:

① n 个变量的卡诺图由 2^n 个小方格组成,每个小方格代表一个最小项;

② 卡诺图上处在相邻、相对、相重位置的小方格所代表的最小项为相邻最小项。

2. 逻辑函数在卡诺图上的表示

当逻辑函数为标准与-或表达式时,只需在卡诺图上找出和表达式中最小项对应的小方格填上 1,其余小方格填上 0,即可得到该函数的卡诺图。

例如,3 变量函数

$$F(A,B,C)=\sum m(1,2,3,7)$$

其卡诺图如图 2.7 所示。

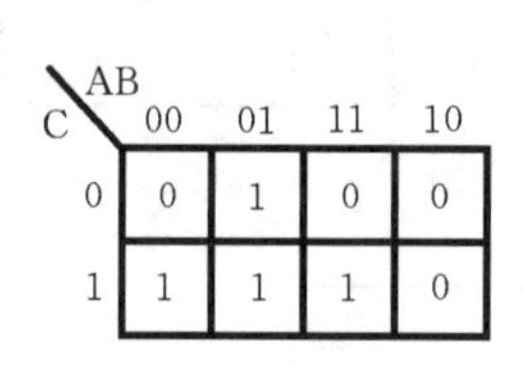

图 2.7 $F(A,B,C)=\sum m(1,2,3,7)$ 的卡诺图

CD \ AB	00	01	11	10
00	0	0	1	0
01	0	0	1	0
11	1	1	1	1
10	1	0	1	0

图 2.8 $F(A,B,C,D)=AB+CD+\overline{A}\overline{B}C$ 的卡诺图

当逻辑函数为一般与-或表达式时,可根据“与”的公共性和“或”的叠加性画出相应的卡诺图。例如,4 变量函数

$$F(A,B,C,D)=AB+CD+\overline{A}\overline{B}C$$

只需在 4 变量卡诺图上依次找出和与项 AB、CD、$\overline{A}\overline{B}C$ 对应的小方格填上 1,便可得到该函数的卡诺图,如图 2.8 所示。

当逻辑函数表达式为其他形式时,可将其变换成上述形式后再作卡诺图。

为了叙述的方便,通常将卡诺图上填 1 的小方格称为 1 方格,填 0 的小方格称为 0 方格。0 方格有时用空格表示。

3. 卡诺图上最小项的合并规律

根据定理 $AB+A\overline{B}=A$ 和相邻最小项的定义可知,两个相邻最小项可以合并为一项并消去一个变量。例如,4 变量最小项$\overline{A}B\overline{C}D$ 和 $\overline{A}BCD$ 相邻,$\overline{A}B\overline{C}D+\overline{A}BCD$ 可以合并为 $\overline{A}BD$。如果 $\overline{A}BD$ 还与另一个与项相邻,如 ABD,那么,按同样道理可进一步将 $\overline{A}BD+ABD$ 合并为 BD。

卡诺图有一个重要特征,就是它从图形上直观、清晰地反映了最小项的相邻关系。用卡诺图化简逻辑函数的基本原理就是把上述逻辑依据和图形特征结合起来,通过把卡诺图上表征相邻最小项的相邻小方格圈在一起进行合并,达到用一个简单与项代替若干最小项的目的。通常把用来包围那些能由一个简单与项代替的若干最小项的圈称为**卡诺圈**。

究竟哪些最小项可以合并呢?下面以 2、3、4 变量卡诺图为例予以说明。

① 当两个(2^1个)小方格几何相邻,或处于某行(列)两端时,其所代表的最小项可以合并,合并后的与项可消去 1 个变量。

图 2.9 给出了 2、3 变量卡诺图上 2 个相邻最小项合并的典型情况。

在图 2.9(a)所示 2 变量卡诺图中的 1 方格对应 2 个最小项 $m_1=\overline{A}B$ 和 $m_3=AB$,这 2 个最小项彼此相邻,故可以合并,合并后的与项可消去 1 个变量,结果为 B,即

$$\overline{A}B+AB=B$$

在图 2.9(b)所示 2 变量卡诺图中的 1 方格对应 3 个最小项,其中,$m_0=\overline{A}\overline{B}$ 既和 $m_1=\overline{A}B$ 相邻,又和 $m_2=A\overline{B}$ 相邻,合并时可对 m_0 重复使用。m_0 和 m_1 合并的结果为 $\overline{A}$,m_0 和 m_2 合并

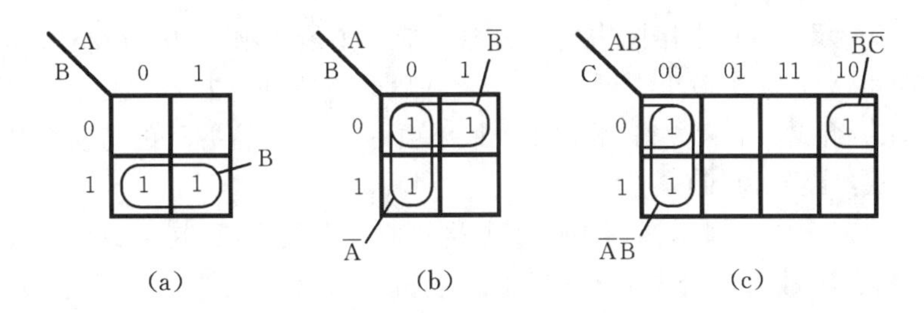

图 2.9 2、3 变量卡诺图上 2 个相邻最小项合并的典型情况

的结果为 $\overline{B}$，卡诺图中 1 方格合并的最终结果为 $\overline{A}+\overline{B}$，即

$$\overline{A}\overline{B}+\overline{A}B+A\overline{B}=\overline{A}\overline{B}+\overline{A}B+\overline{A}\overline{B}+A\overline{B}=\overline{A}+\overline{B}$$

在图 2.9(c)所示 3 变量卡诺图中的 1 方格对应 3 个最小项，其中，$m_0=\overline{A}\overline{B}\overline{C}$ 既和 $m_1=\overline{A}\overline{B}C$ 相邻，又和 $m_4=A\overline{B}\overline{C}$ 相邻，合并时可对 m_0 重复使用，m_0 和 m_1 合并的结果为 $\overline{A}\overline{B}$；m_0 和 m_4 合并的结果为 $\overline{B}\overline{C}$，卡诺图中 1 方格合并的最终结果为 $\overline{A}\overline{B}+\overline{B}\overline{C}$，即

$$\overline{A}\overline{B}\overline{C}+\overline{A}\overline{B}C+A\overline{B}\overline{C}=\overline{A}\overline{B}\overline{C}+\overline{A}\overline{B}C+\overline{A}\overline{B}\overline{C}+A\overline{B}\overline{C}=\overline{A}\overline{B}+\overline{B}\overline{C}$$

② 当 4 个(2^2个)小方格组成一个大方格，或组成一行(列)，或处于相邻两行(列)的两端，或处于四角时，其所代表的最小项可以合并，合并后的与项可消去 2 个变量。

图 2.10 给出了 3 变量卡诺图上 4 个相邻最小项合并的典型情况。

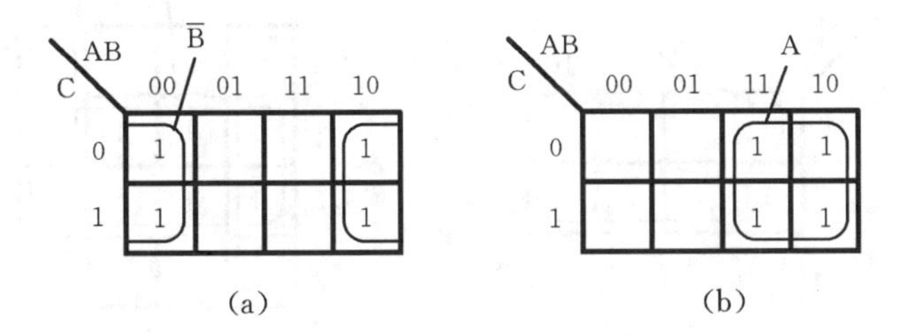

图 2.10 3 变量卡诺图上 4 个相邻最小项合并的典型情况

在图 2.10(a)所示 3 变量卡诺图中的 1 方格对应 4 个最小项 m_0，m_1，m_4，m_5，这 4 个最小项处于相邻两行的两端，故可以合并，合并后的与项可消去 2 个变量，结果为 $\overline{B}$，即

$$\overline{A}\overline{B}\overline{C}+\overline{A}\overline{B}C+A\overline{B}\overline{C}+A\overline{B}C=\overline{A}\overline{B}+A\overline{B}=\overline{B}$$

在图 2.10(b)所示 3 变量卡诺图中的 1 方格对应 4 个最小项 m_4，m_5，m_6，m_7，这 4 个最小项组成一个大方格，故可以合并，合并的结果为 A。

图 2.11 给出了 4 变量卡诺图上 4 个相邻最小项合并的典型情况。

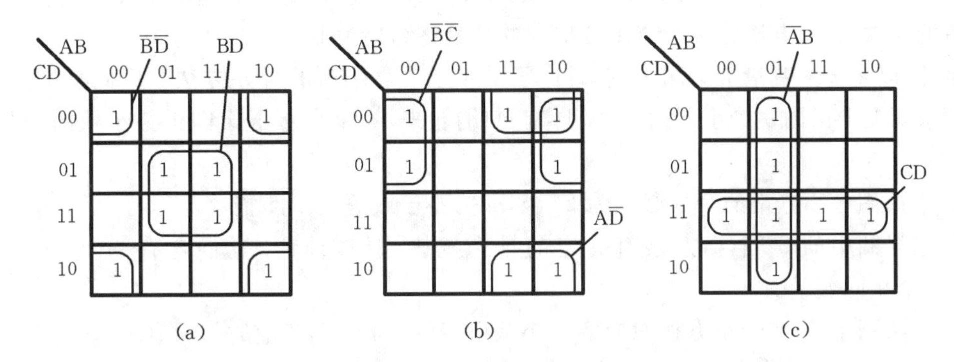

图 2.11 4 变量卡诺图上 4 个相邻最小项合并的典型情况

在图 2.11(a)所示 4 变量卡诺图中的 1 方格对应 8 个最小项,其中,最小项m_0,m_2,m_8,m_{10}处于卡诺图的四角,故这 4 个最小项可以合并,合并后的与项可消去 2 个变量,结果为 $\overline{B}\overline{D}$;最小项 m_5,m_7,m_{13},m_{15}组成一个大方格,故这 4 个最小项可以合并,合并后的与项为 BD;卡诺图中所有 1 方格合并的最终结果为 $\overline{B}\overline{D}$+BD。

在图 2.11(b)所示 4 变量卡诺图中的 1 方格对应 7 个最小项,其中最小项m_0,m_1,m_8,m_9处于相邻两行的两端,故可以合并,合并后的与项可消去 2 个变量,结果为 $\overline{B}\overline{C}$;最小项 m_8,m_{10},m_{12},m_{14}处于相邻两列的两端,故这 4 个最小项可以合并,合并后的与项为 A$\overline{D}$;卡诺图中所有 1 方格合并的最终结果为 $\overline{B}\overline{C}$+A$\overline{D}$。

在图 2.11(c)所示 4 变量卡诺图中的 1 方格对应 7 个最小项,其中,最小项m_4,m_5,m_6,m_7组成一列,故可以合并,合并后的与项可消去 2 个变量,结果为 $\overline{A}$B;最小项 m_3,m_7,m_{11},m_{15}组成一行,故这 4 个最小项可以合并,合并后的与项为 CD;卡诺图中所有 1 方格合并的最终结果为 $\overline{A}$B+CD。

③ 当 8 个(2^3个)小方格连成一体,或处于两个边行(列)时,其所代表的最小项可以合并,合并后可消去 3 个变量。

图 2.12 给出了 3、4 变量卡诺图上 8 个相邻最小项合并的典型情况。

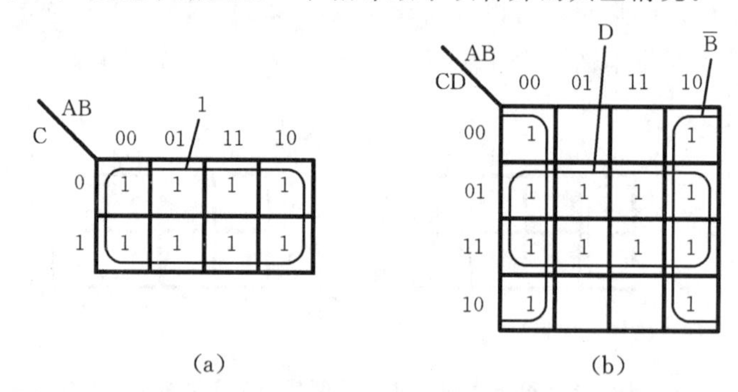

图 2.12 3、4 变量卡诺图上 8 个相邻最小项合并的典型情况

在图 2.12(a)所示 3 变量卡诺图中的 8 个小方格全部为 1,这 8 个最小项可以合并,合并后的与项可消去 3 个变量,结果为 1,即全部最小项相或为 1。

在图 2.12(b)所示 4 变量卡诺图中的 1 方格对应 12 个最小项,其中最小项m_0,m_1,m_2,m_3,m_8,m_9,m_{10},m_{11}处于两个边列,故这 8 个最小项可以合并,合并后的与项可消去 3 个变量,结果为 $\overline{B}$;最小项 m_1,m_3,m_5,m_7,m_9,m_{11},m_{13},m_{15}连成一体,故这 8 个最小项可以合并,合并后的与项为 D;卡诺图中所有 1 方格合并的最终结果为 $\overline{B}$+D。

至此,以 2、3、4 变量卡诺图为例,讨论了 2、4、8 个最小项的合并方法。以此类推,不难得出 5 变量以上卡诺图中最小项的合并规律。归纳起来,n 个变量卡诺图中最小项的合并规律如下。

① 卡诺圈中小方格的个数必须为 2^m个,m 为小于或等于 n 的整数。

② 卡诺圈中的 2^m个小方格有一定的排列规律,具体地说,它们含有 m 个不同变量,$(n-m)$ 个相同变量。

③ 卡诺圈中的 2^m个小方格对应的最小项可用$(n-m)$ 个变量的与项表示,该与项由这些最小项中的相同部分构成。

④ 当 $m=0$ 时,卡诺圈中包含 1 个最小项;当 $m=n$ 时,卡诺圈包围了整个卡诺图,可用 1

表示，即 n 个变量的全部最小项相或为1。

4. 卡诺图化简逻辑函数的步骤

(1) 几个术语

在讨论用卡诺图化简逻辑函数的具体步骤之前，先定义几个术语如下。

蕴涵项：在函数的与-或表达式中，每个与项被称为该函数的蕴涵项(Implicant)。显然，在函数卡诺图中，任何一个1方格所对应的最小项或者卡诺圈中的 2^m 个1方格所对应的与项都是函数的蕴涵项。

质蕴涵项：若函数的一个蕴涵项不是该函数中其他蕴涵项的子集，则此蕴涵项称为质蕴涵项(Prime Implicant)，简称为质项。显然，在函数卡诺图中，按照最小项合并规律，如果某个卡诺圈不可能被其他更大的卡诺圈包含，那么，该卡诺圈所对应的与项为质蕴涵项。

必要质蕴涵项：若函数的一个质蕴涵项包含有不被函数的其他任何质蕴涵项所包含的最小项，则此质蕴涵项被称为必要质蕴涵项(Essential Prime Implicant)，简称为必要质项。在函数卡诺图中，若某个卡诺圈包含了不可能被任何其他卡诺圈包含的1方格，那么，该卡诺圈所对应的与项为必要质蕴涵项。

(2) 求逻辑函数的最简"与-或"表达式

在上述定义的基础上可归纳出用卡诺图求逻辑函数最简与-或表达式的一般步骤如下。

第一步：作出函数的卡诺图。

第二步：在卡诺图上圈出函数的全部质蕴涵项。

第三步：从全部质蕴涵项中找出所有必要质蕴涵项。

第四步：若函数的所有必要质蕴涵项尚不能覆盖卡诺图上的所有1方格，则从剩余质蕴涵项中找出最简的所需质蕴涵项，使它和必要质蕴涵项一起构成函数的最小覆盖(即最简的质蕴涵项集)。

下面举例说明用卡诺图化简逻辑函数的全过程。

例 2.10 用卡诺图化简逻辑函数 $F(A,B,C,D)=\sum m(0,3,5,6,7,10,11,13,15)$。

解 第一步：作出给定函数F的卡诺图，如图2.13(a)所示。

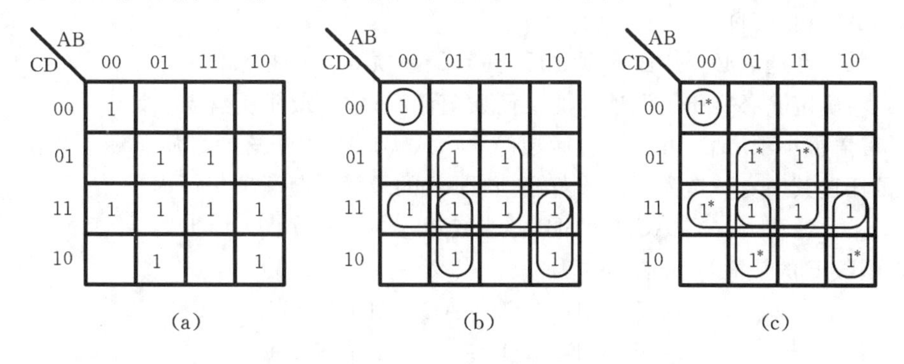

图 2.13 例 2.10 中函数 F 的卡诺图化简

第二步：在函数F的卡诺图上圈出函数的全部质蕴涵项。

按照卡诺图上最小项的合并规律，对函数F卡诺图中的1方格画卡诺圈。为了圈出全部质蕴涵项，画卡诺圈时先画大圈，再画小圈，且大圈中不再画小圈，按此约定，得到图2.13(b)。在图2.13(b)中的5个卡诺圈均不可能被更大的卡诺圈包围，故它们对应的与项均为质蕴涵项。

第三步:从全部质蕴涵项中找出所有必要质蕴涵项。

为了从卡诺图上找出所有必要质蕴涵项,必须在卡诺图上找出那些只被一个卡诺圈包围的最小项,这些最小项被称为必要最小项,而包含必要最小项的质蕴涵项就是必要质蕴涵项。图 2.13(c)中标有"*"号的最小项为必要最小项,它们分别是最小项 m_0,m_3,m_5,m_6,m_{10} 和 m_{13}。由此可见,卡诺图上圈出的 5 个质蕴涵项均为必要质蕴涵项。为了保证所得结果无一遗漏地覆盖函数的所有最小项,函数表达式中必须包含所有必要质蕴涵项。在此题中,5 个必要质蕴涵项已将函数的全部最小项覆盖,故函数 F 的最简表达式为

$$F(A,B,C,D)=\overline{A}\overline{B}\overline{C}\overline{D}+\overline{A}BC+A\overline{B}C+BD+CD$$

在这个例子中,函数的必要质蕴涵项集覆盖了所有最小项,所以,函数的最简与-或表达式可由全部必要质蕴涵项构成。但有些函数的全部最小项并不能由它的全部必要质蕴涵项覆盖。在这种情况下,还将进行第四步。

例 2.11 用卡诺图化简逻辑函数 $F(A,B,C,D)=\overline{A}CD+\overline{B}C\overline{D}+\overline{A}BC\overline{D}+A\overline{B}\overline{D}+AB\overline{C}\overline{D}$。

解 第一步:作出 F 的卡诺图,如图 2.14(a)所示。

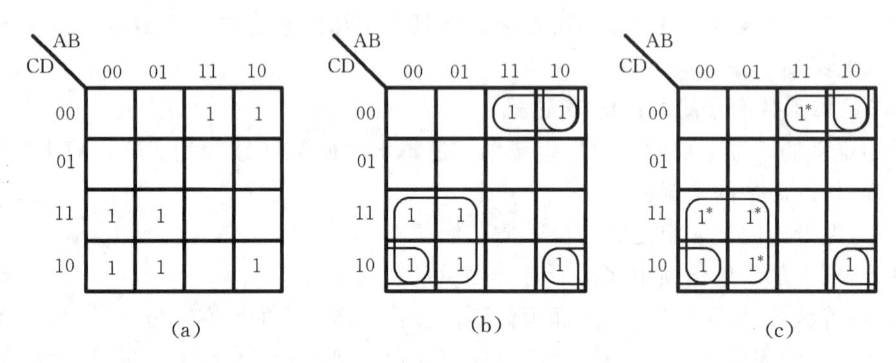

图 2.14 例 2.11 中函数 F 的卡诺图化简

第二步:在卡诺图上圈出函数的全部质蕴涵项,见图 2.14(b)。由图可知,该函数包含 4 个质蕴涵项,即 $\overline{A}C$,$\overline{B}C\overline{D}$,$A\overline{B}\overline{D}$ 和 $A\overline{C}\overline{D}$。

第三步:找出所有必要质蕴涵项,如图 2.14(c)所示。由图可知,该函数包含两个必要质蕴涵项,即 $\overline{A}C$ 和 $A\overline{C}\overline{D}$。

由图可见,在选取必要质蕴涵项之后,尚有最小项 m_{10} 未被覆盖。

第四步:确定除必要质蕴涵项外的最简质蕴涵项,求出最简质蕴涵项集。

为了覆盖最小项 m_{10},可选质蕴涵项 $A\overline{B}\overline{D}$ 或 $\overline{B}C\overline{D}$,由于这两个质蕴涵项均由 3 个变量组成,故可任选其中之一作为所需质蕴涵项,即 F 的最简质蕴涵项集可为

$$\{\overline{A}C,A\overline{C}\overline{D},A\overline{B}\overline{D}\} \qquad 或者 \qquad \{\overline{A}C,A\overline{C}\overline{D},\overline{B}C\overline{D}\}$$

求得函数 F 的最简与-或表达式为

$$F(A,B,C,D)=\overline{A}C+A\overline{C}\overline{D}+A\overline{B}\overline{D}$$

或

$$F(A,B,C,D)=\overline{A}C+A\overline{C}\overline{D}+\overline{B}C\overline{D}$$

这里,函数 F 的最简式有两个,它们分别由两个相同的必要质蕴涵项和一个不同的所需质蕴涵项组成,其复杂程度相同。由此可见,函数的最简与-或表达式不一定是唯一的。

在掌握了卡诺图化简的基本方法和步骤后,不一定按步进行,即在熟练的情况下,完全可以一次求出最简结果。其化简的总原则是:

在覆盖函数中的所有最小项的前提下,卡诺圈的个数达到最少,每个卡诺圈达到最大。

(3) 求逻辑函数最简或-与表达式

上面介绍了用卡诺图求函数最简与-或表达式的方法和步骤。当需要求一个函数的最简或-与表达式时，在上述方法的基础上，通常采用“两次取反法”。具体可分如下两种情况处理。

① 当给定逻辑函数为与-或表达式时，首先作出函数 F 的卡诺图，合并卡诺图上的 0 方格，求出反函数 $\overline{F}$ 的最简与-或表达式；然后，对 $\overline{F}$ 的最简与-或表达式取反，得到函数 F 的最简或-与表达式。

例 2.12 用卡诺图化简法求逻辑函数 $F(A,B,C,D)=A\overline{C}+AD+\overline{B}\overline{C}+\overline{B}D$ 的最简或-与表达式。

解 首先作出函数 F 的卡诺图，如图2.15所示。图中，1 方格表示原函数 F 所包含的最小项，0 方格表示反函数 $\overline{F}$ 所包含的最小项(F 为 0 时，$\overline{F}$ 为 1)。合并卡诺图中的 0 方格，可得到反函数的 $\overline{F}$ 最简与-或表达式为

$$\overline{F}(A,B,C,D)=\overline{A}B+C\overline{D}$$

再对 $\overline{F}$ 的最简与-或表达式取反，即可得到函数 F 的最简或-与表达式为

$$F(A,B,C,D)=\overline{\overline{A}B+C\overline{D}}=(A+\overline{B})(\overline{C}+D)$$

② 当给定逻辑函数为或-与表达式时，首先根据反演规则求出函数 F 的反函数 $\overline{F}$，并作出 $\overline{F}$ 的卡诺图，合并卡诺图上的 1 方格，求出反函数 $\overline{F}$ 的最简与-或表达式；然后，对 $\overline{F}$ 的最简与-或表达式取反，得到函数 F 的最简或-与表达式。

CD \ AB	00	01	11	10
00	1	0	1	1
01	1	0	1	1
11	1	0	1	1
10	0	0	0	0

图 2.15 例 2.12 中函数 F 的卡诺图

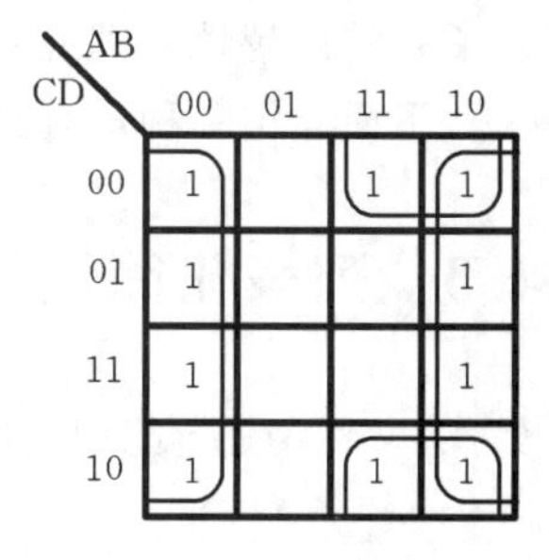

图 2.16 例 2.13 中反函数 $\overline{F}$ 的卡诺图

例 2.13 用卡诺图化简法求逻辑函数 $F(A,B,C,D)=(\overline{A}+D)(B+\overline{D})(A+B)$ 的最简或-与表达式。

解 首先根据反演规则求出函数 F 的反函数 $\overline{F}$ 为

$$\overline{F}(A,B,C,D)=A\overline{D}+\overline{B}D+\overline{A}\overline{B}$$

根据所得表达式可作出 $\overline{F}$ 的卡诺图，如图 2.16 所示。首先，合并卡诺图中的 1 方格可得到反函数的 $\overline{F}$ 最简与-或表达式为

$$\overline{F}(A,B,C,D)=\overline{B}+A\overline{D}$$

然后，对 $\overline{F}$ 的最简与-或表达式取反，即可得到函数 F 的最简或-与表达式为

$$F(A,B,C,D)=B(\overline{A}+D)$$

例 2.14 用卡诺图化简法求逻辑函数 $F(A,B,C,D)=\prod M(3,4,6,7,11,12,13,14,15)$ 的最简与-或表达式和最简或-与表达式。

解 根据给定函数的标准或-与表达式，可作出函数的卡诺图，如图 2.17(a)所示。

求逻辑函数最简与-或表达式的过程如图 2.17(b)所示，即合并卡诺图上的 1 方格，便可得

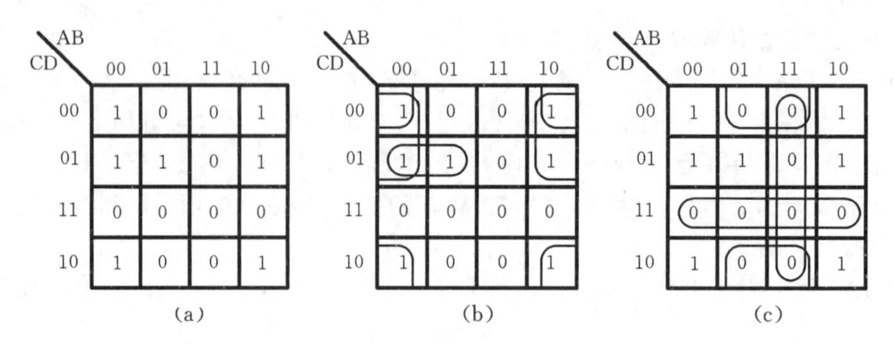

图 2.17　例 2.14 中函数 F 的卡诺图

到函数 F 的最简与-或表达式为

$$F(A,B,C,D)=\overline{B}\overline{D}+\overline{B}\overline{C}+\overline{A}\overline{C}D$$

求逻辑函数最简或-与表达式的过程如图 2.17(c)所示，首先合并卡诺图上的 0 方格，得到函数 $\overline{F}$ 的最简与-或表达式为

$$\overline{F}(A,B,C,D)=AB+CD+B\overline{D}$$

然后，对 $\overline{F}$ 的最简与-或表达式取反，即可得到函数 F 的最简或-与表达式为

$$F(A,B,C,D)=(\overline{A}+\overline{B})(\overline{C}+\overline{D})(\overline{B}+D)$$

从上面介绍可以看出，用卡诺图化简逻辑函数具有方便、直观、容易掌握等优点。但这种方法受到函数变量数目的制约，当变量个数大于 6 时，画图以及对图形的识别都变得相当复杂，从而失去了它的优越性。因此，当变量数目太大时，不能用卡诺图人工化简。为了进一步解决化简问题，下面介绍一种适合计算机“自动”化简的方法——列表化简法。

*2.4.3　列表化简法

列表化简法又称奎恩-麦克拉斯基(Quine-McCluskey)法，是一种系统化简法，简称为 Q-M 化简法。

这种化简法和卡诺图化简法的基本思想大致相同。它也是通过找出函数 F 的全部质蕴涵项、必要质蕴涵项以及最简质蕴涵项集来求得最简表达式。所不同的是，在列表化简法中上述结果都是通过约定形式的表格，按照一定规则求得的。

用列表化简法化简逻辑函数，一般可以概括为以下 4 个步骤。

第一步：将函数表示成“最小项之和”的形式，并用二进制码表示每一个最小项。

第二步：找出函数的全部质蕴涵项。

寻找函数全部质蕴涵项通常借助质蕴涵项产生表，具体方法是先将 n 个变量函数中的相邻最小项合并，消去相异的一个变量，得到 $(n-1)$ 个变量的与项；再将相邻的 $(n-1)$ 个变量的与项合并，消去相异的变量，得到 $(n-2)$ 个变量的与项 …… 以此类推，直到不能再合并为止。所得到的全部不能再合并的与项(包括不能合并的最小项)，即为所要求的全部质蕴涵项。

第三步：找出函数的必要质蕴涵项。

找出函数的全部质蕴涵项后，可借助必要质蕴涵项产生表，找出函数的必要质蕴涵项。

第四步：找出函数的最小覆盖。

当必要质蕴涵项不能覆盖函数的全部最小项时，可借助所需质蕴涵项产生表，求出函数的最小覆盖。

以上各步均是通过表格进行的，下面举例说明。

例 2.15　用列表化简法化简逻辑函数 $F(A,B,C,D)=\sum m(0,5,7,8,9,10,11,14,15)$。

解　第一步：用二进制代码表示函数中的每一个最小项，如表 2.8 所示。

表 2.8　例 2.15 中函数 F 的部分真值表

项号	A	B	C	D	F	项号	A	B	C	D	F
0	0	0	0	0	1	10	1	0	1	0	1
5	0	1	0	1	1	11	1	0	1	1	1
7	0	1	1	1	1	14	1	1	1	0	1
8	1	0	0	0	1	15	1	1	1	1	1
9	1	0	0	1	1						

第二步：求函数的全部质蕴涵项。

考虑到相邻最小项的二进制码中 1 的个数只能相差 1，因此，将表 2.8 中最小项按二进制编码中含 1 的个数进行分组，且按含 1 个数的递增顺序排列在表 2.9（Ⅰ）栏中。这样，可以合并的最小项便只能处于相邻的两组内。因此，可将（Ⅰ）栏中相邻两组的二进制码逐个进行比较，找出那些只有一个变量不同的最小项合并，消去不同变量，组成 $(n-1)$ 个变量的与项列于表的（Ⅱ）栏中。例如，首先将 0 组的最小项 m_0 与 1 组的 m_8 进行比较、合并，即

项号	A	B	C	D
0	0	0	0	0
8	1	0	0	0
0,8	—	0	0	0

消去相异的 A 变量，这里用"—"表示消去的变量，然后将合并后的与项列入（Ⅱ）栏中。由于该与项是由 m_0 和 m_8 合并产生的，故在（Ⅰ）栏中 m_0 和 m_8 的右边打上"√"标记，表示它们已经包含在（Ⅱ）栏的与项中了，并在（Ⅱ）栏中的第二列指出相应与项是由哪几个最小项合并产生的。第 0 组的最小项与第 1 组的最小项比较完后，接着比较第 1 组和第 2 组的最小项。即将 m_8 与 m_5，m_9，m_{10} 分别进行比较，显然 m_8 与 m_5 不能合并，因为它们之间有多个变量不同，而 m_8 与 m_9 可以合并消去变量 D，m_8 与 m_{10} 可以合并消去变量 C，将合并后得到的与项同样列入（Ⅱ）栏中。依次类推，将（Ⅰ）栏中全部最小项逐一进行比较、合并，得到表的（Ⅱ）栏。在（Ⅱ）栏中的与项均由 $(n-1)$ 个变量组成，此例（Ⅱ）栏的与项由 3 个变量组成。

表 2.9　质蕴涵项产生表

（Ⅰ）最小项				（Ⅱ）$(n-1)$个变量的与项				（Ⅲ）$(n-2)$个变量的与项			
组号	m_i	ABCD	p_i	组号	$\sum m_i$	ABCD	p_i	组号	$\sum m_i$	ABCD	p_i
0	0	0000	√	0	0,8	—000	p_5	1	8,9,10,11	10——	p_2
1	8	1000	√	1	8,9	100—	√	2	10,11,14,15	1—1—	p_1
2	5	0101	√		8,10	10—0	√				
	9	1001	√	2	5,7	01—1	p_4				
	10	1010	√		9,11	10—1	√				
3	7	0111	√		10,11	101—	√				
	11	1011	√		10,14	1—10	√				
	14	1110	√	3	7,15	—111	p_3				
4	15	1111	√		11,15	1—11	√				
					14,15	111—	√				

按上述同样的方法，再对表 2.9(Ⅱ)栏中的全部与项进行比较、合并，可形成表的第(Ⅲ)栏。由于第(Ⅲ)栏的与项不再相邻，故合并到此结束。

表 2.9 中凡是没有打“√”标记的与项，即函数的质蕴涵项，用 p_i 表示，该函数的全部质蕴涵项为

$$p_1 = \sum m(10,11,14,15) = AC \qquad p_2 = \sum m(8,9,10,11) = A\overline{B}$$

$$p_3 = \sum m(7,15) = BCD \qquad p_4 = \sum m(5,7) = \overline{A}BD$$

$$p_5 = \sum m(0,8) = \overline{B}\,\overline{C}\,\overline{D}$$

第三步：求函数的全部必要质蕴涵项。

通过建立必要质蕴涵项产生表，可求出函数的全部必要质蕴涵项。

本例的必要质蕴涵项产生表如表 2.10 所示。表中，第一行为 F 的全部最小项，第一列为上一步求得的全部质蕴涵项。必要质蕴涵项可按下述步骤求得。

表 2.10　必要质蕴涵项产生表

p_i	m_i								
	0	5	7	8	9	10	11	14	15
$p_1{}^*$						×	×	⊗	×
$p_2{}^*$				×	⊗	×	×		
p_3			×						×
$p_4{}^*$		⊗	×						
$p_5{}^*$	⊗			×					
覆盖情况	√	√	√	√	√	√	√	√	√

① 逐行标上各质蕴涵项覆盖最小项的情况。例如，表中质蕴涵项 p_1 可覆盖最小项 m_{10}，m_{11}，m_{14} 和 m_{15}，故在 p_1 这一行与上述最小项相应列的交叉处打上“×”标记，其他各行依此类推。

② 逐列检查标有“×”的情况，凡只有一个“×”号的列的相应最小项即为必要最小项，在“×”外面加上一个圈(即⊗)。例如，表中最小项 m_0，m_5，m_9，m_{14} 各列均只有一个“×”，故都在“×”号外加上圈。

③ 找出包含⊗号的各行，这些行对应的质蕴涵项即为必要质蕴涵项，在这些质蕴涵项右上角加上“*”标记。例如，表中的 p_1，p_2，p_4 和 p_5 均为必要质蕴涵项。

④ 在表的最后一行覆盖情况一栏中，标上必要质蕴涵项覆盖最小项的情况。凡能被必要质蕴涵项覆盖的最小项，在最后一行的该列上打上标记“√”，供下一步找函数最小覆盖时参考。

第四步：找出函数的最小覆盖。

所谓最小覆盖即既要覆盖全部最小项，又要使质蕴涵项数目达到最少。

为了能覆盖全部最小项，必要质蕴涵项是首先必须选用的质蕴涵项。本例从表 2.10 的覆盖情况一行可知，选取必要质蕴涵项 p_1，p_2，p_4，p_5 后即可覆盖函数的全部最小项。因此，该函数化简的最终结果为

$$F(A,B,C,D) = p_1 + p_2 + p_4 + p_5 = AC + A\overline{B} + \overline{A}BD + \overline{B}\overline{C}\overline{D}$$

当给定函数的必要质蕴涵项集不能覆盖该函数的全部最小项时，还需进一步从剩余质蕴涵项集中找出所需质蕴涵项，以构成函数的最小质蕴涵项集。

进一步找出所需质蕴涵项的途径是，首先建立一个“所需质蕴涵项产生表”，该表是将“必要质蕴涵项产生表”中的必要质蕴涵项及其所覆盖的最小项去掉后形成的；然后按照一定的方法从“所需质蕴涵项产生表”中找出所需质蕴涵项。通常采用的方法是行列消去法，其规则如下。

行消去规则：对于所需质蕴涵项产生表中的任意质蕴涵项 p_i 和 p_j，若 p_i 行中的“×”号完全包含在 p_j 行中，即 $p_i \subset p_j$，则可消去 p_i 行。这是因为选取了质蕴涵项 p_j 后不仅可以覆盖质蕴涵项 p_i 所能覆盖的最小项，而且还可覆盖其他最小项。

列消去规则：对于所需质蕴涵项产生表中的任意最小项 m_i和 m_j，若 m_i列中的“×”号完全包含在 m_j列中，即 $m_i \subset m_j$，则可消去 m_j列。这是因为选取了覆盖 m_i的质蕴涵项后一定能覆盖 m_j，反之则不一定。

按照上述规则消去多余的行和多余的列后，可再次选出必要质蕴涵项。该规则可重复使用，直至找出能覆盖函数全部最小项的最小质蕴涵项集为止。下面举例说明选取所需质蕴涵项的方法。

例 2.16 已知函数 $F(A,B,C,D)=\sum m(0,3,4,5,6,7,8,10,11)$的必要质蕴涵项产生表如表 2.11 所示，求出该函数的最小覆盖。

解 从表 2.11 可知，p_1为必要质蕴涵项，故 p_1是函数最小覆盖中必取的质蕴涵项。在选取了 p_1作为 F 的最简质蕴涵项集的一个元素后，可覆盖最小项 m_4，m_5，m_6，m_7。尚有最小项 m_0，m_3，m_8，m_{10}，m_{11}未被覆盖，故需进一步从剩余质蕴涵项 p_2，p_3，p_4，p_5，p_6，p_7中找出所需质蕴涵项。为此，从表 2.11 中消去 p_1和它所覆盖的最小项 m_4，m_5，m_6，m_7，得到所需质蕴涵项产生表，如表 2.12 所示。

表 2.11 必要质蕴涵项产生表

p_i	m_i								
	0	3	4	5	6	7	8	10	11
p_1*			×	⊗	⊗	×			
p_2								×	×
p_3		×							×
p_4		×				×			
p_5							×	×	
p_6	×						×		
p_7	×		×						
覆盖情况			√	√	√	√			

表 2.12 所需质蕴涵项产生表

p_i	m_i				
	0	3	8	10	11
p_2				×	×
p_3		×			×
p_4	—	×	—	—	—
p_5			×	×	
p_6	×		×		
p_7	-×-	—	—	—	—

在表 2.12 中，p_4行中的“×”完全包含在 p_3行中，p_7行中的“×”完全包含在p_6行中。根据行消去规则，可消去 p_4和 p_7两行，得到表 2.13，它由剩下的质蕴涵项p_2，p_3，p_5，p_6和最小项 m_0，m_3，m_8，m_{10}，m_{11}组成。注意，在表 2.12 中没有可以消去的列。

表 2.13 中，m_0列中的“×”号完全包含在 m_8列中，m_3列中的“×”号完全包含在 m_{11}列中，根据列消去规则，可消去 m_8和 m_{11}所对应的列，得到表 2.14。

表 2.13 消去多余行后的所需质蕴涵项产生表

p_i	m_i				
	0	3	8	10	11
p_2			|	×	×
p_3		×	|		×
p_5			×	×	|
p_6	×		×		|

表 2.14 消去多余行和多余列后的所需质蕴涵项产生表

p_i	m_i		
	0	3	10
p_2			×
p_3**		⊗	
p_5			×
p_6**	⊗		

由表 2.14 可见，m_0 和 m_3 所对应的列均只有一个"×"号，故 p_3 和 p_6 是必须选取的质蕴涵项，通常称为二次必要质蕴涵项，并标以"＊＊"。

选取 p_3，p_6 作为所需质蕴涵项后，还剩有最小项 m_{10} 未被覆盖。为覆盖 m_{10} 可以选取 p_2 或 p_5，这里 p_2 和 p_5 的复杂度相等，可任选其中的一个，于是，求得所需质蕴涵项集为

$$\{p_2,p_3,p_6\} \quad 或者 \quad \{p_3,p_5,p_6\}$$

再加上第一次得到的必要质蕴涵项 p_1，可得到函数最小覆盖的质蕴涵项集为

$$\{p_1,p_2,p_3,p_6\} \quad 或者 \quad \{p_1,p_3,p_5,p_6\}$$

即函数 F 的最简表达式为

$$F(A,B,C,D)=p_1+p_2+p_3+p_6=\overline{A}B+A\overline{B}C+\overline{B}CD+\overline{B}\overline{C}\overline{D}$$

或

$$F(A,B,C,D)=p_1+p_3+p_5+p_6=\overline{A}B+\overline{B}CD+A\overline{B}\overline{D}+\overline{B}\overline{C}\overline{D}$$

列表化简法化简逻辑函数的优点是规律性强，对变量数较多的函数，尽管工作量很大，但总可经过反复比较、合并得到最简结果。该方法非常适用于计算机处理。

习 题 二

2.1 假定一个电路中，指示灯 F 和开关 A、B、C 的关系为

$$F=(A+B)C$$

试画出相应电路图。

2.2 用逻辑代数的公理、定理和规则证明下列表达式：

(1) $\overline{AB+\overline{A}C}=A\overline{B}+\overline{A}\overline{C}$

(2) $AB+A\overline{B}+\overline{A}B+\overline{A}\overline{B}=1$

(3) $A\,\overline{ABC}=A\overline{B}\overline{C}+A\overline{B}C+AB\overline{C}$

(4) $ABC+\overline{A}\overline{B}\overline{C}=\overline{A\overline{B}+B\overline{C}+\overline{A}C}$

2.3 用真值表验证下列表达式：

(1) $A\overline{B}+\overline{A}B=(\overline{A}+\overline{B})(A+B)$

(2) $(\overline{A}+\overline{B})(A+B)=\overline{AB+\overline{A}\overline{B}}$

2.4 利用反演规则和对偶规则求下列函数的反函数和对偶函数：

(1) $F=AB+\overline{A}\overline{B}$

(2) $F=(A+B)(\overline{A}+C)(C+DE)+\overline{E}$

(3) $F=(\overline{A}+B)(C+D\,\overline{AC})$

(4) $F=A[\overline{B}+(C\overline{D}+\overline{E})G]$

2.5 判断下列逻辑命题正误，并说明理由：

(1) 如果 X+Y 和 X+Z 的逻辑值相同，那么，Y 和 Z 的逻辑值一定相同。

(2) 如果 XY 和 XZ 的逻辑值相同，那么，Y 和 Z 的逻辑值一定相同。

(3) 如果 X+Y 和 X+Z 的逻辑值相同，且 XY 和 XZ 的逻辑值相同，那么，Y 和 Z 的逻辑值一定相同。

(4) 如果 X+Y 和 X·Y 的逻辑值相同，那么，X 和 Y 的逻辑值一定相同。

2.6 用代数化简法求下列逻辑函数的最简与-或表达式：

(1) $F=AB+\overline{A}\overline{B}C+BC$

(2) $F=A\bar{B}+B+BCD$

(3) $F=(A+B+C)(\bar{A}+B)(A+B+\bar{C})$

(4) $F=BC+D+\bar{D}(\bar{B}+\bar{C})(AC+B)$

2.7 将下列逻辑函数表示成“最小项之和”及“最大项之积”的简写形式：

(1) $F(A,B,C,D)=B\bar{C}\bar{D}+\bar{A}B+AB\bar{C}D+BC$

(2) $F(A,B,C,D)=\overline{\bar{A}\bar{B}+ABD}+B+CD$

2.8 用卡诺图化简法求出下列逻辑函数的最简与-或表达式和最简或-与表达式：

(1) $F(A,B,C,D)=\bar{A}\,\bar{B}+\bar{A}\,\bar{C}D+AC+B\bar{C}$

(2) $F(A,B,C,D)=BC+D+\bar{D}(\bar{B}+\bar{C})(AD+B)$

(3) $F(A,B,C,D)=\prod M(2,4,6,10,11,12,13,14,15)$

2.9 用卡诺图判断函数 F 和 G 之间的关系：

(1) $F(A,B,C,D)=\bar{B}\,\bar{D}+\bar{A}\,\bar{D}+\bar{C}\,\bar{D}+AC\,\bar{D}$

$G(A,B,C,D)=\bar{B}D+CD+\bar{A}\,\bar{C}D+ABD$

(2) $F(A,B,C)=(A\bar{B}+\bar{A}B)\bar{C}+\overline{(A\bar{B}+\bar{A}B)}C$

$G(A,B,C)=\overline{AB+BC+AC}(A+B+C)+ABC$

2.10 某函数的卡诺图如图 2.18 所示，请回答如下问题：

(1) 若 $b=\bar{a}$，则当 a 取何值时能得到最简的与-或表达式？

(2) 若 a、b 均任意，则 a 和 b 各取何值时能得到最简的与-或表达式？

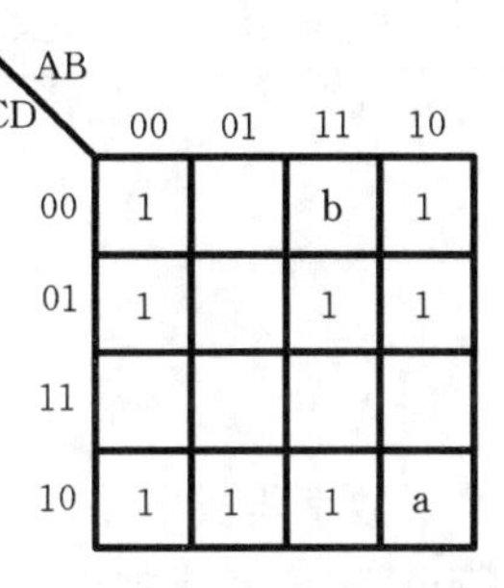

图 2.18 卡诺图

2.11 用列表法化简逻辑函数：

$F(A,B,C,D)=\sum m(0,2,3,5,7,8,10,11,13,15)$

第3章　集成门电路与触发器

逻辑门和触发器是组成各类数字逻辑电路的基本逻辑器件。随着微电子技术的发展，人们不再使用二极管、三极管、电阻、电容等分立元件设计各种逻辑器件，而是把实现各种逻辑功能的元器件及其连线都集中制造在同一块半导体材料基片上，并封装在一个壳体中，通过引线与外界联系，这就构成了所谓的集成电路，通常又称为集成电路芯片。采用集成电路进行数字系统设计，不仅可以大大简化设计和调试过程，而且可以使数字系统具有可靠性高、可维性好、功耗低、成本低等优点。

本章在简单介绍数字集成电路的类型以及半导体器件开关特性的基础上，主要讨论集成门电路与触发器的逻辑功能及其基本工作原理。学习本章，要求重点掌握两种基本逻辑器件的外部特性及功能应用。

3.1　数字集成电路的分类

数字集成电路是数字系统的物质基础。集成电路的种类很多，可以从不同的角度对其进行分类，通常有如下 3 种分类方法。

1. 根据采用的半导体器件分类

根据所采用的半导体器件不同，目前常用的数字集成电路可以分为两大类：一类是采用双极型半导体器件作为元件的双极型集成电路；另一类是采用金属-氧化物-半导体场效应管(Metal-Oxide-Semiconductor Field Effect Transistor，简写为 MOSFET)作为元件的单极型集成电路，简称为 MOS 集成电路。相对而言，双极型集成电路的特点是速度快、负载能力强，但功耗较大、结构较复杂，因而使集成规模受到一定限制；MOS 型集成电路的特点是结构简单、制造方便、集成度高、功耗低，但速度一般比双极型集成电路稍慢。

双极型集成电路又可分为 TTL(Transistor Transistor Logic，即三极管-三极管逻辑)电路、ECL(Emitter Coupled Logic，即射极耦合逻辑)电路和 I^2L(Integrated Injection Logic，即集成注入逻辑)电路等类型。TTL 电路于 20 世纪 60 年代问世，经过电路和工艺的不断改进，不仅具有速度快、逻辑电平摆幅大、抗干扰能力和负载能力强等优点，而且具有不同型号的系列产品，是应用最广泛的一类集成电路。ECL 电路的最大优点是速度特别快，平均传输延迟时间可降低到 1ns 以下；主要缺点是制造工艺复杂、功耗大、抗干扰能力较弱，常用于高速系统中。I^2L电路的主要优点是电路结构简单、功耗低，适合于构造大规模和超大规模集成电路；主要缺点是抗干扰能力较差，因而很少加工成中、小规模集成电路使用。

MOS 集成电路又可分为 PMOS(P-channel Metal-Oxide-Semiconductor，P 沟道 MOS)、NMOS(N-Channel Metal-Oxide-Semiconductor，N 沟道 MOS)和 CMOS(Complement Metal-Oxide-Semiconductor，互补 MOS)等类型。PMOS 和 NMOS 按其工作特性又均可进一步分为

耗尽型和增强型两种类型。PMOS是早期产品，不仅工作速度低，而且由于电源电压为负压，构成的逻辑器件兼容性差，因而很少单独使用。相对而言，NMOS工作速度较高，且电源电压为正压，构成的逻辑器件兼容性较好，因而得到广泛应用。CMOS电路是由PMOS增强型管和NMOS增强型管组成的互补MOS电路，这种电路是继TTL电路问世之后所开发的第二种广泛应用的电路，它以其优越的综合性能被应用于各种不同规模的集成逻辑器件中。

本章主要讨论TTL门电路和CMOS门电路。

2. 根据集成规模的大小分类

根据集成电路规模的大小，通常将其分为小规模集成电路(Small Scale Integration，简写为SSI)、中规模集成电路(Medium Scale Integration，简写为MSI)、大规模集成电路(Large Scale Integration，简写为LSI)和超大规模集成电路(Very Large Scale Integration，简写为VLSI)。分类的依据是一片集成电路芯片上所包含的元器件数目。一般来说，单片内含元器件数目小于100个的属于SSI；单片内含元器件数目在100～999个之间的属于MSI；单片内含元器件数目在1000～99999个之间的属于LSI；单片内含元件数目大于100000个的属于VLSI。值得指出的是，用来作为分类依据的元器件数目不是绝对精确的数量概念，而仅仅是一个大致范围。

本章讨论的逻辑门和触发器属于小规模集成电路。

3. 根据设计方法和功能定义分类

根据设计方法和功能定义，数字集成电路可分为非用户定制电路(Non-custom design IC)、全用户定制电路(Full-custom design IC)和半用户定制电路(Semi-custom design IC)。非用户定制电路又称为标准集成电路，这类电路具有生产量大、使用广泛、价格便宜等优点，例如，各种小、中、大规模通用集成电路产品。全用户定制电路是为了满足用户特殊应用要求而专门生产的集成电路，通常又称为专用集成电路ASIC(Application Specific Integrated Circuit)。专用集成电路具有可靠性高、保密性好等优点，但由于这类电路无论从性能、结构上讲都是专为满足某种用户要求而设计的，因而一般设计费用高、销售量小。半用户定制电路是由厂家生产出功能不确定的集成电路，再由用户根据要求进行适当处理，令其实现指定功能，即由用户通过对已有芯片进行功能定义将通用产品专用化。换而言之，这种电路从性能上讲是为满足用户的各种特殊要求而专门设计的，但从电路结构上讲则带有一定的通用性。例如，目前广泛使用的可编程逻辑器件(Programmable Logic Device，简称PLD)便属于半用户定制电路。

本章讨论的逻辑门和触发器属于标准逻辑器件。

3.2 半导体器件的开关特性

半导体器件都有导通和截止的开关作用，数字电路中的晶体二极管、双极型晶体三极管(Bipolar Junction Transistor，简称BJT)和MOS管等器件一般是以开关方式运用的。它们在脉冲信号作用下，时而饱和导通，时而截止，相当于开关的“接通”与“断开”。由于这些器件通常要运用在开关频率十分高的电路中(开关状态变化的速度可高达每秒百万次数量级甚至千万次数量级),因此,要求器件在导通与截止两种状态之间的转换必须在微秒甚至纳秒数量级的时间内完成。研究这些器件的开关特性时,除了要研究它们在导通与截止两种状态下的静止特性外,还要分析它们在导通和截止状态之间的转变过程,即动态特性。

3.2.1 晶体二极管的开关特性

1. 静态开关特性

晶体二极管由一个 PN 结构成。二极管的静态开关特性是指二极管处在导通和截止两种稳定状态下的特性。图 3.1(a)给出了一个硅二极管电路,与之对应的静态开关特性曲线(又称伏安特性曲线)如图 3.1(b)所示。

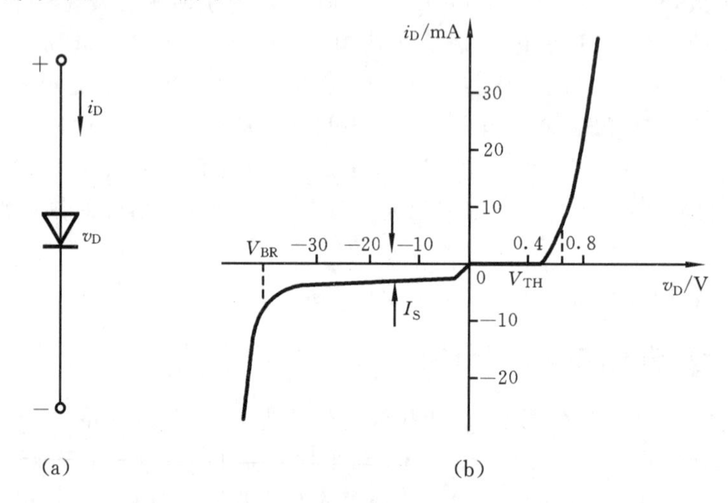

图 3.1 硅二极管电路与伏安特性曲线

二极管的静态开关特性是由二极管的单向导电特性决定的,从伏安特性曲线可知,二极管的电压与电流关系是非线性的。其正、反向特性如下。

(1) 正向特性

二极管的正向特性表现为在外加正向电压作用下,二极管处于导通状态。但如图 3.1(b)所示,二极管的正向特性中存在一个门槛电压,或称阈值电压 V_{TH}(一般锗管约 0.1V,硅管约 0.5V),当外加电压 v_D小于 V_{TH}时,管子处于截止状态,电阻很大、电流 i_D接近于 0,此时二极管类似于开关的断开状态;当电压 v_D达到导通电压 V_{TH}时,管子开始导通,电流 i_D开始上升;当 v_D超过 V_{TH}达到一定值(一般锗管为 0.3V,硅管为 0.7V)时,管子处于充分导通状态,电阻变得很小,电流 i_D急剧增加,此时二极管类似于开关的接通状态。通常将使二极管达到充分导通状态的电压称为二极管的导通电压,用 V_F表示。

(2) 反向特性

如图 3.1(b)所示,二极管的反向特性表现为当外加反向电压在一定数值范围内时,反向电阻很大,反向电流很小,而且反向电压的变化基本不引起反向电流的变化,二极管处于截止状态。截止状态下的反向电流被称为反向饱和电流,用I_S表示。在常温下硅二极管的反向饱和电流比锗管小,小功率硅二极管的 I_S为纳安数量级,而小功率锗二极管的 I_S为微安数量级。由于反向电流很小,通常可忽略不计,故此时二极管的状态类似于开关断开。当反向电压超过某个极限值时，将使反向电流突然猛增，致使二极管被击穿。使二极管击穿的电压称为反向击穿电压，用V_{BR}表示，而将处于0和V_{BR}之间的电压称为反向截止电压，用V_R表示。

由于二极管具有上述的单向导电性，所以在数字电路中经常把它当作开关使用。使用二极管时应注意：由于正向导通时可能因流过的电流过大而导致二极管烧坏，所以在组成实际电路时通常要串接一只电阻R，以限制二极管的正向电流；在加反向电压时，一般反向电压应小于反向击穿电压V_{BR}，以保证二极管正常工作。

图3.2(a)给出了一个由二极管组成的开关电路，图3.2(b)为二极管导通状态下的等效电路，图3.2(c)为二极管在截止状态下的等效电路，图中忽略了二极管的正向压降。

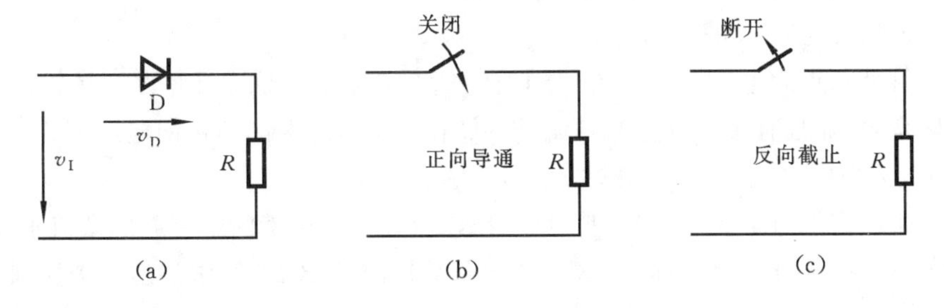

图3.2 二极管开关电路及其等效电路

2. 动态开关特性

二极管的动态特性是指二极管在导通与截止两种状态转换过程中的特性，它表现为完成两种状态之间的转换需要一定的时间。通常把二极管从正向导通到反向截止所需要的时间称为**反向恢复时间**，而把二极管从反向截止到正向导通所需要的时间称为**开通时间**。相比之下，开通时间很短，一般可以忽略不计。因此，影响二极管开关速度的主要因素是反向恢复时间。

(1) 反向恢复时间

理想情况下，当作用在二极管两端的电压由正向导通电压V_F转为反向截止电压V_R时，二极管应立即由导通转为截止，电路中只存在极小的反向电流。但实际并非如此，如图3.3所示，当对图3.3(a)所示二极管开关电路加入一个如图3.3(b)所示的输入电压时，电路中电流变化过程如图3.3(c)所示。

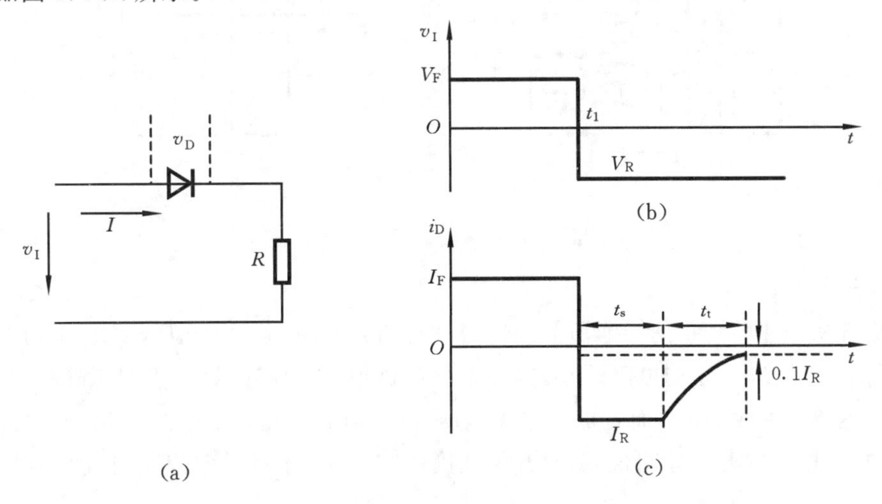

图3.3 二极管的动态特性

图中,在 0~t_1时间内输入正向导通电压 V_F,二极管导通,由于二极管导通时电阻很小,所以电路中的正向电流 I_F基本上取决于输入电压和电阻 R,即$I_F \approx V_F/R$。在 t_1时刻,输入电压突然由正向电压 V_F转为反向电压 V_R,在理想情况下二极管应该立即截止,电路中只有极小的反向电流。但实际情况是二极管并不立即截止,而是先由正向的 I_F变到一个很大的反向电流 $I_R \approx V_R/R$,该电流维持一段时间 t_s后才开始逐渐下降,经过一段时间 t_t后下降到一个很小的数值$0.1I_R$(接近反向饱和电流 I_S),这时二极管才进入反向截止状态。

通常把二极管从正向导通转为反向截止的过程称为反向恢复过程,其中 t_s称为存储时间,t_t称为渡越时间,$t_{re}=t_s+t_t$称为反向恢复时间。

产生反向恢复时间 t_{re}的原因如下。

当二极管外加正向电压 V_F时,PN 结两边的多数载流子不断向对方区域扩散,这不仅使空间电荷区变窄,而且有相当数量的载流子存储在 PN 结的两侧。正向电流越大,P 区存储的电子和 N 区存储的空穴就越多,如图 3.4(a)所示。

当输入电压突然由正向电压 V_F变为反向电压 V_R时,PN 结两边存储的载流子在反向电压作用下朝各自原来的方向运动,即 P 区中的电子被拉回 N 区,N 区中的空穴被拉回 P 区,形成反向漂移电流 I_R,由于开始时空间电荷区依然很窄,二极管电阻很小,所以反向电流很大,$I_R \approx V_R/R$,如图 3.4(b)所示。经过时间t_s后,PN 结两侧存储的载流子显著减少,空间电荷区逐渐变宽,反向电流慢慢减小,直至经过时间 t_t后,I_R减小至反向饱和电流 I_S,二极管截止,如图 3.4(c)所示。

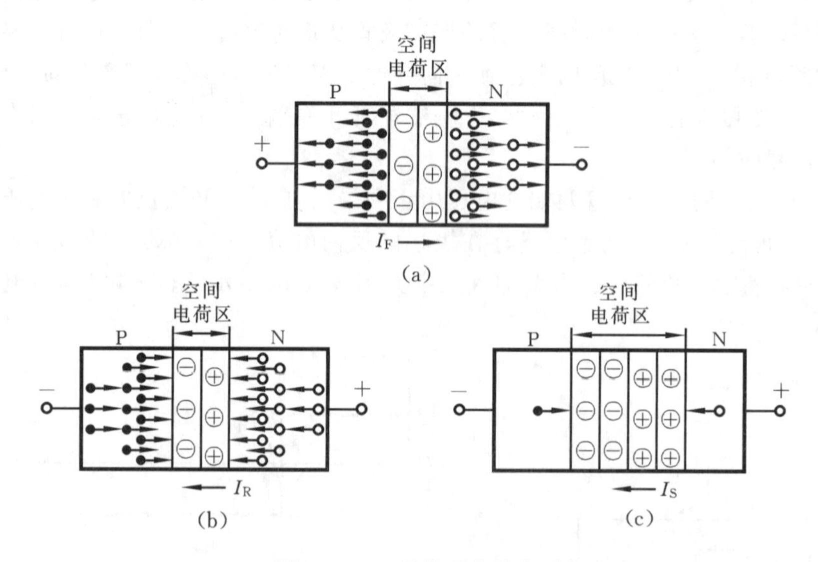

图 3.4 PN 结的反向恢复过程

(2) 开通时间

二极管从截止转为正向导通所需要的时间称为开通时间。由于 PN 结在正向电压作用下空间电荷区迅速变窄,正向电阻很小,因而在导通过程中及导通以后,正向压降都很小,故电路中的正向电流 $I_F \approx V_F/R$。而且加入输入电压 V_F后,回路电流几乎是立即达到 I_F的最大值。这就是说,二极管的开通时间很短,对开关速度影响很小,相对反向恢复时间而言以至可以忽略不计。

3.2.2　晶体三极管的开关特性

1. 静态特性

双极型晶体三极管(BJT)(简称三极管)由集电结和发射结两个 PN 结构成。根据两个 PN 结的偏置极性,三极管有截止、放大、饱和 3 种工作状态。图 3.5(a)给出了一个简单的 NPN 三极管共发射极开关电路,其输出特性曲线如图 3.5 (b)所示。

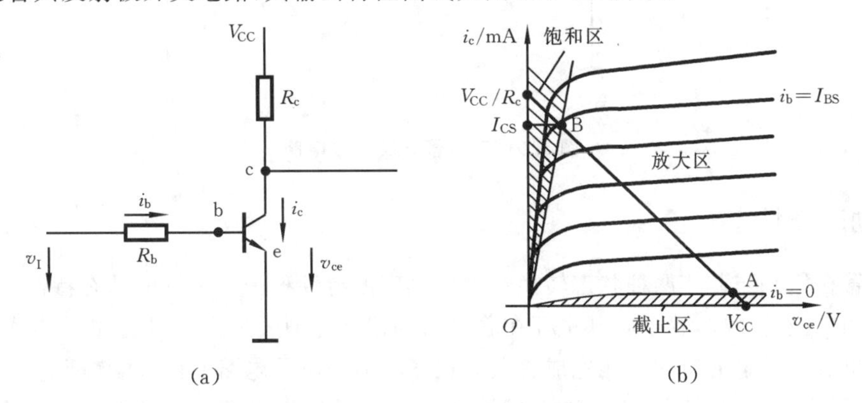

图 3.5　三极管开关电路及其输出特性

在图 3.5(a)所示电路中,通过输入电压 v_I对 b 点电压加以控制,可使三极管工作在截止、放大、饱和 3 种工作状态。

(1) 截止状态

当输入电压 $v_I \leqslant 0$ 时,三极管的发射结和集电结均处于反偏状态($v_b < v_e$,$v_b < v_c$),三极管工作在截止状态,对应于图 3.5 (b)中所示的截止区,工作点位于 A 点。此时,$i_b \approx 0$,$i_c \approx 0$,输出电压 $v_{ce} \approx V_{CC}$,三极管类似于开关断开。实际上,当v_I小于三极管阈值电压 V_{TH}时,三极管已处于截止状态。

(2) 放大状态

当输入电压 v_I大于三极管阈值电压 V_{TH}而小于某一数值,使得三极管的发射结正偏而集电结反偏($v_b > v_e$,$v_b < v_c$)时,三极管工作在放大状态,对应于图3.5(b)中的放大区。此时,集电极电流 i_c的大小受基极电流 i_b的控制,i_c的变化量是i_b变化量的 β 倍,即$i_c = \beta i_b$。

(3) 饱和状态

当输入电压 v_I大于某一数值,使得三极管的发射结和集电结均处于正偏($v_b > v_e$,$v_b > v_c$)时,三极管工作在饱和状态,对应于图 3.5 (b)中所示的饱和区,工作点位于 B 点。此时,基极电流 $i_b \geqslant I_{BS}$(基极临界饱和电流)$\approx V_{CC}/\beta R_c$,集电极电流 $i_c = I_{CS}$(集电极饱和电流)$\approx V_{CC}/R_c$。输出电压 $v_{ce} \approx 0.3$V,类似于开关接通。

在数字逻辑电路中,三极管被作为开关元件工作在饱和与截止两种状态,相当于一个由基极信号控制的无触点开关,其作用对应于触点开关的“闭合”与“断开”。图 3.6 给出了图 3.5 所示电路在三极管截止(见图(a))与饱和(见图(b))状态下的等效电路。三极管在截止与饱和这两种稳态下的特性称为三极管的静态开关特性。

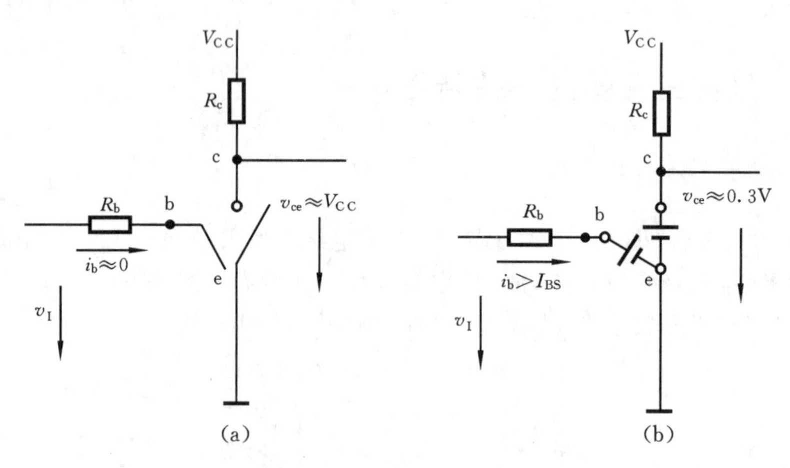

图 3.6　三极管开关等效电路

2. 动态特性

三极管在饱和与截止两种状态转换过程中具有的特性称为三极管的动态特性。三极管的开关过程和二极管一样,管子内部也存在着电荷的建立与消失过程。因此,饱和与截止两种状态的转换也需要一定的时间才能完成。假如在图3.5(a)所示电路的输入端输入一个理想的矩形波电压,那么,在理想情况下,i_c和v_{ce}的波形应该如图 3.7(a)所示。但在实际转换过程中i_c和 v_{ce}的波形如图3.7(b)所示,无论从截止转向导通还是从导通转向截止都存在一个逐渐变化的过程。

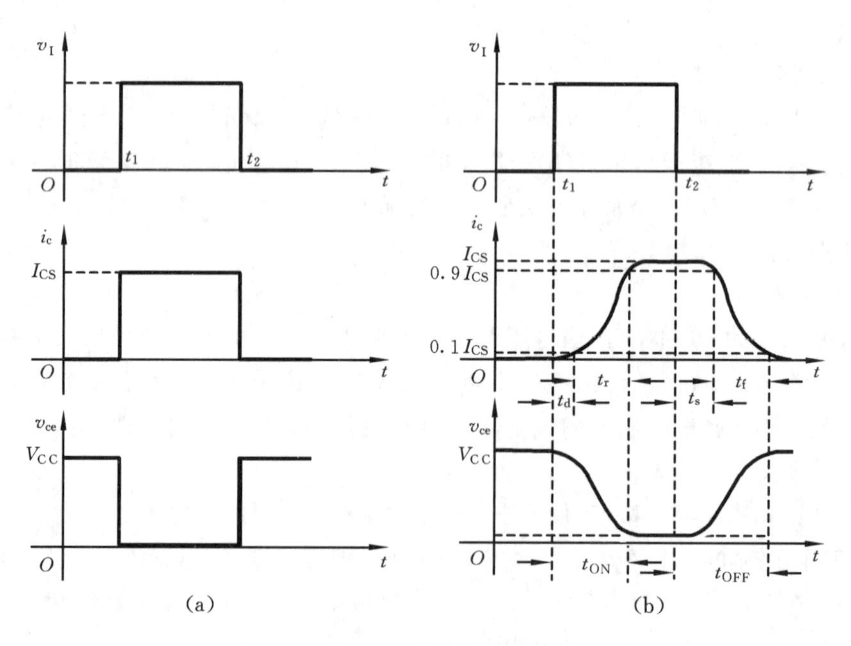

图 3.7　三极管的动态特性

(1) 开通时间

开通时间是指三极管从截止到饱和导通所需要的时间,记为 t_{ON}。当三极管处于截止状态时,发射结反偏,空间电荷区比较宽。当输入信号 v_I由低电平跳变到高电平时,由于发射结空间电荷区仍保持在截止时的宽度，故发射区的电子还不能立即穿过发射结到达基区。这时发射区的电子进入空间电荷区，使空间电荷区变窄，然后发射区开始向基区发射电子，三极管开始导通，并开始形成集电极电流 i_c。从三极管开始导通到集电极电流 i_c 上升到 $0.1I_{CS}$ 所需要的时间称为延迟时间 t_d。

经过延迟时间后，发射区不断向基区注入电子，电子在基区积累，并向集电区扩散。随着基区电子浓度的增加，i_c 不断增大。i_c 由 $0.1I_{CS}$ 上升到 $0.9I_{CS}$ 所需要的时间称为上升时间 t_r。

三极管的开通时间 t_{ON} 等于延迟时间 t_d 和上升时间 t_r 之和，即

$$t_{ON}=t_d+t_r$$

开通时间的长短取决于晶体管的结构和电路工作条件。

(2) 关闭时间

关闭时间是指三极管从饱和导通到截止所需要的时间，记为 t_{OFF}。经过上升时间以后，集电极电流继续增加到 I_{CS} 后，由于进入了饱和状态，集电极收集电子的能力减弱，过剩的电子在基区不断积累起来，称为超量存储电荷；同时，在集电区靠近边界处也积累起一定的空穴，故集电结处于正向偏置。

当输入信号 v_I 由高电平跳变到低电平时，上述存储电荷不能立即消失，而是在反向电压作用下产生漂移运动而形成反向基流，促使超量存储电荷泄放。在存储电荷完全消失前，集电极电流维持 I_{CS} 不变，直至存储电荷全部消散，三极管才开始退出饱和状态，i_c 开始下降。从输入信号 v_I 下跳沿开始，到集电极电流 i_c 下降到 $0.9I_{CS}$ 所需要的时间称为存储时间 t_s。

在基区存储的多余电荷全部消失后，基区中的电子在反向电压作用下越来越少，集电极电流 i_c 也不断减小，并逐渐接近于零。集电极电流由 $0.9I_{CS}$ 降至 $0.1I_{CS}$ 所需的时间称为下降时间 t_f。

三极管的关闭时间 t_{OFF} 等于存储时间 t_s 和下降时间 t_f 之和，即

$$t_{OFF}=t_s+t_f$$

同样，关闭时间的长短取决于三极管的结构和运用情况。

开通时间 t_{ON} 和关闭时间 t_{OFF} 的大小是影响电路工作速度的主要因素。

3.3 逻辑门电路

在数字系统中，各种逻辑运算是由基本逻辑电路来实现的。这些基本电路控制着系统中信息的流通，它们的作用和门的开关作用极为相似，故称为逻辑门电路，简称逻辑门或门电路。逻辑门是逻辑设计的最小单位，不论其内部结构如何，在数字电路逻辑设计中都仅作为基本元件出现。

了解逻辑门电路的内部结构、工作原理和外部特性，对数字逻辑电路的分析和设计是十分必要的，尤其是外部特性。本节将从实际应用的角度出发，主要介绍 TTL 集成逻辑门和 CMOS 集成逻辑门。学习时应重点掌握集成逻辑门电路的功能和外部特性，以及器件的使用方法。对其内部结构和工作原理只要求作一般了解。

3.3.1 简单逻辑门电路

实现与、或、非 3 种基本逻辑运算的逻辑电路分别称为与门、或门和非门，它们是 3 种最基本的逻辑门。为了使读者对门电路的工作原理有一个初步了解，在介绍 TTL 集成逻辑门和 CMOS 集成逻辑门之前，先对简单的晶体二极管与门、或门和晶体三极管非门(又称为反相器)进行简单介绍。

1. 与门

实现与逻辑功能的电路称为与门。与门有两个以上输入端和一个输出端。图 3.8(a)给出了一个由二极管组成的两输入与门电路，与其对应的逻辑符号如图3.8(b)所示。

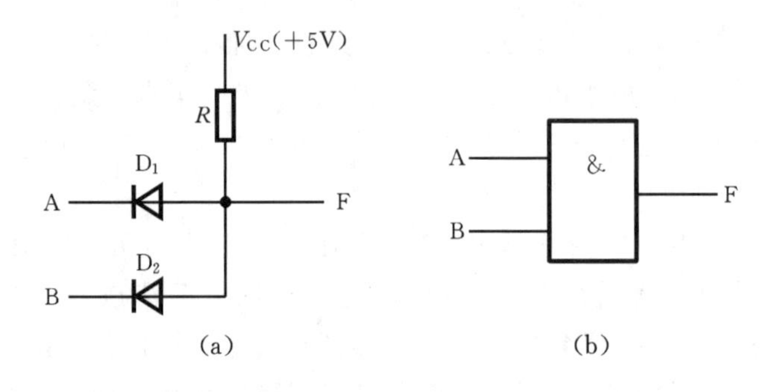

图 3.8 二极管与门电路及与门逻辑符号

图 3.8(a)中，A、B 为输入端，F 为输出端。输入信号为低电平 0V 或者高电平 +5V。假定二极管正向电阻为 0，反向电阻无穷大，则根据输入信号取值的不同，可分为如下两种工作情况。

① 当两个输入端 A、B 的电压 V_A、V_B 均为低电平(0V)，或者其中的一个为低电平 0V 时，输入为低电平的二极管将处于导通状态，从而使得输出端 F 的电压被钳制在 0V 附近，即 $V_F \approx 0V$。

② 当两个输入端 A、B 的电压 V_A、V_B 均为高电平 +5V 时，二极管 D_1、D_2 均截止，输出端 F 的电压等于电源电压 V_{CC}，即 $V_F = +5V$。

归纳上述两种情况，可得出该电路输入 A、B 和输出 F 的电压取值关系如表 3.1 所示。假定高电平 +5V 表示逻辑值 1，低电平 0V 表示逻辑值 0，则该电路输入/输出之间的逻辑取值关系如表 3.2 所示。

由表 3.2 可知，该电路实现了与运算的逻辑功能，输出 F 和输入 A、B 之间的逻辑关系表达式为 F=A · B。

表 3.1 与门输入/输出的电压关系

V_A/V	V_B/V	V_F/V
0	0	0
0	+5	0
+5	0	0
+5	+5	+5

表 3.2 与门真值表

A	B	F
0	0	0
0	1	0
1	0	0
1	1	1

2. 或门

实现或逻辑功能的电路称为或门。或门可以有两个或者两个以上输入端和一个输出端。由二极管构成的两输入或门电路如图 3.9(a)所示，与其对应的逻辑符号如图 3.9(b)所示。

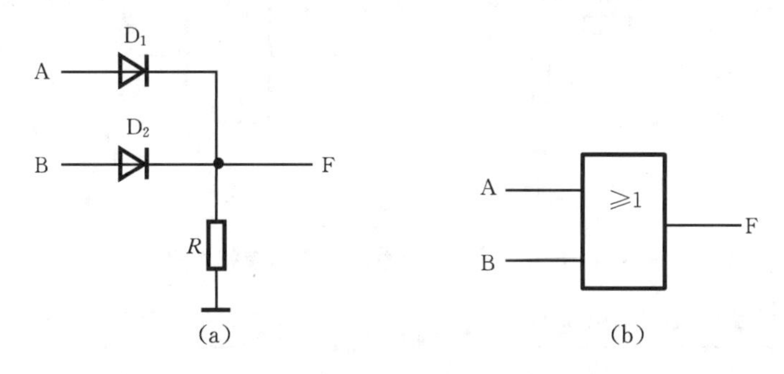

图 3.9　二极管或门电路及或门逻辑符号

图 3.9(a)中，A、B 为输入端，F 为输出端。按照前面与门中的假定，则该电路根据输入信号取值的不同，同样可分为如下两种工作情况。

① 当两个输入端 A、B 的电压 V_A、V_B 均为低电平(0V)时，二极管 D_1、D_2 均截止，输出端电压 $V_F=0V$。

② 当两个输入端 A、B 的电压 V_A、V_B 均为+5V，或者其中的一个为+5V 时，输入为+5V 的二极管将处于导通状态，从而使得输出端 F 的电压为高电平，即 $V_F\approx+5V$。

归纳上述两种情况，可得出该电路输入 A、B 和输出 F 的电压取值关系如表 3.3 所示。令高电平用逻辑值 1 表示，低电平用逻辑值 0 表示，可得出电路的逻辑取值关系如表 3.4 所示。

表 3.3　或门输入/输出的电压关系

V_A/V	V_B/V	V_F/V
0	0	0
0	+5	+5
+5	0	+5
+5	+5	+5

表 3.4　或门真值表

A	B	F
0	0	0
0	1	1
1	0	1
1	1	1

由表 3.4 可知，该电路实现或运算的逻辑功能，输出 F 和输入 A、B 之间的逻辑关系表达式为 F=A+B。

3. 非门

实现非逻辑功能的电路称为非门。有时又称为反门或反相器。它有一个输入端和一个输出端。用晶体三极管构成的非门电路如图 3.10(a)所示，与其对应的逻辑符号如图 3.10(b)所示。

在图 3.10(a)所示电路中，A 为输入端，F 为输出端。假定三极管饱和导通时集电极输出电压近似为 0V，三极管截止时集电极输出电压近似为+5V，根据三极管工作原理可知：当输入 A 为低电平时，三极管截止，输出电压 $V_F\approx+5V$；当输入 A 为高电平时，三极管饱和导通，输出电压 $V_F\approx0V$。输入 A 和输出 F 之间的电压取值关系如表 3.5 所示，逻辑取值关系如表 3.6 所示。

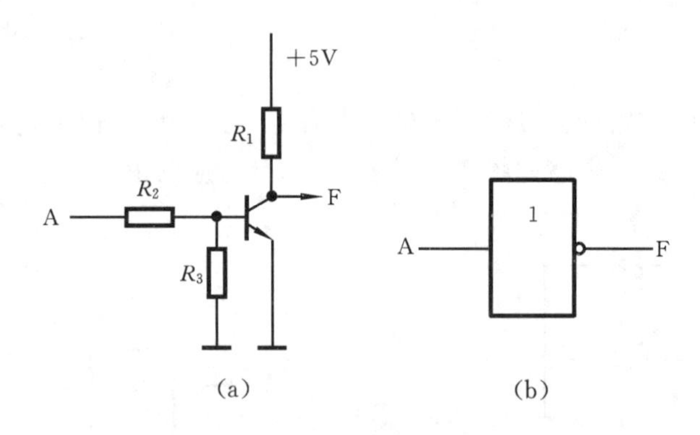

图 3.10 二极管或门电路及或门逻辑符号

表 3.5 非门输入/输出的电压关系

V_A/V	V_F/V
0	+5
+5	0

表 3.6 非门真值表

A	F
0	1
1	0

由表 3.6 可知,该电路实现“非”逻辑功能,输出 F 与输入 A 的逻辑关系表达式为 $F=\overline{A}$。

以上介绍了由二极管、三极管构成的 3 种简单门电路,虽然它们可以实现 3 种基本逻辑运算,但这种简单门电路的负载能力、开关特性等均不理想。实际应用中使用的是经过反复改进后的、性能更好的各种集成逻辑门电路。

3.3.2 TTL 集成逻辑门电路

TTL 是晶体管-晶体管逻辑(Transistor Transistor Logic)的简称。TTL 逻辑门由若干晶体三极管、二极管和电阻组成。这种门电路于 20 世纪 60 年代即已问世,随后经过对电路结构和工艺的不断改进,性能得到不断改善,至今仍被广泛应用于各种逻辑电路和数字系统中。

TTL 逻辑器件根据工作环境温度和电源电压工作范围的差别分为 54 系列和 74 系列两大类。相对而言,54 系列比 74 系列的工作环境温度范围更宽,电源电压工作范围允许的偏差更大。54 系列的工作环境温度为−55℃～+125℃,电源电压工作范围为 5V±10%;74 系列的工作环境温度为 0℃～+70℃,电源电压工作范围为 5V±5%。根据器件工作速度和功耗的不同,目前国产 TTL 集成电路主要分为 4 个系列:CT54/74 系列(标准通用系列,相当于国际上 SN54/74 系列);CT54H/74H 系列(高速系列,相当于国际上 SN54H/74H 系列);CT54S/74S 系列(肖特基系列,相当于国际上 SN54S/74S 系列);CT54LS/74LS 系列(低功耗肖特基系列,相当于国际上 SN54LS/74LS 系列)。各个系列的详细性能参数可查阅集成电路手册。

1. 典型 TTL 与非门

由于与非逻辑可以实现任意逻辑运算,所以与非门是应用最广泛的逻辑门之一。下面就 TTL 与非门的工作原理和性能指标进行介绍。图 3.11(a)所示的是一个典型的 CT54/74 系列 TTL 与非门电路,与其对应的逻辑符号如图 3.11(b)所示。

(1) 电路结构

图 3.11(a)所示电路按图中虚线划分为 3 部分:第一部分由多发射极晶体管 T_1 和电阻 R_1

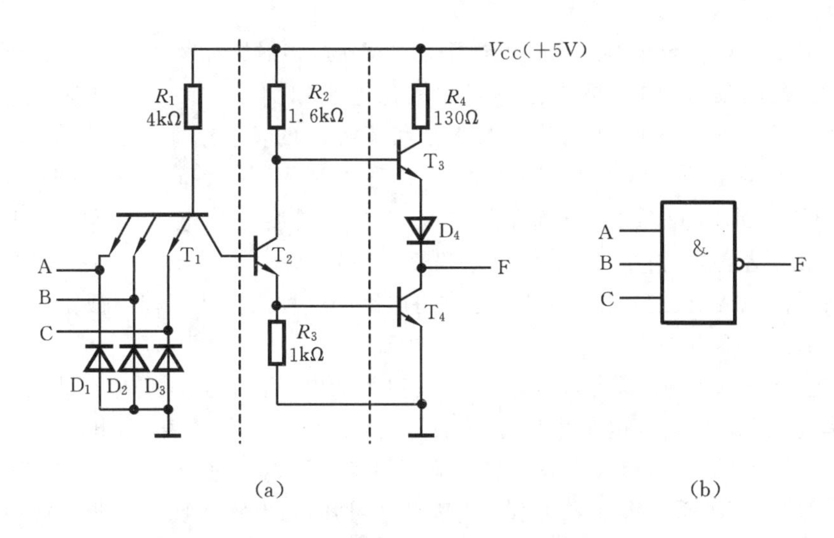

图 3.11 典型的TTL与非门电路及逻辑符号

组成输入级,3个输入信号通过多发射极晶体管 T_1的发射结实现与逻辑功能;第二部分由晶体管 T_2和电阻 R_2、R_3组成中间级,由 T_2的集电极和发射极分别控制 T_3和 T_4的工作状态;第三部分由晶体管 T_3、T_4、二极管 D_4和电阻 R_4组成推拉式输出级,采用这种输出级的主要优点是既能提高开关速度,又能提高带负载能力。

输入端的 D_1、D_2、D_3为输入端钳位二极管,用于限制输入端出现的负极性干扰信号,对晶体管 T_1起保护作用。

(2) 工作原理

当电路输入端A、B、C全部接高电平(3.6V)时,T_1的集电结、T_2和 T_4的发射结导通,T_1的基极电压 $v_{b1}=v_{bc1}+v_{be2}+v_{be4}\approx 2.1V$。此时,$T_1$的集电极电压约为1.4V,即$T_1$处于发射结反向偏置,而集电结正向偏置的工作状态,称为“倒置”工作状态。另外,此时 T_2的集电极电压等于 T_2管c、e两点间的饱和压降与 T_4管的发射结压降之和,即 $v_{c2}=v_{ces2}+v_{be4}\approx 0.3V+0.7V\approx 1V$,该值不足以使 T_3、D_4导通,故 T_3、D_4处于截止状态。而 T_2的发射极向 T_4提供足够的基极电流,使 T_4处于饱和导通状态,故输出电压 $v_F\approx 0.3V$,即“输入全为高,输出为低”。通常将这种工作状态称为导通状态,该状态下的等效电路如图3.12(a)所示。

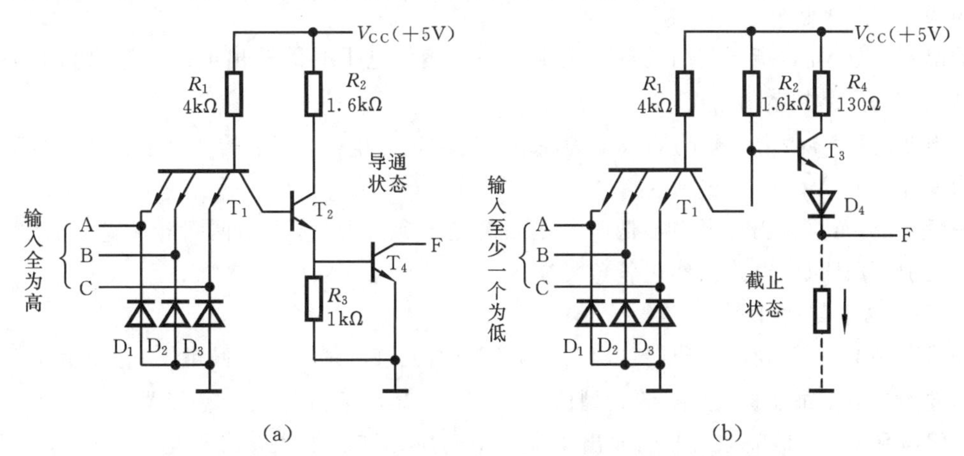

图 3.12 TTL与非门导通与截止状态下的等效电路

当输入端 A、B、C 中至少有一个接低电平(0.3V)时,多射极晶体管 T_1 对应于输入端接低电平的发射结导通,使 T_1 的基极电位等于输入低电平加上发射结正向导通压降,即 $v_{b1} \approx 0.3V + 0.7V = 1V$。该电压作用于 T_1 的集电结和 T_2、T_4 的发射结上,显然不可能使 T_2 和 T_4 导通,所以 T_2、T_4 均截止。由于 T_2 截止,电源 V_{CC} 通过 R_2 驱动 T_3 和 D_4 管,使之工作在导通状态,T_3 发射结的导通压降和 D_4 的导通压降均为 0.7V,故电路输出电压 v_F 为 $v_F \approx V_{CC} - i_{b3}R_2 - v_{be3} - v_{D4}$;由于基流 i_{b3} 很小,通常可以忽略不计,故 $v_F \approx V_{CC} - v_{be3} - v_{D4} = 5V - 0.7V - 0.7V = 3.6V$,即"输入有低,输出为高"。通常将电路的这种工作状态称为截止状态,该状态下的等效电路如图 3.12(b)所示。

综合上述,当输入 A、B、C 均为高电平时,输出为低电平;当 A、B、C 中至少有一个为低电平时,输出为高电平。假定高电平用字母 H 表示,低电平用字母 L 表示,电路输出/输入之间的电压取值关系如表 3.7 所示。令高电平对应逻辑值"1",低电平对应逻辑值"0",电路输出/输入之间的逻辑取值关系如表 3.8 所示。由表 3.8 可知,该电路实现了与非逻辑功能,即 $F = \overline{ABC}$。

表 3.7 TTL 与非门的电压取值关系

输入			输出
A	B	C	F
L	L	L	H
L	L	H	H
L	H	L	H
L	H	H	H
H	L	L	H
H	L	H	H
H	H	L	H
H	H	H	L

表 3.8 TTL 与非门的逻辑取值关系

输入			输出
A	B	C	F
0	0	0	1
0	0	1	1
0	1	0	1
0	1	1	1
1	0	0	1
1	0	1	1
1	1	0	1
1	1	1	0

(3) TTL 与非门的主要外部特性参数

为了更好地使用各类集成门电路,必须了解它们的外部特性。TTL 与非门的主要外部特性参数有输出逻辑电平、开门电平、关门电平、扇入系数、扇出系数、平均传输时延和空载功耗等。

1) 输出高、低电平

输出高电平 V_{OH}:指与非门的输入至少有一个接低电平时的输出电平。输出高电平的典型值是 3.6V,产品规范值为 $V_{OH} \geqslant 2.4V$。

输出低电平 V_{OL}:指与非门输入全为高电平时的输出电平。V_{OL} 的典型值是 0.3V,产品规范值为 $V_{OL} \leqslant 0.4V$。

一般来说,希望输出高电平与低电平之间的差值愈大愈好,因为两者相差愈大,逻辑值 1 和 0 的区别便愈明显,电路工作也就愈可靠。

2) 开门电平与关门电平

开门电平 V_{ON}:指确保与非门输出为低电平时所允许的最小输入高电平,它表示使与非门开通的输入高电平最小值。V_{ON} 的典型值为 1.5V,产品规范值为 $V_{ON} \leqslant 1.8V$。

关门电平 V_{OFF}:指确保与非门输出为高电平时所允许的最大输入低电平,它表示使与非门关断的输入低电平最大值。V_{OFF} 的典型值为 1.3V,产品规范值 $V_{OFF} \geqslant 0.8V$。

开门电平和关门电平的大小反映了与非门的抗干扰能力。具体说,开门电平的大小反映了输入高电平时的抗干扰能力，V_{ON}愈小，在输入高电平时的抗干扰能力愈强。因为输入高电平和干扰信号叠加后不能低于V_{ON}，显然，V_{ON}愈小，输入信号允许叠加的负向干扰愈大，即在输入高电平时抗干扰能力愈强。而关门电平的大小反映了输入低电平时的抗干扰能力，V_{OFF}愈大，在输入低电平时的抗干扰能力愈强。因为输入低电平和干扰信号叠加后不能高于V_{OFF}，显然，V_{OFF}愈大，输入信号允许叠加的正向干扰愈大，即在输入低电平时抗干扰能力愈强。通常将输入高、低电平时所允许叠加的干扰信号大小分别称为高、低电平的噪声容限。

3）扇入系数与扇出系数

扇入系数 N_I：指与非门允许的输入端数目，它是由电路制造厂家在电路生产时预先安排好的。一般N_I为2～5，最多不超过8。实际应用中要求输入端数目超过N_I时，可通过分级实现的方法降低对扇入系数的要求。

扇出系数 N_O：指与非门输出端连接同类门的最多个数，它反映了与非门的带负载能力。根据负载电流的流向，可以将负载分为“灌电流负载”和“拉电流负载”。所谓灌电流负载，是指负载电流从外接电路流入与非门，通常用I_{IL}表示；所谓拉电流负载，是指负载电流从与非门流向外接电路，通常用I_{IH}表示。下面对两种负载的工作情况分别作简单介绍。

① 灌电流负载工作情况。

TTL与非门的灌电流负载工作情况如图3.13(a)所示。图中，虚线左边为驱动门输出级，右边为负载门输入级。当驱动门输出为低电平（逻辑值“0”）时，负载门由电源V_{CC}通过R_1和T_1的发射极向驱动门的集电极灌入电流I_{IL}，即电流从负载门流入驱动门。显然，随着负载门个数的增加，总的灌电流I_{IL}将增加，其结果将引起输出低电平升高。然而，如前所述，输出低电平V_{OL}的产品规范值为$V_{OL} \leqslant 0.4V$，因此灌电流I_{IL}增加的结果不能使输出低电平高于0.4V，这就限制了与非门带灌电流负载的个数。

② 拉电流负载工作情况。

TTL与非门的拉电流负载工作情况如图3.13(b)所示。当驱动门输出为高电平（逻辑值“1”）时，将有电流I_{IH}从驱动门拉出而流至负载门。随着负载门个数的增加，总的拉电流I_{IH}将增加，其结果必然引起输出高电平降低。然而如前所述，输出高电平V_{OH}的产品规范值为$V_{OH} \geqslant 2.4V$，因此拉电流I_{IH}增加的结果不能使输出高电平低于2.4V，同样，这就限制了与非门带拉电流负载的个数。

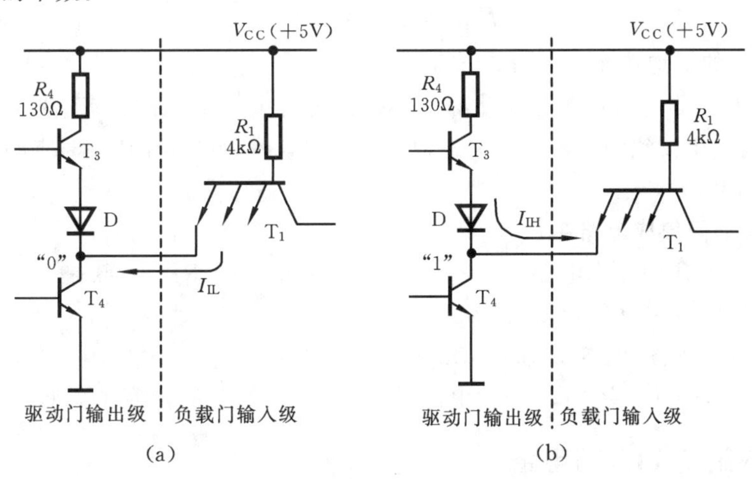

图3.13 TTL与非门的拉、灌电流负载工作情况

一般情况下带灌电流负载的数目与带拉电流负载的数目是不相等的,扇出系数 N_O常取二者中的最小值。典型 TTL 与非门的扇出系数约为 10,高性能门电路的扇出系数可高达 30～50。

4) 输入短路电流和输入漏电流

输入短路电流 I_{IS}:指当与非门的一个或多个输入端接低电平,而其余输入接高电平或悬空时,流向低电平输入端的电流。在实际电路中,I_{IS}是流入前级与非门的灌电流,它的大小将直接影响前级与非门的工作情况。因此,对输入短路电流要加以限制,产品规范值 $I_{IS}\leqslant$ 1.6mA。

输入漏电流 I_{IH}:指某一输入端接高电平,而其他输入端接低电平时,流入高电平输入端的电流,又称为高电平输入电流。当与非门串联运用时,若前级门输出高电平,则后级门的I_{IH}就是前级门的拉电流负载,I_{IH}过大将使前级门输出的高电平下降。所以,必须将 I_{IH}限制在一定数值以下,一般 $I_{IH}\leqslant 50\mu$A。

5) 平均传输延迟时间

平均传输延迟时间 t_{pd}:指一个矩形波信号从与非门输入端传到与非门输出端(反相输出)所延迟的时间。如图 3.14 所示,通常将从输入波上沿中点到输出波下沿中点的时间延迟称为导通延迟时间 t_{PHL};从输入波下沿中点到输出波上沿中点的时间延迟称为截止延迟时间 t_{PLH}。平均延迟时间定义为

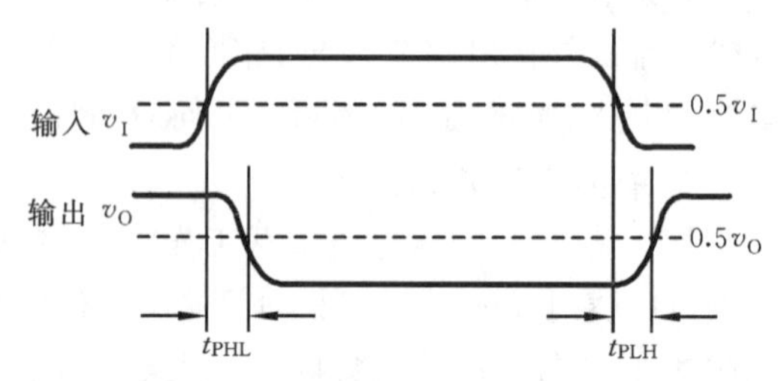

图 3.14　TTL 与非门的传输延迟时间

$$t_{pd}=(t_{PHL}+t_{PLH})/2$$

平均延迟时间是反映与非门开关速度的一个重要参数。t_{pd}的典型值约 10ns,一般小于 40ns。

6) 平均功耗

与非门的功耗:指在空载条件下工作时所消耗的电功率。通常将输出为低电平时的功耗称为空载导通功耗 P_{ON},而输出为高电平时的功耗称为空载截止功耗 P_{OFF},P_{ON}总比 P_{OFF}大。平均功耗 P 是取空载导通功耗 P_{ON}和空载截止功耗P_{OFF}的平均值,即

$$P=(P_{ON}+P_{OFF})/2$$

TTL 与非门的平均功耗一般为 20mW 左右。

上面对 TTL 与非门的几个主要外部性能指标进行了介绍,目的在于使读者对逻辑门电路的性能指标有一个大致的了解。有关各种逻辑门的具体参数可在使用时查阅有关集成电路手册和产品说明书。

(4) TTL 与非门集成电路芯片

常用的 TTL 与非门集成电路芯片有 7400、7410 和 7420 等。7400 是一种内部有 4 个 2 输入与非门的芯片,其引脚分配图如图 3.15(a)所示;7410 是一种内部有 3 个 3 输入与非门的芯片,其引脚分配图如图 3.15(b)所示;7420 是一种内部有 2 个 4 输入与非门的芯片,其引脚分配图如图3.15(c)所示。图中,V_{CC}为电源引脚,GND 为接地脚,NC 为空脚。

2. 常用的集成 TTL 门电路

常用的集成 TTL 门电路除了与非门外,还有非门、或非门、与或非门、异或门、与门、或门

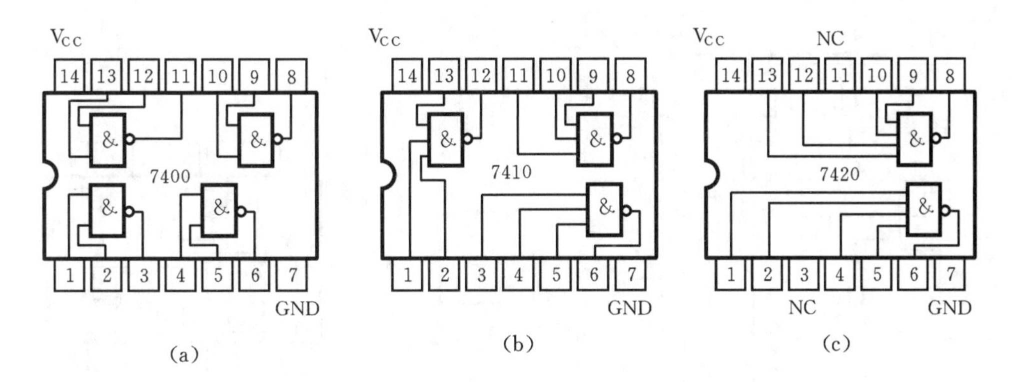

图 3.15 7400、7410、7420 引脚分配图

等不同功能的产品。

(1) 非门

图 3.16(a)所示的是一个 TTL 非门电路。当输入 A 为低电平(0.3V)时,电路工作在截止状态,即 T_3截止,T_4和 D 导通,输出端 F 为高电平(3.6V);当输入 A 为高电平(3.6V)时,电路工作在导通状态,即 T_3饱和导通,T_4和 D 截止,F 输出低电平(0.3V),实现了逻辑“非”功能,即 $F=\overline{A}$。

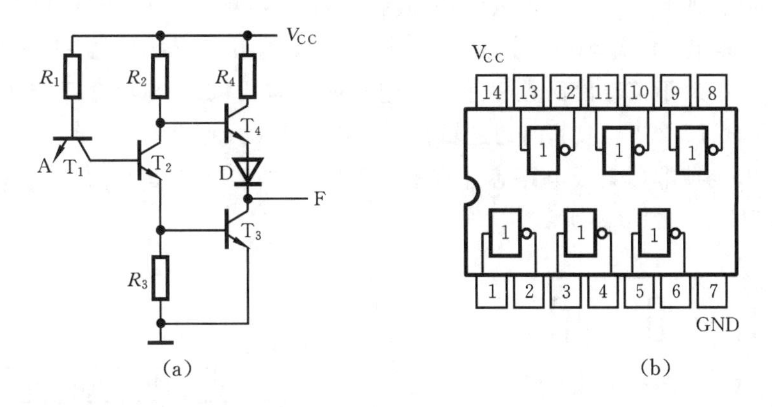

图 3.16 TTL 非门电路

常用的 TTL 非门集成电路芯片有六反相器 7404 等,图 3.16(b)所示为 7404 的引脚分配图。

(2) 或非门

图 3.17(a)所示的是一个 TTL 或非门电路,图中两个虚线框中部分完全相同。当输入 A、B 均为低电平时,T_2和 T_2'均截止,从而使 T_3截止,T_4和 D 导通,输出 F 为高电平;当 A 端输入高电平时,T_1处于倒置放大状态,T_2和 T_3饱和导通,T_4和 D 截止,输出 F 为低电平。同样,B 端输入高电平或 A、B 同时输入高电平,均使T_3饱和导通,T_4和 D 截止,F 输出低电平。因此,该电路实现了或非逻辑功能,即 $F=\overline{A+B}$。两输入或非门的逻辑符号如图 3.17(b)所示。

常用的 TTL 或非门集成电路芯片有 2 输入 4 或非门 7402、3 输入 3 或非门 7427 等。图 3.17(c)给出了 7402 的引脚分配图。

(3) 与或非门

将图 3.17(a)所示或非门电路中的 T_1和 T_1'改成多射极晶体管,用以实现与的功能,即可构成与或非门。

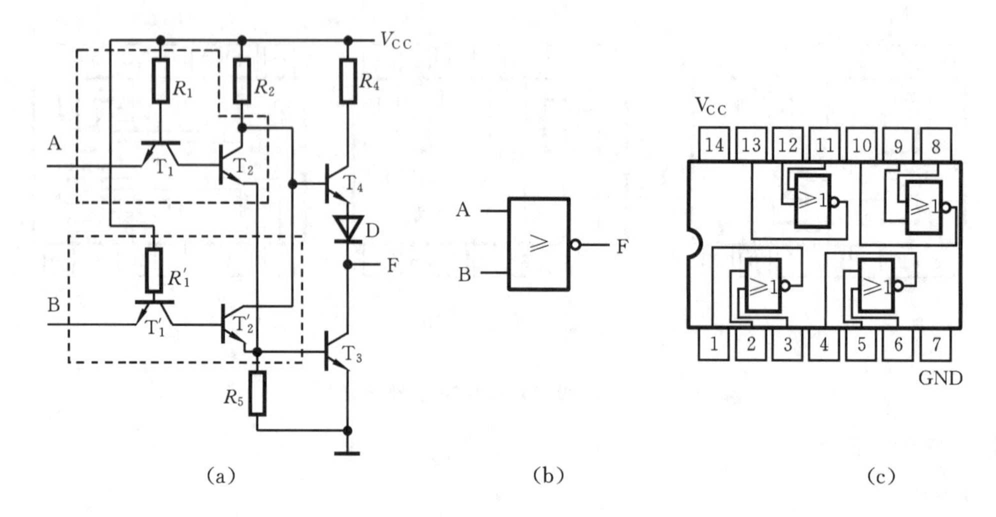

图 3.17　TTL 或非门电路

图 3.18(a)所示的是一个 TTL 与或非门电路。该电路仅当 A_1、A_2 和 B_1、B_2 中均有低电平时,才使 T_2、T_2' 和 T_3 截止,T_4 和 D 导通,输出 F 为高电平。其他情况下,即 A_1、A_2 均为高,或者 B_1、B_2 均为高,或者 A_1、A_2 和 B_1、B_2 均为高,都将使 T_3 饱和导通,T_4 和 D 截止,输出 F 为低电平。因此,该电路实现了与或非运算功能,输出和输入之间满足逻辑关系 $F=\overline{A_1A_2+B_1B_2}$。由于该输出函数表达式中包含两个与项,每个与项含两个变量,故通常将其称为 2-2 与或非门。2-2 与或非门的逻辑符号如图 3.18(b)所示。

常用的 TTL 与或非门集成电路芯片有双 2-2 与或非门 7451、3-2-2-3 与或非门 7454 等。7451 的引脚排列如图 3.18(c)所示。

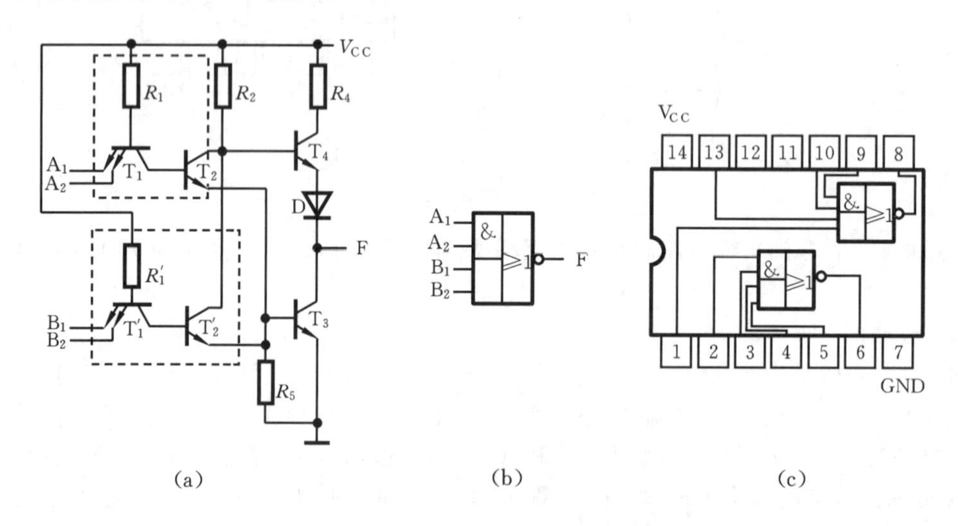

图 3.18　TTL 与或非门电路

(4) 异或门

图 3.19(a)所示的是异或门的逻辑符号,异或门只有两个输入端。常用的 TTL 异或门集成电路芯片有 7486 等,图 3.19(b)给出了 7486 的引脚分配图。

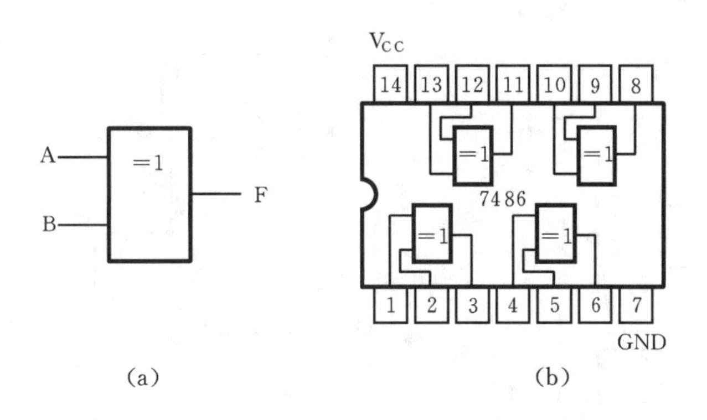

图 3.19 TTL 异或门的逻辑符号和 7486 的引脚分配图

(5) 与门

常用的 TTL 与门集成电路芯片有 2 输入 4 与门 7408、3 输入 3 与门 7411 等。7411 的引脚排列如图 3.20(a)所示。

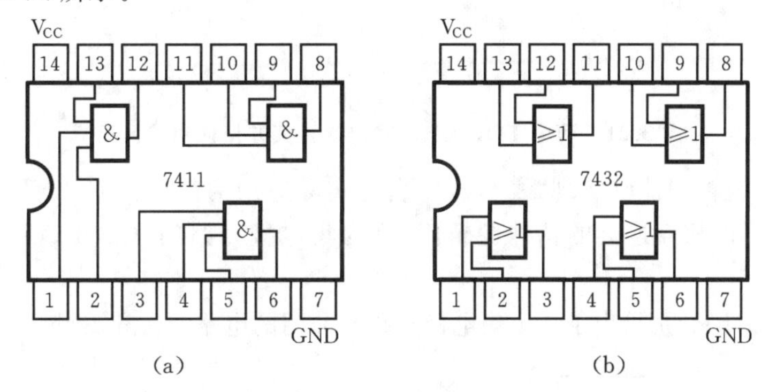

图 3.20 TTL 与门 7411 和或门 7432 的引脚分配图

(6) 或门

常用的 TTL 或门集成电路芯片有 2 输入 4 或门 7432 等。7432 的引脚排列如图 3.20(b)所示。有关各种 TTL 集成门电路的详细资料可查阅集成电路芯片手册。

3. 两种特殊的门电路

除了前述的一些常用逻辑门之外，实际应用中还有两种广泛使用的特殊门电路——集电极开路门(OC 门)和三态门(TS 门)。

(1) 集电极开路与非门(OC 门)

在实际应用中，如果能将两个与非门的输出端直接对接，如图 3.21(a)所示，则可实现与逻辑功能。该电路中，只要 F_1 和 F_2 有一个为低电平，则 F 为低电平，仅当 F_1 和 F_2 均为高电平时，才能使 F 为高电平，即 $F = F_1 \cdot F_2$。由于这种与逻辑功能的实现并没有使用与门，而是由门电路输出引线连接实现的，故称为“线与”逻辑。然而，前面介绍的推拉式输出结构的 TTL 逻辑门电路是不能将两个门的输出端直接并接使用的。如果将两个门的输出端直接相连，则电路的实际工作状况如图 3.21(b)所示。假定该电路中门 1 的输出 F_1 为高电平，门 2 的输出 F_2 为低电平，则由于推拉式输出级不论门电路处于导通状态还是截止状态，都呈现低阻抗，因而将会有一个很大的负载电流流过门 1 的 T_3 和 D_4 以及门 2 的 T_4，该电流远远超过电路的正常工作电流，有可能导致逻辑门损坏。

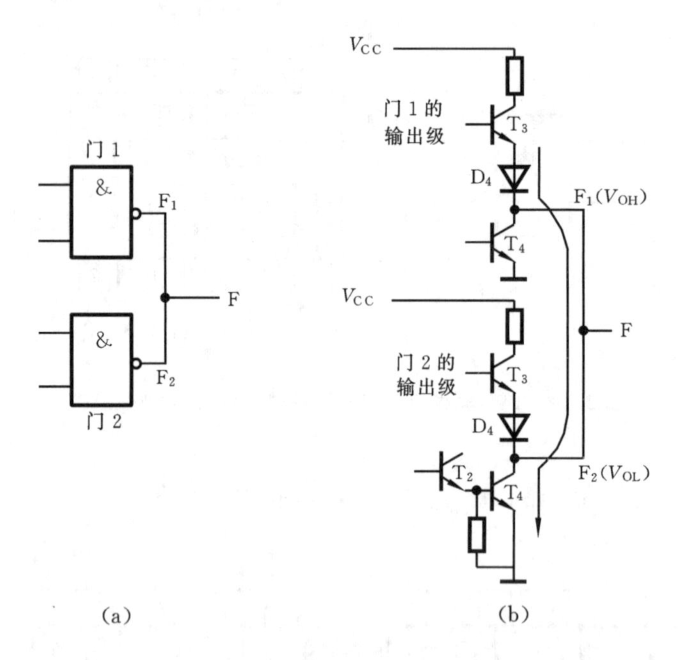

图 3.21 两个 TTL 与非门输出端直接并接使用的情况

为了使 TTL 逻辑门能够实现“线与”，以满足实际应用的需要。TTL 系列产品中专门设计了一种输出端可以相互连接的特殊逻辑门，称为集电极开路门（Open Collector Gate，简称 OC 门）。

图 3.22 (a)和(b)分别给出了一个集电极开路与非门的电路结构和逻辑符号。

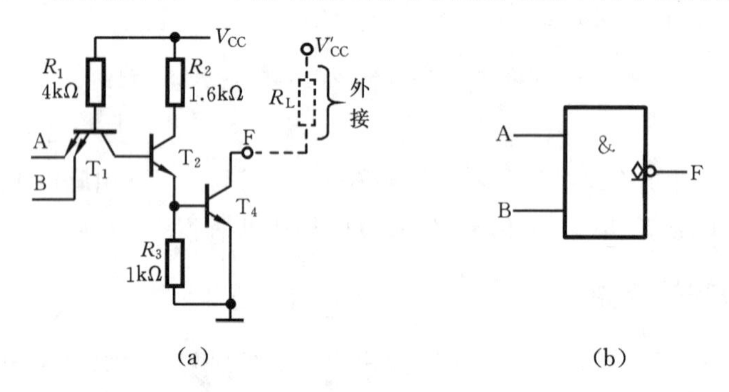

图 3.22 集电极开路与非门的电路结构和逻辑符号

该电路把一般 TTL 与非门中的 T_3、D_4 去掉，令 T_4 的集电极悬空，从而把一般 TTL 与非门电路的推拉式输出级改为三极管集电极开路输出，使用时通过外接负载电阻 R_L 和电源 V'_{CC} 令其正常工作。只要电阻 R_L 和电源 V'_{CC} 选择恰当，就能既保证输出的高、低电平正常，又能使流过输出级的电流不致过大。

在数字系统中，使用集电极开路与非门可以很方便地实现“线与”逻辑、电平转换以及直接驱动发光二极管、干簧继电器等。

例如，将两个 OC 与非门按图 3.23 所示连接，只要其中有一个输出为低电平，输出 F 便为低电平；仅当两个门的输出均为高电平时，输出 F 才为高电平。即 $F=F_1 \cdot F_2=\overline{A_1B_1C_1} \cdot \overline{A_2B_2C_2}$，从而实现了两个与非门输出相与的逻辑功能。

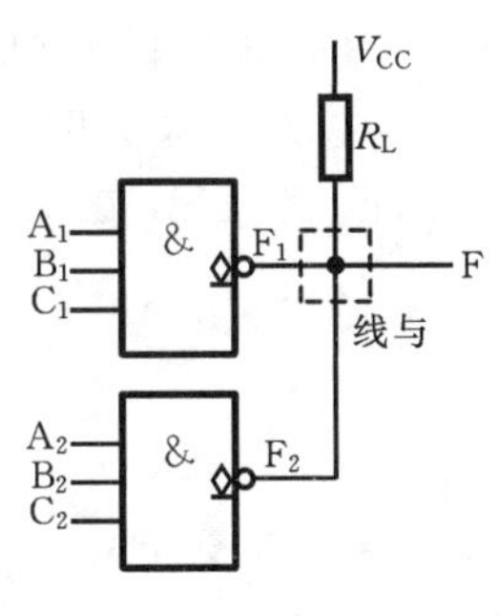

图 3.23 线与逻辑电路

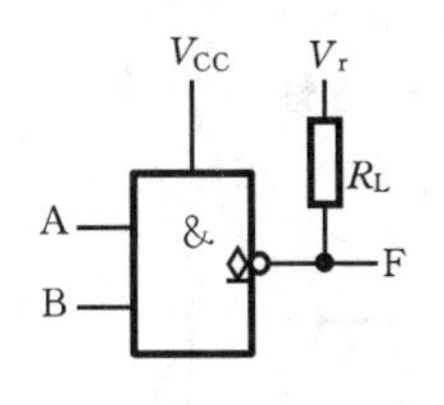

图 3.24 电平转换逻辑电路

又如，将 OC 与非门按图 3.24 所示连接，即可实现电平转换，V_r为转换后的电平值。

(2) 三态输出门(TS 门)

三态输出门简称三态门，或称为 TS(Three state)门。三态门有 3 种输出状态：输出高电平、输出低电平和高阻状态。前两种状态为工作状态，后一种状态为禁止状态。值得注意的是，三态门不是指具有 3 种逻辑值。在工作状态下，三态门的输出可为逻辑“1”或者逻辑“0”；在禁止状态下，其输出呈现高阻抗，相当于开路。

图 3.25(a)给出了一个三态输出与非门的电路结构。

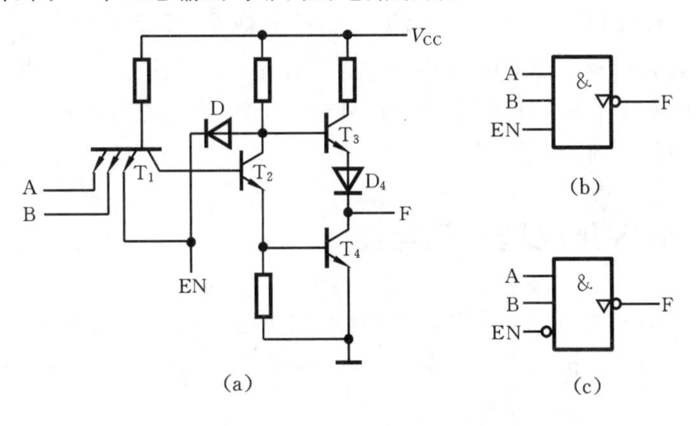

图 3.25 三态输出与非门电路结构和逻辑符号

从图 3.25(a)可知，该电路在一般与非门的基础上，增加了一个二极管 D 和一个使能控制端 EN。当控制信号 EN=1 时，二极管 D 反偏，此时电路功能与一般与非门并无区别，输出 F $=\overline{AB}$；当控制信号 EN=0 时，一方面因为 T_1有一个输入端为低，使 T_2、T_4截止，另一方面由于二极管导通，迫使 T_3的基极电位被钳制在 1V 左右，致使T_3、D_4也截止，这时输出 F 被悬空，即处于高阻状态。因为该电路是在 EN 为高电平时处于正常工作状态，所以称为使能控制端高电平有效的三态与非门，与其对应的逻辑符号如图 3.25 (b)所示。

三态门也有使能控制端为低电平有效的产品，为了与使能控制端为高电平有效的三态门相区别，通常在逻辑符号的控制端加一个小圆圈，如图 3.25(c)所示逻辑符号表示使能控制端为低电平有效的三态输出与非门。有时也将使能控制信号用$\overline{EN}$表示低电平有效的三态门。

利用三态门不仅可以实现线与，而且被广泛应用于总线传送，它既可用于单向数据传送，也可用于双向数据传送。

图 3.26 所示为用三态门构成的单向数据传输总线。当某个三态门的控制端为 1 时,该逻辑门处于工作状态,输入数据经反相后送至总线。为了保证数据传送的正确性,任意时刻,n 个三态门的控制端只能有一个为 1,其余均为 0,即只允许一个数据端与总线接通,其余均断开,以便实现 n 个数据的分时传送。

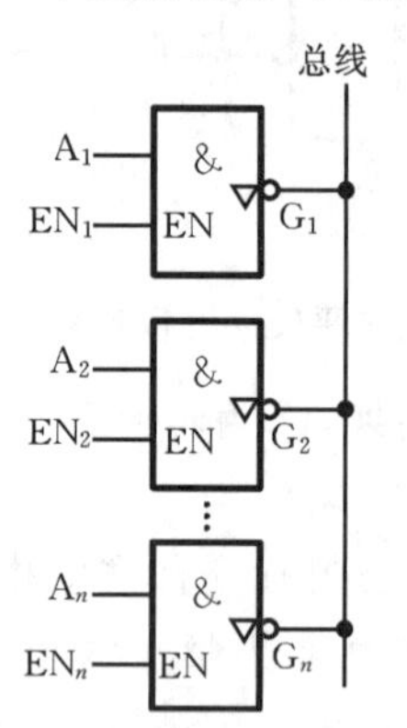

图 3.26 用三态门构成单向总线

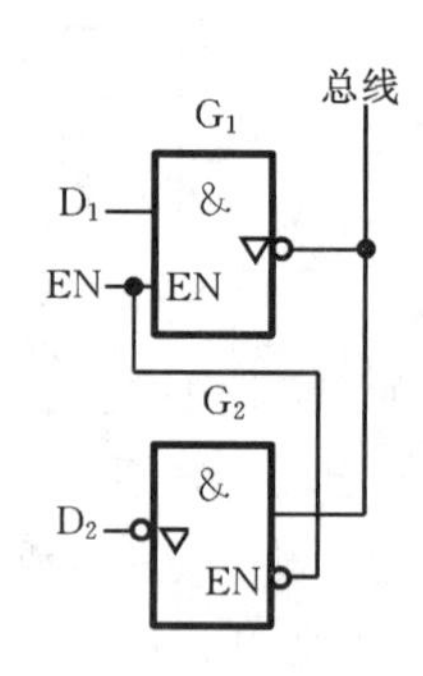

图 3.27 用三态门构成的双向总线

图 3.27 所示为用两种不同控制输入的三态门构成的双向数据传输总线。其中,EN=1 时,G_1 工作,G_2 处于高阻状态,数据 D_1 被取反后送至总线;EN=0 时,G_2 工作,G_1 处于高阻状态,总线上的数据被取反后送到数据端 D_2,从而实现了数据的分时双向传送。

多路数据通过三态门共享总线,实现数据分时传送的方法,在计算机和其他数字系统中被广泛用于数据和各种信号的传送。

3.3.3 CMOS 集成逻辑门电路

以 MOS 管作为开关元件的门电路称为 MOS 门电路。由于 MOS 集成门电路具有制造工艺简单、集成度高、功耗小、抗干扰能力强等优点,因此,在数字集成电路产品中占据着相当大的比例。

MOS 门电路有使用 P 沟道 MOS 管的 PMOS 电路,使用 N 沟道 MOS 管的 NMOS 电路和同时使用 PMOS 管和 NMOS 管的 CMOS 电路 3 种类型,CMOS 电路是目前应用最广泛的一类集成电路。随着制造工艺的不断改进,CMOS 电路的工作速度已接近 TTL 电路,而在集成度、功耗、抗干扰能力等方面则远远优于 TTL 电路。目前,几乎所有的超大规模集成器件,如超大规模存储器件、可编程逻辑器件等都采用 CMOS 工艺制造。下面,在简单介绍 MOS 管静态开关特性的基础上,讨论几种常用的 CMOS 集成逻辑门电路。

1. MOS 晶体管的静态开关特性

MOS 集成电路的基本元件是 MOS 晶体管。MOS 晶体管是一种电压控制器件,它的三个电极分别称为栅极(G)、漏极(D)和源极(S),由栅极电压控制漏源电流。

MOS 晶体管根据结构的不同可分为 P 型沟道 MOS 管和 N 型沟道 MOS 管两种,每种又可按其工作特性进一步分为增强型和耗尽型两类。现以 N 型沟道增强型 MOS 管为例对其静态工作特性作简单介绍。

N 沟道增强型 MOS 管的结构如图 3.28(a)所示。在一块 P 型硅片衬底上,利用扩散工艺

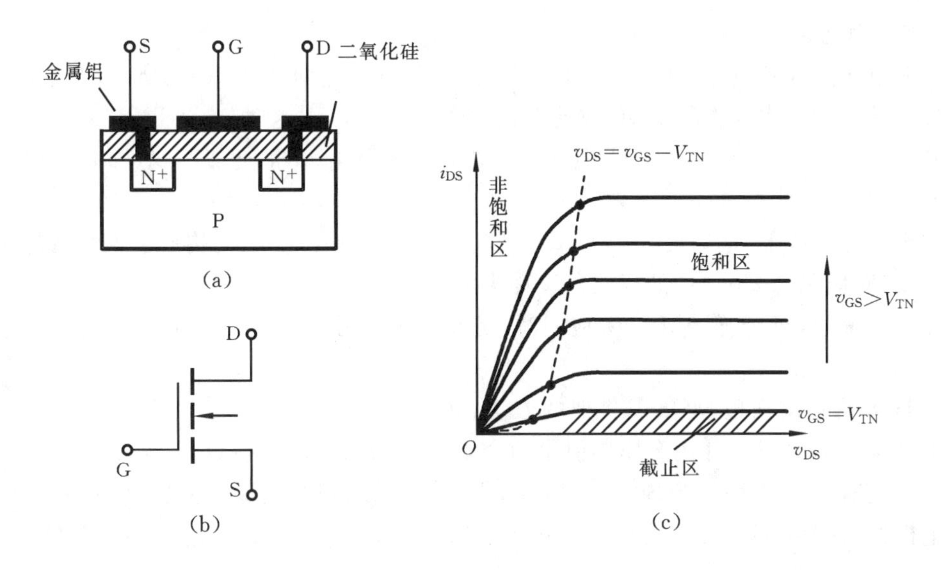

图 3.28 N 沟道增强型 MOS 管

形成两个高浓度掺杂的 N^+ 区，并用金属铝引出两个电极，分别作为漏极(D)和源极(S)。然后，在半导体表面覆盖一层二氧化硅(SiO_2)绝缘层，再在漏、源之间的绝缘层上加上一层金属铝，引出一个电极作为栅极(G)，便构成了一个 N 沟道增强型 MOS 管。N 沟道增强型 MOS 管的逻辑符号如图 3.28(b)所示，符号中的箭头表示栅极电流的方向由 P 区指向 N 区。

由图 3.28(a)可知，在 N 沟道增强型 MOS 管的漏、源之间是两个背靠背的 PN 结。当栅源电压 $v_{GS}=0$ 时，不论漏源电压 v_{DS} 的极性如何，总有一个 PN 结处于反偏状态，漏、源之间没有导电沟道，此时漏源电流 $i_{DS}=0$。如果在栅、源之间加上一定的正向电压 v_{GS}，则将形成一个由栅极指向衬底的电场，该电场一方面使栅极附近 P 型衬底中的空穴被排斥，同时又将 P 型衬底中的少数电子吸引到衬底表面。当 v_{GS} 较小时，吸引电子的能力不够强，在漏、源之间不够形成导电沟道。随着 v_{GS} 的增大，被吸引的电子浓度增大，当 v_{GS} 达到某一数值时，足够多的电子在栅极附近 P 型衬底表面形成一个 N 型薄层，且与两个 N^+ 区相连通，从而在漏、源之间形成导电沟道。这时，若在漏、源之间加上电压 v_{DS}，就会产生漏源电流 i_{DS}。通常将开始形成导电沟道的栅源电压称为开启电压，用 V_{TN} 表示，一般 V_{TN} 大约在1～2V之间。

图 3.28(c)所示是 N 沟道增强型 MOS 管的输出特性曲线。输出特性曲线表示在一定栅源电压 v_{GS} 作用下，漏源电流 i_{DS} 和漏源电压 v_{DS} 之间的关系。

图 3.28(c)所示输出特性曲线被分为截止区、非饱和区和饱和区。由此可见，在一定栅源电压 v_{GS} 控制下，N 沟道增强型 MOS 管有截止、非饱和、饱和 3 种工作状态。

(1) 截止状态

当 $v_{GS}<V_{TN}$ 时，对应图 3.28(c)中的截止区，此时没有导电沟道，$i_{DS}\approx 0$，管子工作在截止状态。

(2) 非饱和状态

当漏源电压较小，满足 $v_{DS}<v_{GS}-V_{TN}$(对应图 3.28(c)中的非饱和区)时，漏源电流 i_{DS} 基本上随着漏源电压 v_{DS} 线性上升。而且，v_{GS} 愈大，形成的导电沟道愈宽，相应的等效电阻愈小，i_{DS} 愈大(输出特性曲线愈陡)。此时，管子工作在非饱和状态，有时又将其称为电阻可调状态。

(3) 饱和状态

当漏源电压加大到一定程度,满足 $v_{DS} \geqslant v_{GS} - V_{TN}$(对应图 3.28(c)中所示的饱和区)时,靠近漏极一端的导电沟道不断变薄,致使在漏极附近被夹断。这时 i_{DS}不再随 v_{DS}线性上升,而是达到某一个值之后,v_{DS}的增加只使 i_{DS}产生微小的变化,几乎近似不变,即趋于饱和。此时,管子工作在饱和状态。

在输出特性曲线上,把满足 $v_{DS} = v_{GS} - V_{TN}$的临界点连接起来,便构成了饱和区与非饱和区的分界线(对应图 3.28(c)中的虚线),又称为临界线。

在数字系统中,MOS 管作为开关应用时,是在开关信号作用下交替工作在截止与饱和两种工作状态。

采用与 N 沟道增强型 MOS 管类似的方法,在一块 N 型硅片衬底上,利用扩散工艺形成两个高浓度掺杂的 P^+区,并用金属铝引出两个电极,分别作为漏极(D)和源极(S)。然后,在半导体表面覆盖一层二氧化硅(SiO_2)绝缘层,再在漏、源之间的绝缘层上加上一层金属铝,引出一个电极作为栅极(G),便构成了一个 P 沟道增强型 MOS 管。P 沟道增强型 MOS 管的结构和逻辑符号如图 3.29(a)、(b)所示。

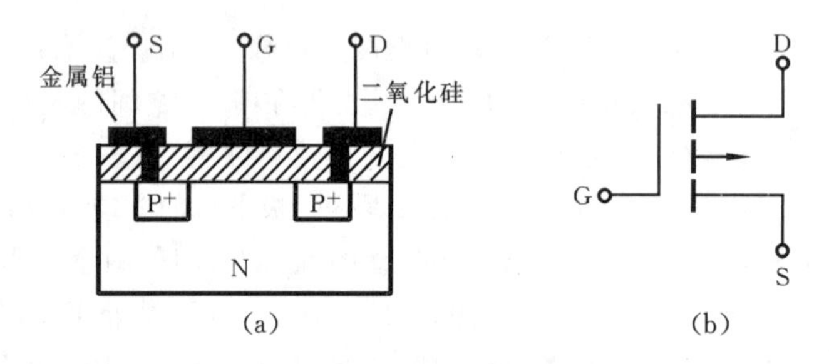

图 3.29 P 沟道增强型 MOS 管

P 沟道增强型 MOS 管的工作电压 v_{DS}和 v_{GS}均为负电压。在栅极加上一定的负电压,可使栅极附近 N 型衬底表面形成一个 P 型薄层,且与两个 P^+区相连通,从而在漏、源之间形成一个载流子为空穴的 P 型导电沟道。P 沟道增强型 MOS 管的开启电压用 V_{TP}表示,一般V_{TP}大约在$-2.5 \sim -1.0$V 之间。

2. CMOS 集成逻辑门

(1) CMOS 反相器

CMOS 反相器由一个 P 沟道增强型 MOS 管和一个 N 沟道增强型 MOS 管串联组成,通常用 P 沟道增强型 MOS 管作为负载管,N 沟道增强型 MOS 管作为工作管。如图 3.30 所示,PMOS 管 T_P为负载管(开启电压用 $V_{TP} < 0$),NMOS 管T_N为工作管(开启电压用 $V_{TN} > 0$),两管的栅极相连作为输入端,两管的漏极相连作为输出端。T_N的源极接地,T_P的源极接电源。为了保证电路正常工作,电源电压 V_{DD}需大于 T_N管开启电压V_{TN}和 T_P管开启电压 V_{TP}绝对值的和,即 $V_{DD} > V_{TN} + |V_{TP}|$,一般 $V_{DD} = 5$V。

在该电路中,当 $v_I = 0$V 时,T_N截止,T_P导通,电路工作在截止状态,输出电压 $v_O \approx V_{DD}$为高电平;当 $v_I = V_{DD}$时,T_N导通,T_P截止,电路工作在导通状态,输出电压 $v_O \approx 0$V。即“若输入为低,则输出为高;若输入为高,则输出为低”。因此,该电路实现了反相器功能,即非的逻辑功能,电路输出与输入的关系为 $F = \overline{A}$。

由于CMOS反相器处在开关状态下总有一个管子处于截止状态，因而电流极小，电路静态功耗很低。此外，它还具有抗干扰性能好、负载能力强等优点。常用的集成电路CMOS反相器有CC6049，该芯片有14条引脚，内含6个反相器。

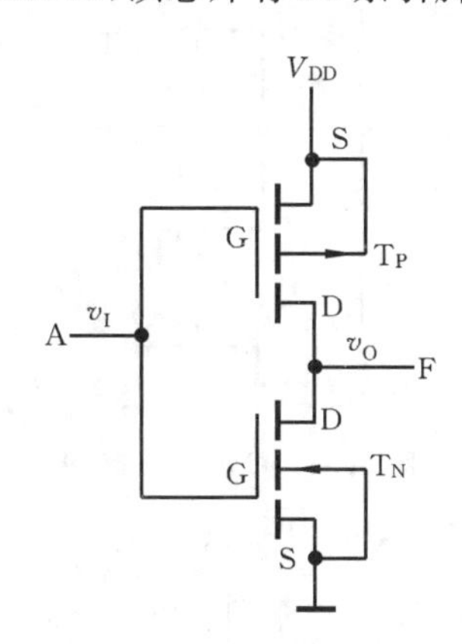

图3.30 CMOS反相器电路

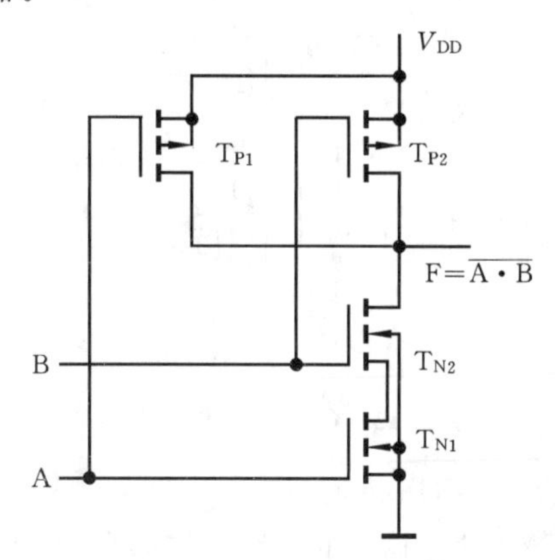

图3.31 CMOS与非门电路

(2) CMOS与非门

图3.31所示的是一个两输入端的CMOS与非门电路，它由两个串联的NMOS管T_{N1}、T_{N2}和两个并联的PMOS管T_{P1}、T_{P2}构成。

每个输入端连到一个PMOS管和一个NMOS管的栅极。当输入A、B均为高电平时，T_{N1}和T_{N2}导通，T_{P1}和T_{P2}截止，输出端F为低电平；当输入A、B中至少有一个为低电平时，对应的T_{N1}和T_{N2}中至少有一个截止，T_{P1}和T_{P2}中至少有一个导通，输出F为高电平。因此，该电路实现了与非逻辑功能，电路输出与输入的关系为$F=\overline{AB}$。常用的集成电路CMOS与非门有CC4011，CC4023等。CC4011内含4个2输入与非门，CC4023内含3个3输入与非门，两者均为14条引脚的芯片。

(3) CMOS或非门

图3.32所示的是一个两个输入端的CMOS或非门电路，它由两个并联的NMOS管T_{N1}、T_{N2}和两个串联的PMOS管T_{P1}、T_{P2}构成。每个输入端连接到一个NMOS管和一个PMOS管的栅极。当输入A、B均为低电平时，T_{N1}和T_{N2}截止，T_{P1}和T_{P2}导通，输出F为高电平；只要输入端A、B中有一个为高电平，则对应的T_{N1}、T_{N2}中便至少有一个导通，T_{P1}、T_{P2}中便至少有一个截止，使输出F为低电平。因此，该电路实现了或非逻辑功能，电路输出与输入的关系为$F=\overline{A+B}$。常用的集成电路CMOS或非门有CC4001等，CC4001有14条引脚，内含4个2输入或非门。

(4) CMOS三态门

CMOS三态门是在普通门电路的基础上增加控制电路构成的，其电路结构有不同形式。图3.33所示的是一个简单的三态非门电路，从电路结构上看，该电路是在CMOS反相器的基础上增加了NMOS管T'_N和PMOS管T'_P构成的。当使能控制端EN为高电平(EN =1)时，T'_N和T'_P同时截止，输出F呈高阻状态；当使能控制端EN为低电平(EN =0)时，T_N和T_P同时导通，非门正常工作，实现$F=\overline{A}$的功能。由于EN为低电平时电路处在正常工作状态，所以称为低电平有效的三态门。

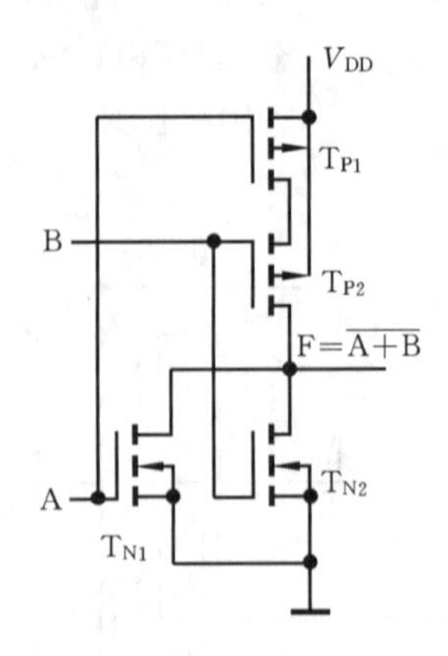

图 3.32 CMOS 或非门电路

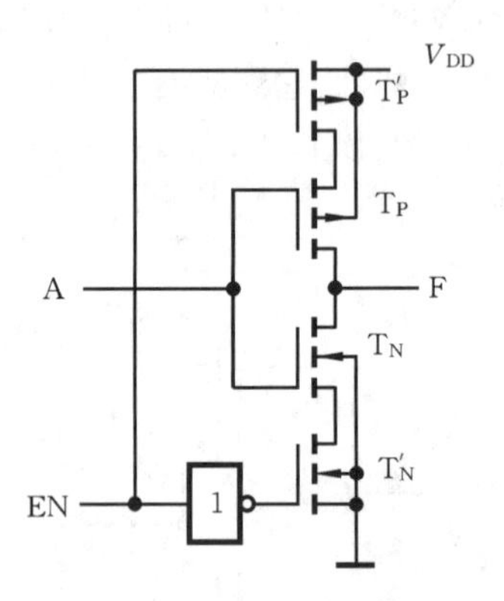

图 3.33 CMOS 三态门

(5) CMOS 传输门

CMOS 传输门的电路结构如图 3.34 (a)所示,它由一个 NMOS 管 T_N和一个 PMOS 管T_P并接构成,其逻辑符号如图 3.34(b)所示。

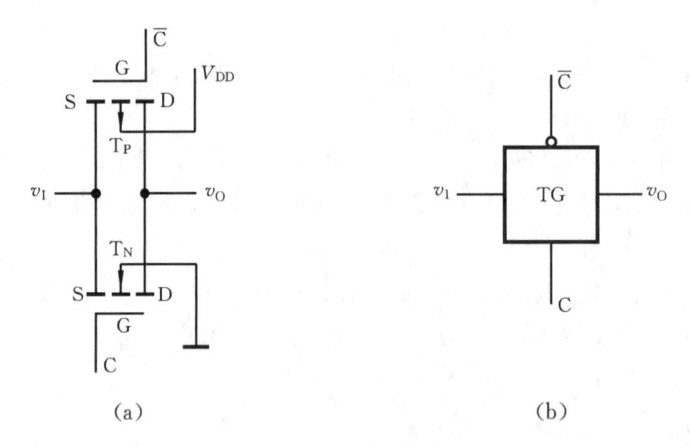

图 3.34 CMOS 传输门

如图 3.34 (a)所示,T_N和 T_P的结构和参数对称,两管的源极连在一起作为传输门的输入端,漏极连在一起作为输出端。T_N的衬底接地,T_P的衬底接电源,两管的栅极分别与一对互补的控制信号 C 和 $\overline{C}$ 相接。

当控制端 $C = V_{DD}$,$\overline{C}=$ 0V 时,输入电压 v_I在 0V~V_{DD}范围内变化,两管中至少有一个导通,输入和输出之间呈低阻状态,相当于开关接通,即输入信号 v_I在 0V~V_{DD}范围内都能通过传输门。

当控制端 C=0V,$\overline{C}=V_{DD}$时,输入信号 v_I在 0V~V_{DD}范围内变化,两管都总是处于截止状态,输入和输出之间呈高阻状态,信号 v_I不能通过,相当于开关断开。

由此可见,变换两个控制端的互补信号,可以使传输门接通或断开,从而决定输入端的信号(0V~V_{DD}之间的任意电平)是否能传送到输出端。由于传输门不仅能传输数字信号,同时也能传输模拟信号,所以在模拟电路中,传输门被用于传输连续变化的模拟电压信号。

此外,由于 MOS 管的结构是对称的,即源极和漏极可以互换使用,因此,传输门的输入端和输出端可以互换使用,即 CMOS 传输门具有双向性,故又称为可控双向开关。

3.3.4　正逻辑和负逻辑

1. 正逻辑与负逻辑的概念

前面介绍各种逻辑门电路时，是约定用高电平表示逻辑 1、低电平表示逻辑 0 来讨论其逻辑功能的。事实上，用电平的高和低表示逻辑值 1 和 0 的关系并不是唯一的。既可以规定用高电平表示逻辑 1、低电平表示逻辑 0，也可以规定用高电平表示逻辑 0，低电平表示逻辑 1。这就引出了正逻辑和负逻辑的概念。

通常，把用高电平表示逻辑 1，低电平表示逻辑 0 的规定称为**正逻辑**。反之，把用高电平表示逻辑 0，低电平表示逻辑 1 的规定称为**负逻辑**。

2. 正逻辑与负逻辑的关系

对于同一电路，正逻辑与负逻辑的规定不涉及逻辑电路本身的结构与性能好坏，但不同的规定可使同一电路具有不同的逻辑功能。例如，假定某逻辑门电路的输入/输出电平关系如表 3.9 所示。若按正逻辑规定，则可得到表 3.10 所示的真值表，由真值表可知，该电路是一个正逻辑的与门；若按负逻辑规定，则可得到表 3.11 所示的真值表，由真值表可知，该电路是一个负逻辑的或门。即正逻辑与门等价于负逻辑或门。

表 3.9　输入/输出电平关系

输入		输出
A	B	F
L	L	L
L	H	L
H	L	L
H	H	H

表 3.10　正逻辑真值表

输入		输出
A	B	F
0	0	0
0	1	0
1	0	0
1	1	1

表 3.11　负逻辑真值表

输入		输出
A	B	F
1	1	1
1	0	1
0	1	1
0	0	0

上述逻辑关系可以用反演律证明。假定一个正逻辑与门的输出为 F，输入为 A、B 即有

$$F = A \cdot B$$

根据反演律，可得

$$\overline{F} = \overline{A} + \overline{B}$$

这就是说，若将一个逻辑门的输出和所有输入都反相，则正逻辑变为负逻辑。据此，可将正逻辑门转换为负逻辑门。几种常用逻辑门的正、负逻辑符号变换如图 3.35 所示。

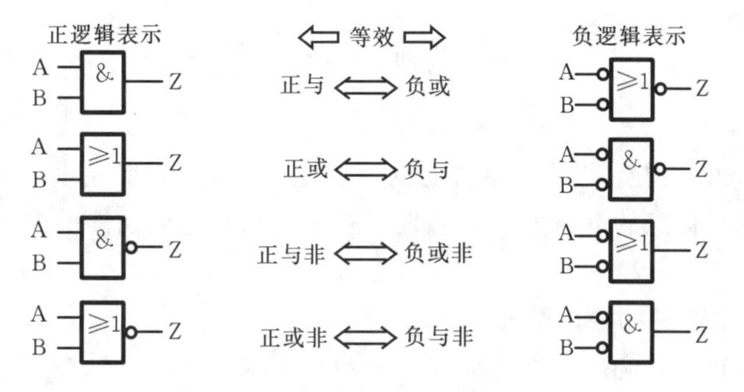

图 3.35　正逻辑门变换成等效负逻辑门

前面讨论各种逻辑门电路时,都是按照正逻辑规定来定义其逻辑功能的。在本教材中,若无特殊说明,则约定按正逻辑讨论问题,所有门电路的符号均按正逻辑表示。表3.12列出了各种常用逻辑门的3种符号形式以及它们的逻辑表达式。

表 3.12 常用门电路符号及表达式

名称	逻辑功能	新标准符号	沿用符号	国外流行符号	逻辑表达式
与门	与运算	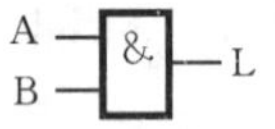 &	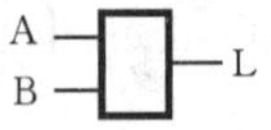	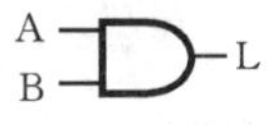	$L=A\cdot B$
或门	或运算	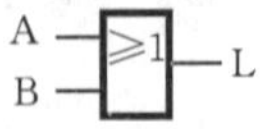 ≥1	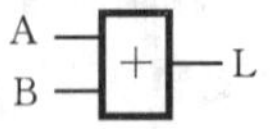 +	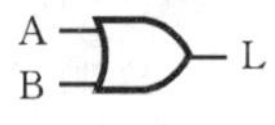	$L=A+B$
非门	非运算	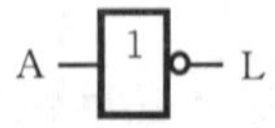 1	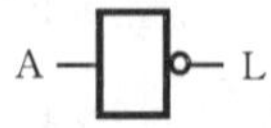	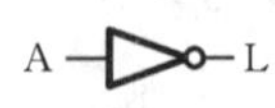	$L=\overline{A}$
与非门	与非运算	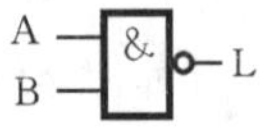 &	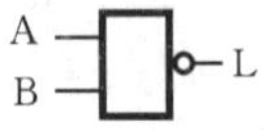	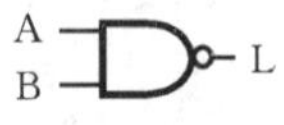	$L=\overline{A\cdot B}$
或非门	或非运算	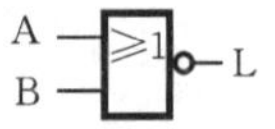 ≥1	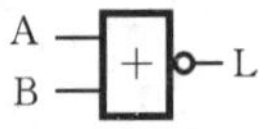 +	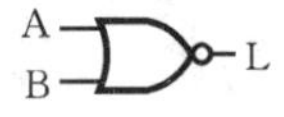	$L=\overline{A+B}$
与或非门	与或非运算	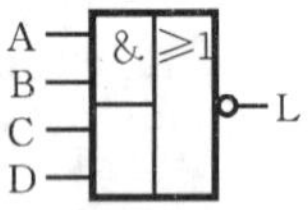 & ≥1	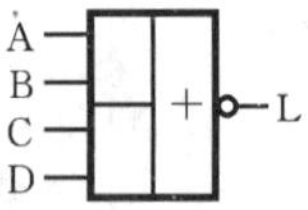 +	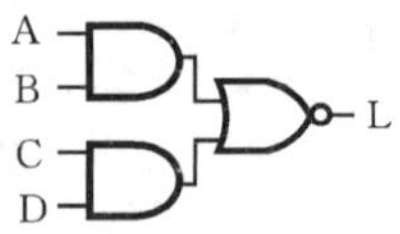	$L=\overline{AB+CD}$
异或门	异或运算	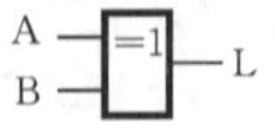 =1	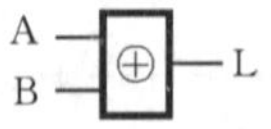 ⊕		$L=A\oplus B=A\overline{B}+\overline{A}B$
同或门	同或运算	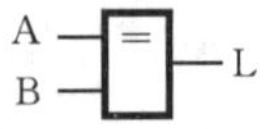 =	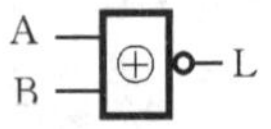 ⊕		$L=A\odot B=\overline{A\oplus B}=AB+\overline{A}\,\overline{B}$

3.4 触 发 器

在数字系统中,为了构造实现各种功能的逻辑电路,除了需要实现逻辑运算的逻辑门之外,还需要有能够保存信息的逻辑器件。触发器是一种具有记忆功能的电子器件,它具有如下特点:

① 触发器有两个互补的输出端 Q 和 $\overline{Q}$。

② 触发器有两个稳定状态。输出端 $Q=1$、$\overline{Q}=0$ 称为“1”状态;$Q=0$、$\overline{Q}=1$ 称为“0”状态。当输入信号不发生变化时,触发器状态稳定不变。

③ 在一定输入信号作用下,触发器可以从一个稳定状态转移到另一个稳定状态,输入信

号撤销后，保持新的状态不变。通常把输入信号作用之前的状态称为“现态”，记作 Q^n 和 $\overline{Q}^n$，而把输入信号作用后的状态称为触发器的“次态”，记作 Q^{n+1} 和 $\overline{Q}^{n+1}$。为了简单起见，一般省略现态的右上标 n，就用 Q 和 $\overline{Q}$ 表示现态。显然，次态是现态和输入的函数。

由上述特点可知，触发器是存储一位二进制信息的理想器件。集成触发器的种类很多，分类方法也各不相同，按触发器的逻辑功能通常将其分为 R-S 触发器、D 触发器、J-K 触发器和 T 触发器 4 种不同类型。不管如何分类，就其结构而言，触发器都是由逻辑门加上适当的反馈线耦合而成。本节从实际应用出发，介绍几种常用集成触发器的内部结构、工作特性和逻辑功能，重点讨论它们的逻辑功能及其描述方法。

3.4.1 基本 R-S 触发器

基本 R-S 触发器是直接复位(Reset)-置位(Set)触发器的简称，由于它既是一种最简单的触发器，又是构成各种其他功能触发器的基本部件，故称为基本 R-S 触发器。

1. 用与非门构成的基本 R-S 触发器

基本 R-S 触发器可由两个与非门交叉耦合构成，其逻辑电路和逻辑符号分别如图 3.36(a)和(b)所示。图中，Q 和 $\overline{Q}$ 为触发器的两个互补输出端；R 和 S 为触发器的两个输入端，其中 R 称为置 0 端或者复位端，S 称为置 1 端或置位端；加在逻辑符号输入端的小圆圈表示低电平或负脉冲有效，即仅当低电平或负脉冲作用于输入端时，触发器状态才能发生变化(通常称为翻转)，有时称这种情况为低电平触发或负脉冲触发。

(1) 工作原理

根据与非门的逻辑特性，可分析出图 3.36(a) 所示电路的工作原理如下：

① 若 R=1，S=1，则触发器保持原来状态不变。假定触发器原来处于 0 状态，即 Q=0，$\overline{Q}$=1。由于与非门 G_2 的输出 Q 为 0，反馈到与非门 G_1 的输入端，使 $\overline{Q}$ 保持 1 不变，$\overline{Q}$ 为 1 又反馈到与非门 G_2 的输入端，使 G_2 的两个输入均为 1，从而维持输出 Q 为 0；假定触发器原来处于 1 状态，即 Q=1，$\overline{Q}$ =0，那么，$\overline{Q}$ 为 0 反馈到与非门 G_2 的输入端，使 Q 保持 1 不变，此时与非门 G_1 的两个端入均为 1，所以 $\overline{Q}$ 保持 0。

② 若 R=1，S=0，则触发器置为 1 状态。此时，无论触发器原来处于何状态，因为 S 为 0，必然使与非门 G_2 的输出 Q 为 1，且反馈到与非门 G_1 的输入端；由于门 G_1 的另一个输入 R 也为 1，故使门 G_1 输出 $\overline{Q}$ 为 0，触发器状态为 1 状态。该过程称为触发器置 1。

③ 若 R=0，S=1，则触发器置为 0 状态。与② 的过程类似，不论触发器原来处于 0 状态还是 1 状态，因为 R 为 0，必然使与非门 G_1 的输出 $\overline{Q}$ 为 1，且反馈到与非门 G_2 的输入端，由于门 G_2 的另一个输入 S 也为 1，故使门 G_2 输出 Q 为 0，触发器状态为 0 状态。该过程称为触发

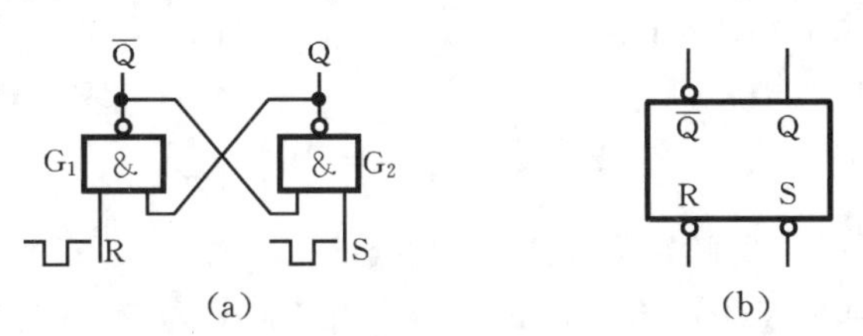

图 3.36 与非门构成的 R-S 触发器

器置 0。

④ 不允许出现 R=0,S=0。因为当 R 和 S 端同时为 0 时,将使两个与非门的输出 Q 和 $\overline{Q}$ 均为 1,破坏了触发器两个输出端的状态应该互补的逻辑关系。此外,当这两个输入端的 0 信号被撤消时,触发器的状态将是不确定的,这取决于两个门电路的时间延迟。若 G_1 的时延大于 G_2,则 Q 端先变为 0,使触发器处于 0 状态;反之,若 G_2 的时延大于 G_1,则 $\overline{Q}$ 端先变为 0,从而使触发器处于 1 状态。通常,两个门电路的延迟时间是难以人为控制的,因而在将输入端的 0 信号同时撤去后触发器的状态将难以预测,这是不允许的。因此,规定 R 和 S 不能同时为 0。

(2) 逻辑功能描述

触发器的逻辑功能通常用功能表、状态表、状态图、次态方程和激励表等进行描述。

1) 功能表

根据上述工作原理,可归纳出由与非门构成的 R-S 触发器的逻辑功能,如表3.13所示,表中"d"表示触发器次态不确定。功能表描述了触发器次态 Q^{n+1} 与现态、输入之间的函数关系,所以又称为次态真值表。

表 3.13 与非门构成的基本 R-S 触发器功能表

R	S	Q^{n+1}	功能说明
0	0	d	不定
0	1	0	置 0
1	0	1	置 1
1	1	Q	不变

表 3.14 与非门构成的基本 R-S 触发器状态表

现态 Q	次态 Q^{n+1}			
	RS=00	RS=01	RS=11	RS=10
0	d	0	0	1
1	d	0	1	1

2) 状态表

状态表反映了触发器在输入作用下现态 Q 与次态 Q^{n+1} 之间的转移关系,又称为状态转移表。它详细地给出了触发器次态与现态、输入之间取值关系。由与非门构成的 R-S 触发器的状态表如表 3.14 所示。

3) 状态图

状态图是一种反映触发器两种状态之间转移关系的有向图,又称为状态转移图。该触发器的状态图如图 3.37 所示。图中,两个圆圈分别代表触发器的两个稳定状态,箭头表示在输入信号作用下状态转移的方向,箭头旁边的标注表示状态转移的条件。

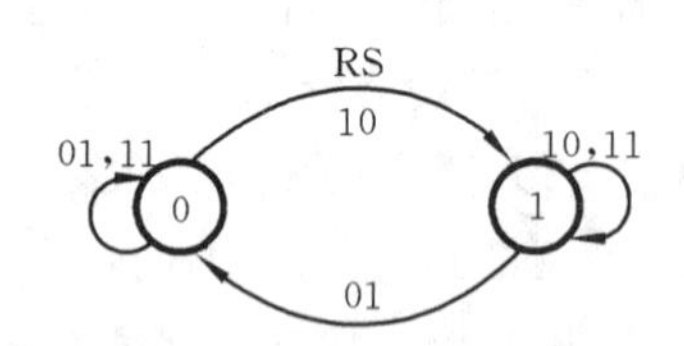

图 3.37 与非门构成的基本 R-S 触发器的状态图

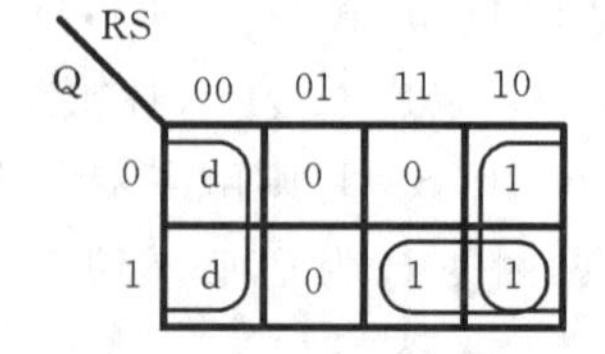

图 3.38 与非门构成的基本 R-S 触发器的次态卡诺图

4) 次态方程

触发器的功能也可以用反映次态 Q^{n+1} 与现态、输入之间关系的逻辑函数表达式进行描述,这种描述触发器功能的逻辑函数表达式称为次态方程。根据表 3.14 所示状态表,可作出描述该触发器次态 Q^{n+1} 与现态 Q 以及输入 R、S 之间函数关系的卡诺图,如图 3.38 所示。

利用R、S不允许同时为0的约束,化简后可得到该触发器的次态方程为

$$Q^{n+1}=\bar{S}+R\cdot Q$$

因为R、S不允许同时为0,所以输入必须满足约束方程

$$R+S=1$$

5）*激励表*

触发器的激励表反应了触发器从现态Q转移到某种次态Q^{n+1}时,对输入信号的要求。它把触发器的现态和次态作为自变量,而把触发器的输入(或激励)作为因变量。激励表可以由功能表导出,与非门构成的基本R-S触发器的激励表如表3.15所示。

表3.15　与非门构成的基本R-S触发器激励表

Q	→ Q^{n+1}	R	S
0	0	d	1
0	1	1	0
1	0	0	1
1	1	1	d

触发器的功能表、状态表、状态图、次态方程和激励表分别从不同角度对触发器的功能进行了描述,它们在时序电路分析和设计中各有用途。例如,在时序电路分析时通常要用到功能表或次态方程,而在时序电路设计时通常要用到激励表或次态方程等。

与非门构成的基本R-S触发器有一个特点:当输入端S连续出现多个置1信号,或者输入端R连续出现多个清0信号时,仅第一个信号使触发器翻转,其工作波形如图3.39所示。

由波形图可见,当触发器的同一输入端连续出现多个负脉冲信号时,仅第一个负脉冲信号使触发器发生翻转,后面重复出现的负脉冲信号不起作用。

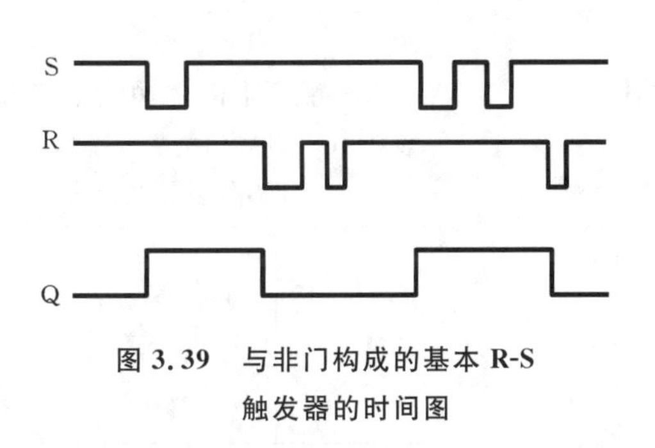

图3.39　与非门构成的基本R-S触发器的时间图

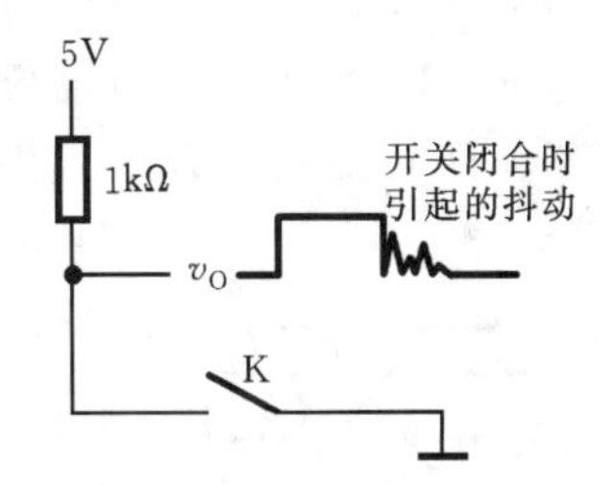

图3.40　机械开关震动引起的干扰信号

实际应用中,通常利用基本R-S触发器的这一特点消除机械开关振动引起的尖脉冲信号。例如,图3.40所示的是机械触点开关接通时引起电压波形产生的尖脉冲信号,有时将其称为“毛刺”。显然,这是一种电路中不希望出现的干扰信号。

利用基本R-S触发器的上述工作特点,将开关与触发器按照图3.41(a)所示连接,可以消除开关振动所产生的影响,电压波形如图3.41(b)所示。设开关原来与R接通(R为0),触发器处于0状态,当开关由R拨向S时,经过一个短暂的浮空时间(此时触发器的R、S均为1),触发器保持0状态。当开关与S接通时,S变为0,同时S点的电压v_S由于开关振动产生“毛刺”,但由于R点的电压v_R已为高电平,S点的电位一旦变低,触发器便翻转为1状态,即使S点再次出现高电平,也不会再改变触发器状态,所以在触发器Q端的电压v_O不会出现“毛刺”。类似地,当开关由S拨向R时,R点的电压v_R会由于开关振动产生“毛刺”,但在触发器Q端的电压v_O不会出现“毛刺”。

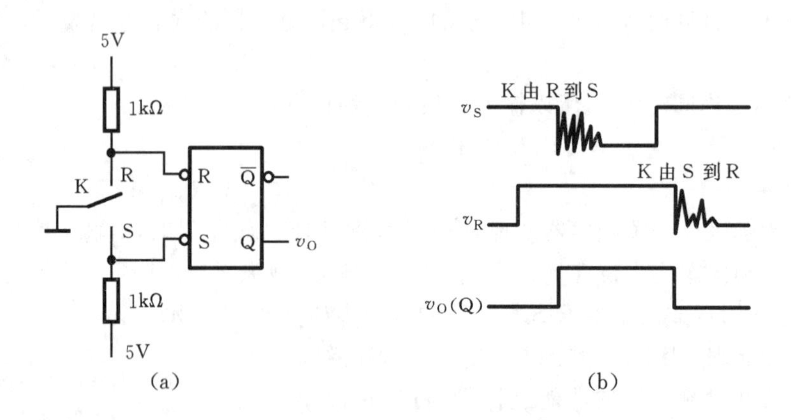

图 3.41 利用基本 R-S 触发器消除机械开关振动引起的干扰

2. 用或非门构成的基本 R-S 触发器

基本 R-S 触发器也可以用两个或非门交叉耦合组成,其逻辑电路和逻辑符号分别如图 3.42(a)和(b)所示。该电路的输入是正脉冲或高电平有效,故逻辑符号的输入端未加小圆圈。

(1) 工作原理

根据或非门的逻辑特性,可分析出 3.42(a) 所示电路的工作原理如下:

① 若 R=0,S=0,则触发器保持原来状态不变;

② 若 R=0,S=1,则触发器置为 1 状态;

③ 若 R=1,S=0,则触发器置为 0 状态;

④ 不允许 R、S 同时为 1,因为当 R 和 S 端同时为 1 时,将破坏触发器正常功能的实现。

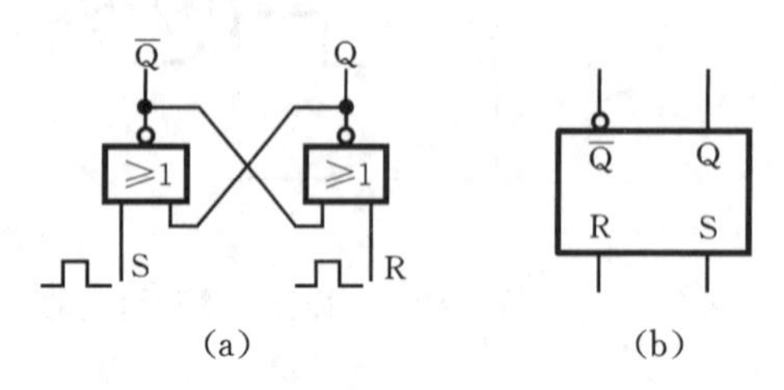

图 3.42 或非门构成的 R-S 触发器

表 3.16 或非门构成的基本 R-S 触发器功能表

R	S	Q^{n+1}	功能说明
0	0	Q	不变
0	1	1	置 1
1	0	0	置 0
1	1	d	不定

(2) 逻辑功能描述

根据电路工作原理,可以得出由或非门构成的基本 R-S 触发器的功能表,如表 3.16 所示。

或非门构成的基本 R-S 触发器的次态方程和约束方程如下:

$$Q^{n+1} = S + \bar{R}Q \quad \text{(次态方程)}$$

$$R \cdot S = 0 \quad \text{(约束方程)}$$

读者可自己分析得出该触发器的状态表、状态图和激励表。

基本 R-S 触发器最大的优点是结构简单。它不仅可作为记忆元件独立使用,而且由于它具有直接复位、置位功能,因而被作为各种性能更完善的触发器的基本组成部分。但由于基本 R-S 触发器的输入 R、S 之间存在约束条件,且无法对其状态转换时刻进行统一定时控制,所以它的使用范围受到一定限制。

3.4.2 常用的时钟控制触发器

由上面讨论可知，基本R-S触发器的一个特点是触发器状态直接受输入信号R、S控制，一旦输入信号变化，触发器的状态便随之发生变化。但实际应用中，往往要求触发器按一定的时间节拍动作，即让输入信号的作用受到时钟脉冲(CP)的控制，为此，在触发器的输入端增加了时钟控制信号，使触发器状态的变化由时钟脉冲和输入信号共同决定。具体说，时钟脉冲确定触发器状态转换的时刻(何时转换)，输入信号确定触发器状态转换的方向(如何转换)。这种具有时钟脉冲控制端的触发器称为时钟控制触发器，简称钟控触发器或者定时触发器。加入时钟控制信号后，通常把时钟脉冲(CP)作用前的状态称为“现态”，而把时钟脉冲(CP)作用后的状态称为触发器的“次态”。

1. 简单结构的钟控触发器

简单结构的钟控R-S触发器、D触发器、J-K触发器和T触发器均由4个与非门组成。

(1) 钟控R-S触发器

图3.43(a)所示是钟控R-S触发器的逻辑电路，其逻辑符号如图3.43(b)所示。该触发器由4个与非门构成，上面的两个与非门 G_1、G_2 构成基本R-S触发器；下面的两个与非门 G_3、G_4 组成控制电路，通常称为控制门。

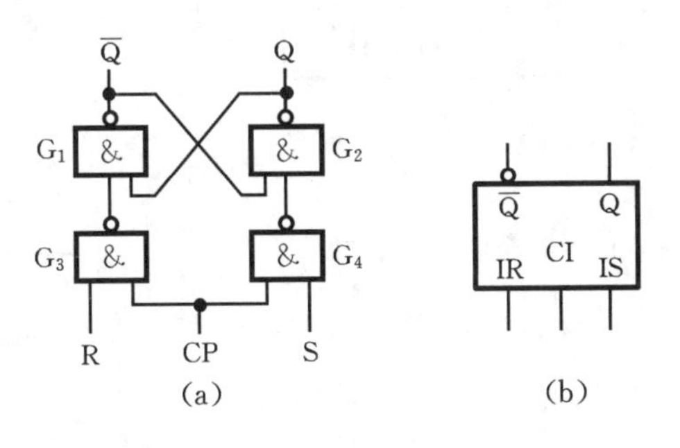

图3.43 钟控R-S触发器

1) 工作原理

钟控R-S触发器的工作原理如下。

① 当时钟脉冲CP=0时，门 G_3、G_4 被封锁。此时，不管R、S端的输入为何值，两个控制门的输出均为1，触发器状态保持不变。

② 当时钟脉冲CP=1时，控制门 G_3、G_4 被打开，这时输入端R、S的值可以通过控制门作用于上面的基本R-S触发器：

- 当R=0,S=0时，控制门 G_3、G_4 的输出均为1，触发器状态保持不变；
- 当R=0,S=1时，控制门 G_3、G_4 的输出分别为1和0，触发器状态置成1状态；
- 当R=1,S=0时，控制门 G_3、G_4 的输出分别为0和1，触发器状态置成0状态；
- 当R=1,S=1时，控制门 G_3、G_4 的输出均为0，触发器状态不确定，这是不允许的。

由此可见，这种触发器的工作过程受时钟脉冲信号CP和输入信号R、S的共同作用。当时钟脉冲信号CP为低电平(CP=0)时，触发器不接收输入信号，状态保持不变；当时钟脉冲信号CP为高电平(CP=1)时，触发器接收输入信号，状态随输入信号发生转移。

2) 逻辑功能描述

由上述工作原理可知,当时钟脉冲 CP=1 时,钟控 R-S 触发器的功能表、状态表分别如表 3.17 和表 3.18 所示。

表 3.17 钟控 R-S 触发器功能表

R	S	Q^{n+1}	功能说明
0	0	Q	不变
0	1	1	置 1
1	0	0	置 0
1	1	d	不定

表 3.18 钟控 R-S 触发器状态表

现态 Q	次态 Q^{n+1}			
	RS=00	RS=01	RS=11	RS=10
0	0	1	d	0
1	1	1	d	0

表中,现态 Q 表示时钟脉冲 CP 作用前的状态,次态 Q^{n+1} 表示时钟脉冲 CP 作用后的状态。d 表示当 RS=11 时,触发器状态不确定。在钟控触发器中,时钟信号 CP 是一种固有的时间基准,通常不作为输入信号列入表中。对触发器功能进行描述时,均只考虑有时钟脉冲作用(CP=1)时的情况。

根据表 3.18 所示状态表,可作出钟控 R-S 触发器的状态图和次态卡诺图,分别如图 3.44(a)和(b)所示。

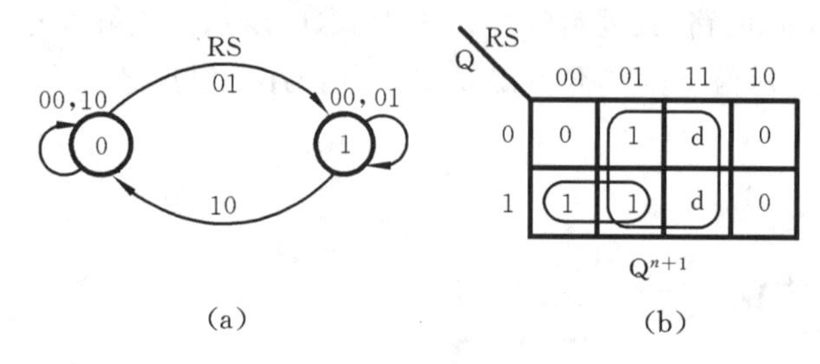

图 3.44 钟控 R-S 触发器的状态图和次态卡诺图

表 3.19 钟控 R-S 触发器激励表

Q	→ Q^{n+1}	R	S
0	0	d	0
0	1	0	1
1	0	1	0
1	1	0	d

由图 3.44(b)所示次态卡诺图,可得出该触发器的次态方程和约束方程为

$$Q^{n+1} = S + \bar{R}Q \quad \text{(次态方程)}$$

$$R \cdot S = 0 \quad \text{(约束方程)}$$

钟控 R-S 触发器的激励表如表 3.19 所示。

该触发器的功能描述形式与用或非门构成的基本 R-S 触发器完全相同,但该触发器的工作过程是受时钟脉冲信号控制的,仅当时钟脉冲 CP=1 时,才能实现上述逻辑功能。此外,钟控R-S 触发器虽然解决了对触发器工作进行定时控制的问题,而且具有结构简单的优点,但输入信号依然存在约束条件,即 R、S 不能同时为 1。

(2) 钟控 D 触发器

钟控 D 触发器只有一个输入端,其逻辑电路和逻辑符号如图 3.45(a)和图3.45(b)所示。钟控 D 触发器是对钟控 R-S 触发器的控制电路稍加修改后形成的。修改后的控制电路除了实现对触发器工作的定时控制外,另一个作用是在时钟脉冲作用期间(CP=1 时),将输入信号 D 转换成一对互补信号送至基本 R-S 触发器的两个输入端,使基本 R-S 触发器的两个输入信号只可能为 01 或者 10 两种取值,从而消除了触发器状态不确定的现象。

1) 工作原理

① 当无时钟脉冲作用(CP=0)时,门 G_3、G_4 被封锁。此时,不管 D 端为何值,两个控制门的输出均为 1,触发器状态保持不变。

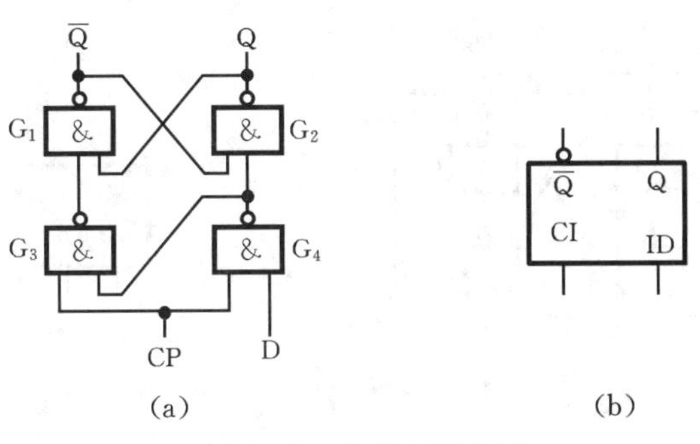

图 3.45　钟控 D 触发器

② 当有时钟脉冲作用(CP=1)时，若 D=0，则门 G_4 输出为 1，门 G_3 输出为 0，触发器状态被置 0；若 D=1，则门 G_4 输出为 0，门 G_3 输出为 1，触发器状态被置 1。

2）逻辑功能描述

由工作原理可知，在 CP=1 时，D 触发器状态的变化仅取决于输入信号 D，而与现态无关。其次态方程为

$$Q^{n+1} = D$$

钟控 D 触发器的功能表、状态表和激励表分别如表 3.20、表 3.21 和表 3.22 所示，状态图如图 3.46 所示。

表 3.20　钟控 D 触发器的功能表

D	Q^{n+1}	功能说明
0	0	置 0
1	1	置 1

表 3.21　钟控 D 触发器的状态表

现　态 Q	次态 Q^{n+1}	
	D=0	D=1
0	0	1
1	0	1

表 3.22　钟控 D 触发器的激励表

Q → Q^{n+1}		D
0	0	0
0	1	1
1	0	0
1	1	1

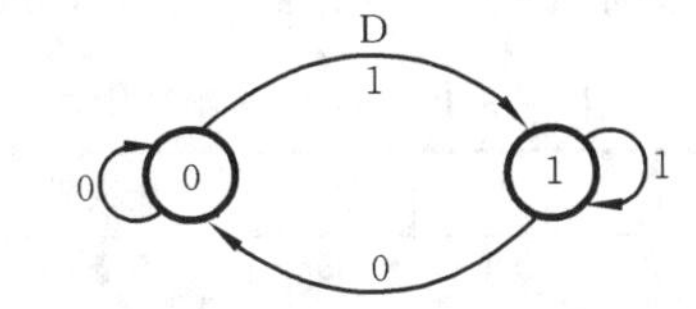

图 3.46　钟控 D 触发器的状态图

由于钟控 D 触发器在时钟脉冲作用后的次态和输入 D 的值一致，故有时又称为锁存器。

(3) 钟控 J-K 触发器

将钟控 R-S 触发器改进成如图 3.47(a)所示的形式，即增加两条反馈线，将触发器的输出 Q 和 $\overline{Q}$ 交叉反馈到两个控制门的输入端，并把原来的输入端 S 改为 J，R 改为 K，便构成了另一种钟控触发器，称为钟控 J-K 触发器，其逻辑符号如图3.47(b)所示。钟控 J-K 触发器利用触发器两个输出端信号始终互补的特点，有效地解决了在时钟脉冲作用期间两个输入同时为 1 将导致触发器状态不确定的问题。

1）工作原理

① 在没有时钟脉冲作用(CP=0)时，无论输入端 J 和 K 怎样变化，控制门 G_3、G_4 的输出均为 1，触发器保持原来状态不变。

② 在时钟脉冲作用(CP=1)时，可分为 4 种情况：

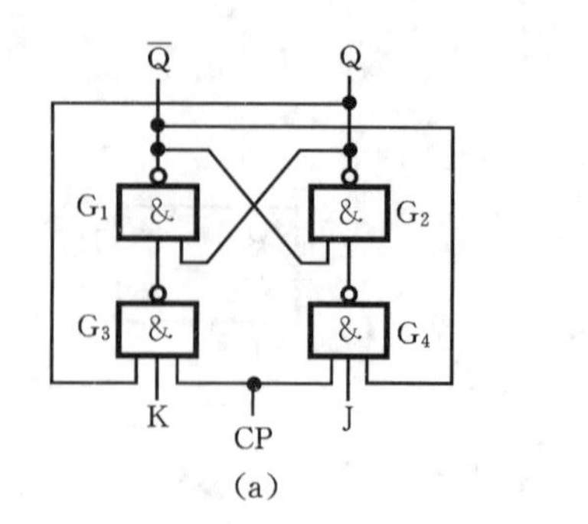

(a)

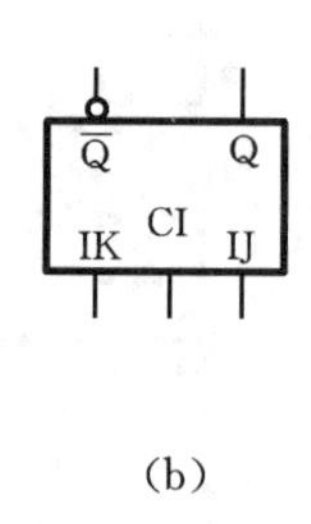

(b)

图 3.47　钟控 J-K 触发器的逻辑电路和逻辑符号

● 当输入 J=0,K=0 时,不管触发器原来处于何种状态,控制门 G_3 和 G_4 的输出均为 1,触发器状态保持不变。

● 当输入 J=0,K=1 时,若原来处于 0 状态,则控制门 G_3 和 G_4 输出均为 1,触发器保持 0 状态不变;若原来处于 1 状态,则门 G_3 输出为 0,门 G_4 输出为 1,触发器状态置成 0。即输入 JK=01 时,触发器次态一定为 0 状态。

● 当输入 J=1,K=0 时,若原来处于 0 状态,则控制门 G_3 输出为 1,门 G_4 输出为 0,触发器状态置成 1;若原来处于 1 状态,则门 G_3 和 G_4 输出均为 1,触发器保持 1 状态不变。即输入 JK=10 时,触发器次态一定为 1 状态。

● 当输入 J=1,K=1 时,若原来处于 0 状态,则门 G_3 输出为 1,门 G_4 输出为 0,触发器置成 1 状态;若原来处于 1 状态,则门 G_3 输出为 0,门 G_4 输出为 1,触发器置成 0 状态。即输入 JK=11 时,触发器的次态与现态相反。

2) 逻辑功能描述

根据上述工作原理,可归纳出钟控 J-K 触发器在时钟脉冲作用下(CP=1)的功能表和状态表分别如表 3.23 和表 3.24 所示,相应的状态图和次态卡诺图分别如图 3.48(a)和(b)所示。

表 3.23　钟控 J-K 触发器功能表

J	K	Q^{n+1}	功能说明
0	0	Q	不变
0	1	0	置 0
1	0	1	置 1
1	1	$\overline{Q}$	翻转

表 3.24　钟控 J-K 触发器状态表

现　态	次态 Q^{n+1}			
Q	JK=00	JK=01	JK=11	JK=10
0	0	0	1	1
1	1	0	0	1

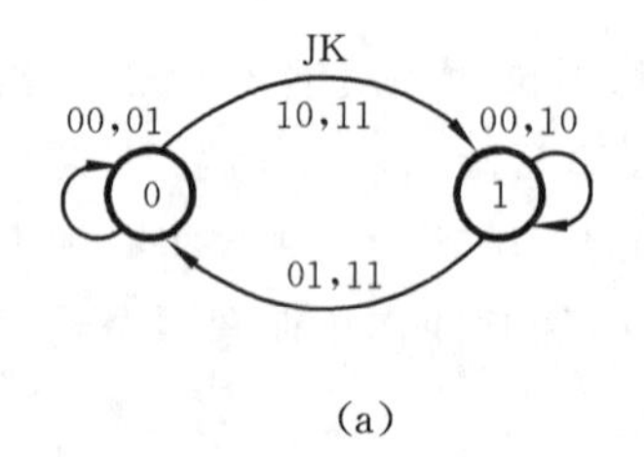

(a)

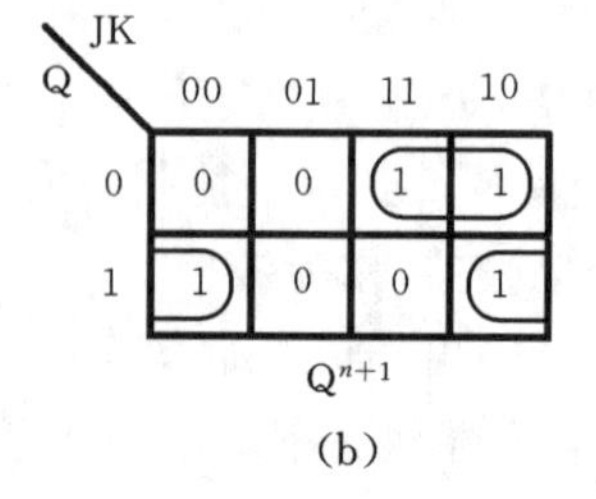

(b)

图 3.48　钟控 J-K 触发器的状态图和次态卡诺图

根据次态卡诺图可得出钟控 J-K 触发器的次态方程为

$$Q^{n+1}=J\overline{Q}+\overline{K}Q$$

钟控 J-K 触发器在时钟脉冲作用下(CP=1)的激励表如表 3.25 所示。

钟控J-K触发器输入J、K的取值没有约束条件，无论J、K取何值，在时钟脉冲作用下都有确定的次态，因此，该触发器具有较强的逻辑功能。

表 3.25 钟控J-K触发器的激励表

Q	→ Q^{n+1}	J	K
0	0	0	d
0	1	1	d
1	0	d	1
1	1	d	0

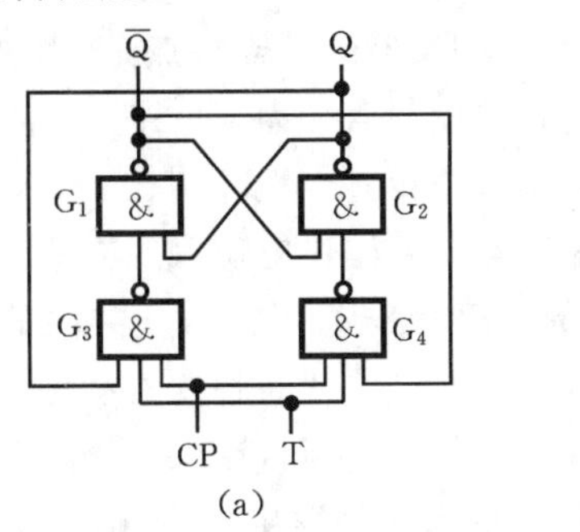

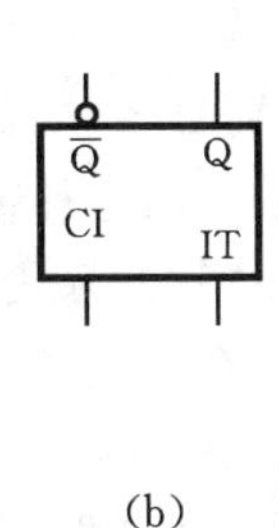

图 3.49 钟控T触发器的逻辑电路和逻辑符号

(4) 钟控T触发器

如果把钟控J-K触发器的两个输入端J和K连接起来，并用符号T表示，就构成了钟控T触发器。图3.49(a)所示的是钟控T触发器的逻辑电路，其逻辑符号如图3.49(b)所示。

1) 工作原理

钟控T触发器的工作原理如下。

① 当无时钟脉冲作用(CP=0)时，门G_3、G_4被封锁。此时，不管T端为何值，两个控制门的输出均为1，触发器状态保持不变。

② 当有时钟脉冲作用(CP=1)时，可分为两种情况：

- 当T=0时，门G_3、门G_4的输出均为1，触发器状态保持不变；
- 当T=1时，与现态相关。若现态Q为0，则门G_3输出为1，门G_4输出为0，触发器状态被置1；若现态Q为1，则门G_3输出为0，门G_4输出为1，触发器状态被置0。

归纳起来，当T=0时，在时钟作用下触发器状态保持不变；当T=1时，在时钟作用下触发器状态发生翻转。

2) 逻辑功能描述

钟控T触发器在时钟脉冲作用下(CP=1)的功能表、状态表和激励表分别如表3.26、表3.27和表3.28所示，相应的状态图如图3.50所示。

表 3.26 钟控T触发器功能表

T	Q^{n+1}	功能说明
0	Q	不变
1	$\overline{Q}$	翻转

表 3.27 钟控T触发器状态表

现态	次态 Q^{n+1}	
Q	T=0	T=1
0	0	1
1	1	0

表 3.28 钟控T触发器激励表

Q	→ Q^{n+1}	T
0	0	0
0	1	1
1	0	1
1	1	0

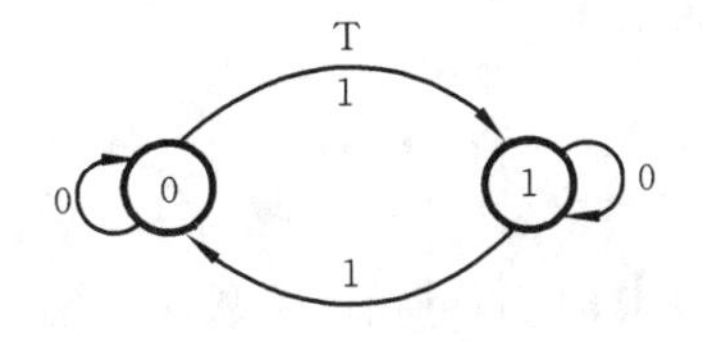

图 3.50 钟控T触发器状态图

根据钟控T触发器的状态表，可直接得出钟控T触发器的次态方程：

$$Q^{n+1}=T\overline{Q}+\overline{T}Q=T\oplus Q$$

钟控 T 触发器当 T=1 时,只要有时钟脉冲作用,触发器状态就翻转,或由 1 变为 0 或由 0 变为 1,相当于一位二进制计数器,所以又将钟控 T 触发器称为计数触发器。

上述简单结构钟控触发器的共同特点是,当时钟控制信号为低电平(CP=0)时,触发器保持原来状态不变;当时钟控制信号为高电平(CP=1)时,触发器在输入信号作用下发生状态变化。换而言之,触发器状态转移是被控制在一个约定的时间间隔内,而不是控制在某一时刻进行,触发器的这种钟控方式被称作电位触发方式。

电位触发方式的钟控触发器存在一个共同的问题,就是可能出现"空翻"现象。所谓"空翻"是指在同一个时钟脉冲作用期间触发器状态发生两次或两次以上变化的现象。引起空翻的原因是在时钟脉冲为高电平期间,输入信号的变化直接控制着触发器状态的变化。具体说,当时钟 CP=1 时,如果输入信号发生变化,则触发器状态会跟着发生变化,从而使得一个时钟脉冲作用期间引起多次翻转。"空翻"将造成状态的不确定和系统工作的混乱,这是不允许的。如果要使这种触发器在每个时钟脉冲作用期间仅发生一次翻转,则对时钟信号的控制电平宽度要求极其苛刻。这一不足,使这种触发器的应用受到一定限制。

2. 其他结构的钟控触发器

为了克服简单结构钟控触发器所存在的"空翻"现象,必须对控制电路的结构进行改进,将触发器的翻转控制在某一时刻完成。为此引出了主从结构、维持阻塞结构等不同类型的钟控触发器。

(1) 主从钟控触发器

主从结构的钟控触发器采用具有存储功能的控制电路,避免了"空翻"现象。下面以主从 R-S 触发器和主从 J-K 触发器为例进行介绍。

1) 主从 R-S 触发器

主从 R-S 触发器由两个简单结构的钟控 R-S 触发器组成,一个称为主触发器,另一个称为从触发器。图 3.51(a)所示是主从 R-S 触发器的逻辑电路,其逻辑符号如图 3.51(b)所示。

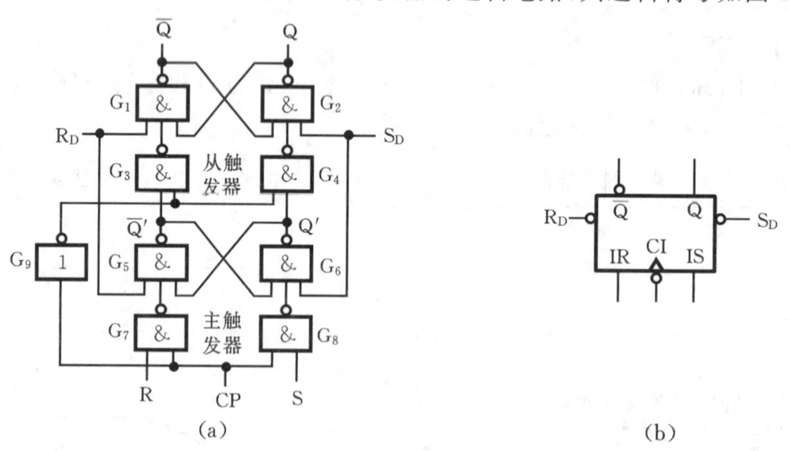

图 3.51 主从 R-S 触发器的逻辑电路和逻辑符号

由图 3.51(a)可知,主、从两个触发器的时钟脉冲是反相的,时钟脉冲 CP 作为主触发器的控制信号,经反相后的$\overline{CP}$作为从触发器的控制信号。输入信号 R、S 送至主触发器输入端,主触发器的状态 Q' 和 $\overline{Q}'$ 作为从触发器的输入,从触发器的输出 Q 和 $\overline{Q}$ 作为整个主从触发器的状态输出。图中的 R_D 和 S_D 分别为直接清 0 端和直接置 1 端(有时又称为异步清 0 端和异步置 1 端),低电平有效,平时为高电平。

该触发器的工作原理如下。

当时钟脉冲CP=1时，控制门G_7、G_8被打开，主触发器的状态取决于R、S的值，逻辑功能与前述简单结构的R-S触发器完全相同；而对从触发器来说，由于此时$\overline{CP}=0$，控制门G_3、G_4被封锁，故从触发器状态不受主触发器的状态变化的影响，即整个主从触发器状态保持不变。

当时钟脉冲CP由1变为0时，由于CP=0，控制门G_7、G_8被封锁，故主触发器的状态不再受输入R、S的影响，即主触发器状态保持不变；而对于从触发器来说，由于此时$\overline{CP}=1$，控制门G_3、G_4被打开，所以主触发器的状态通过控制门作用于从触发器，使从触发器状态与主触发器状态相同(若$Q'=0$、$\overline{Q}'=1$，则$Q=0$、$\overline{Q}=1$；反之若$Q'=1$、$\overline{Q}'=0$，则$Q=1$、$\overline{Q}=0$)。换而言之，当时钟脉冲CP由1变为0时，将主触发器状态转为整个主从触发器状态。

主从R-S触发器的工作波形如图3.52所示。

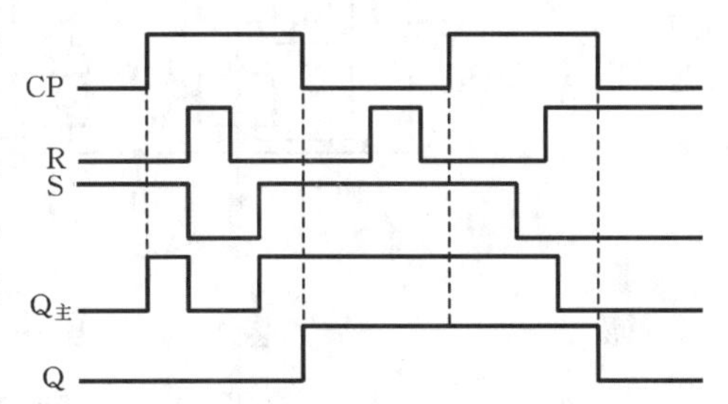

图3.52 主从R-S触发器的工作波形

由上述工作原理可知，主从R-S触发器具有如下特点。

① 触发器状态的变化发生在时钟脉冲CP由1变为0的时刻，因为在CP=0期间主触发器被封锁，其状态不再受输入R、S的影响，因此，不会引起触发器状态发生两次以上翻转，从而克服了“空翻”现象。

② 触发器的状态取决于CP由1变为0时刻主触发器的状态，而主触发器的状态在CP=1期间是随输入R、S变化的，所以触发器的状态实际上取决于CP由1变为0之前输入R、S的值。

③ 主从R-S触发器的逻辑功能与前述简单结构的R-S触发器完全相同。其次态方程和约束方程为

$$Q^{n+1}=S+\bar{R}Q \quad \text{(次态方程)}$$

$$R\cdot S=0 \quad \text{(约束方程)}$$

由于主从R-S触发器状态的变化发生在时钟脉冲CP的下降沿(1→0)时刻，故通常称为下降沿触发。图3.51(b)所示逻辑符号中，时钟端的小圆圈表示主从R-S触发器状态的改变是在时钟脉冲的下降沿发生的。

图3.53所示为TTL集成主从R-S触发器74LS71的逻辑符号和引脚分配图。该触发器有3个R端和3个S端，分别为“与”逻辑关系，即$IR=R_1R_2R_3$，$IS=S_1S_2S_3$。触发器带有置0端R_D和置1端S_D，其有效电平均为低电平。

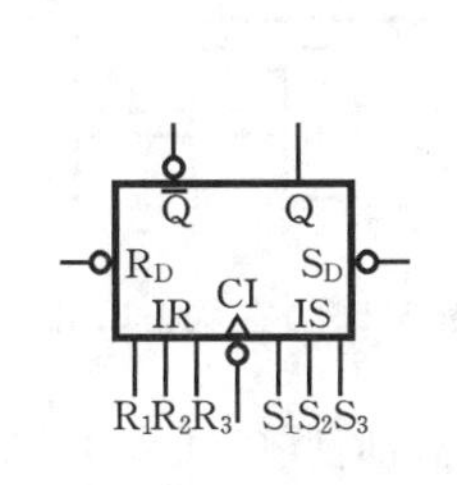

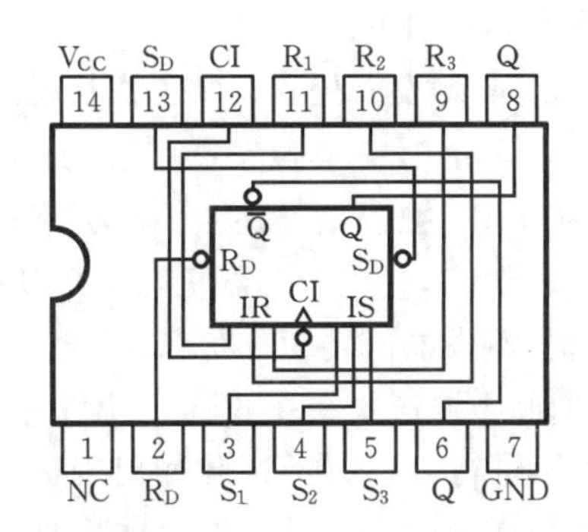

图3.53 74LS71的逻辑符号和引脚分配图

2）主从 J-K 触发器

主从 J-K 触发器是对主从 R-S 触发器稍加修改后形成的，其逻辑电路和逻辑符号分别如图 3.54(a)和图 3.54 (b)所示。

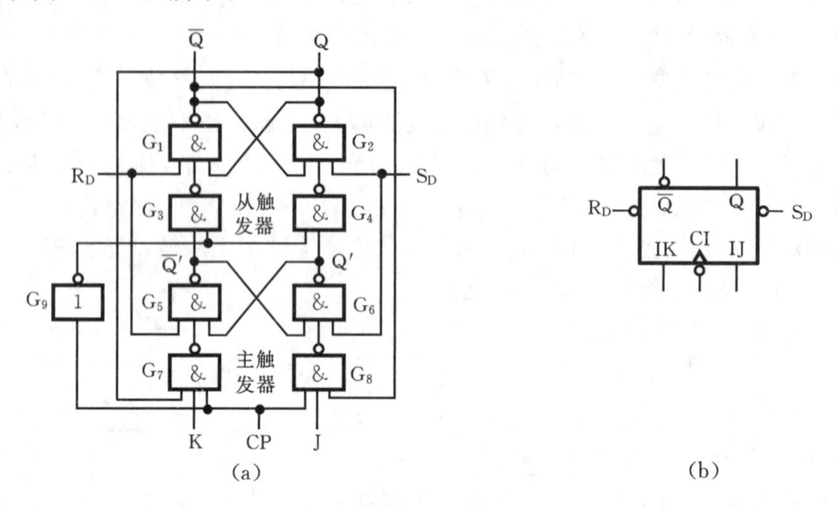

图 3.54 主从 J-K 触发器的逻辑电路和逻辑符号

由图 3.54(a)可知，主从 J-K 触发器通过将输出 Q 和 $\overline{Q}$ 交叉反馈到两个控制门的输入端，克服了主从 R-S 触发器两个输入不能同时为 1 的约束条件。此外，修改后实际上使原主从 R-S 触发器的 R＝KQ、S＝J$\overline{Q}$，将其代入主从 R-S 触发器的次态方程 $Q^{n+1}=S+\overline{R}Q$，即可得到主从 J-K 触发器的次态方程：

$$Q^{n+1}=J\overline{Q}+\overline{KQ}Q=J\overline{Q}+(\overline{K}+\overline{Q})Q=J\overline{Q}+\overline{K}Q$$

主从 J-K 触发器的逻辑功能与简单结构的 J-K 触发器完全相同，但它克服了“空翻”现象。

值得指出的是，主从 J-K 触发器存在“一次翻转”现象。所谓“一次翻转”是指在时钟脉冲作用(CP＝1)期间，主触发器的状态只能根据输入信号的变化改变一次。即主触发器在接收输入信号发生一次翻转后，其状态保持不变，不再受输入 J、K 变化的影响。“一次翻转”与前面所述的“空翻”是两种不同的现象。“一次翻转”现象可能导致触发器的状态转移与触发器的逻辑功能不一致，显然这是不允许的。

主从 J-K 触发器的工作波形如图3.55所示。

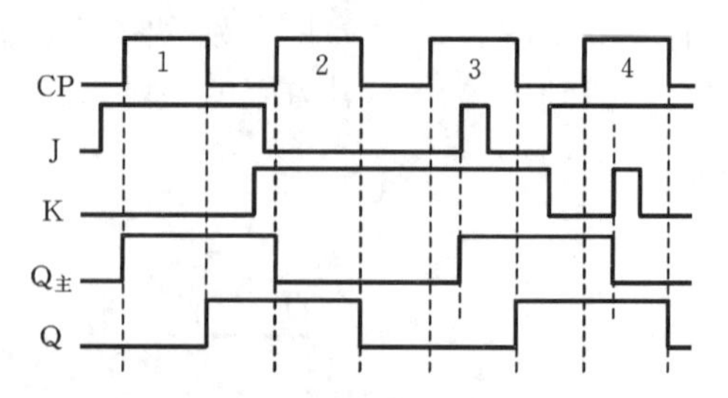

图 3.55 主从 J-K 触发器的工作波形

图 3.55 所示波形图表明了触发器所存在的“一次翻转”现象，工作波形分析如下。

① 在 CP_1 和 CP_2 期间，触发器处于正常工作状态。$CP_1=1$ 期间，由于 J＝1、K＝0，使主触发器状态为 1，所以在 CP_1 由 1 变为 0 时，触发器翻转为 1 状态；$CP_2=1$ 期间，由于 J＝0、K＝1，使主触发器状态为 0，所以在 CP_2 由 1 变为 0 时，触发器翻转为 0 状态。

② 假定在 CP_3 期间 J 端产生一个正向干扰脉冲，情况如何呢？可结合图 3.54(a)所示主从 J-K 触发器的逻辑图进行分析。干扰脉冲出现前，图 3.54(a)中的主触发器和从触发器都处于 0 状态，即 $Q=Q'=0$、$\overline{Q}=\overline{Q'}=1$。当干扰脉冲出现(J 由 0→1)时，与非门 G_8 的输入均为 1，输出变为 0，使得主触发器状态 $Q'=1$、$\overline{Q'}=0$，即干扰信号的出现使主触发器状态由 0 变为 1。当干扰信号消失时，由于 $\overline{Q'}=0$ 已将与非门 G_6 封锁，G_8 输出的变化不会影响 Q' 的状态，即

J端干扰信号的消失不能使Q'的状态恢复到0(这就是一次翻转特性)。因此,CP_3由1变为0时,使得触发器状态为Q=1。如果J端没有正向干扰脉冲出现,根据J=0、K=1的输入条件,触发器的正常状态应为Q=0。类似地,在图3.55所示波形图中,在CP_4期间K端产生的正向干扰脉冲将使触发器变为0状态,而不是正常的1状态。

由此可见,因为主从J-K触发器存在一次翻转现象,所以当输入端J、K出现干扰信号时,可能破坏触发器的正常逻辑功能。为了使主从J-K触发器能正常实现预定的逻辑功能,要求它在时钟脉冲作用(CP=1)期间输入J、K不能发生变化,这就降低了其抗干扰能力。这种触发器一般采用窄脉冲作为触发脉冲。

(2) 维持-阻塞钟控触发器

为了既能克服简单结构钟控触发器的"空翻"现象,又能提高触发器的抗干扰能力,引出了边沿触发器。边沿触发器仅仅在时钟脉冲CP的上升沿或下降沿时刻响应输入信号,从而大大提高了触发器的抗干扰能力。维持-阻塞触发器是一种广泛使用的边沿触发器。下面以维持-阻塞D触发器为例进行介绍。

典型维持-阻塞D触发器的逻辑电路和逻辑符号分别如图3.56(a)和图3.56(b)所示。图中,D称为数据输入端;R_D和S_D分别称为直接置"0"端和直接置"1"端,它们均为低电平有效,即在不作直接置"0"和置"1"操作时,保持为高电平。

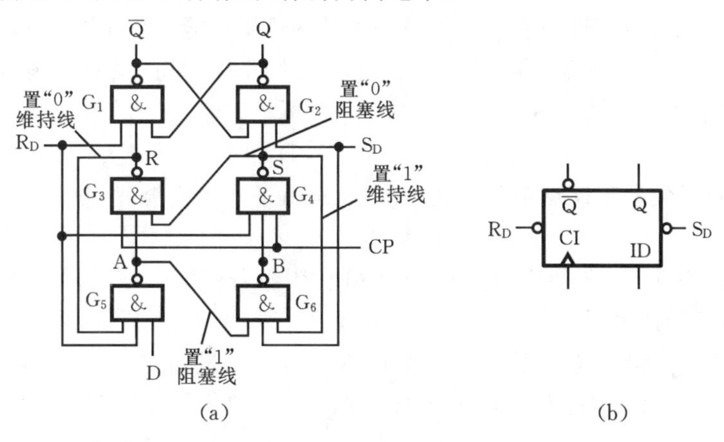

图3.56 维持-阻塞D触发器的逻辑电路和逻辑符号

维持-阻塞D触发器在简单D触发器的基础上增加了两个逻辑门G_5、G_6,并安排了置"0"、置"1"维持线和置"0"、置"1"阻塞线,正是由于这4条线的作用,使得该触发器仅在时钟脉冲CP由0变为1的上升沿时刻才根据D端的信号发生状态转移,而在其余时间触发器状态均保持不变。下面分3种情况对触发器的工作原理进行讨论。

① 时钟脉冲CP=0,触发器状态保持不变。此时,G_3和G_4被封锁,G_3的输出R和G_4的输出S均为1,无论D的值怎样变化,触发器都保持原来状态不变;此外,由于R=1反馈到G_5的输入端,S=1反馈到G_6的输入端,使这两个门打开,故可以接收输入信号D,使得G_5的输出$A=\overline{D}$, G_6的输出B=D。

② 时钟脉冲CP由0变为1时,使触发器发生状态变化。此时G_3和G_4被打开,它们的输出R、S由G_5、G_6的输出A、B决定,此时$R=\overline{A}=\overline{\overline{D}}=D$,$S=\overline{B}=\overline{D}$。若D=0,则R=0、S=1,触发器的状态为0;若D=1,则R=1、S=0,触发器的状态为1,即作用的结果使触发器状态与D相同。

③ 触发器被触发后,在时钟脉冲CP=1时,不受输入影响,维持原状态不变。此时G_3和

G_4被打开,它们的输出 R、S 是互补的,即 R=0、S=1 或者 R=1、S=0。

若 R=0、S=1(触发器处于 0 状态),则此时 R=0 有三方面的作用:

● 继续将触发器状态置“0”,即使 $\overline{Q}=1$,Q=0;

● 通过置“0”维持线反馈到 G_5输入,使 G_5的输出 A=1,这样就维持了 R=0,即维持了触发器的置 0 功能;

● 使 G_5的输出 A=1 后,A 点的 1 信号通过置“1”阻塞线,送至 G_6的输入,使 G_6的输出 B=0,G_4的输出 S=1,阻止了触发器置 1。

若 R=1、S=0(触发器处于 1 状态),则此时 S=0 同样有三方面的作用:

● 继续将触发器状态置“1”,即 $\overline{Q}=0$,Q=1;

● 通过置“1”维持线反馈到 G_6输入,使 G_6的输出 B=1,G_4的输出 S=0,维持了触发器的置 1 功能;

● 通过置“0”阻塞线,送至 G_3的输入,保持 R=1,阻止了触发器置 0。

由上述分析可知,由于维持-阻塞线路的作用,使触发器在时钟脉冲的上升边沿将 D 输入端的数据可靠地转换成触发器状态,而在上升沿过后的时钟脉冲期间,不论 D 的值如何变化,触发器的状态始终以时钟脉冲上升沿时所采样的值为准。由于是在时钟脉冲的上升边沿采样 D 输入端的数据,所以要求输入 D 在时钟脉冲 CP 由 0 变为 1 之前将数据准备好。

维持-阻塞 D 触发器逻辑功能与前述 D 触发器的逻辑功能完全相同。实际中使用的维持-阻塞 D 触发器有时具有几个 D 输入端,此时,各输入之间是相与的关系。例如,当有 3 个输入端 D_1、D_2和 D_3时,其次态方程是

$$Q^{n+1}=D_1\,D_2\,D_3$$

维持-阻塞 D 触发器不仅克服了空翻现象,而且由于是边沿触发,抗干扰能力强。因而应用十分广泛。

图 3.57 所示为 TTL 集成 D 触发器 74LS74 的引脚分配图。该芯片含 2 个 D 触发器,属于上升沿触发的边沿触发器。每个触发器均带有置 0 端 R_D和置 1 端 S_D,其有效电平均为低电平。此外,常用的边沿 D 触发器还有 CMOS 双上沿 D 触发器 CC4013 等。

实际使用的集成触发器还有维持-阻塞 R-S 触发器,下降沿触发的 J-K 触发器等不同类型。

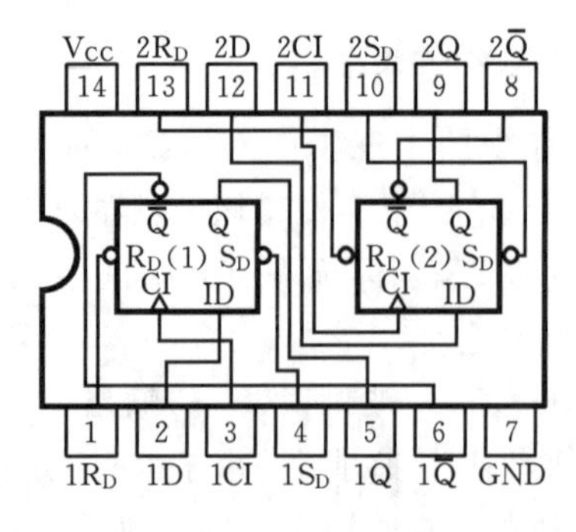

图 3.57 74LS74 的引脚分配图

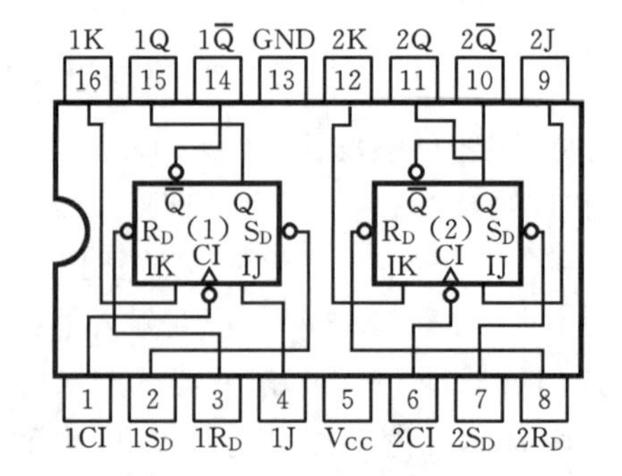

图 3.58 74LS76 的引脚分配图

图 3.58 所示为 TTL 集成 J-K 触发器 74LS76 的引脚分配图。该芯片含 2 个 J-K 触发器,属于下降沿触发的边沿触发器。每个触发器均带有置 0 端 R_D和置 1 端 S_D,其有效电平均为低电平。此外,常用的边沿 J-K 触发器还有 TTL 双下降沿 J-K 触发器 74LS73、CMOS 双上升沿 J-K 触发器 CC4027 等。

由于用上述性能优越的J-K触发器、维持-阻塞D触发器可以十分方便地转换成T触发器，所以集成电路厂家很少生产专门的T触发器产品，而一般由其他类型的触发器转换而成。T触发器的类型与用于实现其功能的触发器类型相关，图3.59(a)和(b)所示逻辑符号分别表示用J-K触发器和D触发器构成的T触发器。图3.59(a)表示下降沿触发的T触发器，图3.59 (b)表示上升沿触发的T触发器。

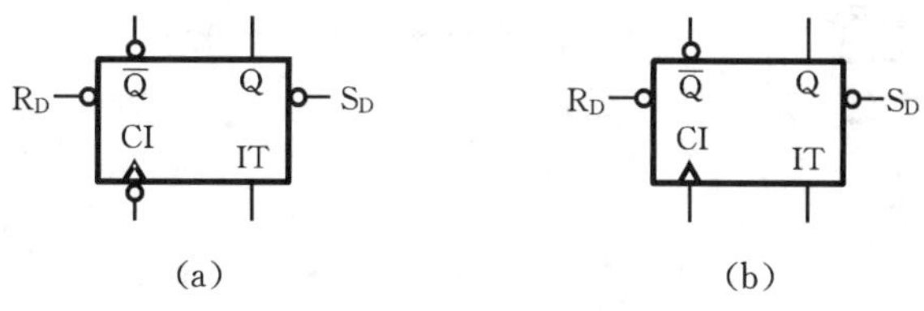

图3.59　T触发器逻辑符号

集成触发器的性能参数通常分为直流参数和开关参数两大类。直流参数包括电源电流，低电平输入电流，高电平输入电流，输出高电平、输出低电平，以及扇出系数等。开关参数有最高时钟频率、时钟信号的延迟时间和直接置0(R_D)或置1(S_D)端的延迟时间等。具体可查阅有关集成电路手册。

习　题　三

3.1　根据所采用的半导体器件不同，集成电路可分为哪两大类？各自的主要优缺点是什么？

3.2　简述晶体二极管的静态特性？

3.3　晶体二极管的开关速度主要取决于什么？

3.4　数字电路中，晶体三极管一般工作在什么状态下？

3.5　晶体三极管的开关速度取决于哪些因素？

3.6　TTL与非门有哪些主要性能参数？

3.7　OC门和TS门的结构与一般TTL与非门有何不同？各有何主要应用？

3.8　图3.60(a)所示为三态门组成的总线换向开关电路，其中，A、B为信号输入端，分别送两个频率不同的信号；EN为换向控制端，输入信号和控制电平波形如图(b)所示。试画出Y_1、Y_2的波形。

3.9　有两个相同型号的TTL与非门，对它们进行测试的结果如下：

(1) 甲的开门电平为1.4 V，乙的开门电平为1.5 V；

(2) 甲的关门电平为1.0 V，乙的关门电平为0.9 V。

试问在输入相同高电平时，哪个抗干扰能力强？在输入相同低电平时，哪个抗干扰能力强？

3.10　试画出实现如下功能的CMOS电路图：

(1) $F=\overline{A\cdot B\cdot C}$

(2) $F=A+B$

(3) $F=\overline{AB+CD}$

3.11　试指出下列5种逻辑门中哪几种门的输出可以并联使用：

(1) TTL集电极开路门；

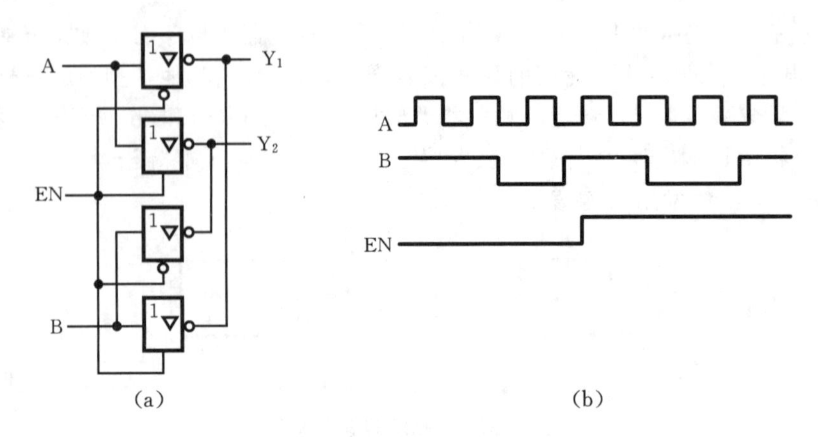

图 3.60 逻辑电路及有关信号波形

(2) 采用推拉式输出的一般 TTL 与非门;

(3) TTL 三态输出门;

(4) 普通 CMOS 门;

(5) CMOS 三态输出门。

3.12 用与非门构成的基本 R-S 触发器和用或非门构成的基本 R-S 触发器在逻辑功能上有什么区别?

3.13 在图 3.61(a)所示的 D 触发器电路中,若输入端 D 的波形如图 3.61(b)所示,试画出输出端 Q 的波形(设触发器初态为 0)。

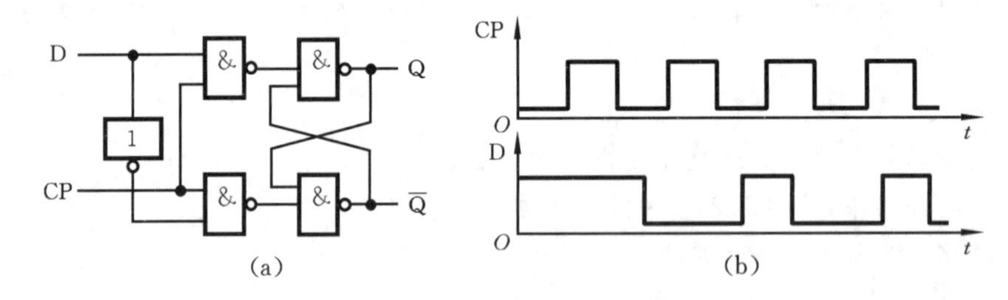

图 3.61 逻辑电路及有关波形

3.14 已知输入信号 A 和 B 的波形如图 3.62(a)所示,试画出图 3.62(b)、(c)中两个触发器 Q 端的输出波形,设触发器初态为 0。

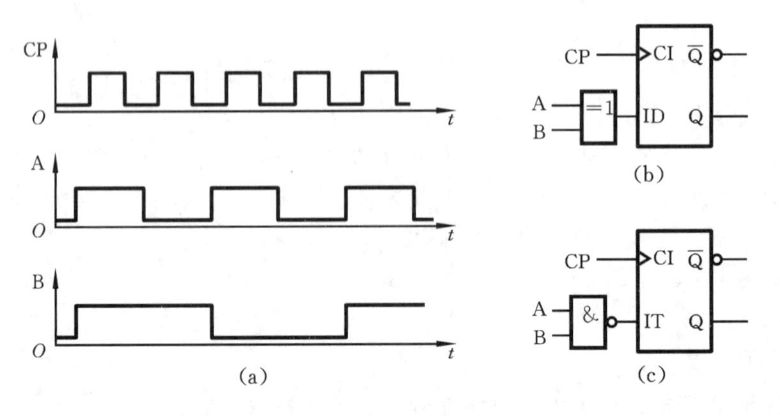

图 3.62 信号波形及电路

3.15 设图3.63(a)所示电路中的触发器为J-K触发器，其初始状态$Q_1=Q_2=0$，输入信号及CP端的波形如图3.63(b)所示，试画出Q_1、Q_2的波形图。

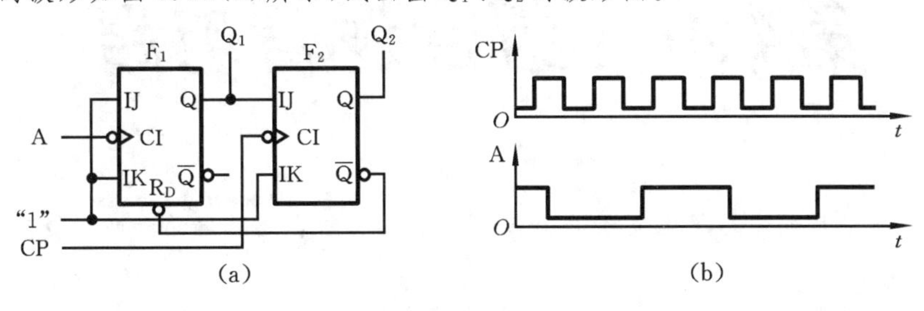

图3.63 逻辑电路及有关波形

第4章　组合逻辑电路

数字系统中的逻辑电路按其是否具有记忆功能分为组合逻辑电路和时序逻辑电路两大类型。

组合逻辑电路是指电路在任何时刻产生的稳定输出值仅仅取决于该时刻各输入值的组合，而与过去的输入值无关。组合逻辑电路的一般结构如图4.1所示。

图4.1　组合逻辑电路的一般结构

图中，$X_1, X_2, \cdots, X_n$是电路的n个输入信号，$F_1, F_2, \cdots, F_m$是电路的m个输出信号。输出信号是输入信号的函数，表示为

$$F_i = f_i(X_1, X_2, \cdots, X_n) \qquad i = 1, 2, \cdots, m$$

从电路结构看，组合逻辑电路具有两个特点：

① 由逻辑门电路组成，不包含任何记忆元件；

② 信号是单向传输的，不存在任何反馈回路。

组合逻辑电路不但能独立完成各种复杂的逻辑功能，而且是时序逻辑电路的组成部分，它在数字系统中的应用十分广泛。

本章主要讨论组合逻辑电路分析和设计的基本方法，在此基础上介绍组合逻辑电路设计中几个常见的实际问题及其处理方法，并对组合逻辑电路中的竞争险象问题作一般讨论。

4.1　组合逻辑电路分析

所谓逻辑电路分析，是指对一个给定的逻辑电路，找出其输出与输入之间的逻辑关系。通过分析，不仅可以了解给定逻辑电路的功能，同时还能评价其设计方案的优劣，以便吸取优秀的设计思想、改进和完善不合理方案以及更换逻辑电路的某些组件等。由此可见，逻辑电路分析是研究数字系统的一种基本技能。

4.1.1　分析方法概述

组合逻辑电路分析的一般步骤如下。

1. 根据逻辑电路图写出输出函数表达式

为了确保写出的逻辑表达式正确无误，一般是在认清电路中所有逻辑器件和相互连线的基础上，从输入端开始往输出端逐级推导，直至得到所有与输入变量相关的输出函数表达式为止。

2. 化简输出函数表达式

根据给定逻辑电路写出的输出函数表达式不一定是最简表达式，为了简单、清晰地反映输入/输出之间的逻辑关系，应对逻辑表达式进行化简。此外，描述一个电路功能的逻辑表达式是否达到最简，是评价该电路经济技术指标是否良好的依据。

3. 列出输出函数真值表

根据输出函数最简表达式，列出输出函数真值表。真值表详尽地给出了输入/输出取值关系，它通过逻辑值直观地描述了电路的逻辑功能。

4. 功能评述

根据真值表和化简后的函数表达式，概括出对电路逻辑功能的文字描述，并对原电路的设计方案进行评价，必要时提出改进意见和改进方案。

以上分析步骤是就一般情况而言的，实际应用中可根据问题的复杂程度和具体要求对上述步骤进行适当取舍。下面举例说明组合逻辑电路的分析过程。

4.1.2 分析举例

例 4.1 分析图 4.2(a)所示组合逻辑电路。

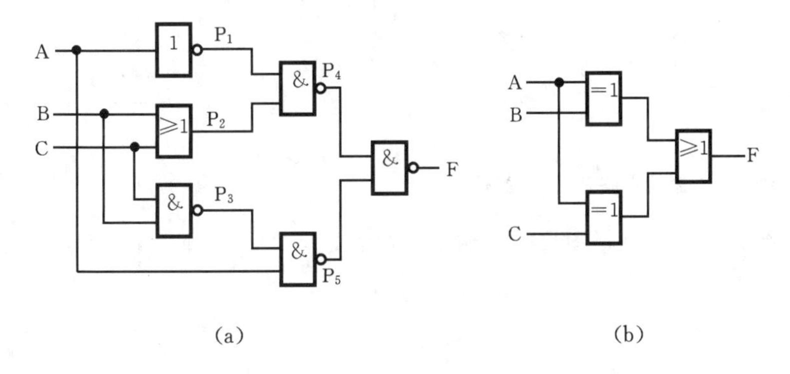

图 4.2 逻辑电路

解 ①根据逻辑电路图写出输出函数表达式。

根据电路中各逻辑门的功能，从输入端开始逐级写出函数表达式如下：

$P_1=\overline{A}$　　$P_2=B+C$

$P_3=\overline{BC}$　　$P_4=\overline{P_1\cdot P_2}=\overline{\overline{A}(B+C)}$

$P_5=\overline{A\cdot P_3}=\overline{A\,\overline{BC}}$　　$F=\overline{P_4\cdot P_5}=\overline{\overline{\overline{A}(B+C)}\cdot\overline{A\,\overline{BC}}}$

②化简输出函数表达式。

用代数法对输出函数 F 的表达式化简如下：

表 4.1 真值表

A	B	C	F
0	0	0	0
0	0	1	1
0	1	0	1
0	1	1	1
1	0	0	1
1	0	1	1
1	1	0	1
1	1	1	0

$$
\begin{aligned}
F &= \overline{\overline{\bar{A}(B+C)}\cdot\overline{A\cdot\overline{BC}}}\\
&=\bar{A}(B+C)+A\overline{BC}\\
&=\bar{A}B+\bar{A}C+A\bar{B}+A\bar{C}\\
&=A\oplus B+A\oplus C
\end{aligned}
$$

③根据化简后的函数表达式列出真值表。

该函数的真值表如表 4.1 所示。

④功能评述。

由真值表可知,该电路仅当 A、B、C 取值同为 0 或同为 1 时输出 F 的值为 0,其他情况下输出 F 均为 1。换句话说,当输入取值一致时输出为 0,不一致时输出为 1,可见,该电路具有检查输入信号是否一致的逻辑功能,一旦输出为 1,则表明输入不一致。因此,通常称该电路为“不一致电路”。

在某些可靠性要求非常高的系统中,往往是几套设备同时工作,一旦运行结果不一致,便由“不一致电路”发出报警信号,通知操作人员排除故障,以确保系统的可靠性。

其次,由分析可知,该电路的设计方案并不是最简的。根据化简后的输出函数表达式可采用异或门和或门画出实现给定功能的逻辑电路图,如图 4.2(b)所示。显然,它比原电路简单、清晰。

例 4.2 分析图 4.3(a)所示逻辑电路。

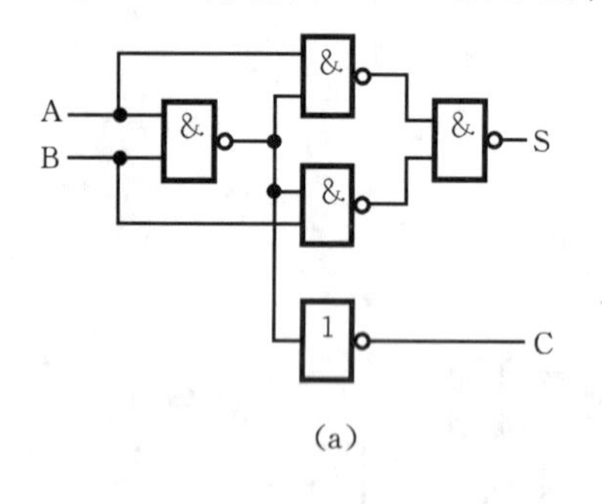

(a)

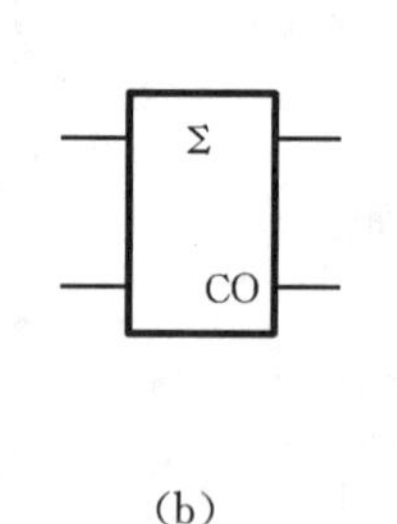

(b)

图 4.3 逻辑电路及其逻辑符号

表 4.2 真值表

A	B	S	C
0	0	0	0
0	1	1	0
1	0	1	0
1	1	0	1

解 根据给出的逻辑电路图可写出输出函数表达式

$$
S=\overline{\overline{\overline{AB}\cdot A}\cdot\overline{\overline{AB}\cdot B}}
$$

$$
C=\overline{\overline{AB}}
$$

用代数化简法对输出函数化简:

$$
\begin{aligned}
S &=\overline{\overline{\overline{AB}\cdot A}\cdot\overline{\overline{AB}\cdot B}}\\
&=\overline{AB}\cdot A+\overline{AB}\cdot B\\
&=(\bar{A}+\bar{B})A+(\bar{A}+\bar{B})\cdot B\\
&=A\bar{B}+\bar{A}B
\end{aligned}
$$

$$
C=\overline{\overline{AB}}=AB
$$

根据简化后的表达式可列出真值表,如表 4.2 所示。

由真值表可以看出,若将 A、B 分别作为一位二进制数,则 S 是 A、B 相加的“和”,而 C 是相加产生的“进位”。该电路通常称作“半加器”,它能实现两个一位二进制数加法运算。半加器已被加工成小规模集成电路器件,其逻辑符号如图 4.3(b)所示。

例 4.3　分析图4.4所示组合逻辑电路。已知电路输入ABCD为8421码，说明该电路功能。

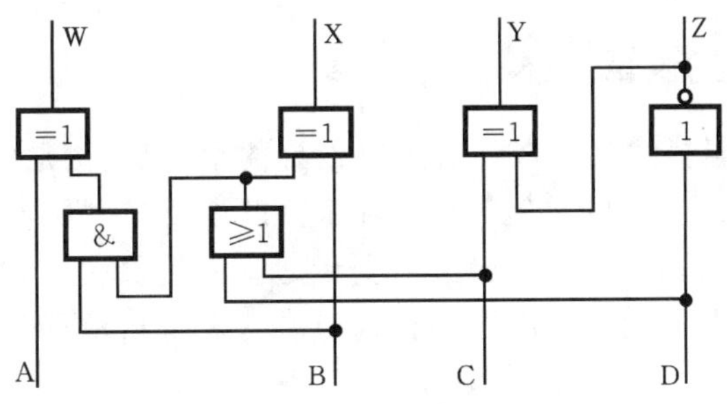

图 4.4　逻辑电路

解　根据图4.4所示逻辑电路，可写出输出函数表达式如下：

$$W=A\oplus B\cdot(C+D)$$
$$X=B\oplus(C+D)$$
$$Y=C\oplus\overline{D}$$
$$Z=\overline{D}$$

由于电路输入ABCD为8421码，所以ABCD只允许取值0000～1001。根据所得输出函数表达式可列出真值表，如表4.3所示。

表 4.3　真值表

ABCD	WXYZ	ABCD	WXYZ
0000	0011	0101	1000
0001	0100	0110	1001
0010	0101	0111	1010
0011	0110	1000	1011
0100	0111	1001	1100

由真值表可知，电路输出WXYZ是一位十进制数的余3码，即该电路是一个将8421码转换成余3码的代码转换电路。

以上例子说明了组合逻辑电路分析的一般方法。从讨论过程可以看出，通过对电路进行分析，不仅可以找出电路输入、输出之间的关系，确定电路的逻辑功能，同时还能对某些设计不合理的电路进行改进和完善。

4.2　组合逻辑电路设计

根据问题要求完成的逻辑功能，求出在特定条件下实现该功能的逻辑电路，这一过程称为逻辑设计，又叫做逻辑综合。显然，逻辑设计是逻辑分析的逆过程。

4.2.1　设计方法概述

由于实际应用中提出的各种设计要求一般是用文字形式描述的，所以逻辑设计的首要任务是将设计要求转化为逻辑问题，即将文字描述的设计要求抽象为一种逻辑关系。就组合逻辑电路而言,就是抽象出描述问题的逻辑表达式。

组合逻辑电路的设计过程大致如下。

1. 建立给定问题的逻辑描述

对设计要求进行逻辑描述是完成组合电路设计的第一步,也是最重要的一步,它是确保设计方案正确的前提。这一步的关键是:正确理解设计要求,弄清楚与给定问题相关的变量及函数,即电路的输入和输出;建立函数与变量之间的逻辑关系,最终得到描述给定问题的逻辑表达式。求逻辑表达式的常用方法有真值表法和分析法两种,后面将结合实例进行介绍。

2. 求出逻辑函数的最简表达式

基于小规模集成电路的组合逻辑电路设计是以最简方案为目标的,即要求逻辑电路中包含的逻辑门最少且连线最少。因此,要对逻辑表达式进行化简,求出描述设计问题的最简表达式。

3. 选择逻辑门类型并进行逻辑函数变换

根据简化后的逻辑表达式及问题的具体要求,选择合适的逻辑门,并将逻辑表达式变换成与所选逻辑门对应的形式。

4. 画出逻辑电路图

根据变换后的表达式画出逻辑电路图。

以上步骤是就一般情况而言的,根据实际问题的难易程度和设计者的熟练程度,有时可跳过其中的某些步骤。在设计过程中可视具体情况灵活掌握。

4.2.2 设计举例

例 4.4 设计一个 3 变量“多数表决电路”。

解 ①建立给定问题的逻辑描述。

“多数表决电路”的逻辑功能就是按照少数服从多数的原则执行表决,确定某项决议是否通过。假设用 A、B、C 分别代表参加表决的 3 个逻辑变量,用函数 F 表示表决结果。并约定,逻辑变量取值为 0 表示反对,逻辑变量取值为 1 表示赞成;逻辑函数 F 取值为 0 表示决议被否决,逻辑函数 F 取值为 1 表示决议通过。那么,按照少数服从多数的原则可知,函数和变量的关系是:当 3 个变量 A、B、C 中有 2 个或 2 个以上取值为 1 时,函数 F 的值为 1,其他情况下函数 F 的值为 0。因此,可列出该逻辑函数的真值表,如表 4.4 所示。由真值表可写出函数 F 的最小项表达式为

$$F(A,B,C)=\sum m(3,5,6,7)$$

②求出逻辑函数的最简表达式。

作出函数 F 的卡诺图如图 4.5(a)所示,用卡诺图化简后得到函数的最简与-或表达式为

$$F(A,B,C)=AB+AC+BC$$

表 4.4 真值表

A	B	C	F
0	0	0	0
0	0	1	0
0	1	0	0
0	1	1	1
1	0	0	0
1	0	1	1
1	1	0	1
1	1	1	1

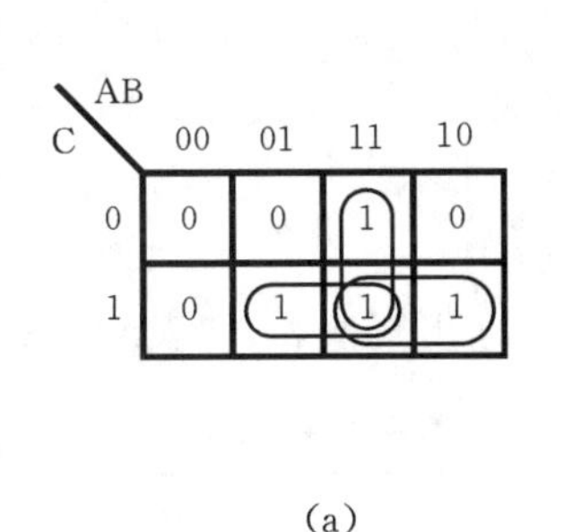

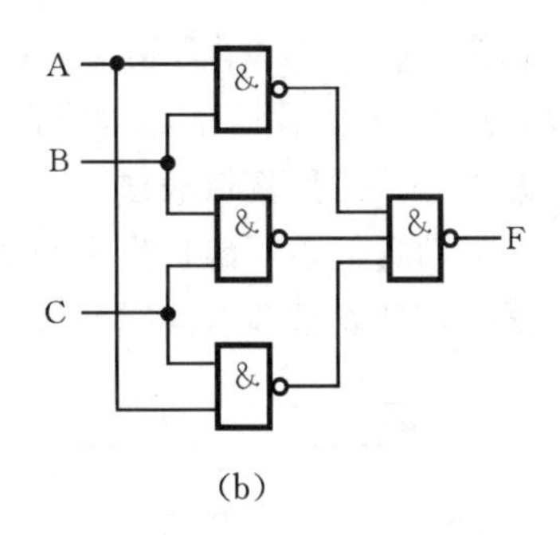

图 4.5 卡诺图及逻辑电路

③选择逻辑门类型并进行逻辑函数变换。

假定采用与非门组成实现给定功能的电路，则应将上述表达式变换成“与非-与非”表达式

$$F(A,B,C)=\overline{\overline{AB+AC+BC}}=\overline{\overline{AB}\cdot\overline{AC}\cdot\overline{BC}}$$

④画出逻辑电路图。

由函数的与非-与非表达式，可画出实现给定功能的逻辑电路，如图 4.5(b)所示。

本例在建立给定问题的逻辑描述时，采用的是真值表法，即通过建立真值表得到相应的逻辑表达式。真值表的优点是规整、清晰，缺点是不方便，尤其当变量较多时十分麻烦。因此，针对具体问题通常采用的另一种方法是分析法，即通过对设计要求的分析、理解，直接写出逻辑表达式。

例 4.5 设计一个比较两个 3 位二进制数是否相等的数值比较器。

解 ①建立给定问题的逻辑描述。

设两个 3 位二进制数分别为 $A=a_3a_2a_1$，$B=b_3b_2b_1$，比较结果用 F 表示。当 A=B 时，F 为 1；否则 F 为 0。显然，这是一个有 6 个输入变量、1 个输出函数的组合逻辑电路。

由于二进制数 A 和 B 相等，必须同时满足 $a_3=b_3$、$a_2=b_2$、$a_1=b_1$，而二进制中 $a_i=b_i$ 只有 a_i 和 b_i 同时为 0 或者同时为 1 两种可能，因此，该问题可用逻辑表达式描述如下：

$$F=(\bar{a}_3\bar{b}_3+a_3b_3)(\bar{a}_2\bar{b}_2+a_2b_2)(\bar{a}_1\bar{b}_1+a_1b_1)$$

②求出逻辑函数最简表达式。

将上述逻辑函数表达式展开成与-或表达式可以发现，该函数不能简化，表达式中包含 8 个 6 变量与项。

③选择逻辑门类型并进行逻辑函数变换。

假定采用异或门和或非门实现给定功能，可将逻辑表达式作如下变换：

$$\begin{aligned}F&=(\bar{a}_3\bar{b}_3+a_3b_3)(\bar{a}_2\bar{b}_2+a_2b_2)(\bar{a}_1\bar{b}_1+a_1b_1)\\&=(\overline{a_3\oplus b_3})(\overline{a_2\oplus b_2})(\overline{a_1\oplus b_1})\\&=\overline{(a_3\oplus b_3)+(a_2\oplus b_2)+(a_1\oplus b_1)}\end{aligned}$$

④画出逻辑电路图。

根据变换后的表达式可画出逻辑电路，如图 4.6 所示。

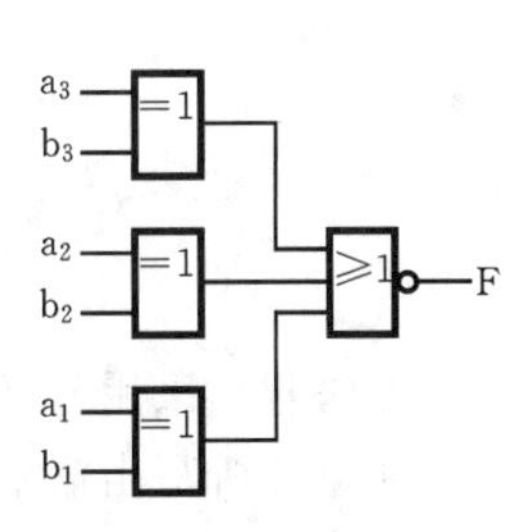

图 4.6 逻辑电路

例 4.6 设计一个乘法器，用于产生两个 2 位二进制数相乘的积。

解 因为一个 2 位二进制数表示的十进制数最大为 3，两个 2 位二进制数相乘的积最大为 9，所以相乘的积可用一个 4 位二进制数表示。由此可见，该电路有 4 个输入变量，4 个输出函数。设两个二进制

数分别为 A_1A_0 和 B_1B_0，相乘的积为 $M_3M_2M_1M_0$，下面用两种不同的方法抽象出电路的输出函数表达式，并选用合适的逻辑门完成相应电路设计。

方法Ⅰ　采用真值表法

①借助真值表写出输出函数表达式。

根据设计要求和对问题的假设可列出真值表，如表 4.5 所示。

表 4.5　真值表

A_1	A_0	B_1	B_0	M_3	M_2	M_1	M_0	A_1	A_0	B_1	B_0	M_3	M_2	M_1	M_0
0	0	0	0	0	0	0	0	1	0	0	0	0	0	0	0
0	0	0	1	0	0	0	0	1	0	0	1	0	0	1	0
0	0	1	0	0	0	0	0	1	0	1	0	0	1	0	0
0	0	1	1	0	0	0	0	1	0	1	1	0	1	1	0
0	1	0	0	0	0	0	0	1	1	0	0	0	0	0	0
0	1	0	1	0	0	0	1	1	1	0	1	0	0	1	1
0	1	1	0	0	0	1	0	1	1	1	0	0	1	1	0
0	1	1	1	0	0	1	1	1	1	1	1	1	0	0	1

根据真值表可写出输出函数表达式如下：

$$M_3(A_1,A_0,B_1,B_0)=m_{15}$$

$$M_2(A_1,A_0,B_1,B_0)=m_{10}+m_{11}+m_{14}$$

$$M_1(A_1,A_0,B_1,B_0)=m_6+m_7+m_9+m_{11}+m_{13}+m_{14}$$

$$M_0(A_1,A_0,B_1,B_0)=m_5+m_7+m_{13}+m_{15}$$

②求出逻辑函数最简表达式。

利用卡诺图可求出输出函数的最简与-或表达式为

$$M_3=A_1A_0B_1B_0$$

$$M_2=A_1\overline{A}_0B_1+A_1B_1\overline{B}_0$$

$$M_1=A_1\overline{B}_1B_0+A_1\overline{A}_0B_0+\overline{A}_1A_0B_1+A_0B_1\overline{B}_0$$

$$M_0=A_0B_0$$

③选择逻辑门类型并画出逻辑电路图。

假定采用与门和或门实现给定功能，可画出实现给定功能的逻辑电路，如图4.7所示。

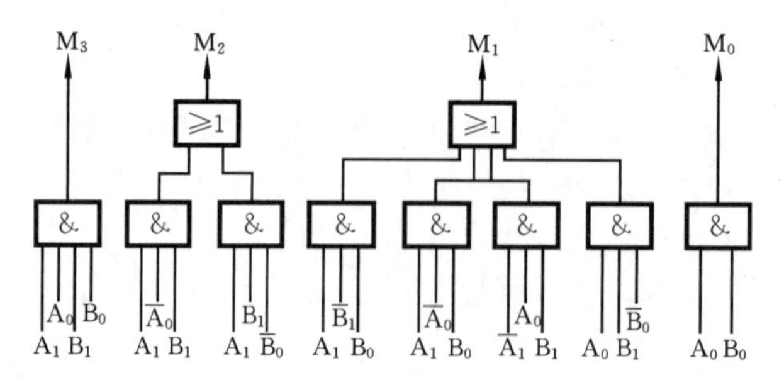

图 4.7　方法Ⅰ的逻辑电路

方法Ⅱ　采用分析法

通过分析写出输出函数表达式。

按照二进制乘法运算法则和对问题的假设，可列出乘法计算过程如下：

		A_1	A_0
×(乘)		B_1	B_0
C_2	C_1	$A_1\times B_0$	$A_0\times B_0$
+(加)	$A_1\times B_1$	$A_0\times B_1$	
M_3	M_2	M_1	M_0

上述计算式中,积项 $A_i\times B_j$ $(i,j=0,1)$为两个1位二进制数相乘,可用两输入与门实现,即 $A_i\times B_j$的算术值等于 $A_i\cdot B_j$的逻辑值。因为 C_1为 A_1B_0和 A_0B_1相加产生的进位,它等于 A_1B_0和 A_0B_1相与,即 $C_1=A_1B_0A_0B_1$,C_2为 C_1和 A_1B_1相加产生的进位,它等于 C_1和 A_1B_1相与,即 $C_2=C_1\cdot A_1B_1=A_1B_0A_0B_1\cdot A_1B_1=A_1B_0A_0B_1$;又因为两个1位二进制数相加的和等于对其进行异或运算的结果,所以可由分析得到该电路的输出函数表达式如下:

$$M_0=A_0B_0$$

$$M_1=A_1B_0\oplus A_0B_1$$

$$M_2=C_1\oplus A_1B_1=A_1B_0A_0B_1\oplus A_1B_1$$

$$M_3=C_2=A_1B_0A_0B_1$$

假定采用异或门和与门实现该乘法器的逻辑功能,可画出该乘法器的逻辑电路,如图4.8所示。

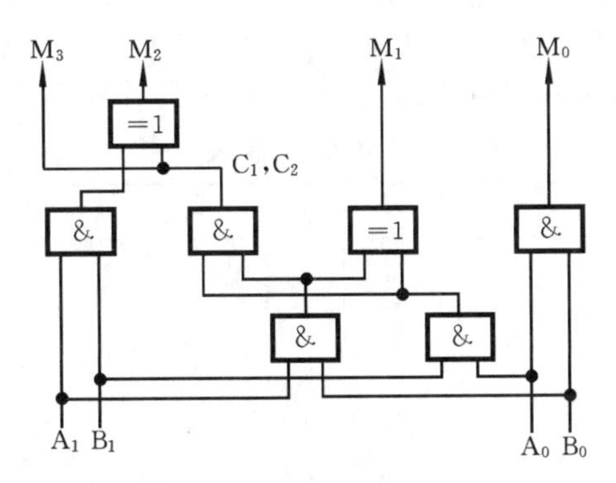

图4.8 方法Ⅱ的逻辑电路

比较两种方法所得结果可以看出,图4.7所示电路中共用了10个逻辑门,而图4.8所示电路中只用了7个逻辑门,显然,后者比前者更简单。为了证明两者逻辑功能的一致性,读者可对方法Ⅱ中的表达式进行展开变换,即可得到方法Ⅰ中的最简与-或表达式。

4.2.3 设计中几个实际问题的处理

上面对组合逻辑电路设计的一般方法进行了讨论,并通过简单例子介绍了设计的全过程。然而,实际提出的设计要求是形形色色的,往往除了问题复杂之外,还存在某些特殊情况需要考虑。为了能在各种特殊情况下设计出最简的逻辑电路,必须针对具体问题作出具体的分析和处理。下面就几个常见问题进行讨论。

1. 包含无关条件的组合逻辑电路设计

前面讨论的设计问题中,对于电路输入变量的任何一种取值组合,都有确定的输出函数值与之对应,换句话说,对于一个具有 n 个输入变量的组合逻辑电路,输出函数与 2^n 种输入取值组合均相关,假如有 m 种取值组合使函数的值为 1,则有 2^n-m 种取值组合使函数的值为 0,该输出函数可以用 m 个最小项之和表示。

但在某些实际问题中,常常由于输入变量之间存在的相互制约或问题的某种特殊限定等,使得输入变量的某些取值组合根本不会出现,或者虽然可能出现,但对在这些输入取值组合下函数的值是为 1 还是为 0 并不关心。通常把这类问题称为包含无关条件的逻辑问题;与这些输入取值组合对应的最小项称为**无关最小项**,简称为**无关项**或者**任意项**;描述这类问题的逻辑函数称为**包含无关条件的逻辑函数**。

当采用最小项之和表达式描述一个包含无关条件的逻辑问题时,函数表达式中是否包含无关项以及对无关项是令其值为 1 还是为 0,并不影响函数的实际逻辑功能。因此,在化简这类逻辑函数时,利用这种随意性往往可以使逻辑函数得到更好的简化,从而使设计的电路达到更简。

例 4.7 设计一个组合逻辑电路,用于判别以余 3 码表示的 1 位十进制数是否为合数。

解 由题意可知,该电路输入为 1 位十进制数的余 3 码,输出为对其值进行判断的结果。设输入变量为 A、B、C、D,输出函数为 F,当 ABCD 表示的十进制数为合数(4,6,8,9)时,输出 F 为 1,否则 F 为 0。因为按照余 3 码的编码规则,ABCD 的取值组合不允许为 0000、0001、0010、1101、1110、1111,故该问题为包含无关条件的逻辑问题,与上述 6 种取值组合对应的最小项为无关项,即在这些取值组合下输出函数 F 的值可以随意指定为 1 或者为 0,通常记为"d"。据此可建立描述该问题的真值表,如表 4.6 所示。

表 4.6 真值表

A	B	C	D	F	A	B	C	D	F
0	0	0	0	d	1	0	0	0	0
0	0	0	1	d	1	0	0	1	1
0	0	1	0	d	1	0	1	0	0
0	0	1	1	0	1	0	1	1	1
0	1	0	0	0	1	1	0	0	1
0	1	0	1	0	1	1	0	1	d
0	1	1	0	0	1	1	1	0	d
0	1	1	1	1	1	1	1	1	d

根据真值表可写出 F 的逻辑表达式为

$$F(A,B,C,D)=\sum m(7,9,11,12)+\sum d(0,1,2,13,14,15)$$

用卡诺图化简函数 F 时,若不考虑无关项,如图 4.9(a)所示合并卡诺图上的 1 方格,则可得到化简后的逻辑表达式为

$$F(A,B,C,D)=A\bar{B}D+AB\bar{C}\bar{D}+\bar{A}BCD$$

如果化简时对无关条件加以利用,如图 4.9(b)所示,根据合并的需要将卡诺图中的无关项 d(13,14,15)当成 1 处理,而把 d(0,1,2)当成 0 处理,则可得到化简后的逻辑表达式为

$$F(A,B,C,D)=AB+AD+BCD$$

显然,后一个表达式比前一个表达式更简单。假定采用与非门构成实现给定逻辑功能的电路,可将 F 的最简表达式变换成与非-与非表达式:

$$F(A,B,C,D)=\overline{\overline{AB+AD+BCD}}=\overline{\overline{AB}\cdot\overline{AD}\cdot\overline{BCD}}$$

相应的逻辑电路如图 4.10 所示。

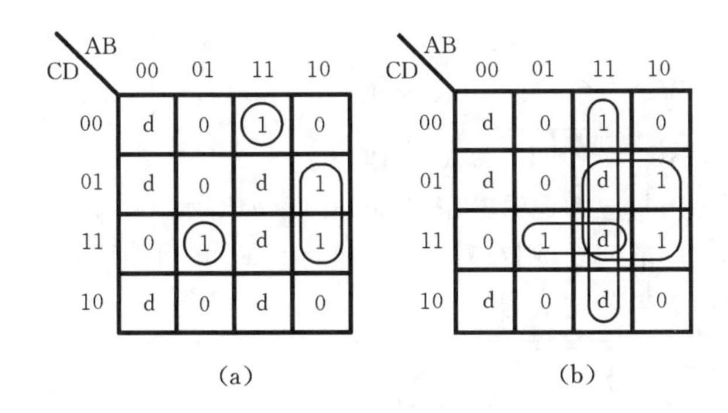

图 4.9　卡诺图

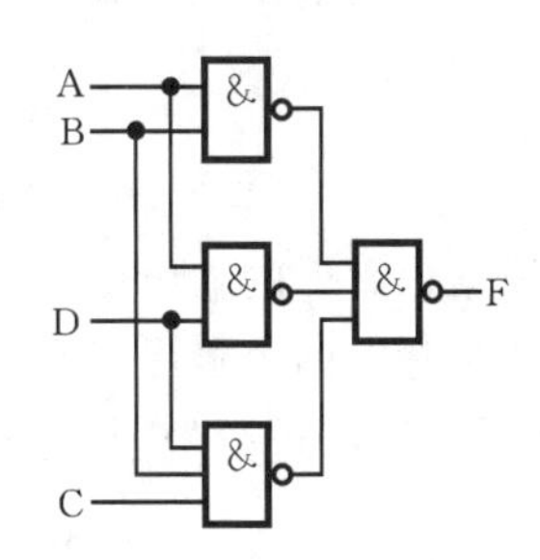

图 4.10　逻辑电路

由此可见，设计包含无关条件的组合逻辑电路时，恰当地利用无关项进行函数化简，通常可使设计出来的电路更简单。

2. 多输出函数的组合逻辑电路设计

实际问题中，大量存在着由同一组输入变量产生多个输出函数的问题，实现这类问题的组合逻辑电路称为多输出函数的组合逻辑电路。

设计多输出函数的组合逻辑电路时，如果只是孤立地求出各输出函数的最简表达式，然后画出相应逻辑电路图并将其拼在一起，通常不能保证逻辑电路整体最简。因为各输出函数之间往往存在相互联系，具有某些共同的部分，因此，应该将它们当作一个整体考虑，而不应该将其截然分开。使这类电路达到最简的关键在于函数化简时找出各输出函数的公用项，以便在逻辑电路中实现对逻辑门的共享，从而使电路整体结构最简。

例 4.8　假定某组合逻辑电路结构框图如图 4.11 所示，试用最少的与非门实现该电路功能。

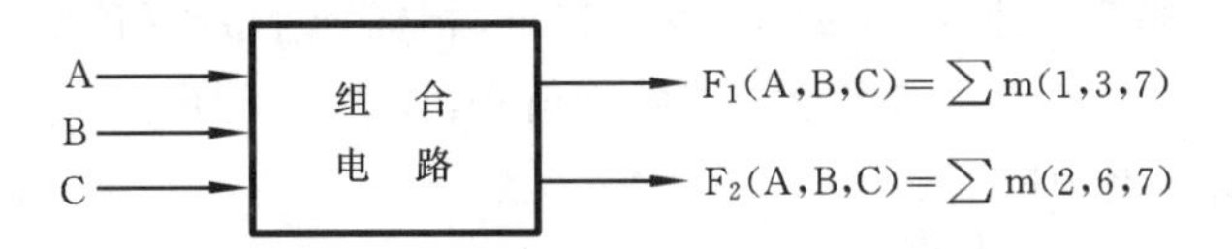

图 4.11　组合逻辑电路结构框图

解　为了求出用与非门构成的最简电路，首先应求出输出函数的最简与-或表达式，并变换成与非-与非表达式，然后画出相应的逻辑电路图。首先，若不考虑两个输出函数之间的共享问题，则可直接作出 F_1、F_2 的卡诺图，如图 4.12(a)、(b)所示。

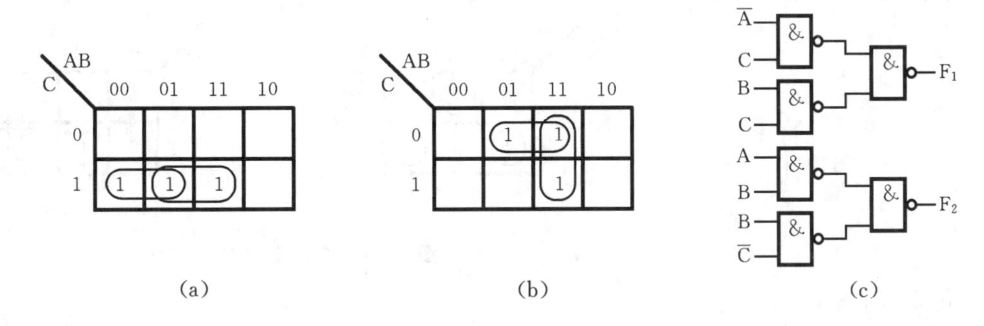

图 4.12　卡诺图及逻辑电路之一

化简后的输出函数表达式为

$$F_1=\overline{A}C+BC=\overline{\overline{\overline{A}C+BC}}=\overline{\overline{\overline{A}C}\cdot\overline{BC}}$$

$$F_2=AB+B\overline{C}=\overline{\overline{AB+B\overline{C}}}=\overline{\overline{AB}\cdot\overline{B\overline{C}}}$$

根据化简后的输出函数表达式可画出相应的逻辑电路,如图 4.12(c)所示。

如果考虑两个输出函数应充分"共享"的问题,则在对 F_1、F_2进行化简时,可按图 4.13(a)、(b)所示卡诺图进行处理,化简后的输出逻辑表达式为

$$F_1=\overline{A}C+ABC=\overline{\overline{\overline{A}C+ABC}}=\overline{\overline{\overline{A}C}\cdot\overline{ABC}}$$

$$F_2=ABC+B\overline{C}=\overline{\overline{ABC+B\overline{C}}}=\overline{\overline{ABC}\cdot\overline{B\overline{C}}}$$

根据修改后的表达式,可画出相应的逻辑电路,如图 4.13(c)所示。显然,通过找出两个函数的公共项,使其"共享"同一个逻辑门,从而使电路从整体上得到了进一步简化。

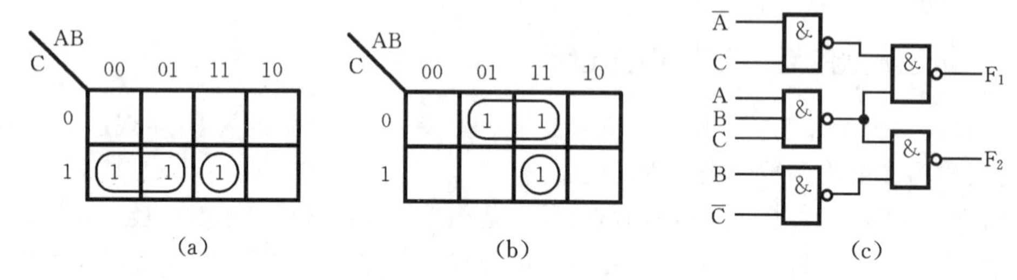

图 4.13　卡诺图及逻辑电路之二

例 4.9　设计一个全加器。

解　全加器是一个能对两个一位二进制数及来自低位的"进位"进行相加,产生本位"和"及向高位"进位"的逻辑电路。由此可知,该电路有 3 个输入变量,2 个输出函数。设被加数、加数及来自低位的"进位"分别用 A_i、B_i及 C_{i-1}表示,相加产生的"和"及"进位"用 S_i和 C_i表示。根据二进制加法运算法则可列出全加器的真值表,如表 4.7 所示。

由真值表可写出输出函数表达式:

$$S_i(A_i,B_i,C_{i-1})=\sum m(1,2,4,7)$$

$$C_i(A_i,B_i,C_{i-1})=\sum m(3,5,6,7)$$

假定采用卡诺图化简上述函数,则可作出相应卡诺图,如图 4.14 所示。

表 4.7　全加器真值表

A_i	B_i	C_{i-1}	S_i	C_i
0	0	0	0	0
0	0	1	1	0
0	1	0	1	0
0	1	1	0	1
1	0	0	1	0
1	0	1	0	1
1	1	0	0	1
1	1	1	1	1

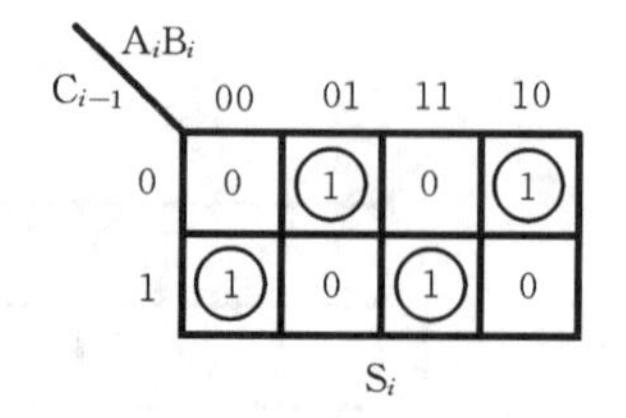

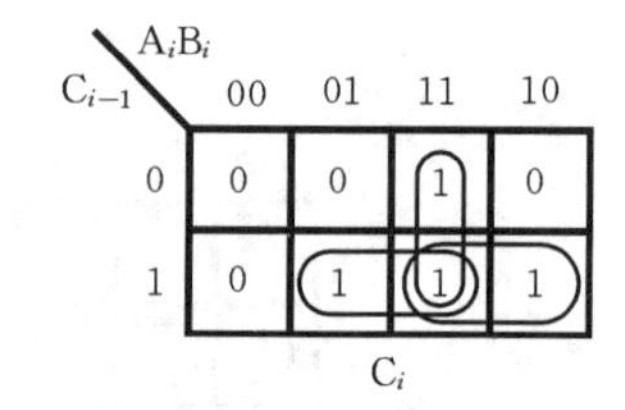

图 4.14　函数 S_i和 C_i的卡诺图

经化简后的输出函数表达式为

$$S_i=\overline{A}_i\overline{B}_iC_{i-1}+\overline{A}_iB_i\overline{C}_{i-1}+A_i\overline{B}_i\overline{C}_{i-1}+A_iB_iC_{i-1}$$

$$C_i=A_iB_i+A_iC_{i-1}+B_iC_{i-1}$$

其中，S_i的标准与-或式即最简与-或式。当采用异或门和与非门组成实现给定功能的电路时，可对表达式作如下变换：

$$
\begin{aligned}
S_i &= \overline{A}_i\overline{B}_iC_{i-1}+\overline{A}_iB_i\overline{C}_{i-1}+A_i\overline{B}_i\overline{C}_{i-1}+A_iB_iC_{i-1}\\
&= \overline{A}_i(\overline{B}_iC_{i-1}+B_i\overline{C}_{i-1})+A_i(\overline{B}_i\overline{C}_{i-1}+B_iC_{i-1})\\
&= \overline{A}_i(B_i\oplus C_{i-1})+A_i(\overline{B_i\oplus C_{i-1}})\\
&= A_i\oplus B_i\oplus C_{i-1}
\end{aligned}
$$

$$
C_i = A_iB_i+A_iC_{i-1}+B_iC_{i-1}=\overline{\overline{A_iB_i}\cdot\overline{A_iC_{i-1}}\cdot\overline{B_iC_{i-1}}}
$$

相应的逻辑电路如图4.15(a)所示。该电路就单个函数而言均已达到最简，但从整体考虑则并非最简。当按多输出函数组合电路进行设计时，可对函数C_i作如下变换：

$$
\begin{aligned}
C_i &= \overline{A}_iB_iC_{i-1}+A_i\overline{B}_iC_{i-1}+A_iB_i\overline{C}_{i-1}+A_iB_iC_{i-1}\\
&= (\overline{A}_iB_i+A_i\overline{B}_i)C_{i-1}+A_iB_i(\overline{C}_{i-1}+C_{i-1})\\
&= (A_i\oplus B_i)C_{i-1}+A_iB_i\\
&= \overline{\overline{(A_i\oplus B_i)C_{i-1}}\cdot\overline{A_iB_i}}
\end{aligned}
$$

经变换后，S_i和C_i的逻辑表达式中有公用项$A_i\oplus B_i$，因此，在组成电路时，可令其共享同一异或门，从而使整体得到进一步简化，其逻辑电路如图4.15(b)所示。

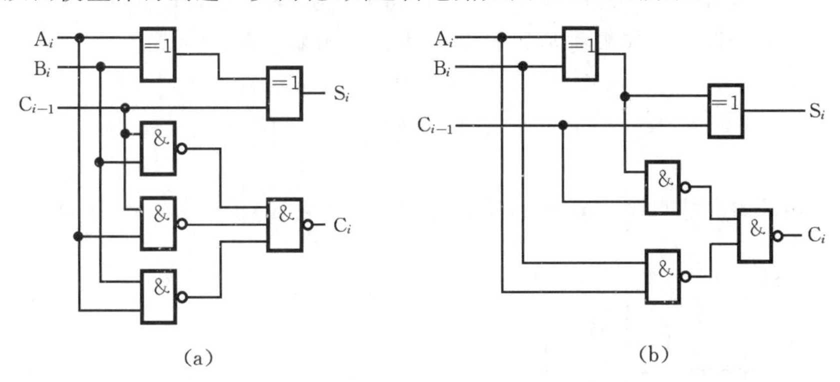

图4.15 全加器逻辑电路

图4.16给出了用集成门电路实现全加器功能时的芯片引脚连接图。

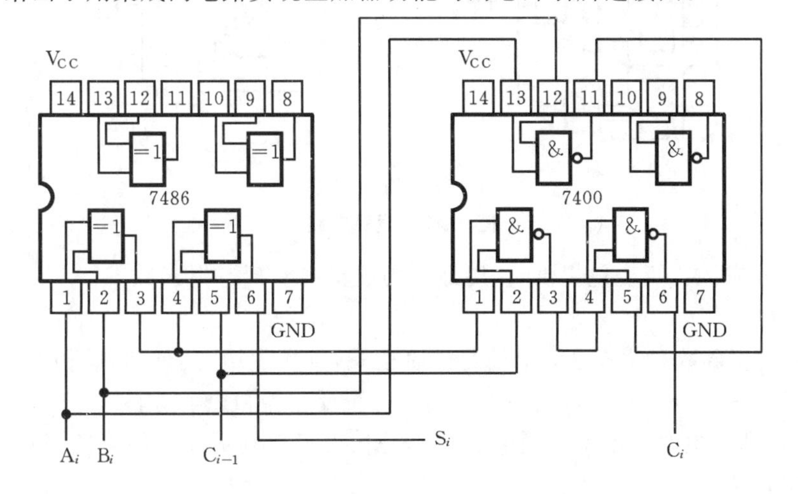

图4.16 全加器的芯片引脚连接图

实现图 4.15(a)所示电路的功能需要 3 种芯片,可用一块异或门芯片 7486、一块 2 输入与非门芯片 7400 和一块 3 输入与非门芯片 7410。而实现图 4.15(b)所示电路的功能则只需要两种芯片,用一块异或门芯片 7486 和一块与非门芯片 7400 即可,图 4.16 给出了一个实现该电路功能的芯片引脚连接图。值得指出的是,由于器件提供的逻辑门数目多于电路所需逻辑门数目,所以在功能实现时对芯片内部逻辑门的选择方案不是唯一的,不同的选择方案对应不同的芯片引脚连接图。

3. 无反变量提供的组合逻辑电路设计

在对某些实际问题进行设计的过程中,常常为了减少各部件之间的连线,只给所设计的逻辑电路提供原变量,不提供反变量。设计这类电路时,直截了当的办法是当需要某个反变量时,就用一个非门将相应的原变量转换成反变量,但这样处理往往是不经济的。因此,通常采用适当的方法进行处理,以便在无反变量提供的前提下,使逻辑电路尽可能简单。

例 4.10 输入变量中无反变量时,用与非门实现逻辑函数

$$F(A,B,C,D)=\overline{A}B+B\overline{C}+A\overline{B}C+AC\overline{D}$$

的功能。

解 因为给定函数已经是最简与-或表达式,故可直接画出逻辑电路,如图 4.17(a)所示,但这个电路并不是最简的。如果对函数 F 的表达式作如下整理:

$$\begin{aligned}F(A,B,C,D)&=\overline{A}B+B\overline{C}+A\overline{B}C+AC\overline{D}\\&=B(\overline{A}+\overline{C})+AC(\overline{B}+\overline{D})\\&=B\,\overline{AC}+AC\,\overline{BD}\end{aligned}$$

根据整理后的表达式可画出对应的逻辑电路,如图 4.17(b)所示。显然,图4.17(b)比图 4.17(a)更合理。

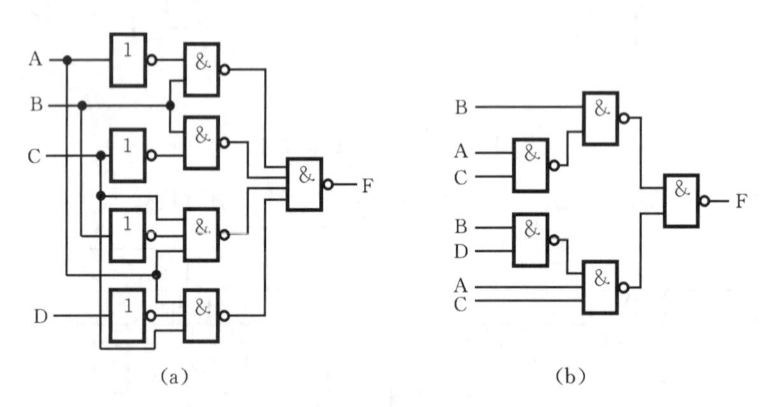

图 4.17 逻辑电路

例 4.11 在输入无反变量提供时,用最少的逻辑门实现逻辑函数 $F(A,B,C)=\overline{A}B+B\overline{C}+A\overline{B}C$ 的功能。

解 给定逻辑函数表达式已为最简与或表达式,直接使用与非门和反相器实现该函数功能的逻辑电路如图 4.18(a)所示,电路中共用了 3 个反相器和 4 个与非门。

图 4.18(a)所示电路是不是最简的呢?不是!为了得到更简单的电路,可对给定逻辑函数表达式作如下变换:

$$
\begin{aligned}
F(A,B,C) &= \bar{A}B + B\bar{C} + A\bar{B}C \\
&= (\bar{A}+\bar{C})B + A\bar{B}C \\
&= \overline{AC}B + AC\bar{B} \\
&= AC \oplus B
\end{aligned}
$$

根据变换后的逻辑表达式可画出实现原函数功能的更简逻辑电路，如图 4.18(b)所示。

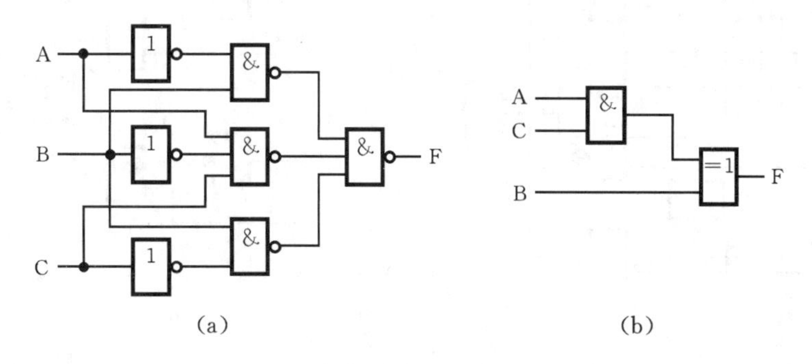

图 4.18　逻辑电路

由上述两个例子可以看出，在输入无反变量提供的场合，即使逻辑函数表达式已为最简，但直接实现时所得到的电路也不一定最简，通常对逻辑表达式作适当变换，可以减少电路中非门的数量，更好地简化电路结构。然而，当描述某种设计要求的表达式被确定下来后，并不是都可以作类似变换的。在实际问题的设计中，电路的复杂度往往和设计过程中某些步骤的处理方案直接相关。

例 4.12　设计一个组合逻辑电路，用来判断献血者与受血者血型是否相容。血型相容规则如表 4.8 所示，表中用“√”表示两者血型相容。

表 4.8　血型相容规则表

献血＼受血	A	B	AB	O
A	√		√	
B		√	√	
AB			√	
O	√	√	√	√

表 4.9　血型编码(1)

血　型	献		受	
	W	X	Y	Z
A	0	0	0	0
B	0	1	0	1
AB	1	0	1	0
O	1	1	1	1

解　根据题意，电路输入变量为献血者血型和受血者血型。血型共 4 种，可用两个变量的 4 种编码进行区分。设变量 WX 表示献血者血型，YZ 表示受血者血型，血型编码如表 4.9 所示。电路输出用 F 表示，当输血者与受血者血型相容时，F 为 1，否则 F 为 0。可根据血型相容规则直接写出输出函数 F 的表达式：

$$
\begin{aligned}
F &= \bar{W}\bar{X}(\bar{Y}\bar{Z}+Y\bar{Z}) + \bar{W}X(\bar{Y}Z+Y\bar{Z}) + W\bar{X}Y\bar{Z} + WX(\bar{Y}\bar{Z}+\bar{Y}Z+Y\bar{Z}+YZ) \\
&= \bar{W}\bar{X}\bar{Z} + \bar{W}X\bar{Y}Z + \bar{W}XY\bar{Z} + W\bar{X}Y\bar{Z} + WX \\
&= \bar{W}\bar{Z}(\bar{X}+XY) + (\bar{W}\bar{Y}Z+W)X + W(\bar{X}Y\bar{Z}+X) \\
&= \bar{W}\bar{Z}(\bar{X}+Y) + (W+\bar{Y}Z)X + W(X+Y\bar{Z}) \\
&= \bar{W}\bar{X}\bar{Z} + \bar{W}Y\bar{Z} + WX + X\bar{Y}Z + WX + WY\bar{Z} \\
&= \bar{W}\bar{X}\bar{Z} + Y\bar{Z} + WX + X\bar{Y}Z
\end{aligned}
$$

由化简后的表达式可知，在无反变量提供的情况下，若通过直接加非门产生反变量，则组成实现给定功能的电路时需 9 个逻辑门,其中 4 个非门用来产生 4 个输入变量的反变量。用与非门组成实现给定功能的逻辑电路如图 4.19(a)所示。

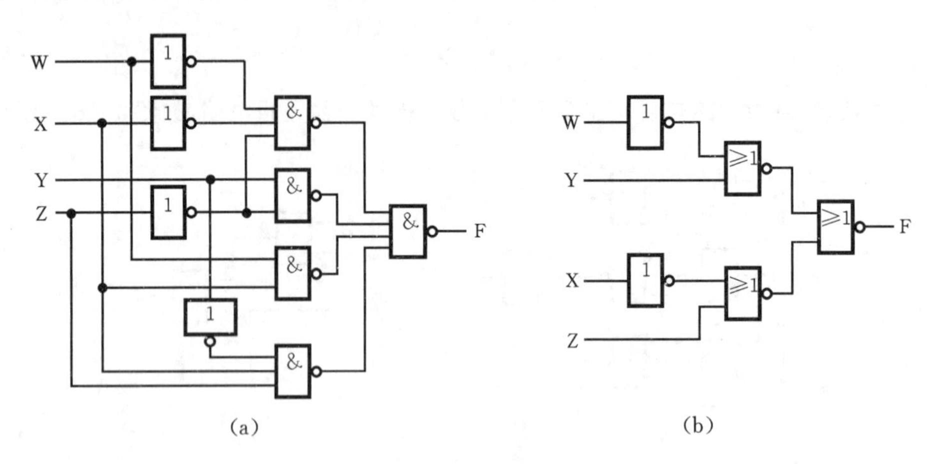

图 4.19 逻辑电路

表 4.10 血型编码(2)

血 型	献		受	
	W	X	Y	Z
O	0	0	0	0
A	0	1	0	1
B	1	0	1	0
AB	1	1	1	1

分析上述设计过程不难发现,对该问题的逻辑描述与血型编码是直接相关的。为了减少逻辑表达式中反变量个数,进一步简化电路结构,可调整血型编码,如表4.10所示。

根据新的编码方案和血型相容规则,可写出输出函数 F 的表达式:

$$\begin{aligned}F&=\overline{W}\overline{X}(\overline{Y}\,\overline{Z}+\overline{Y}Z+Y\overline{Z}+YZ)+\overline{W}X(\overline{Y}Z+YZ)+W\overline{X}(Y\overline{Z}+YZ)+WXYZ\\&=\overline{W}\overline{X}+\overline{W}XZ+W\overline{X}Y+WXYZ\\&=\overline{W}(\overline{X}+XZ)+WY(\overline{X}+XZ)\\&=\overline{W}(\overline{X}+Z)+WY(\overline{X}+Z)\\&=(\overline{W}+WY)(\overline{X}+Z)\\&=(\overline{W}+Y)(\overline{X}+Z)\end{aligned}$$

该函数表达式中仅含两个反变量,假定采用或非门实现给定功能,则可将函数表达式变换成“或非-或非”表达式:

$$F=\overline{\overline{(\overline{W}+Y)(\overline{X}+Z)}}=\overline{\overline{\overline{W}+Y}+\overline{\overline{X}+Z}}$$

逻辑电路如图 4.19(b)所示,电路中只使用了 5 个逻辑门。

关于在无反变量提供时如何使组合电路达到最简的问题,至今尚无一种系统而有效的方法,只能由设计者根据具体问题进行灵活处理。

4.3 组合逻辑电路的险象

前面讨论组合逻辑电路时,只研究了输入和输出稳定状态之间的关系,而没有考虑信号传输中的时延问题,实际上,信号经过任何逻辑门和导线都会产生时间延迟,这就使得当电路所有输入达到稳定状态时,输出并不是立即达到稳定状态。

一般来说，延迟时间对数字系统是一个有害的因素。例如，使得系统操作速度下降，引起电路中信号的波形参数变坏，更严重的是在电路中产生竞争险象的问题。本节将专门针对后一个问题进行讨论。

4.3.1 险象的产生

在实际逻辑电路中，信号经过同一电路中的不同路径所产生的时延一般来说是各不相同的。各路径上延迟时间的长短与信号经过的门的级数有关，与具体逻辑门的时延大小有关，还与导线的长短有关。因此，输入信号经过不同路径到达输出端的时间也就有先有后，这就好像一场赛跑，各运动员到达终点的时间有先有后一样，这种现象称为**竞争现象**。在逻辑电路中，竞争现象是随时随地都可能出现的，我们可以更广义地把竞争现象理解为多个信号到达某一点有时差所引起的现象。

电路中竞争现象的存在，使得输入信号的变化可能引起输出信号出现非预期的错误输出，这一现象称为**险象**。并不是所有的竞争都会产生错误输出。通常，把不产生错误输出的竞争称为**非临界竞争**，而导致错误输出的竞争称为**临界竞争**。

组合电路中的险象是一种瞬态现象，它表现为在输出端产生不应有的尖脉冲，暂时地破坏正常逻辑关系。一旦瞬态过程结束，即可恢复正常逻辑关系。下面举例说明这一现象。

例如，图 4.20(a)所示的是由与门、非门和或门构成的组合电路，该电路有 3 个输入，1 个输出，输出函数表达式为

$$F=AB+\bar{A}C$$

假设输入变量 B=C=1，将 B、C 的值代入上述函数表达式，得

$$F=A+\bar{A}$$

当输入变量 B=C=1 时，$F=A+\bar{A}$。由互补律可知，当 B=C=1 时，无论 A 是 0 还是 1，F 的值都应保持 1 不变。然而，这是在一种理想状态下得出的结论。当考虑电路存在时间延迟时，该电路的实际输入/输出关系又如何呢？下面通过图 4.20(b)所示的时间图来进行进一步的分析。

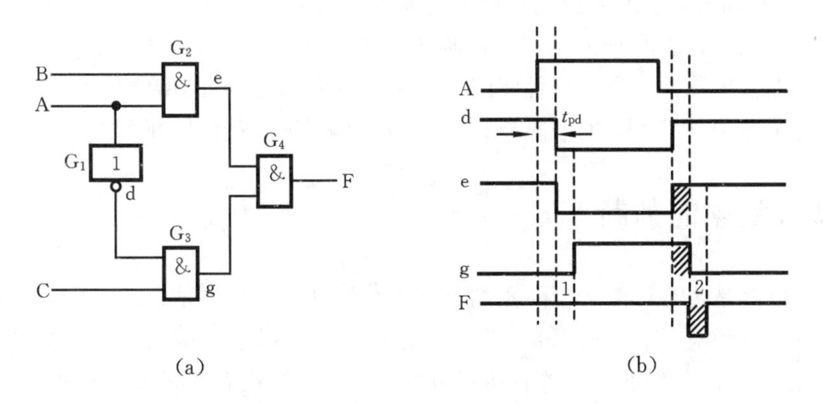

图 4.20 具有险象的逻辑电路及时间图(Ⅰ)

假定每个门的延迟时间为 t_{pd}。当 A 由低电平变到高电平以后，反相器 G_1 的输出 d 由高电平变为低电平，同时与非门 G_2 的输出 e 也由高电平变为低电平。但要再经过一个 t_{pd}，与非

门 G_3 的输出 g 才能由低电平变为高电平。最后到达门 G_4 输入端的是由同一个 A 信号经不同路径传输而得到的两个信号 e 和 g，e 和 g 的变化方向相反，并具有一个 t_{pd} 的时差。显然，这里(见图 4.20(b)中 1 处)存在一次竞争。但因门 G_4 是一个或门，e 和 g 竞争的结果，使门 G_4 的输出保持为高电平，没有出现尖脉冲，即这里没有产生险象，所以这次竞争是一次非临界竞争。但当 A 由高电平变为低电平时，e 和 g 在一个 t_{pd} 的时间内同时为高电平，根据门 G_4 的与非逻辑特性，输出 F 必然会出现一个负跳变的尖脉冲(见图 4.20(b)中 2 处)。也就是说，这次竞争的结果产生了险象，是一次临界竞争。

如果将图 4.20(a)中所示的与门改为或门，或门改为与门，修改结果如图 4.21(a)所示，则根据修改后的电路可写出输出函数表达式为

$$F=(A+B)(\overline{A}+C)$$

假设输入变量 B=C=0，将 B、C 的值代入上述函数表达式，可得

$$F=A\cdot\overline{A}$$

由互补律可知，函数 $F=A\cdot\overline{A}$ 的值应恒为 0，即 B=C=0 时，无论 A 怎样变化，输出 F 的值都应保持 0 不变。然而，当考虑电路中存在的时间延迟时，可分析出电路输入/输出关系的时间图如图 4.21(b)所示。

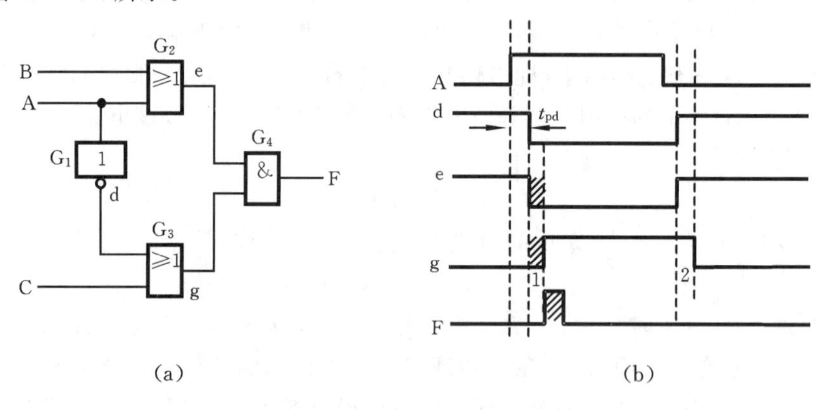

图 4.21 具有险象的逻辑电路及时间图(Ⅱ)

由图 4.21(b)可知，当 A 由低电平变为高电平时，将在输出端产生一个正跳变的尖脉冲信号，破坏了 F 的 0 信号输出，即发生了一次临界竞争。

通常按错误输出脉冲信号的极性将组合电路中的险象分为“0”型险象和“1”型险象。若错误输出信号为负脉冲，则称为“0”型险象；若错误输出信号为正脉冲，则称为“1”型险象。

4.3.2 险象的判断

判断一个电路是否有可能产生险象的方法有代数法和卡诺图法。

由前面对竞争和险象的分析可知，当某个变量 X 同时以原变量和反变量的形式出现在函数表达式中，且在一定条件下该函数表达式可简化成 $X+\overline{X}$ 或者 $X\cdot\overline{X}$ 的形式时，则与该函数表达式对应的电路在 X 发生变化时，可能由于竞争而产生险象。

代数法是根据描述电路的函数表达式来判断相应电路是否具有产生险象的条件。具体方法是：首先检查函数表达式中是否存在具备险象条件的变量，即是否有某个变量 X 同时以原变量和反变量的形式出现在函数表达式中。若有，则消去函数表达式中的其他变量，即将这些

变量的各种取值组合依次代入函数表达式中，从而把它们从函数表达式中消去，而仅保留被研究的变量X，再看函数表达式是否会变为$X+\overline{X}$或者$X\cdot\overline{X}$的形式，若会，则说明对应的逻辑电路可能产生险象。下面举例说明。

例4.13　已知描述某组合逻辑电路的逻辑函数表达式为$F=\overline{A}\overline{C}+\overline{A}B+AC$，试判断该逻辑电路是否可能产生险象。

解　观察函数表达式可知，变量A和C均具备险象条件，所以应对这两个变量分别进行分析。先考察变量A，为此将B和C的各种取值组合分别代入函数表达式中，可得到如下结果：

$$
\begin{array}{ll}
BC=00 & F=\overline{A} \\
BC=01 & F=A \\
BC=10 & F=\overline{A} \\
BC=11 & F=A+\overline{A}
\end{array}
$$

由此可见，当$B=C=1$时，A的变化可能使电路产生险象。类似地，将A和B的各种取值组合分别代入函数表达式中，可由代入结果判断出变量C发生变化时不会产生险象。

例4.14　试判断函数表达式$F=(A+B)(\overline{A}+C)(\overline{B}+C)$描述的逻辑电路中是否可能产生险象。

解　从给出的函数表达式可以看出，变量A和B均具备险象条件。先考察变量B，为此将A和C的各种取值组合分别代入函数表达式中，结果如下：

$$
\begin{array}{ll}
AC=00 & F=B\cdot\overline{B} \\
AC=01 & F=B \\
AC=10 & F=0 \\
AC=11 & F=1
\end{array}
$$

可见，当$A=C=0$时，B的变化可能使电路输出产生险象。用同样的方法考察A，可发现当$B=C=0$时，A的变化也可能产生险象。

判断险象的另一种方法是卡诺图法。当描述电路的逻辑函数为与-或表达式时，采用卡诺图来判断险象比代数法更为直观、方便。其具体方法是：首先作出函数卡诺图，并画出和函数表达式中各与项对应的卡诺圈；然后观察卡诺图，若发现某两个卡诺圈存在“相切”关系，即两卡诺圈之间存在不被同一卡诺圈包含的相邻最小项，则该电路可能产生险象。下面举例说明。

例4.15　已知某逻辑电路对应的函数表达式为$F=\overline{A}D+\overline{A}C+AB\overline{C}$，试判断该电路是否可能产生险象。

解　首先作出给定函数的卡诺图，并画出函数表达式中各与项对应的卡诺圈，如图4.22所示。

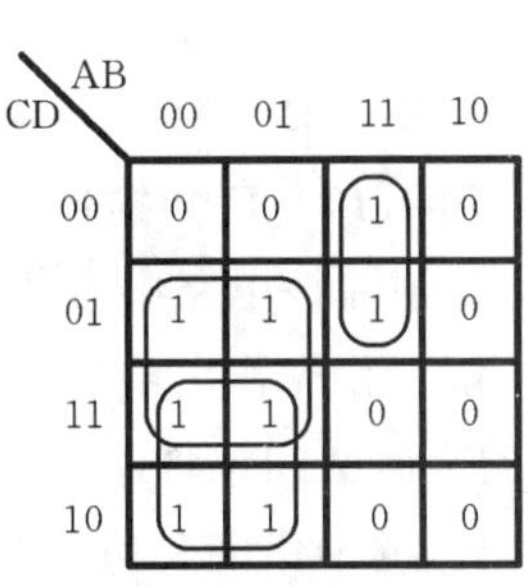

图4.22　卡诺图

观察该卡诺图可发现，包含最小项m_1,m_3,m_5,m_7的卡诺圈和包含最小项m_{12},m_{13}的卡诺圈之间存在相邻最小项m_5和m_{13}，且m_5和m_{13}不被同一卡诺圈所包含，所以这两个卡诺圈“相切”。这说明相应电路可能产生险象。这一结论可用代数法进行验证，即假定$B=D=1,C=0$，代入函数表达式F之后可得$F=A+\overline{A}$，可见相应电路可能由于A的变化而产生险象。

4.3.3 险象的消除

为了使一个电路可靠地工作,设计者应当设法消除或避免电路中可能出现的险象。下面介绍几种常用的方法。

1. 用增加冗余项的方法消除险象

增加冗余项的方法是,通过在函数表达式中“或”上多余的与项或者“与”上多余的或项,使原函数不可能在某种条件下化成 $X+\overline{X}$ 或者 $X\cdot\overline{X}$ 的形式,从而消除可能产生的险象。具体冗余项的选择可以采用代数法或者卡诺图法。

例 4.16 用增加冗余项的方法消除图 4.20(a)所示电路中可能产生的险象。

解 图 4.20(a)所示函数表达式为

$$F=AB+\overline{A}C$$

在前面分析过,当 B=C=1 时,输入 A 的变化使电路输出可能产生“0”型险象,即在输出应该为 1 的情况下产生了一个瞬间的 0 信号。解决问题的思路是,如何保证当 B=C=1 时,输出保持为 1。显然,若函数表达式中包含有与项 BC,则可达到这一目的。由逻辑代数的定理 8 可知,若某变量以原变量和反变量的形式出现在与-或表达式的某两个与项中,则由该两项的其余因子组成的第三项是冗余项。因此,BC 是上述函数的一个冗余项,将 BC 加入函数表达式中并不影响原函数的逻辑功能。加入冗余项 BC 后的函数表达式为

$$F=AB+\overline{A}C+BC$$

增加冗余项后的逻辑电路如图 4.23 所示。该电路不再产生险象。

冗余项的选择也可以通过在函数卡诺图上增加多余的卡诺圈来实现。其具体方法是:若卡诺图上某两个卡诺圈“相切”,则用一个多余的卡诺圈将它们之间的相邻最小项圈起来,与多余卡诺圈对应的与项就是要加入函数表达式中的冗余项。

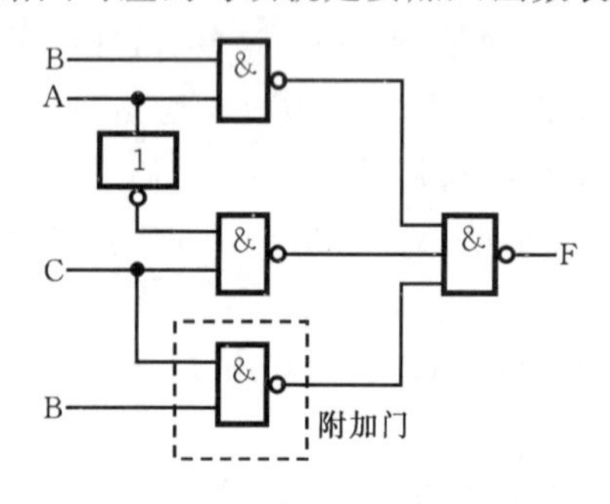

图 4.23 增加冗余项后的逻辑电路

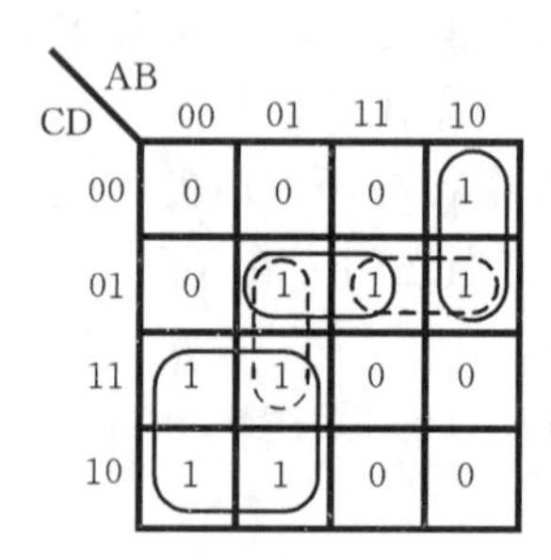

CD \ AB	00	01	11	10
00	0	0	0	1
01	0	1	1	1
11	1	1	0	0
10	1	1	0	0

图 4.24 卡诺图

例 4.17 已知描述某组合电路的函数表达式为 $F=\overline{A}C+B\overline{C}D+A\overline{B}\,\overline{C}$,试用增加冗余项的方法消除该电路中可能产生的险象。

解 首先作出给定函数的卡诺图,如图 4.24 所示。该卡诺图中,包含最小项 m_2,m_3,m_6,m_7 的卡诺圈和包含最小项 m_5,m_{13} 的卡诺圈“相切”,其相邻最小项为 m_7 和 m_5;包含最小项 m_5,m_{13} 的卡诺圈和包含最小项 m_8,m_9 的卡诺圈“相切”,其相邻最小项为 m_9 和 m_{13}。可见,该电路可能由于竞争而产生险象。为了消除险象,可以在卡诺图上增加两个多余卡诺圈,分别把最小项 m_5,m_7 和 m_9,m_{13} 圈起来,如图 4.24 中虚线圈所示。由此得到函数表达式

$$F=\overline{A}C+B\overline{C}D+A\overline{B}\overline{C}+\overline{A}BD+A\overline{C}D$$

式中，$\overline{A}BD$ 和 $A\overline{C}D$ 为冗余项。读者可用代数法验证，该函数表达式所对应的逻辑电路不再存在险象。

2. 增加惯性延时环节

在实际电路中用来消除险象的另一种方法是在组合电路输出端连接一个惯性延时环节。通常采用 RC 电路作惯性延时环节，如图 4.25(a)所示。由电路知识可知，图中的 RC 电路实际上是一个低通滤波器。由于组合电路的正常输出是一个频率较低的信号，而由竞争引起的险象都是一些频率较高的尖脉冲信号，因此，险象在通过 RC 电路后能基本被滤掉，保留下来的仅仅是一些幅度极小的毛刺，它们不再对电路的可靠性产生影响。图 4.25(b)表明了这种方法的效果。

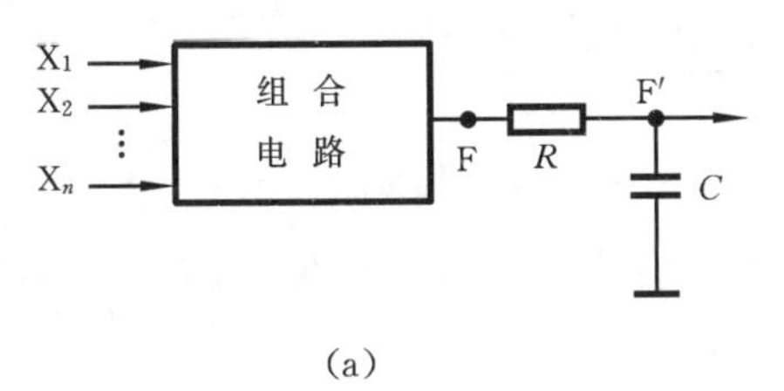

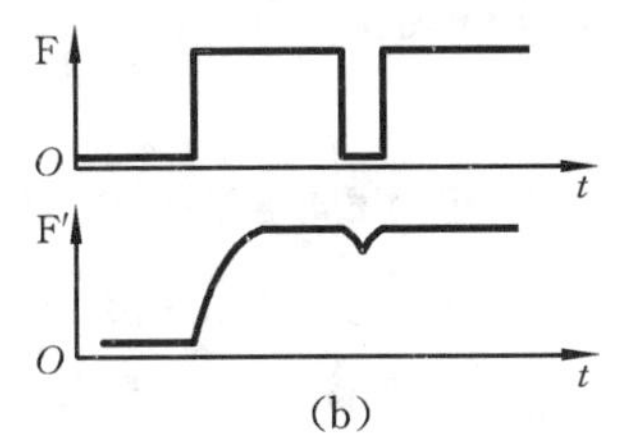

图 4.25 惯性延时环节

要注意的是：采用这种方法时，必须适当选择惯性环节的时间常数($\tau=RC$)，一般要求 τ 大于尖脉冲的宽度，以便能将尖脉冲"削平"；但也不能太大，否则将使正常输出的信号产生不允许的畸变。

3. 选通法

上面介绍了用增加冗余项或增加惯性延时环节消除险象的方法。这两种方法的缺点是要增加器件。对于组合电路中的险象除了用上述方法消除外，还可以采用另外一种完全不同的方法，那就是避开险象而不是消除险象。选通法不必增加任何器件，仅仅是利用选通脉冲的作用，从时间上加以控制，以避开险象脉冲。

由于组合电路中的险象总是发生在输入信号发生变化的过程中，且险象总是以尖脉冲的形式输出。因此，只要对输出波形从时间上加以选择和控制，利用选通脉冲选择输出波形的稳定部分，而有意避开可能出现的尖脉冲，便可获得正确的输出。

例如，图 4.26 所示与非门电路的输出函数表达式为

$$F=\overline{\overline{A\cdot 1}\cdot\overline{\overline{A}\cdot 1}}=A+\overline{A}$$

当 A 发生变化时，可能产生"0"型险象。

为了避开险象，可采用选通脉冲对该电路的输出门加以控制。在选通脉冲到来之前，选通控制线为低电平，门 G_4 关闭，电路输出被封锁，使险象脉冲无法输出。当选通脉冲到来后，门 G_4 开启，使电路送出稳定输出信号。

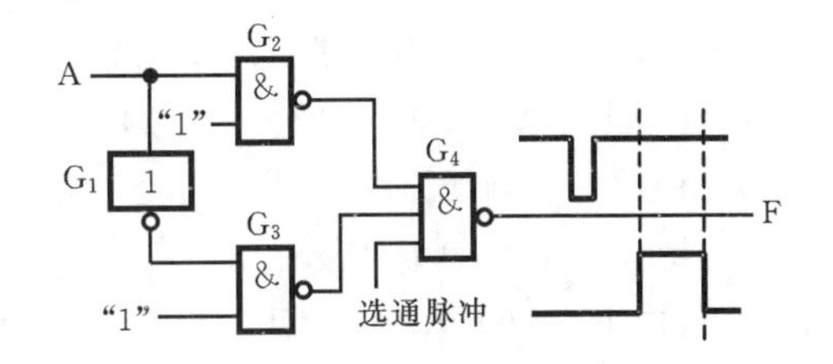

图 4.26 用选通法避开险象原理图

通常把这种在时间上让信号有选择地通过的方法称为选通法。

习 题 四

4.1 分析图4.27所示的组合逻辑电路,说明电路功能,并画出其简化逻辑电路图。

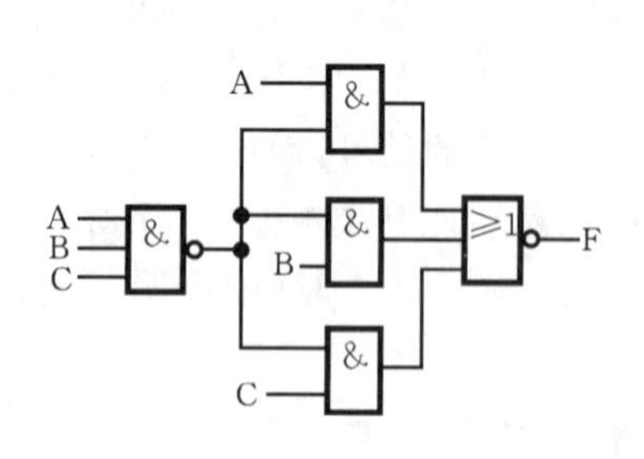

图4.27 组合逻辑电路

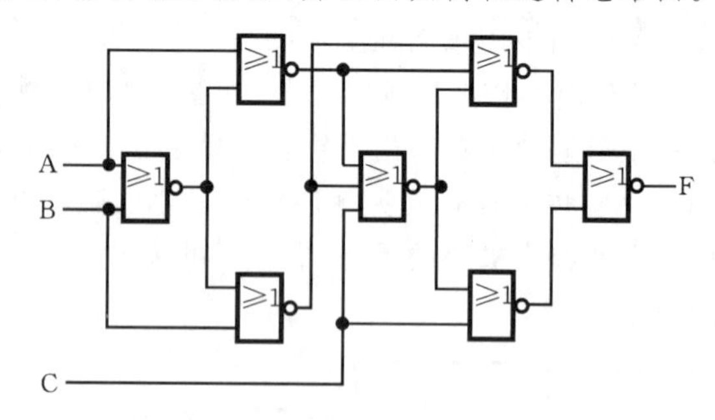

图4.28 组合逻辑电路

4.2 分析图4.28所示的组合逻辑电路:(1) 指出在哪些输入取值下,输出F的值为1;(2) 改用异或门实现该电路的逻辑功能。

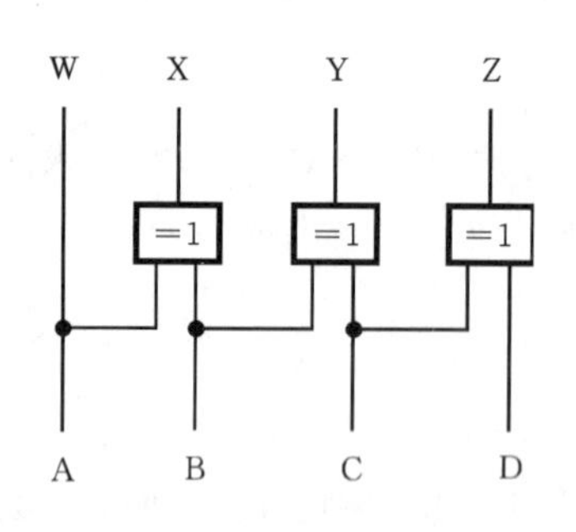

图4.29 组合逻辑电路

4.3 分析图4.29所示组合逻辑电路,列出真值表,说明该电路的逻辑功能。

4.4 设计一个组合逻辑电路,该电路输入端接收两个2位二进制数 $A=A_2A_1$,$B=B_2B_1$。当 $A>B$ 时,输出 $Z=1$,否则 $Z=0$。

4.5 设计一个代码转换电路,将1位十进制数的余3码转换成2421码。

4.6 假定 $X=AB$ 代表一个2位二进制数,试设计满足如下要求的逻辑电路(Y也用二进制数表示):

(1) $Y=X^2$　　(2) $Y=X^3$

4.7 用与非门设计一个组合逻辑电路,该电路输入为1位十进制数的2421码,当输入的数字为素数时,输出F为1,否则F为0。

4.8 设计一个"四舍五入"电路。该电路输入为1位十进制数的8421码,当其值大于或等于5时,输出F的值为1,否则F的值为0。

4.9 设计一个检测电路,检测4位二进制码中1的个数是否为偶数。若为偶数个1,则输出为1,否则输出为0。

4.10 设计一个加/减法器,该电路在M控制下进行加、减运算。当M=0时,实现全加器功能;当M=1时,实现全减器功能。

4.11 在输入不提供反变量的情况下,用与非门组成实现下列函数的最简电路。

(1) $F=A\overline{B}+\overline{A}C+B\overline{C}$　　(2) $F=A\overline{B}\overline{C}+BC\overline{D}+A\overline{C}\overline{D}+\overline{B}CD$

4.12 下列函数描述的电路是否可能产生险象?在什么情况下产生险象?若产生险象,试用增加冗余项的方法消除。

(1) $F_1=AB+A\overline{C}+\overline{C}D$　　(2) $F_2=AB+\overline{A}CD+BC$　　(3) $F_3=(A+\overline{B})(\overline{A}+\overline{C})$

第5章　同步时序逻辑电路

时序逻辑电路是不同于组合逻辑电路的另一类常用逻辑电路。组合逻辑电路在任何时刻产生的稳定输出信号都仅与该时刻电路的输入信号相关；而时序逻辑电路在任何时刻产生的稳定输出信号不仅与电路该时刻的输入信号有关，而且与电路过去的输入信号有关。

时序逻辑电路按其工作方式的不同，又分为同步时序逻辑电路和异步时序逻辑电路两种类型。本章主要讨论同步时序逻辑电路的分析和设计方法。

5.1　时序逻辑电路概述

5.1.1　时序逻辑电路的结构

由于时序逻辑电路的输出不仅取决于当时的输入，而且还与电路过去的输入有关，因此，电路必须具有记忆功能，以便保存过去的输入信息。时序逻辑电路的一般结构如图 5.1 所示，它由组合电路和存储电路两部分组成，通过反馈回路将两部分连成一个整体。

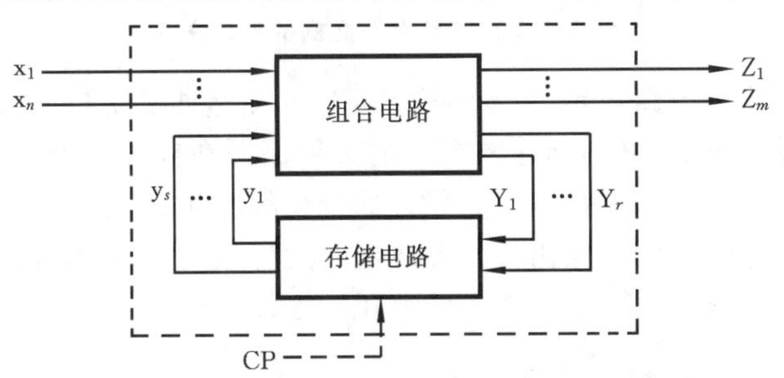

图 5.1　时序逻辑电路的一般结构

图中，$x_1,\cdots,x_n$为时序逻辑电路的输入信号，又称为组合电路的外部输入信号；$Z_1,\cdots,Z_m$为时序逻辑电路的输出信号，又称为组合电路的外部输出信号；$y_1,\cdots,y_s$为时序逻辑电路的“状态”，又称为组合电路的内部输入信号；$Y_1,\cdots,Y_r$为时序逻辑电路中的激励信号，又称为组合电路的内部输出信号，激励信号决定电路下一时刻的状态；CP 为时钟脉冲信号，该信号是否存在取决于时序逻辑电路的类型。

时序逻辑电路的状态 $y_1,\cdots,y_s$是存储电路对过去输入信号记忆的结果，它随着外部信号的作用而变化。在对电路功能进行研究时，通常将某一时刻的状态称为“现态”，记作 y^n，简记为 y；而把在某一现态下，外部信号发生变化时将要到达的新的状态称为“次态”，记作 y^{n+1}。

从电路结构可知，时序逻辑电路具有如下特征：

① 电路由组合电路和存储电路组成，具有对过去输入进行记忆的功能；

② 电路中包含反馈回路，通过反馈使电路功能与“时序”相关；

③ 电路的输出由电路当时的输入和状态（对过去输入记忆的结果）共同决定。

5.1.2 时序逻辑电路的分类

时序逻辑电路通常可以按照电路的工作方式、电路输出对输入的依从关系或者输入信号的形式进行分类。

1. 按照电路的工作方式分类

按照电路的工作方式,可分为同步时序逻辑电路(简称同步时序电路)和异步时序逻辑电路(简称异步时序电路)两种类型。同步时序逻辑电路的存储电路由带有时钟控制端的触发器组成,各触发器的时钟端均与统一的时钟脉冲信号(CP)相连接,各触发器状态的改变受到同一时钟信号的控制。仅当有时钟脉冲到来时,电路状态才可能发生转换,而且每一个时钟脉冲只允许状态改变一次。若时钟脉冲没有到来,则任何输入信号的变化都不可能引起电路状态的改变。因此,时钟脉冲信号对电路状态的变化起着同步的作用,它决定状态转换时刻并实现"等状态时间"。在研究同步时序逻辑电路时,通常不把同步时钟信号作为输入信号处理,而是将它当成一种默认的时间基准。若把某个时钟脉冲到来前电路所处的状态作为现态,则该时钟脉冲作用后电路的状态便称为次态。值得注意的是,前一个脉冲的次态即后一个脉冲的现态。现态与次态之间的相对关系如图 5.2 所示。

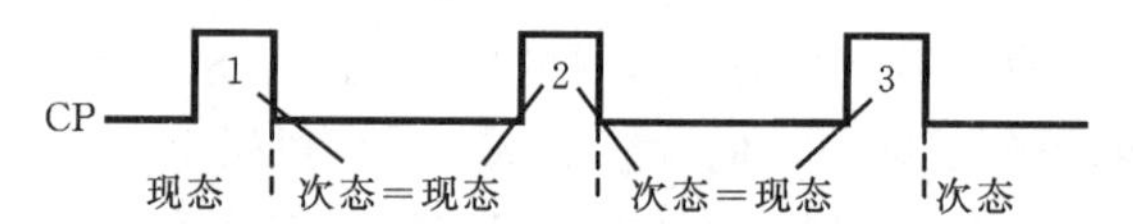

图 5.2 现态与次态之间的相对关系

为了使同步时序逻辑电路稳定、可靠地工作,对时钟脉冲的宽度和频率有一定要求,脉冲的宽度必须保证触发器可靠翻转,脉冲的频率则必须保证在前一个脉冲引起的电路响应完全结束后,后一个脉冲才能到来。否则,电路状态的变化将发生混乱。

异步时序逻辑电路的存储电路由触发器或延时元件组成,电路中无统一的时钟信号同步,电路输入信号的变化将直接导致电路状态的变化。

2. 按照电路的输出/输入关系分类

根据电路的输出是否与输入直接相关,可以分为Mealy型和Moore型两种不同模型的时序逻辑电路。若时序逻辑电路的输出是电路输入和电路状态的函数,则称为Mealy型时序逻辑电路;若时序逻辑电路的输出仅仅是电路状态的函数,则称为Moore型时序逻辑电路。换而言之,Mealy 型电路是将过去的输入转换成状态后与输出建立联系,当前的输入直接和输出建立联系;而 Moore 型电路则是将全部输入转换成电路状态后再和输出建立联系。两种模型的输出/输入关系如图 5.3 所示。

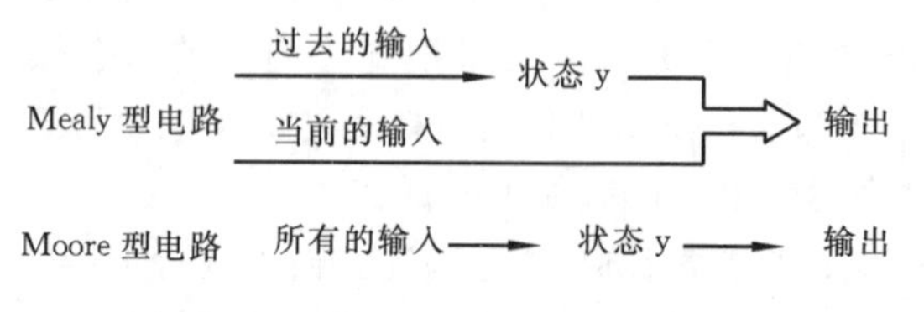

图 5.3 两种模型的输出/输入关系图

若一个时序逻辑电路没有专门的外部输出信号，而是以电路状态作为输出，则可视为Moore型电路的特殊情况。无论是同步时序逻辑电路或是异步时序逻辑电路，均有Mealy型和Moore型两种模型。同步时序逻辑电路中两种模型的结构框图如图5.4所示。

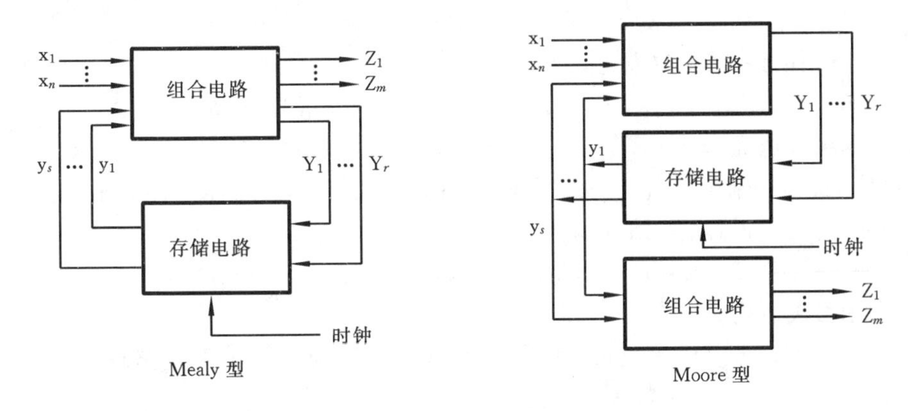

图5.4 同步时序逻辑电路中两种模型的结构框图

3. 按输入信号的形式进行分类

时序逻辑电路的输入信号可以是脉冲信号也可以是电平信号。根据输入信号形式的不同，时序逻辑电路通常又被分为脉冲型和电平型两种类型。图5.5所示为不同输入信号的波形图。

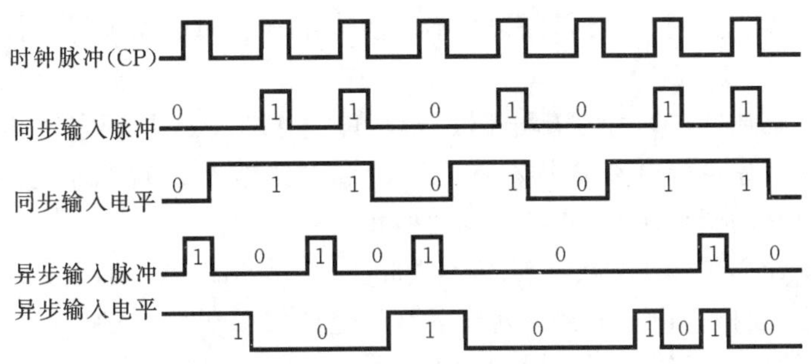

图5.5 时序逻辑电路的输入信号波形

5.1.3 同步时序逻辑电路的描述方法

要对一种逻辑电路进行研究，必须首先对它进行描述。在研究组合逻辑电路时，为了描述一个电路的功能，除采用逻辑函数表达式外，通常借助真值表、卡诺图进行分析和设计。而研究同步时序逻辑电路时，除逻辑函数表达式之外，一般采用状态表、状态图去描述一个电路的逻辑功能。状态表和状态图是同步时序逻辑电路分析和设计的重要工具。此外，必要时还可以通过时间图加以描述。

1. 逻辑函数表达式

要完整地描述同步时序逻辑电路的结构和功能，须用3组逻辑函数表达式。

(1) 输出函数表达式

输出函数表达式是反映电路输出 Z 与输入 x 和状态 y 之间关系的表达式。

对于 Mealy 型电路，其函数表达式为

$$Z_i = f_i(x_1, \cdots, x_n, y_1, \cdots, y_s) \qquad i=1,2,\cdots,m$$

对于 Moore 型电路，其函数表达式为

$$Z_i = f_i(y_1, \cdots, y_s) \qquad i=1,2,\cdots,m$$

(2) 激励函数表达式

激励函数又称为控制函数，它反映了存储电路的输入 Y(组合电路内部输出)与电路输入 x 和状态 y 之间的关系。其函数表达式为

$$Y_j = g_j(x_1, \cdots, x_n, y_1, \cdots, y_s) \qquad j=1,2,\cdots,r$$

(3) 次态函数表达式

次态函数用来反映同步时序逻辑电路的次态 y^{n+1} 与激励函数 Y 和电路现态 y 之间的关系，它与触发器类型相关。其函数表达式为

$$y_l^{n+1} = k_l(Y_j, y_l) \qquad j=1,2,\cdots,r \qquad l=1,2,\cdots,s$$

对于任何一个同步时序逻辑电路，一旦上述 3 组函数被确定，则其逻辑功能便被唯一确定。

2. 状态表

由于同步时序逻辑电路的输出不仅取决于当前的输入，同时还取决于过去的输入，即与输出相关的输入并不发生在同一时刻。因此，不可能像组合逻辑电路那样用简单的真值表来描述其逻辑功能。

一种能够完全描述同步时序逻辑电路逻辑功能的表格形式是状态转移表，简称状态表。它是一张反映同步时序逻辑电路输出 Z、次态 y^{n+1} 和电路输入 x、现态 y 之间关系的表格。对于同步时序逻辑电路的两种模型，其状态表的格式略有区别。

Mealy 型同步时序逻辑电路状态表的格式如表 5.1 所示。表格的上方从左到右列出一位输入 x 的全部组合，表格左边从上到下列出电路的全部状态 y，表格的中间列出对应不同输入组合和现态，在时钟作用后的次态 y^{n+1} 和输出 Z。

表 5.1 Mealy 型电路状态表格式

现 态	次态/输出		
		输入 x	
y		y^{n+1}/Z	

表 5.2 Moore 型电路状态表格式

现 态	次 态			输 出
		输入 x		
y		y^{n+1}		Z

Moore 型电路状态表的格式如表 5.2 所示。考虑到 Moore 型电路的输出 Z 仅与电路的现态 y 有关，为了清晰起见，将输出单独作为一列，其值完全由现态确定。至于次态 y^{n+1}，依然和 Mealy 型电路状态表中一样，由输入的取值组合和现态共同确定。状态表是同步时序逻辑电路分析和设计中常用的工具，它非常清晰地给出了同步时序电路在不同输入和现态下的次态和输出。

3. 状态图

状态图是一种反映同步时序逻辑电路状态转移规律及相应输入/输出取值关系的有向图。图中用带圆圈的字符表示电路的状态，连接圆圈的有向线段表示状态的转移关系，箭头的起点表示现态，终点表示次态。Mealy 型电路状态图的形式如图 5.6(a)所示。图中，在有向箭头的旁边标出发生该转移的输入条件以及在该输入和现态下的相应输出。Moore 型电路状态图的形式如图 5.6(b) 所示，除了把电路输出标在圆圈内的状态右下方之外，其他和 Mealy 型电路相同。若某一箭头起止于同一状态，则表明在指定输入下状态保持不变。

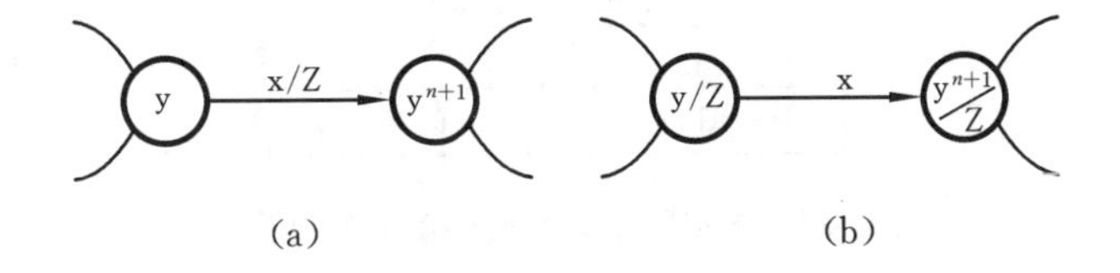

图 5.6 Mealy 型和 Moore 型电路的状态图形式

用状态图描述同步时序逻辑电路的逻辑功能具有直观、形象等优点。它和状态表一样，是同步时序逻辑电路分析和设计的重要工具。

4. 时间图

时间图是用波形图的形式来表示输入信号、输出信号和电路状态等的取值在各时刻的对应关系，通常又称为工作波形图。在时间图上，可以把电路状态转移的时刻形象地表示出来，这是前几种方法所不能做到的。关于时间图的绘制，将在后面的分析和设计中结合实例进行介绍。

5.2 同步时序逻辑电路分析

所谓时序逻辑电路分析，就是对一个给定的时序逻辑电路，研究在一系列输入信号作用下，电路将会产生怎样的输出，进而说明该电路的逻辑功能。

同步时序逻辑电路的主要工作特点是，随着时间的推移和外部输入的不断变化，在时钟脉冲作用下电路的状态和输出将发生相应变化。因此，分析的关键是找出电路状态和输出随输入变化而变化的规律，以便确定其逻辑功能。本节将举例介绍两种常用的分析方法。

5.2.1 分析方法和步骤

分析同步时序逻辑电路有两种常用的方法，一种是表格法，另一种是代数法。其分析过程如图 5.7 所示。

1. 表格分析法的一般步骤

① 根据给定的同步时序逻辑电路，写出输出函数和激励函数表达式。

② 列出电路次态真值表。根据输入和现态在各种取值下的激励函数值以及触发器的功

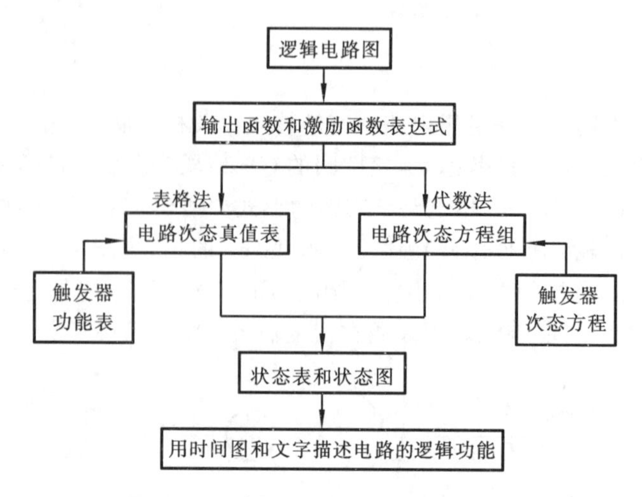

图 5.7 同步时序逻辑电路的分析过程

能表,确定电路的相应次态。它反映了电路在不同时刻和不同输入下的状态转移关系。

③ 根据次态真值表和输出函数表达式,作出给定电路的状态表和状态图。

④ 拟定一典型输入序列,画出时间图,并用文字描述电路的逻辑功能。

2. 代数分析法的一般步骤

① 根据给定的同步时序逻辑电路,写出输出函数和激励函数表达式。

② 把激励函数表达式代入触发器的次态方程,导出电路的次态方程组。

③ 根据次态方程组和输出函数表达式,作出给定电路的状态表和状态图。

④ 拟定一典型输入序列画出时间图,并用文字描述电路的逻辑功能。

由分析步骤可知,两种方法大同小异,分析中可视具体问题灵活选用。

5.2.2 分析举例

例 5.1 用表格法分析如图 5.8 所示的同步时序逻辑电路。

解 由图 5.8 可以看出,该电路的存储电路是两个 J-K 触发器,组合电路是一个异或门,电路的输入为 x,电路的状态(即触发器状态)用 y_2、y_1 表示。该电路的状态变量就是电路的输出,因此,它属于 Moore 型电路的特例。其分析过程如下。

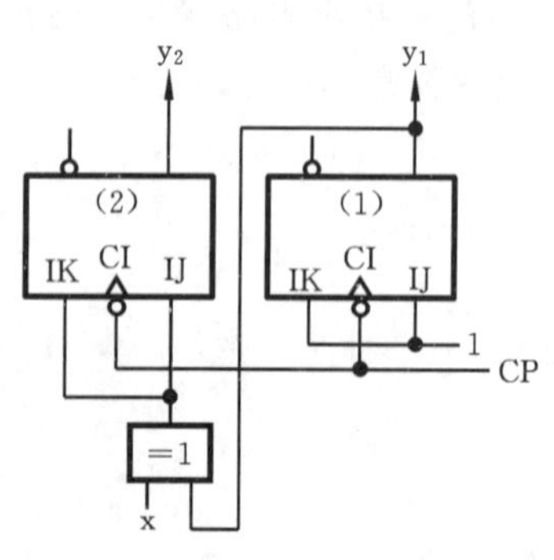

图 5.8 同步时序逻辑电路

表 5.3 次态真值表

输入	现态		激励函数				次态	
x	y_2	y_1	J_2	K_2	J_1	K_1	y_2^{n+1}	y_1^{n+1}
0	0	0	0	0	1	1	0	1
0	0	1	1	1	1	1	1	0
0	1	0	0	0	1	1	1	1
0	1	1	1	1	1	1	0	0
1	0	0	1	1	1	1	1	1
1	0	1	0	0	1	1	0	0
1	1	0	1	1	1	1	0	1
1	1	1	0	0	1	1	1	0

① 写出输出函数表达式和激励函数表达式。该电路的输出即为状态，故只需写出激励函数表达式。由逻辑电路图可知，各触发器的激励函数表达式为

$$J_2 = K_2 = x \oplus y_1$$

$$J_1 = K_1 = 1$$

② 列出电路次态真值表。次态真值表的填写方法是，首先依次列出电路输入和现态的所有取值组合；然后根据激励函数表达式，填写出每一组输入和现态取值下各激励函数的相应函数值；最后，根据表中的现态和激励函数值以及相应触发器的功能表填出每一组输入和现态取值下的次态。按此方法，可作出该电路的次态真值表如表5.3所示。

③ 作出状态表和状态图。根据表 5.3 所示的次态真值表，可作出该电路的状态表，如表 5.4 所示；状态图如图 5.9 所示。

表 5.4　状态表

现　态 $y_2\ y_1$	次态 $y_2^{n+1}\ y_1^{n+1}$ x=0	x=1
0　0	0　1	1　1
0　1	1　0	0　0
1　0	1　1	0　1
1　1	0　0	1　0

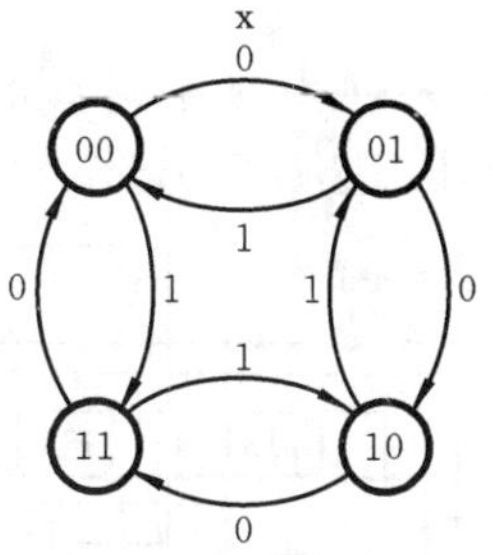

图 5.9　状态图

④ 用时间图和文字描述电路的逻辑功能。由状态图可以看出，图 5.8 所示电路是一个 2 位二进制数可逆计数器。

当电路输入 x=0 时，可逆计数器进行加 1 计数，其计数序列为

$$00 \to 01 \to 10 \to 11 \to 00$$

当输入 x=1 时，可逆计数器进行减 1 计数，其计数序列为

$$00 \to 11 \to 10 \to 01 \to 00$$

尽管状态表和状态图已描述了该同步时序逻辑电路的逻辑功能，但在时序逻辑电路分析过程中通常利用时间图对电路的工作过程作更深入地描述。时间图反映了时序电路在某一给定初始状态下，对典型输入序列的响应。这种描述虽然有其局限性，但由于能较形象、生动地体现时序电路的工作过程，并可和实验观察的波形相比较，因此是描述时序电路工作特性的一种常用方式。

作一个电路的时间图时，一般先假设电路初始状态，并拟定一典型输入序列；然后作出状态和输出响应序列；最后根据响应序列画出波形图。

设图 5.8 所示电路的初始状态为 $y_2y_1=00$，输入 x 为电平信号，典型输入序列为 111100000，则根据状态表或状态图可作出电路的状态响应序列如下：

CP	1	2	3	4	5	6	7	8	9
x	1	1	1	1	0	0	0	0	0
y_2	0	1	1	0	0	0	1	1	0
y_1	0	1	0	1	0	1	0	1	0
y_2^{n+1}	1	1	0	0	0	1	1	0	0
y_1^{n+1}	1	0	1	0	1	0	1	0	1

根据状态响应序列可作出时间图,如图 5.10 所示。由于现态和次态是针对具体时钟脉冲的作用而言的,前一个时钟脉冲的次态即为后一个时钟脉冲的现态,所以,时间图中可以将现态和次态共用一个波形表示。

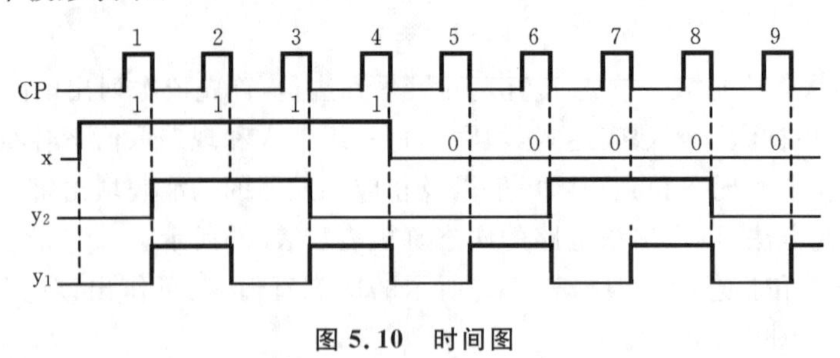

图 5.10 时间图

例 5.2 某同步时序逻辑电路的芯片连接图如图 5.11 所示,它由双 D 触发器芯片 74LS74 和或非门芯片 74LS27 构成,试分析该电路功能。

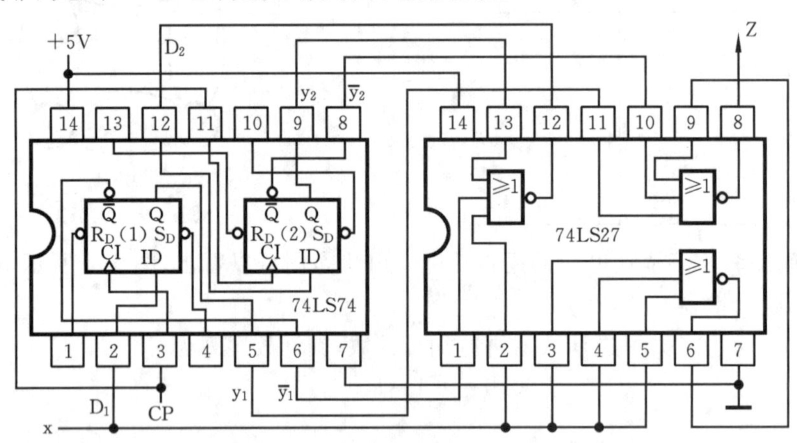

图 5.11 同步时序逻辑芯片连线图

解 由图 5.11 可知,该电路是由双 D 触发器芯片 74LS74 和或非门芯片 74LS27 构成的,有一个输入 x 和一个输出 Z。存储电路由两个 D 触发器构成,组合电路使用了 3 个 3 输入或非门,其中 1 个作为反相器使用。采用表格法分析该电路的过程如下。

① 写出输出函数和激励函数的表达式。根据芯片连线图可写出该同步时序逻辑电路的输出函数和激励函数的表达式为

$$Z=\overline{\bar{x}+\bar{y}_2+y_1}=xy_2\bar{y}_1 \qquad D_2=\overline{x+y_2+\bar{y}_1}=\bar{x}\bar{y}_2y_1 \qquad D_1=x$$

表 5.5 次态真值表

输入 x	现态 y_2	y_1	激励函数 D_2	D_1	次态 y_2^{n+1}	y_1^{n+1}
0	0	0	0	0	0	0
0	0	1	1	0	1	0
0	1	0	0	0	0	0
0	1	1	0	0	0	0
1	0	0	0	1	0	1
1	0	1	0	1	0	1
1	1	0	0	1	0	1
1	1	1	0	1	0	1

由于输出 Z 和输入 x 及电路状态均有直接联系,因此,该电路属于 Mealy 型同步时序逻辑电路。

② 列出电路次态真值表。根据激励函数表达式和 D 触发器的功能表,可作出该电路的次态真值表如表 5.5 所示。

③ 作出状态表和状态图。根据输出函数表达式和表 5.5 所示次态真值表,可作出该电路的状态表,如表 5.6 所示;状态图如图 5.12 所示。

表 5.6　状态表

现态		次态/输出($y_2^{n+1}y_1^{n+1}/Z$)	
y_2	y_1	x=0	x=1
0	0	00/0	01/0
0	1	10/0	01/0
1	1	00/0	01/0
1	0	00/0	01/1

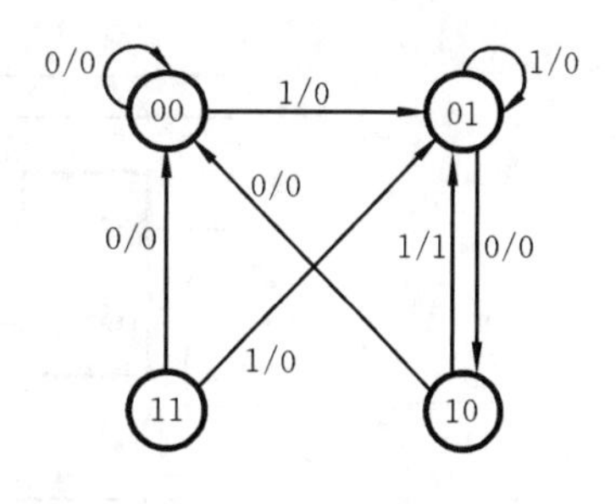

图 5.12　状态图

④ 作出时间图,并说明电路的逻辑功能。设电路初始状态为"00",输入 x 为电平信号,其输入序列为 010110100。根据状态图可作出电路的状态响应序列和输出响应序列如下:

CP	1	2	3	4	5	6	7	8	9
x	0	1	0	1	1	0	1	0	0
y_2	0	0	0	1	0	0	1	0	1
y_1	0	0	1	0	1	1	0	1	0
y_2^{n+1}	0	0	1	0	0	1	0	1	0
y_1^{n+1}	0	1	0	1	1	0	1	0	0
Z	0	0	0	1	0	0	1	0	0

根据状态、输出对输入的响应序列,作出相应时间图,如图 5.13 所示。

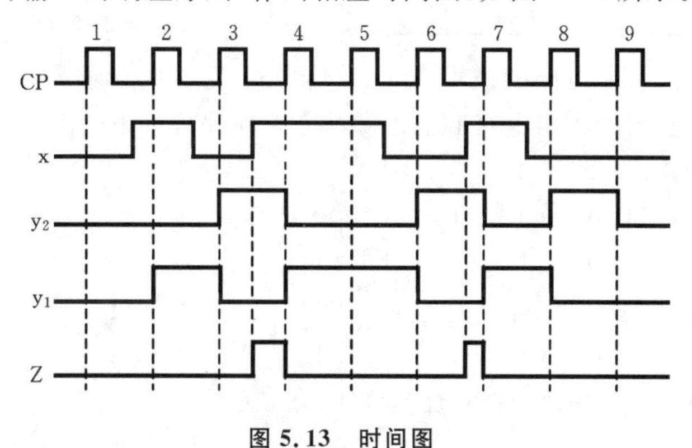

图 5.13　时间图

由时间图可以看出,一旦输入 x 出现信号"101",输出 Z 便产生一个相应的 1,其他情况下输出 Z 为 0。因此,该电路是一个"101"序列检测器。

上面举例说明了采用表格法分析同步时序逻辑电路的过程,下面再举例介绍另外一种分析方法,即代数分析法。

例 5.3　试用代数分析法分析图 5.14 所示同步时序逻辑电路,设触发器初始状态为"0",说明该电路的逻辑功能。

解　该电路由一个 D 触发器和 5 个逻辑门构成,电路有两个输入端 x_1 和 x_2,一个输出端 Z。输出 Z 与输入和状态均有直接联系,属于 Mealy 型电路。分析该电路的过程如下。

① 写出输出函数和激励函数表达式:

$$Z=x_1\oplus x_2\oplus y \qquad D=x_1x_2+x_1y+x_2y$$

② 把激励函数表达式代入触发器的次态方程,又得到电路的次态方程组。由于该电路的存储电路只有一个触发器,因此,电路只有一个次态方程。根据 D 触发器的次态方程和电路

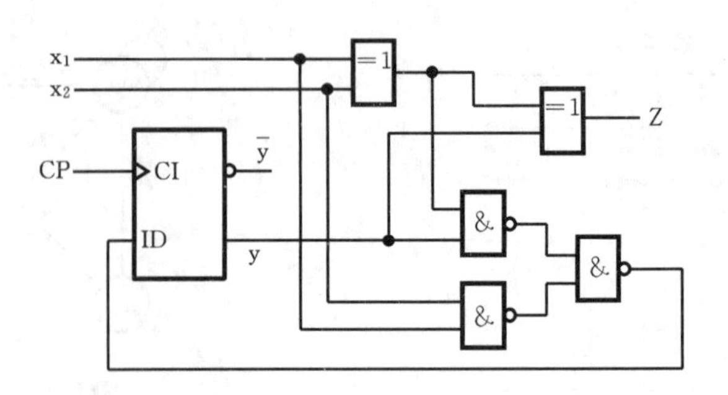

图 5.14 逻辑电路

的激励函数表达式，可导出电路的次态方程如下：

$$y^{n+1}=D=x_1x_2+x_1y+x_2y$$

③ 根据次态方程和输出函数表达式作出状态表和状态图。根据次态方程和输出函数表达式，可以作出该电路的状态表，如表 5.7 所示；状态图如图 5.15 所示。

表 5.7 状态表

现态 y	次态/输出(y^{n+1}/Z)			
	$x_1x_2=00$	$x_1x_2=01$	$x_1x_2=11$	$x_1x_2=10$
0	0/0	0/1	1/0	0/1
1	0/1	1/0	1/1	1/0

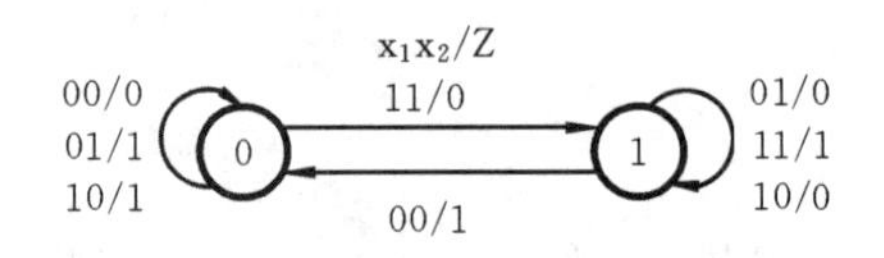

图 5.15 状态图

④ 画出时间图，并说明电路的逻辑功能。设电路初态为“0”，输入 x_1 为 00110110，输入 x_2 为 01011100，根据状态图可作出电路的输出和状态响应序列如下：

时钟节拍	1	2	3	4	5	6	7	8
输入 x_1	0	0	1	1	0	1	1	0
输入 x_2	0	1	0	1	1	1	0	0
状态 y	0	0	0	0	1	1	1	1
输出 Z	0	1	1	0	0	1	0	1

根据状态响应序列可作出时间图，如图 5.16 所示。

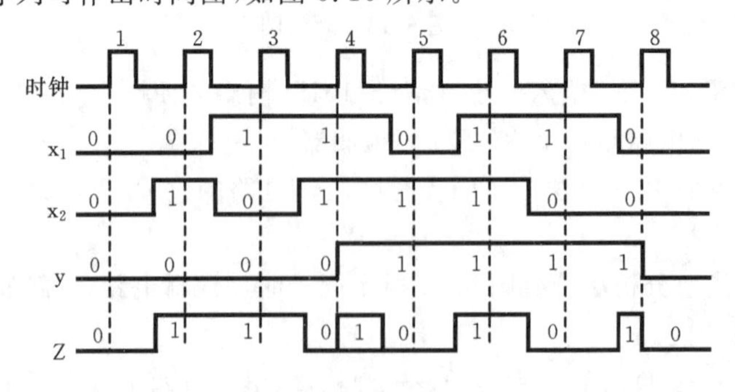

图 5.16 时间图

由时间图可知，该电路是一个串行加法器。电路输入 x_1 和 x_2 按照先低位后高位的顺序串行地输入被加数和加数。每位相加产生的进位由触发器保存下来参加下一位相加，输出 Z 从低位到高位串行地输出“和”数。

该时间图给出了两个 8 位二进制数 $x_1=01101100$ 与 $x_2=00111010$ 相加得到“和”数

Z=10100110的过程。状态 y=11110000 是两数相加产生的进位信号。

为了使逻辑功能更清晰,亦可按照左高右低的记数顺序将输入/输出序列表示如下:

时钟节拍	8	7	6	5	4	3	2	1
输入 x_1	0	1	1	0	1	1	0	0
输入 x_2	0	0	1	1	1	0	1	0
状态 y	1	1	1	1	0	0	0	0
输出 Z	1	0	1	0	0	1	1	0

例 5.4 分析图 5.17 所示同步时序逻辑电路。

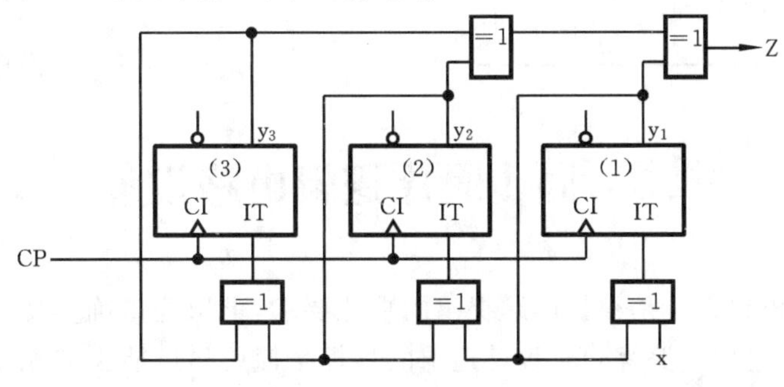

图 5.17 逻辑电路

解 该电路的存储电路部分由 3 个 T 触发器组成,组合电路部分包含 5 个异或门。电路输入为 x,输出为 Z,输出 Z 与输入 x 没有直接关系,故该电路属于Moore型电路。用代数法分析该电路的过程如下。

① 写出输出函数和激励函数表达式。由逻辑电路图可知,该电路的输出函数和激励函数表达式分别为

$$Z=y_3\oplus y_2\oplus y_1$$

$$T_3=y_3\oplus y_2 \qquad T_2=y_2\oplus y_1 \qquad T_1=y_1\oplus x$$

② 写出电路的次态方程组。根据 T 触发器的次态方程 $Q^{n+1}=Q\oplus T$ 和电路的激励函数表达式,可求出电路的次态方程组如下:

$$y_3^{n+1}=y_3\oplus T_3=y_3\oplus y_3\oplus y_2=y_2$$

$$y_2^{n+1}=y_2\oplus T_2=y_2\oplus y_2\oplus y_1=y_1$$

$$y_1^{n+1}=y_1\oplus T_1=y_1\oplus y_1\oplus x=x$$

③ 作出电路的状态表和状态图。根据次态方程组和输出函数表达式,可作出该电路的状态表,如表 5.8 所示;状态图如图 5.18 所示。

④ 电路功能描述。由状态表和状态图可知,该电路是一个 3 位串行输入移位寄存器。输入 x 与寄存器低位相连,在时钟脉冲作用下,寄存器的内容从低往高左移一位,输入端 x 的信号置入寄存器最低位。输出 Z 用来指示所寄存的 3 位数据中含“1”的个数,当含有奇数个“1”时,输出为 1,否则输出为 0。

至此,已介绍了采用两种方法分析同步时序逻辑电路的全过程。值得指出的是,实际分析时根据给定逻辑电路的复杂程度不同,通常可以省去某些步骤。例如,列次态真值表或画时间图等,可视具体情况灵活运用,即应以充分理解电路功能为原则,而不是机械地执行全过程。

表 5.8 状态表

现　态 $y_3y_2y_1$	次态 $y_3^{n+1}y_2^{n+1}y_1^{n+1}$ x=0	次态 $y_3^{n+1}y_2^{n+1}y_1^{n+1}$ x=1	输出 Z
0 0 0	0 0 0	0 0 1	0
0 0 1	0 1 0	0 1 1	1
0 1 0	1 0 0	1 0 1	1
0 1 1	1 1 0	1 1 1	0
1 0 0	0 0 0	0 0 1	1
1 0 1	0 1 0	0 1 1	0
1 1 0	1 0 0	1 0 1	0
1 1 1	1 1 0	1 1 1	1

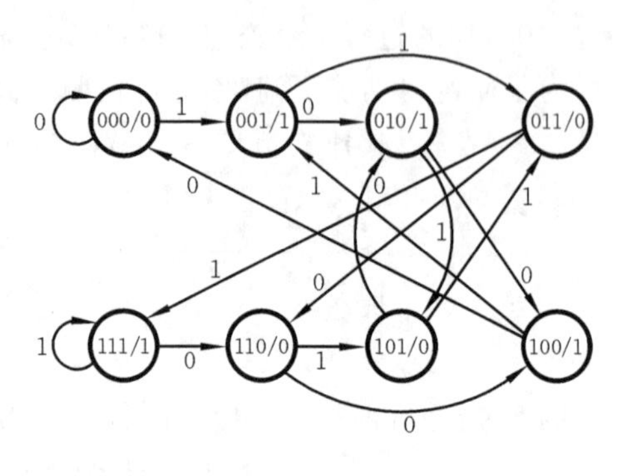

图 5.18 状态图

5.3 同步时序逻辑电路设计

同步时序逻辑电路设计是根据问题提出的功能要求,求出能正确实现预定功能的逻辑电路,又称为同步时序逻辑电路综合。设计追求的目标是使用尽可能少的触发器和逻辑门实现预定的逻辑功能。

5.3.1 设计的一般步骤

同步时序逻辑电路设计的一般步骤如图 5.19 所示。

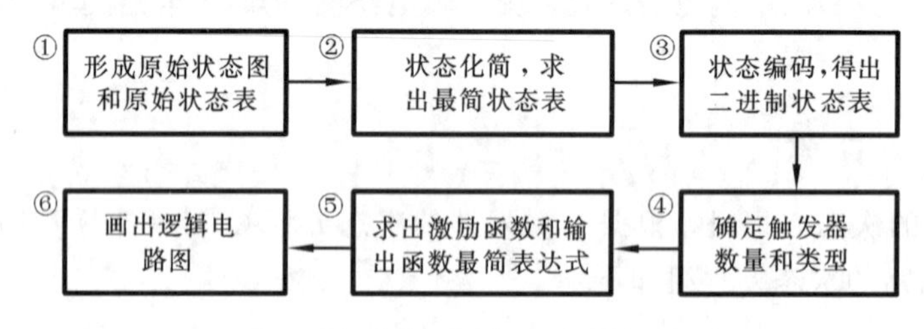

图 5.19 同步时序逻辑电路设计的一般步骤

1. 形成原始状态图和原始状态表

由于状态图和状态表能够直观、清晰、形象地反映同步时序逻辑电路的逻辑特性,所以设计的第一步是根据对设计要求的文字描述,抽象出电路的输入/输出及状态之间的关系,进而形成状态图和状态表。由于开始得到的状态图和状态表是对逻辑问题最原始的描述,其中可能包含多余的状态,所以称为原始状态图和原始状态表。

在建立原始状态图和原始状态表时,大部分问题对于所设立的每一个状态,在不同输入取值下都有确定的次态和输出,通常将这类状态图和状态表称为完全确定状态图和状态表,由它们所描述的电路称为**完全确定同步时序逻辑电路**;但实际应用中的某些问题,可能出现对于所设立的某些状态,其次态或输出是不确定的,即存在某些状态,它们在某些输入取值下的次态或输出是随意的。这种状态图和状态表被称为不完全确定状态图和状态表,所描述的电路称为**不完全确定同步时序逻辑电路**。

2. 状态化简

所谓状态化简是指采用某种化简技术从原始状态表中消去多余状态，得到一个既能正确地描述给定的逻辑功能，又能使所包含的状态数目达到最少的状态表，通常称这种状态表为最简状态表或最小化状态表。状态化简的目的是简化电路结构。状态数目的多少直接决定电路中所需触发器数目的多少。为了降低电路的复杂度和电路成本，应尽可能使状态表中包含的状态数达到最少。

3. 状态编码

状态编码是指给最简状态表中用字母或数字表示的状态，指定一个二进制代码，将其转换成二进制状态表，目的是过渡到与电路中触发器的状态对应。状态编码也称状态分配，或者状态赋值。

4. 确定触发器数目和类型

电路中所需触发器数目是根据二进制状态表中二进制代码的位数确定的，所需触发器数即二进制代码的位数。触发器类型可根据问题的要求确定，当问题中没有具体要求时，可由设计者挑选。由于该步骤非常简单，故设计中往往不作为独立步骤处理。

5. 确定激励函数和输出函数表达式

根据二进制状态表和所选触发器的激励表，求出触发器的激励函数表达式和电路的输出函数表达式，并予以化简。激励函数表达式和输出函数表达式的复杂度决定了同步时序逻辑电路中组合逻辑部分的复杂度。

6. 画出逻辑电路图

根据触发器数目和类型实现存储电路部分，根据激励函数和输出函数的最简表达式选择合适的逻辑门实现组合逻辑部分，画出完整的逻辑电路图。

以上步骤是就一般设计问题而言的。实际应用中设计者可以根据具体问题灵活掌握。例如，有的问题中对电路的状态数目和状态编码均已给定，因此，可省去状态化简和状态编码两个步骤。而有的设计方案中包含有冗余状态，因而在完成上述步骤后，还必须对这些状态的处理结果加以讨论，以确保电路逻辑功能的可靠实现等。总之，在实际设计过程中不必拘泥于固定的步骤。

此外，对于完全确定同步时序逻辑电路和不完全确定同步时序逻辑电路，设计过程中的某些步骤处理方法有所不同，下面对两类电路分别进行介绍。

5.3.2 完全确定同步时序逻辑电路设计

同步时序逻辑电路设计过程中最重要的步骤是形成原始状态图和原始状态表、状态化简、状态编码、确定激励函数和输出函数 4 个步骤。为此，分别对其方法进行专门讨论。

1. 形成原始状态图和原始状态表

原始状态图和原始状态表是对设计要求的最原始的抽象，是构造相应电路的原始依据。如果原始状态图不能正确地反映设计要求，则依此设计出来的电路必然是错误的。因此，建立正确的原始状态图和状态表是同步时序电路设计中最关键的一步。

原始状态图的形成是建立在对设计要求充分理解的基础之上的，设计者必须对给定的问题进行认真、全面地分析，弄清楚电路输出和输入的关系以及状态的转换关系。尽管建立原始状态图没有统一的方法，但一般应考虑如下几个方面的问题。

(1) 确定电路模型

同步时序逻辑电路有 Mealy 型和 Moore 型两种模型，具体设计成哪种模型的电路，有的问题已由设计要求规定，有的问题则可由设计者选择。不同模型对应的电路结构不同，设计时应根据问题中的信号形式、电路所需器件的多少等综合考虑。

(2) 设立初始状态

时序逻辑电路在输入信号开始作用之前的状态称为初始状态。描述一个电路的状态图中用不同状态作为初始状态时，对相同输入序列所产生的状态响应序列和输出响应序列一般是不相同的。因此，在建立原始状态图时，应首先设立初始状态，然后从初始状态出发考虑在各种输入作用下的状态转移和输出响应。

(3) 根据需要记忆的信息增加新的状态

同步时序逻辑电路中状态数目的多少取决于需要记忆和区分的信息量。在建立原始状态图时，切忌盲目地设立各种状态，而应该根据问题中要求记忆和区分的信息去考虑设立每一个状态。一般来说，当在某个状态下输入信号作用的结果能用已有的某个状态表示时，应转向相应的已有状态。仅当在某个状态下输入信号作用的结果不能用已有状态表示时，才令其转向新的状态。这样，从初始状态出发，随着输入信号的变化逐步完善，直到每个状态下各种输入取值均已考虑，而无需增加新的状态为止。

(4) 确定各时刻电路的输出

时序逻辑电路的功能是通过输出对输入的响应来体现的。因此，在建立原始状态图时，必须确定各时刻的输出值。在 Moore 型电路中，应指明每种状态下对应的输出；在 Mealy 型电路中则应指明从每一个状态出发，在不同输入作用下的输出值。

在描述逻辑问题的原始状态图和原始状态表中，状态数目不一定能达到最少，这一点无关紧要，因为可以对其再进行状态化简。设计者应把清晰、正确地描述设计要求放在第一位。其次，由于在开始时往往不知道描述一个给定的逻辑问题需多少状态，故在原始状态图和状态表中一般用字母或数字表示状态。

下面举例说明建立原始状态图和原始状态表的方法。

例 5.5 设计一个模 5 可逆计数器，该电路有一个输入 x 和一个输出 Z。输入 x 为加、减控制信号，当 x=0 时，计数器在时钟脉冲作用下进行加 1 计数，输出 Z 为进位输出信号；当 x=1 时，计数器在时钟脉冲作用下进行减 1 计数，输出 Z 为借位输出信号。试建立该计数器的 Mealy 型原始状态图和状态表。

解 该问题已指定电路模型为 Mealy 型，且状态数目以及输入和状态、输出之间的关系也非常清楚，所以状态图的建立很容易。假设计数器的 5 个状态分别用 0、1、2、3、4 表示，其中 0 为初始状态。根据题意可作出原始状态图，如图 5.20 所示；相应的原始状态表如表 5.9 所示。

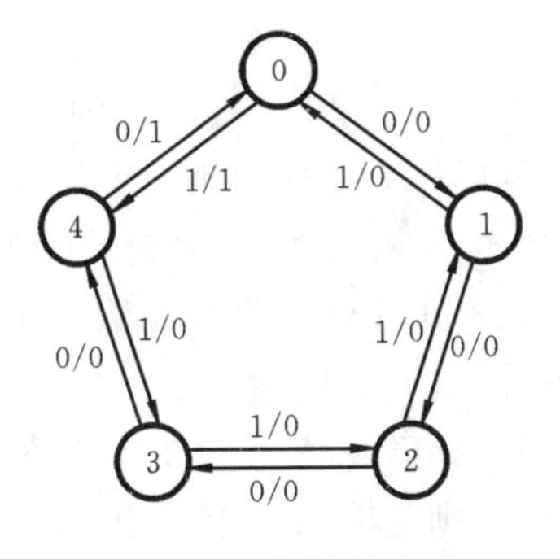

图5.20 原始状态图

表5.9 原始状态表

现态	次态/输出 Z	
	x=0	x=1
0	1/0	4/1
1	2/0	0/0
2	3/0	1/0
3	4/0	2/0
4	0/1	3/0

例5.6 某序列检测器有一个输入端 x 和一个输出端 Z。从输入端 x 输入一串随机的二进制代码，当输入序列中出现 011 时，输出 Z 产生一个 1 输出，平时 Z 输出 0。典型输入、输出序列如下：

输入 x	1	0	1	0	1	1	1	0	0	1	1	0
输出 Z	0	0	0	0	0	1	0	0	0	0	1	0

试作出该序列检测器的原始状态图和原始状态表。

解 假定用 Mealy 型同步时序逻辑电路实现该序列检测器的逻辑功能，则原始状态图的建立过程如下。

设电路的初始状态为 A。当处在初始状态下电路输入为 0 时，输出 Z 为 0，由于输入 0 是序列“011”中的第一个信号，所以应该用一个状态将它记住，假定用状态 B 记住收到了第一个 0，则在状态 A 输入 0 时应转向状态 B；当处在初始状态 A 电路输入为 1 时，输出 Z 为 0，由于输入 1 不是序列“011”的第一个信号，故不需要记住，可令其停留在状态 A。该转换关系如图 5.21(a)所示。

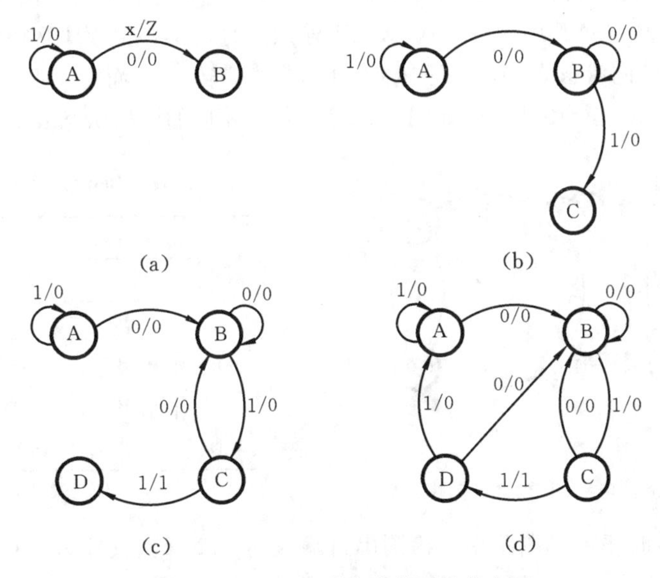

图5.21 Mealy 型电路的原始状态图

当电路处于状态 B 时，若输入 x 为 0，则它不是序列“011”的第二个信号，但仍可作为序列中的第一个信号，故可令电路输出为 0，停留在状态 B；若输入 x 为 1，则意味着收到了序列“011”的前面两位 01，可用一个新的状态 C 将它记住，故此时电路输出为 0，转向状态 C。部分状态图如图 5.21(b)所示。

当电路处于状态 C 时，若输入 x 为 0，则收到的连续 3 位代码为 010，不是关心的序列 011，但此时输入的 0 依然可以作为序列的第一个信号，故此时应输出 0，转向状态 B；若输入 x 为 1，则表示收到了序列“011”，可用一个新的状态 D 记住，此时应输出 1，转向状态 D。部分状态图如图 5.21(c)所示。

表 5.10　Mealy 型电路的状态表

现　态	次态/输出	
	x=0	x=1
A	B/0	A/0
B	B/0	C/0
C	B/0	D/1
D	B/0	A/0

当电路处于状态 D 时，若输入 x 为 0，则应输出 0，转向状态 B；若输入 x 为 1，则应输出 0，转向状态 A。至此，得到了该序列检测器完整的 Mealy 型状态图，如图 5.21(d)所示。相应的原始状态表如表5.10所示。

从上述建立原始状态图的过程可知，描述一个序列检测器的功能所需要的状态数与要识别的序列长度相关，序列越长，需要记忆的代码位数越多，状态数也就越多。实际上在建立序列检测器的原始状态图时，可以先根据序列中要记忆的信息设立好每一个状态，并建立起当输入信号正好按指定序列变化时各状态的相互关系；然后再确定每个状态下输入出现不同取值时的输出和状态转移方向，即可得到一个完整的状态图。

若用 Moore 型同步时序逻辑电路实现“011”序列检测器的逻辑功能，则电路输出完全取决于状态，而与输入无直接联系。在作状态图时，应将输出标记在代表各状态的圆圈内。

假定电路初始状态为 A，并用状态 B、C、D 分别表示收到了输入 x 送来的0、01、011。显然，根据题意，仅当处于状态 D 时电路输出为 1，其他状态下输出均为 0。当从初始状态开始，输入端 x 正好依次输入 0、1、1 时，则状态从 A 转至 B、B 转至 C、C 转至 D。据此可得到部分状态图如图 5.22(a)所示。然后，考虑到 A 状态下输入为 1 时，它不是指定序列中的第一位信号，不必记忆，可令状态停留在 A；B 状态下输入为 0 时，它不是指定序列的第二位，但可作为指定序列的第一位，故可令其停留在 B；C 状态下输入 0 时，它不是指定序列的第三位，但同样可作为第一位，故令其转向状态 B；D 状态下输入 0 时，同样应转向 B，而输入为 1 时，则应令其进入状态 A。完整的 Moore 型原始状态图如图 5.22(b)所示，相应的原始状态表如表 5.11 所示。

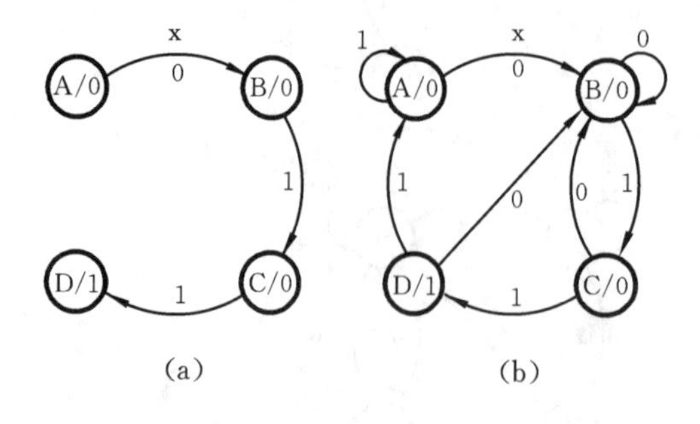

图 5.22　Moore 型电路的原始状态图

表 5.11　Moore 型电路的状态表

现　态	次　态		输　出
	x=0	x=1	Z
A	B	A	0
B	B	C	0
C	B	D	0
D	B	A	1

例 5.7　某同步时序逻辑电路用于检测串行输入的 8421 码，其输入的顺序是先低位后高位，当出现非法数字(即输入 1010，1011，1100，1101，1110，1111)时，电路的输出为 1。试作出该时序电路的 Mealy 模型状态图和状态表。

解　根据题意，电路有一个输入和一个输出。设输入 x 用来接收 8421 码，输出 Z 用来指示在输入端是否出现了非法数字。

假定起始状态为 A，当第一位输入代码到来时，有两种可能的情况，即 0 或 1，故需用两个状态B和C来表示这两种可能;从状态B和C出发,当x输入的第二位代码到来时,又各有两种可能的情况,即前两位代码共有4种不同组合,分别用状态D,E,F,G表示;从状态D,E,F,G出发,当输入x的第三位代码到来时,同样,各有两种可能,即前3位代码共有8种不同的组合,分别用状态H,I,J,K,L,M,N,P表示。当x输入的第四位代码到来时,一组8421码全部被接收。至此,可对输入的8421码进行判断,若出现非法数字,电路的输出为1,否则为0,并返回到起始状态A。

根据以上分析,可以得到如图5.23所示的状态图。

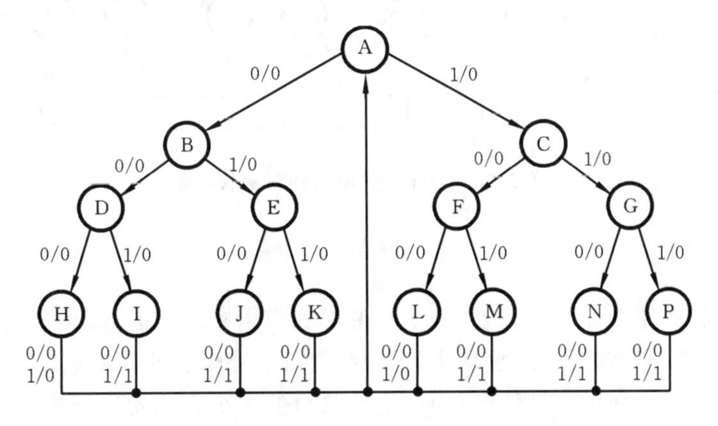

图5.23 Mealy型电路的原始状态图

从图5.23可看出,由于串行输入是先低位后高位,因此,判断输入的8421码是否为非法数字时,应从低位到高位查看各位输入值。待4位代码检测完后,则应转向初始状态A,以便检查下一组代码。

将图5.23所示的状态图转换成状态表,如表5.12所示。

表5.12 Mealy型电路的原始状态表

现 态	次态/输出		现 态	次态/输出	
	x=0	x=1		x=0	x=1
A	B/0	C/0	I	A/0	A/1
B	D/0	E/0	J	A/0	A/1
C	F/0	G/0	K	A/0	A/1
D	H/0	I/0	L	A/0	A/0
E	J/0	K/0	M	A/0	A/1
F	L/0	M/0	N	A/0	A/1
G	N/0	P/0	P	A/0	A/1
H	A/0	A/0			

若将该代码检测器设计成Moore型同步时序逻辑电路,则电路输出只与状态相关。假定用状态A作为初始状态,用状态B和C表示代码最低位的取值0和1;用状态D、E、F、G分别表示代码低二位的4种取值组合00~11;用状态H、I、J、K、L、M、N、P分别表示低三位的8种取值组合000~111;用状态X表示4位代码中的10种合法码,用状态Y表示4位代码中的6种非法码。显然,电路仅当处于状态Y时输出为1,其他状态下均输出0。原始状态图如图5.24所示,原始状态表略。从这个例子可以看出,描述同一逻辑功能的Moore型电路比Mealy型电路需要的状态数多。

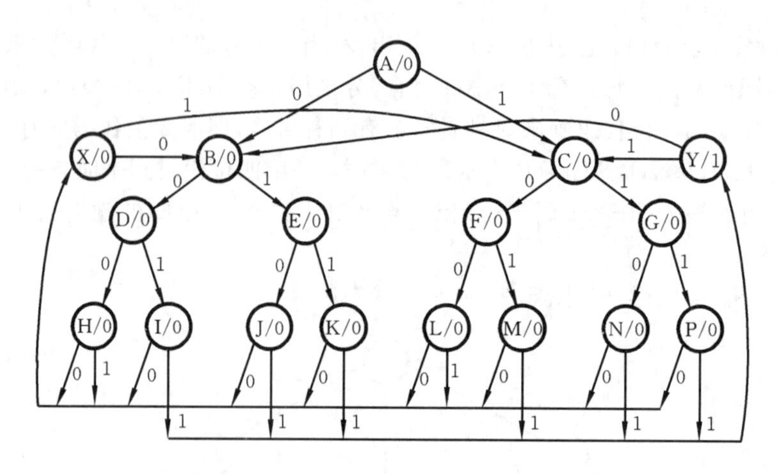

图 5.24 Moore 型电路的原始状态图

2. 状态化简

在建立原始状态图和原始状态表时，主要考虑如何清晰、正确地反映设计要求，而没有刻意追求如何使图、表中包含的状态数目达到最少。因此，在构造的原始状态图和原始状态表中往往存在多余状态。但在设计具体电路时，状态数目的多少将决定电路中所需触发器数目的多少。所以，为了降低电路的复杂性和电路成本，应尽可能地使描述设计要求的状态表中包含的状态数达到最少。

所谓状态化简，就是采用某种化简技术从原始状态表中消去多余状态，得到一个既能正确地描述给定的逻辑功能，又能使所包含的状态数目达到最少的状态表，通常称这种状态表为最简状态表，又称为最小化状态表。

完全确定状态表的化简是建立在状态“等效”概念基础之上的。在讨论状态化简的具体方法和步骤之前，必须首先介绍化简时涉及的几个概念。

(1) 等效状态和等效类

1) 等效状态

定义 假设状态 S_i 和 S_j 是完全确定状态表中的两个状态，如果对于所有可能的输入序列，分别从 S_i 和 S_j 出发，所得到的输出响应序列完全相同，则状态 S_i 和 S_j 是等效的，记作 (S_i, S_j)，或者称状态 S_i 和 S_j 是“等效对”。

这里所说的所有可能的输入序列，是指输入序列的长度和结构是任意的，它包含无穷多位，且有无穷多种组合。如果企图通过检测所有可能输入序列下的输出来确定两个状态是否等效，显然是不现实的。事实上，由于在形成原始状态表时，对每个状态均考虑了在一位输入各种取值下的次态和输出，因此，从整体上讲，原始状态表已经反映了各状态在任意输入序列下的输出。从而，可以根据原始状态表上所列出的一位输入各种组合下的次态和输出来判断某两个状态是否等效。

判断方法 假定 S_i 和 S_j 是完全确定原始状态表中的两个现态，则 S_i 和 S_j 等效的条件可归纳为在一位输入的各种取值组合下满足如下两条。

第一，输出相同。

第二，次态属于下列情况之一：

a. 次态相同；

b. 次态交错或为各自的现态；

c. 次态循环或为等效对。

这里，情况 b 中所谓的次态交错，是指在某种输入取值下，S_i的次态为 S_j，而S_j的次态为 S_i。而所谓次态为各自的现态，即 S_i的次态仍为 S_i，S_j的次态仍为 S_j。情况 c 中的次态循环是指确定两个状态是否等效的关联状态对之间，其依赖关系构成闭环，而两个次态为状态对循环体中的一个状态对。例如，S_1和 S_2在某种输入取值下的次态是 S_3和 S_4，而 S_3和 S_4在该种输入取值下的次态又是 S_1和 S_2，则称这种情况为次态循环。而次态为等效对是指 S_i和 S_j的次态已被确认为等效状态。例如，S_1的次态是 S_3，S_2的次态是 S_4，尽管 S_3和 S_4既不相同，也不交错或循环，但若以 S_3和 S_4作为现态，在一位输入的各种取值下，其输出相同且次态相同或交错或循环，即 S_3和 S_4等效，那么，S_1和 S_2是等效的。

性质 等效状态具有传递性。假若 S_1和 S_2等效，S_2和 S_3等效，那么，一定有S_1和 S_3等效，记为

$$(S_1,S_2),(S_2,S_3)\rightarrow(S_1,S_3)$$

2) 等效类

所谓等效类是指由若干彼此等效的状态构成的集合。在一个等效类中的任意两个状态都是等效的。根据等效状态的传递性，可以由各状态等效对确定等效类。例如，由(S_1,S_2)和(S_2,S_3)可以推出(S_1,S_3)，进而可知 S_1、S_2、S_3属于同一等效类，记为

$$(S_1,S_2),(S_2,S_3)\rightarrow\{S_1,S_2,S_3\}$$

等效类是一个广义的概念，两个状态或多个状态均可以组成一个等效类，甚至一个状态也可以称为等效类，因为任何状态和它的自身必然是等效的。

3) 最大等效类

所谓最大等效类，是指不被任何别的等效类所包含的等效类。这里所指的最大，并不是指包含的状态最多，而是指它的独立性，即使是一个状态，只要它不被包含在别的等效类中，也是最大等效类。换而言之，如果一个等效类不是任何其他等效类的子集，则该等效类称为最大等效类。

完全确定原始状态表的化简过程，就是寻找出表中的所有最大等效类，然后将每个最大等效类中的状态合并为一个新的状态，从而得到最简状态表的过程。最简状态表中的状态数等于原始状态表中最大等效类的个数。

常用的状态化简方法有观察法、输出分类法、隐含表法等，下面介绍最常用的一种方法——隐含表法。

(2) 利用隐含表进行状态化简

用隐含表法进行状态化简的一般步骤如图 5.25 所示。

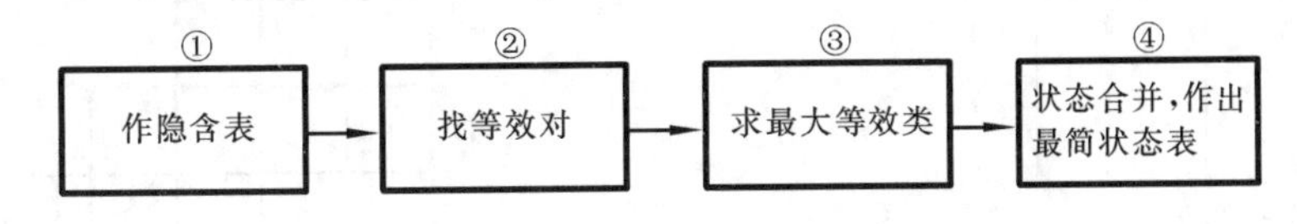

图 5.25 状态化简的一般步骤

① 作隐含表。

隐含表是一个等腰直角三角形阶梯网格，其横向和纵向的网格数相同，等于原始状态表中的状态数 n 减 1。隐含表中的方格是用状态名称来标注的，横向从左到右按原始状态表中的

状态顺序依次标上第一个状态至倒数第二个状态的名称,纵向自上到下依次标上第二个状态至最后一个状态的名称。表中每个方格代表一个状态对。

② 寻找等效对。

利用隐含表寻找状态表中的全部等效对一般要进行两轮比较,首先进行顺序比较,然后进行关联比较。

所谓顺序比较是按照隐含表中从上至下、从左至右的顺序,对照原始状态表依次对所有状态对进行逐一检查和比较,并将检查结果以简单明了的方式标注在隐含表中的相应方格内。每个状态对的检查结果有 3 种情况:一是明确是等效的,在相应方格内填上"√";二是明确是不等效的,在相应方格内填上"×";三是与其他状态对相关,有待于进一步检查的,在相应方格内填上相关的状态对。

所谓关联比较是指对那些在顺序比较时尚未确定是否等效的状态对作进一步检查。关联比较时,首先应确定隐含表中待检查的那些次态对是否等效,然后由此确定原状态对是否等效。只要隐含表中某方格内列出的次态对中有一个不等效,则该方格所代表的状态对就不等效,于是在相应方格中增加标志"/"。若方格内的次态对均为等效对,则该方格所代表的状态对等效,该方格不增加任何标志。这种判别有时要反复多次,直到判别出状态对等效或不等效为止。

③ 求出最大等效类。

在找出原始状态表中的所有等效对之后,可利用等效状态的传递性,求出各最大等效类。确定各最大等效类时应注意两点:一是各最大等效类之间不应出现相同状态,因为若两个等效类之间有相同状态,则根据等效的传递性可令其合为一个等效类;二是原始状态表中的每一个状态都必须属于某一个最大等效类,换句话说,由各最大等效类所包含的状态之和必须覆盖原始状态表中的全部状态,否则,化简后的状态表不能描述原始状态表所描述的功能。

④ 作出最简状态表。

根据求出的最大等效类,将每个最大等效类中的全部状态合并为一个状态,即可得到和原始状态表等价的最简状态表。

下面举例说明化简过程。

例 5.8 化简表 5.13 所示原始状态表。

解 表 5.13 所示为具有 7 个状态的原始状态表。用隐含表法化简如下。

表 5.13 原始状态表

现 态	次态/输出	
	x=0	x=1
A	C/0	B/1
B	F/0	A/1
C	F/0	G/0
D	D/1	E/0
E	C/0	E/1
F	C/0	G/0
G	C/1	D/0

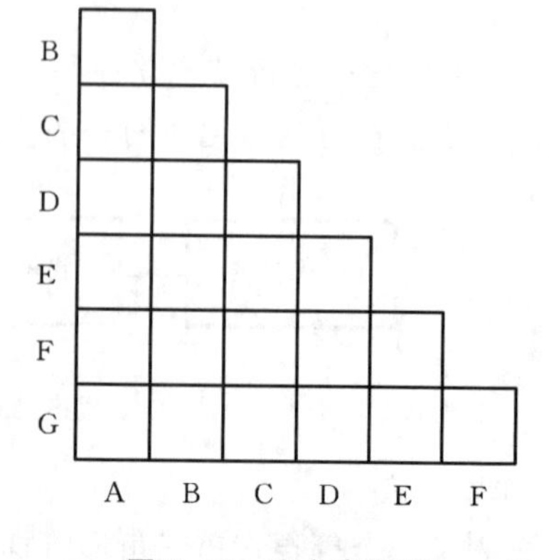

图 5.26 隐含表框架

① 作隐含表。根据画隐含表的规则，可得到与给定状态表对应的隐含表框架如图 5.26 所示。由于原始状态表中有 A～G 共 7 个状态，所以隐含表的横向和纵向各有 6 个方格。纵向从上到下依次为 B～G，横向从左到右依次为 A～F。表中每个方格代表一个状态对，如左上角的方格代表状态对 A 和 B，右下角的方格代表状态对 F 和 G。

② 寻找等效对。首先进行顺序比较，根据等效状态的判断标准，依次检查每个状态对，可得到顺序比较结果如图5.27(a)所示。

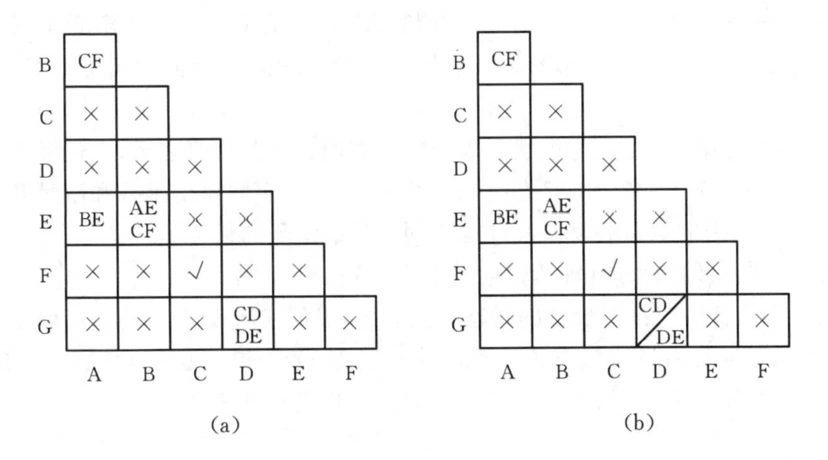

图 5.27 隐含表

例如，状态表中 C 和 F 满足状态等效条件，所以在隐含表的相应方格内填入"√"；状态 A 和 C 不满足等效条件，故在隐含表的相应方格内填入"×"；状态 A 和 E 虽然满足输出相同这个条件，但它们的次态在 x=1 时分别为 B 和 E，由于当前尚不能确定 B 和 E 是否等效，因此，将 BE 填入相应方格中。

经过顺序比较后，还有 A 和 B，A 和 E，B 和 E 以及 D 和 G 共 4 个状态对尚未确定是否等效，故应接着进行关联比较，比较结果如图 5.27(b)所示。

例如，在图 5.27(a)所示隐含表中，状态 A、B 对应的方格中次态对为 CF，而状态 C、F 对应的方格标有"√"号，表明状态 C 和 F 等效，由此可判断出状态 A 和 B 等效。检查状态 A、E 的次态对，出现如下关系：

$$AE \longrightarrow BE \longrightarrow CF\checkmark$$

已知状态 C 和 F 是等效的，而状态 BE 又与状态 AE 构成循环，所以，状态 A 和 E 是等效状态对，B 和 E 也是等效状态对。状态 D、G 对应的方格中含有 CD 和 DE，而状态 C、D 对应的方格已标以"×"号，这表明状态 C 和 D 不等效。因此，可以判断状态 D 和 G 不等效，它所对应的方格应增加记号"/"。

由图 5.27(b)所示的隐含表可知，原始状态表中的 7 个状态共有 4 个等效对：(A,B)，(A,E)，(B,E)，(C,F)。

③ 求出最大等效类。由所得到的 4 个等效对可知，等效对(A,B)、(A,E)、(B,E)构成一个最大等效类{A,B,E}。等效对(C,F)不包含在任何其他等效类中，所以，它也是一个最大等效类。其次，状态 D 和 G 不和任何其他状态等效，故它们各自构成一个最大等效类。由此可见，原始状态表中的 7 个状态共构成 4 个最大等效类，分别表示如下：

$$\{A,B,E\},\{C,F\},\{D\},\{G\}$$

表 5.14 最小化状态表

现 态	次态/输出	
	x=0	x=1
a	b/0	a/1
b	b/0	d/0
c	c/1	a/0
d	b/1	c/0

④ 作出最小化状态表。将最大等效类{A,B,E}、{C,F}、{D}、{G}分别用新的字母 a、b、c、d 表示,并对表 5.13所示状态表中的状态作相应取代,即可得到化简后的最小化状态表,如表 5.14 所示。

3. 状态编码

所谓状态编码,是指给最简状态表中用字母或数字表示的状态,指定一个二进制代码,形成二进制状态表。状态编码也称状态分配,或者状态赋值。

在得到最简状态表后,必须将该状态表中的状态用二进制代码表示,以便和电路中触发器的状态对应。一般情况下,采用的状态编码方案不同,所得到的输出函数和激励函数的表达式也不同,从而设计出来的电路的复杂程度也不同。状态编码的任务是:

① 确定二进制代码的位数(即所需触发器个数);

② 寻找一种最佳的或接近最佳的状态分配方案,以便使所设计的时序电路最简单。

状态编码的长度是由最简状态表中的状态个数来确定的。设最简状态表中的状态数为 n,二进制代码的长度为 m,则状态数 n 与二进制代码长度 m 的关系为

$$2^m \geqslant n > 2^{m-1}$$

根据已知状态数,即可确定状态分配所需的二进制代码的位数。例如,若某状态表的状态数 $n=4$,则在进行状态分配时,二进制代码的位数应为 $m=2$,或者说状态变量个数为 2。

在二进制代码的位数确定之后,具体状态与代码之间的对应关系可以有许多种方案。一般说来,用 m 位二进制代码的 2^m 种组合对 n 个状态进行分配时,可以形成的状态分配方案数 K_s 为

$$K_s = \mathrm{A}_{2^m}^{n} = \frac{2^m!}{(2^m-n)!}$$

例如,当 $n=4$,$m=2$ 时,有 24 种不同的分配方案。随着状态数目的增加,分配方案的数目急剧增加。如何从众多的分配方案中寻找出一种最佳方案,使所设计的电路最简单,是一件十分困难的事情。而且,分配方案的好坏还与所采用的触发器类型相关,即一种分配方案对某种触发器是最佳的,但对另一种触发器则不一定是最佳的。因此,状态分配的问题是一个比较复杂的问题。尽管做了大量研究工作,但从理论上讲,寻求最佳状态编码的问题还没有完全解决。

在实际工作中,工程技术人员通常按照一定的原则、凭借设计经验去寻找相对最佳的编码方案。一种常用的编码方法称为相邻编码法,这是一种比较直观、简单的方法。相邻编码法的基本思想是:在选择状态编码时,尽可能有利于激励函数和输出函数的化简。

相邻编码法的状态编码原则如下:

① 在相同输入条件下,具有相同次态的现态应尽可能分配相邻的二进制代码;

② 在相邻输入条件下,同一现态的次态应尽可能分配相邻的二进制代码;

③ 输出完全相同的现态应尽可能分配相邻的二进制代码。

一般来说,上述 3 条原则在大多数情况下是有效的。但对于某些状态表常常出现不能同时满足 3 条原则的情况。此时,可按从①至③的优先顺序考虑,即把原则①放在首位。此外,从电路实际工作状态考虑,一般将初始状态分配为“0”状态。

下面举例说明相邻法的应用。

例 5.9 对表 5.15 所示的状态表进行状态编码。

解 在表 5.15 所示的状态表中，共有 4 个状态，即 $n=4$，所以，状态编码的长度应为 $m=2$。也就是说，实现该状态表的功能需要两个触发器。设状态变量用 y_2 和 y_1 表示。

表 5.15 状态表

现 态	次态/输出	
	x=0	x=1
A	C/0	A/0
B	A/0	A/0
C	A/0	D/0
D	C/0	A/1

根据相邻法的编码原则，表中 4 个状态的相邻关系如下：

由原则①得到状态 B 和 C，A 和 D，A 和 B 应分配相邻的二进制代码；

由原则②得到状态 A 和 C、A 和 D 应分配相邻的二进制代码；

由原则③得到状态 A 和 B，A 和 C，B 和 C 应分配相邻的二进制代码。

综合原则①至原则③可知，状态分配时要求满足 A 和 B、A 和 D、A 和 C、B 和 C 相邻，显然不能全部满足。在进行状态分配时，为了使状态之间的相邻关系一目了然，通常用卡诺图作为状态分配的工具。假定将状态 A 分配"0"，即 A 的编码为 $y_2y_1=00$，一种尽可能满足上述相邻关系的分配方案如图 5.28 所示。即状态 A、B、C、D 的二进制代码依次为 y_2y_1 的取值 00、11、01、10。

将表 5.15 所示状态表中的状态 A、B、C、D 用各自的编码代替，即可得到该状态表的二进制状态表，如表 5.16 所示。

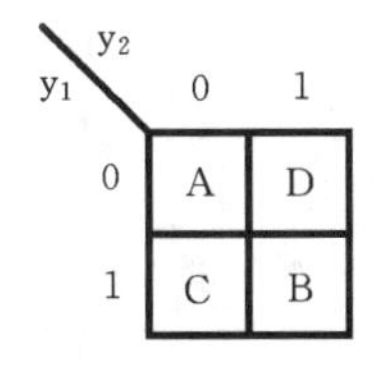

图 5.28 状态分配方案

表 5.16 二进制状态表

现 态	次态 $y_2^{n+1}y_1^{n+1}$/输出	
y_2 y_1	x=0	x=1
0 0	01/0	00/0
0 1	00/0	10/0
1 1	00/0	00/0
1 0	01/0	00/1

最后需要指出的是，通常满足分配原则的方案可以有多种，设计者可从中任选一种。

4. 确定激励函数和输出函数并画出逻辑电路图

根据二进制状态表确定触发器数目并选定触发器类型之后，设计同步时序逻辑电路的下一个步骤是根据二进制状态表和触发器的激励表或者次态方程，求出触发器的激励函数表达式和电路的输出函数表达式，并予以化简。最后，用适当的逻辑门和所选定的触发器构成实现给定逻辑功能的逻辑电路。

触发器的激励表是触发器从现态转移到某种次态时，对输入条件的要求。各种常用触发器的激励表在第 3 章已进行了介绍。表 5.17～表 5.20 列出了 4 种时钟控制触发器的激励表。

表 5.17 R-S 触发器激励表

Q	→ Q^{n+1}	R	S
0	0	d	0
0	1	0	1
1	0	1	0
1	1	0	d

表 5.18 D 触发器激励表

Q	→ Q^{n+1}	D
0	0	0
0	1	1
1	0	0
1	1	1

表 5.19 J-K 触发器激励表

Q	→ Q^{n+1}	J	K
0	0	0	d
0	1	1	d
1	0	d	1
1	1	d	0

表 5.20 T 触发器激励表

Q	→ Q^{n+1}	T
0	0	0
0	1	1
1	0	1
1	1	0

根据二进制状态表和触发器激励表,求激励函数和输出函数的最简表达式一般分为两步:首先列出激励函数和输出函数真值表;然后画出激励函数和输出函数卡诺图,化简后写出最简表达式。在十分熟练的情况下,也可以直接根据二进制状态表和触发器激励表,画出激励函数和输出函数卡诺图,进行化简后写出最简表达式。下面举例说明。

例 5.10 用 J-K 触发器和适当的逻辑门实现表 5.21 所示二进制状态表的功能。

解 根据给定的二进制状态表和 J-K 触发器的激励表可列出激励函数和输出函数的真值表,如表 5.22 所示。

表 5.21 二进制状态表

现态 y_2	现态 y_1	次态 $y_2^{n+1}y_1^{n+1}$/输出 Z x=0	次态 $y_2^{n+1}y_1^{n+1}$/输出 Z x=1
0	0	11/0	01/0
0	1	00/0	00/1
1	1	00/1	10/1
1	0	01/0	11/0

表 5.22 激励函数和输出函数真值表

输入和现态			激励函数				输出函数
x	y_2	y_1	J_2	K_2	J_1	K_1	Z
0	0	0	1	d	1	d	0
0	0	1	0	d	d	1	0
0	1	0	d	1	1	d	0
0	1	1	d	1	d	1	1
1	0	0	0	d	1	d	0
1	0	1	0	d	d	1	1
1	1	0	d	0	1	d	0
1	1	1	d	0	d	1	1

由真值表可作出激励函数和输出函数的卡诺图,如图 5.29 所示。

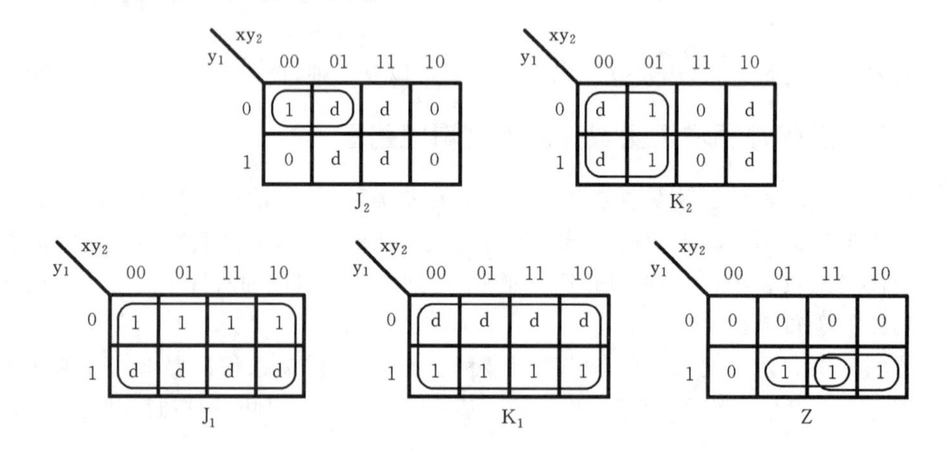

图 5.29 激励函数和输出函数卡诺图

经化简后得到激励函数和输出函数的最简表达式如下:

$$J_2=\bar{x}\bar{y}_1 \qquad J_1=K_1=1$$

$$K_2=\bar{x} \qquad Z=y_2y_1+xy_1=(y_2+x)y_1$$

其逻辑电路如图 5.30 所示。

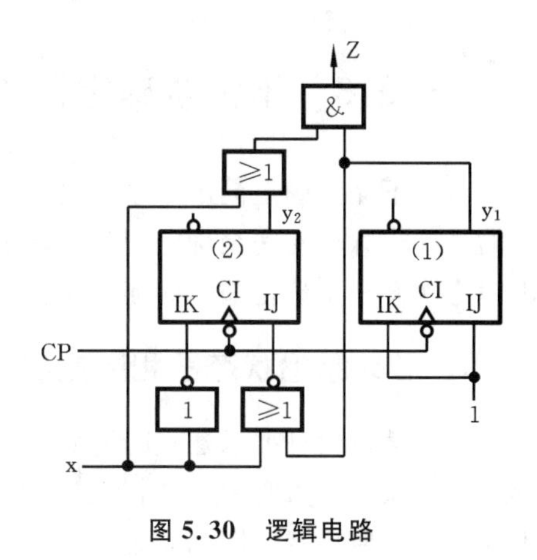

图 5.30　逻辑电路

如果选用 D 触发器作为存储元件，实现表 5.21 所示二进制状态表的逻辑功能，那么，根据 D 触发器的激励表（D 与次态相同）和给定二进制状态表，可直接作出激励函数卡诺图，如图 5.31 所示。

根据卡诺图进行化简后，得激励函数的最简表达式为

$$D_2=\bar{x}\,\bar{y}_2\bar{y}_1+xy_2$$
$$=\overline{x+y_2+y_1}+xy_2$$
$$D_1=\bar{y}_1$$

其逻辑电路如图 5.32 所示。

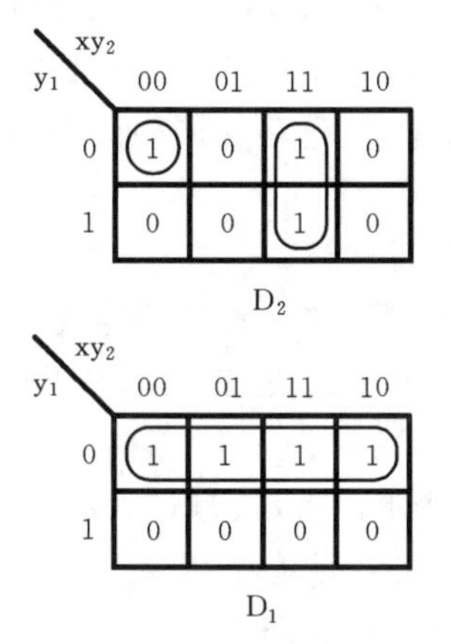

图 5.31　采用 D 触发器的激励函数卡诺图

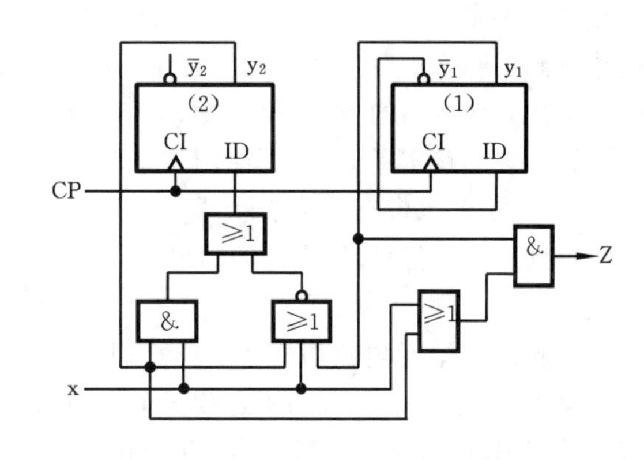

图 5.32　采用 D 触发器的逻辑电路

另外，激励函数表达式也可以根据二进制状态表和触发器的次态方程确定。具体方法是：首先根据二进制状态表作出次态卡诺图，求出次态函数表达式；然后将次态函数表达式与所用触发器的次态方程相比较，确定激励函数表达式。

例如，用 J-K 触发器实现表 5.21 功能时，激励函数表达式亦可利用触发器的次态方程确定。J-K 触发器的次态方程为

$$Q^{n+1}=J\bar{Q}+\bar{K}Q \tag{5-1}$$

根据表 5.21 作出次态卡诺图（次态 y_2^{n+1}、y_1^{n+1} 的卡诺图与图 5.31 中所示的 D_2、D_1 的卡诺图相同），可求出次态函数表达式为

$$y_2^{n+1}=\bar{x}\bar{y}_2\bar{y}_1+xy_2=\bar{x}\bar{y}_1\cdot\bar{y}_2+\bar{\bar{x}}\cdot y_2 \tag{5-2}$$

$$y_1^{n+1}=\bar{y}_1=1\cdot\bar{y}_1+\bar{1}\cdot y_1 \tag{5-3}$$

将次态函数表达式(5-2)与 J-K 触发器的次态方程(5-1)相比较，可以得出

$$J_2=\bar{x}\bar{y}_1 \qquad K_2=\bar{x}$$

将次态函数表达式(5-3)与 J-K 触发器的次态方程(5-1)相比较，可以得出

$$J_1=K_1=1$$

由所得结果可知，利用触发器次态方程得到的激励函数表达式与前面利用触发器激励表得到的激励函数表达式完全相同。设计中具体采用哪种方法可由设计者灵活处理。

*5.3.3 不完全确定同步时序逻辑电路设计

由于不完全确定同步时序逻辑电路中存在不确定的次态或输出,因此,这类电路设计过程中的某些步骤相对完全确定同步时序逻辑电路的设计而言显得更加灵活,设计中恰当地利用不确定次态和不确定输出的随意性,通常可使设计方案变得更简单。

1. 形成原始状态图和原始状态表

根据某些设计要求建立的原始状态图和原始状态表中往往存在不确定的次态或输出,即存在某些状态,它们在某些输入取值下的次态或输出是随意的。这种状态图和状态表被称为不完全确定原始状态图和原始状态表。

例 5.11 设计一个用于引爆控制的同步时序逻辑电路,该电路有一个输入端 x 和一个输出端 Z。平时输入 x 始终为 0,一旦需要引爆,则从 x 端连续输入 4 个“1”信号(不被“0”间断),电路收到第四个 1 后,在输出端 Z 产生一个 1 信号点火引爆,该电路连同引爆装置一起被炸毁。试建立该电路的 Mealy 型状态图和状态表。

解 该电路实际上是一个用于特殊场所的“1111”序列检测器。它与一般序列检测器有两点不同:一是输入带有约束条件,即一旦输入出现 1,则一定是不被 0 间断的连续 4 个 1;二是在接收到 4 个 1 信号后,产生的输出 1 信号在点火引爆的同时电路自毁,故此时不再存在次态问题。

设状态 A 表示电路初始状态,状态 B 表示收到了第一个 1 输入,状态 C 表示收到了连续 2 个 1 输入,状态 D 表示收到了连续 3 个 1 输入。根据题意,在 A 状态下当 x 为 1 时,输出为 0 转向状态 B;在 B 状态下当 x 为 1 时,输出为 0 转向状态 C;在 C 状态下当 x 为 1 时,输出为 0 转向状态 D;而在 D 状态下当 x 为 1 时,输出为 1,次态随意(实际上已不存在次态)。其次,在 A 状态下当 x 为 0 时,可令输出为 0,停留在状态 A,而在 B、C、D 这 3 个状态下由于 x 不会为 0,故可令输出和次态作为无关处理。据此,可得到该电路的 Mealy 型原始状态图,如图5.33 所示;原始状态表如表 5.23 所示。图表中用“d”表示不确定次态或不确定输出。

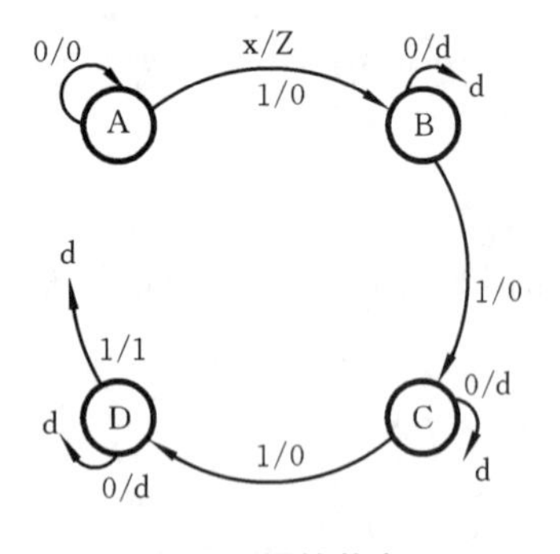

图 5.33 原始状态图

表 5.23 原始状态表

现 态	次态/输出	
	x=0	x=1
A	A/0	B/0
B	d/d	C/0
C	d/d	D/0
D	d/d	d/1

2. 不完全确定状态表的化简

化简不完全确定状态表时,表中的不确定次态和不确定输出,可以当作无关条件处理,充分利用它们的随意性通常可使设计方案变得更简单。这一点与设计包含无关条件的组合电路是类似的,只不过在处理上要复杂一些。不完全确定状态表的化简是建立在相容状态基础上的。

(1) 相容状态和相容类

1) 相容状态

定义 假定状态 S_i 和 S_j 是不完全确定状态表中的两个状态，如果对于所有的有效输入序列，分别从状态 S_i 和 S_j 出发，所得到的确定输出序列（不确定的位除外）是完全相同的，那么，状态 S_i 和 S_j 是相容的，或者说状态 S_i 和 S_j 是相容对，记作 (S_i, S_j)。

这里所谓有效输入序列的含义是：从状态表中的状态 S 出发，如果在某输入序列作用下所得到的状态响应序列除最后一个次态外，其他次态都是确定的（即仅最后一个次态可以确定或者不确定），那么，这个输入序列对状态 S 是有效的。所有的有效输入序列，是指有效输入序列的长度和结构是任意的。

在不完全确定状态表中，判断两个状态是否相容的依据是表中给出的次态和输出。

判断方法 假定状态 S_i 和 S_j 是不完全确定状态表中的两个现态，那么，状态 S_i 和 S_j 相容的条件，可归纳为在一位输入的各种取值组合下满足如下两条。

第一，输出完全相同，或者其中的一个（或两个）输出不确定。

第二，它们的次态属于下列情况之一：

a. 次态相同；

b. 次态交错或为各自的现态；

c. 次态循环或为相容对；

d. 其中的一个（或两个）为不确定状态。

必须指出，相容状态不具有传递性，即不能由 S_1 和 S_2 相容、S_2 和 S_3 相容，推出 S_1 和 S_3 也相容。这是因为判断两个状态是否相容时，对于不确定的输出和不确定的次态可以随意指定的缘故。

2) 相容类

相容类是由彼此相容的状态构成的集合。处于同一相容类中的所有状态之间都是两两相容的。例如，若有相容对 (S_1, S_2)、(S_2, S_3) 和 (S_1, S_3)，则可构成相容类 $\{S_1, S_2, S_3\}$。

3) 最大相容类

若一个相容类不是任何其他相容类的子集，则该相容类称为最大相容类。由于相容状态无传递性，所以，同一原始状态表的各最大相容类之间可能存在相同状态，即同一状态可能出现在不同的最大相容类中。

(2) 不完全确定状态表的化简

不完全确定状态表的化简过程与完全确定状态表的化简过程相似，只是某些环节的具体处理稍有不同。一般化简过程如图 5.34 所示。

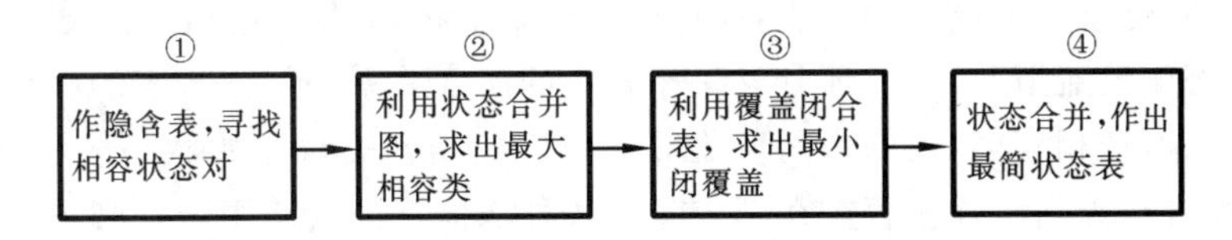

图 5.34 不完全确定状态表的化简过程

① 作隐含表，寻找相容状态对。

利用隐含表寻找相容对的过程与化简完全确定状态表时寻找等效对的过程是相同的，仅仅是状态相容与状态等效的判断法则有所不同而已，即画好隐含表后，首先依次判别每个状态对的相容关系,并将判断结果标注到隐含表中,标注方法与化简完全确定状态表相同。

在顺序比较完成后,可利用已建立的隐含表继续追踪待确定的状态,即进行关联比较。如果与之关联的次态对都是相容的,则原状态对是相容的;只要某方格中填入的次态对中有一对不相容,则该方格所代表的状态对不相容,在该方格中加入标记“/”。逐个检查,直至判断出所有状态对相容或不相容为止,即可列出原始状态表中的全部相容对。

② 利用状态合并图,求出最大相容类。

为了方便找到最大相容类,通常借助状态合并图。状态合并图直观地反映了不完全确定状态表中状态的相容关系。它将不完全确定状态表的状态以“点”的形式均匀地绘制在圆周上,然后把所有相容对都用线段连接起来,即用圆周上的点表示状态,点与点之间的连线表示两状态之间的相容关系。如果图中某多边形的所有点之间都两两相连,则该多边形顶点所表示的状态就构成了一个最大相容类。

图 5.35(a)、(b)、(c)分别表示包含 3 个、4 个和 5 个状态的最大相容类。

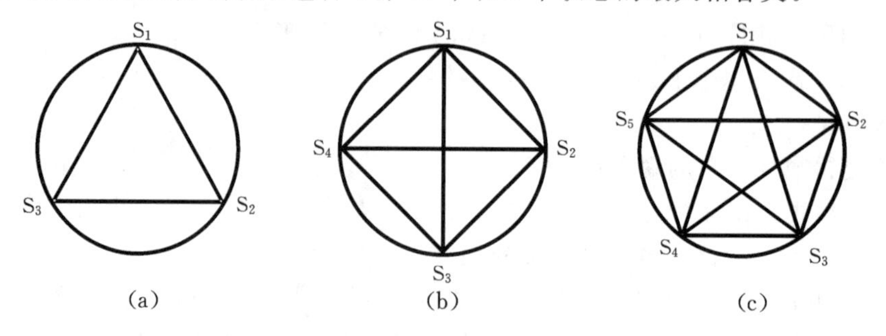

图 5.35　典型状态合并图

③ 利用闭覆盖表,求最小闭覆盖。

这一步与化简完全确定状态表差别较大。要想求出不完全给定状态表的最小化状态表,应从最大相容类(或相容类)中选出一个相容类的集合,该相容类集合必须满足以下 3 个条件。

a. 覆盖:所选相容类集合应包含原始状态表的全部状态。

b. 最小:所选相容类集合中相容类个数应最少。

c. 闭合:所选相容类集合中的任一相容类,在原始状态表中任一输入条件下产生的次态组合应该属于该集合中的某一个相容类。

同时具备最小、闭合和覆盖 3 个条件的相容类(可以是相容类或者最大相容类)集合,称为**最小闭覆盖**。

不完全确定状态表的化简过程,就是寻找最小闭覆盖的过程。为了方便地求出原始状态表的最小闭覆盖,通常借助覆盖闭合表,简称闭覆盖表。闭覆盖表包括两部分,一部分反映相容类集合对状态的覆盖情况,另一部分反映相容类的闭合关系。闭覆盖表的画法是:在表的左边自上而下列出所选相容类,表的中间覆盖部分列出各相容类对原始状态表中状态的覆盖情况,表的右边闭合部分列出各相容类在一位输入各种取值下的次态组合。必须指出,这里所说的相容类包括最大相容类和它们的子类。

④ 状态合并,作出最简状态表。

选出一个最小闭覆盖之后,将其中的每个相容类用一个新的状态表示,并将原始状态表中的相应状态用新的状态取代,即可得到与原始状态表功能相同的最简状态表。下面举例说明不完全确定状态表的化简方法。

例 5.12　化简表 5.24 所示的原始状态表。

表 5.24　原始状态表

现态	次态/输出	
	x=0	x=1
A	d/d	A/d
B	B/0	C/1
C	d/1	D/0
D	B/d	d/d
E	C/1	A/0

解　表 5.24 所示的是一个具有 5 个状态的原始状态表，表中存在不确定的次态和输出，因此，是一个不完全确定状态表。用隐含表法化简该状态表的过程如下。

① 作隐含表，寻找相容状态对。作出隐含表，并根据相容状态的判断标准对各状态对进行顺序比较和关联比较，比较后的结果如图5.36所示。由隐含表中的标注可知，该状态表中的相容状态对有：(A,B)、(A,C)、(A,D)、(A,E)、(B,D)、(C,D)、(C,E)。

② 作状态合并图，找出最大相容类。根据相容状态对可作出状态合并图，如图 5.37 所示。从状态合并图得到最大相容类为{A,B,D}、{A,C,D}、{A,C,E}。

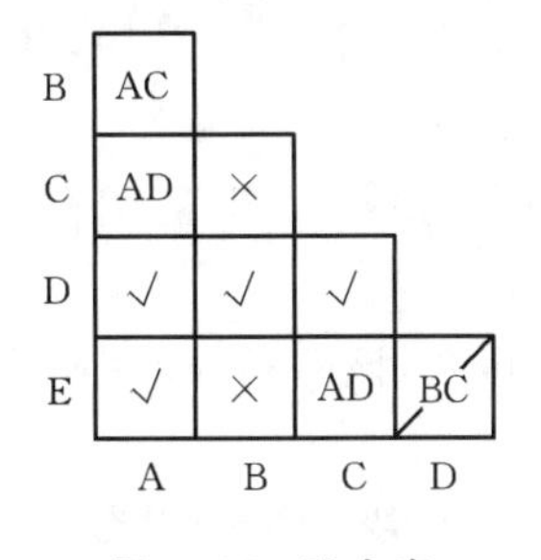

图 5.36　隐含表

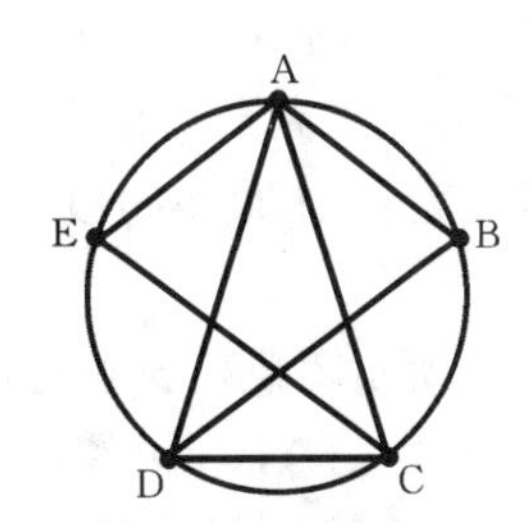

图 5.37　状态合并图

③ 作闭覆盖表，求最小闭覆盖。假定从最大相容类中选取最小闭覆盖，可作出其闭覆盖表，如表 5.25 所示。由表 5.25 所示闭覆盖表和选择最小闭覆盖的 3 个条件可知，该问题的最小闭覆盖可由最大相容类{A,B,D}和{A,C,E}组成。

表 5.25　闭覆盖表

最大相容类	覆盖					闭合	
	A	B	C	D	E	x=0	x=1
ABD	A	B		D		B	AC
ACD	A		C	D		B	AD
ACE	A		C		E	C	AD

表 5.26　最小化状态表

现态	次态/输出	
	x=0	x=1
a	a/0	b/1
b	b/1	a/0

④ 状态合并，作出最简状态表。假定最小闭覆盖中的相容类{A,B,D}用状态 a 表示，相容类{A,C,E}用状态 b 表示，并将表 5.24 所示原始状态表中的相应状态用新的状态代替，可得到最简状态表，如表 5.26 所示。

在状态合并时注意：若存在确定的次态和不确定的次态，则应根据确定的次态决定合并后的状态；若存在确定的输出和不确定的输出，则应取确定的输出作为合并后的输出。例如，原始状态表中的现态 A、B、D 在输入 x=1 时有确定的次态 A、C 和不确定的次态 d，合并时应根据确定的次态 A、C，合并后用 b 表示；输出有 1 和 d 两种，合并后的状态 b 在 x=1 时的输出应为 1。

值得指出的是，在化简不完全给定状态表时，构成最小闭覆盖的相容类并不要求一定是最大相容类。在某些情况下，仅仅从最大相容类中去选择最小闭覆盖，不一定能求出最简状态表。如果在最大相容类和非最大相容类之间作恰当的选择，反而能使得到的状态表达到最简。

例 5.13　化简表 5.27 所示的原始状态表。

解 用隐含表法化简表 5.27 所示原始状态表的过程如下。

① 作隐含表,寻找相容状态对。化简表 5.27 的隐含表如图 5.38 所示。由隐含表中的标注可知,该状态表中的相容状态对有:(A,B)、(A,C)、(A,D)、(A,E)、(B,C)、(C,D)、(D,E)。

表 5.27 原始状态表

现态	次态/输出	
	x=0	x=1
A	D/d	A/0
B	E/0	A/d
C	D/0	B/0
D	C/d	C/d
E	d/1	B /d

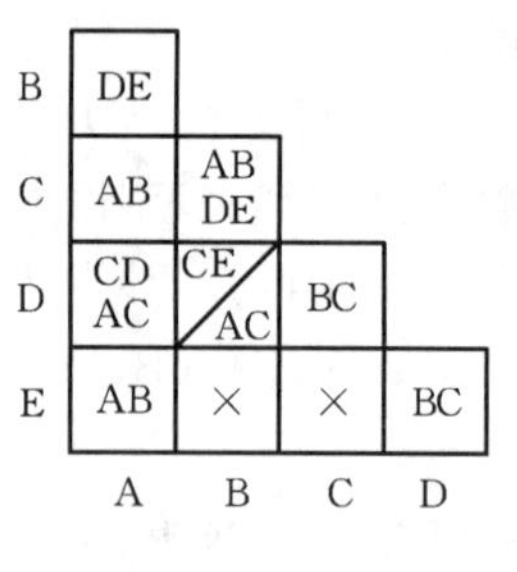

图 5.38 隐含表

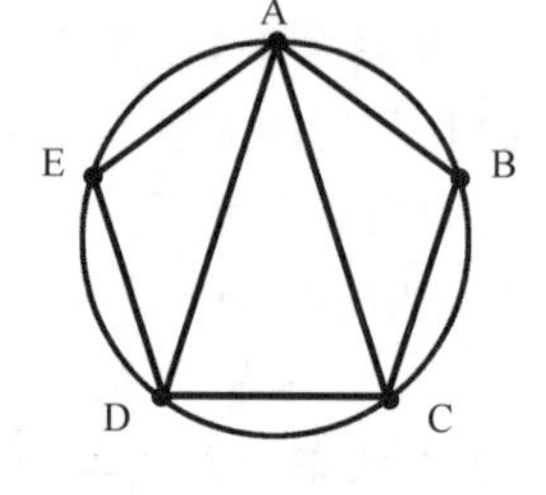

图 5.39 状态合并图

② 作状态合并图,找出最大相容类。根据相容状态对可作出状态合并图,如图 5.39 所示。从状态合并图得到最大相容类为{A,B,C}、{A,C,D}、{A,D,E}。

③ 作闭覆盖表,求最小闭覆盖。假定从最大相容类中选取最小闭覆盖,可作出其闭覆盖表,如表 5.28 所示。

由表 5.28 所示闭覆盖表和选择最小闭覆盖的 3 个条件可知,该问题的最小闭覆盖应由最大相容类{A,B,C}、{A,C,D}和{A,D,E}组成。

表 5.28 闭覆盖表

最大相容类	覆盖					闭合	
	A	B	C	D	E	x=0	x=1
ABC	A	B	C			DE	AB
ACD	A		C	D		CD	ABC
ADE	A			D	E	CD	ABC

表 5.29 最小化状态表

现态	次态/输出	
	x=0	x=1
a	c/0	a/0
b	b/0	a/0
c	b/1	a/0

④ 状态合并,作出最简状态表。假定最小闭覆盖中的相容类{A,B,C}用状态 a 表示,相容类{A,C,D}用状态 b 表示,{A,D,E}用状态 c 表示,并将表 5.27 所示原始状态表中的相应状态用新的状态代替,可得到化简后的状态表,如表 5.29 所示。

然而,表 5.29 所示的状态表并不是最简状态表。如果求最小闭覆盖时选择最大相容类{A,B,C}和非最大相容类{ D,E},可作出闭覆盖表,如表 5.30 所示。由表 5.30 所示闭覆盖表和选择最小闭覆盖的 3 个条件可知,该问题的最小闭覆盖可由最大相容类{A,B,C}和非最大相容类{ D,E}组成。假定相容类{A,B,C}用状态 a 表示,相容类{ D,E}用状态 b 表示,并将 5.27 所示原始状态表中的相应状态用新的状态代替,可得到最简状态表如表 5.31 所示。显然,表 5.31 所示状态表比表 5.29 所示状态表更简单。

表 5.30 闭覆盖表

最大相容类	覆盖					闭合	
	A	B	C	D	E	x=0	x=1
ABC	A	B	C			DE	AB
DE				D	E	C	BC

表 5.31 最小化状态表

现态	次态/输出	
	x=0	x=1
a	b/0	a/0
b	a/1	a/d

不完全确定同步时序逻辑电路的设计在解决了状态化简问题后,其他步骤与完全确定同步时序逻辑电路的设计相同。

5.3.4　同步时序逻辑电路设计举例

在数字系统中，同步时序电路的应用十分广泛，为了帮助读者熟练掌握其设计方法，下面给出几个设计实例。

例 5.14　用 T 触发器作为存储元件，设计一个 2 位二进制减 1 计数器。电路工作状态受输入信号 x 的控制。当 x=0 时，电路状态不变；当 x=1 时，在时钟脉冲作用下进行减 1 计数。计数器有一个输出 Z，当产生借位时 Z 为 1，其他情况下 Z 为 0。

解　题中对电路的状态数目及状态转换关系均十分清楚，设计过程如下。

① 作出状态图和状态表。根据问题要求，设状态变量用 y_2、y_1 表示，可直接作出计数器的二进制状态图，如图 5.40 所示；二进制状态表如表 5.32 所示。

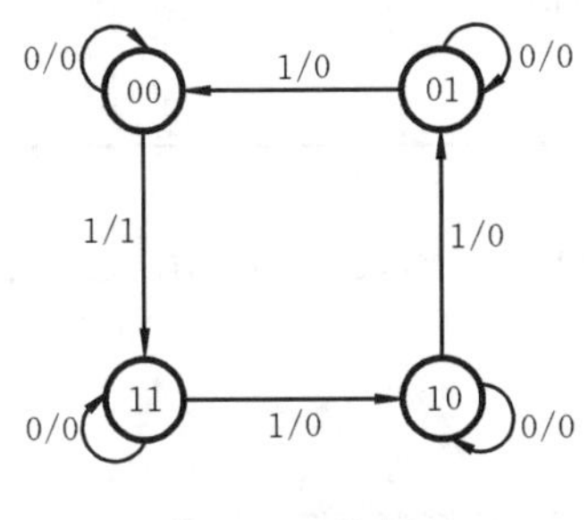

图 5.40　状态图

表 5.32　状态表

现态 y_2 y_1	次态 $y_2^{n+1}y_1^{n+1}$/输出 Z x=0	x=1
0 0	00/0	11/1
0 1	01/0	00/0
1 1	11/0	10/0
1 0	10/0	01/0

② 确定激励函数和输出函数并化简。根据表 5.32 所示的状态表和 T 触发器的激励表，可作出激励函数和输出函数卡诺图，如图 5.41 所示。

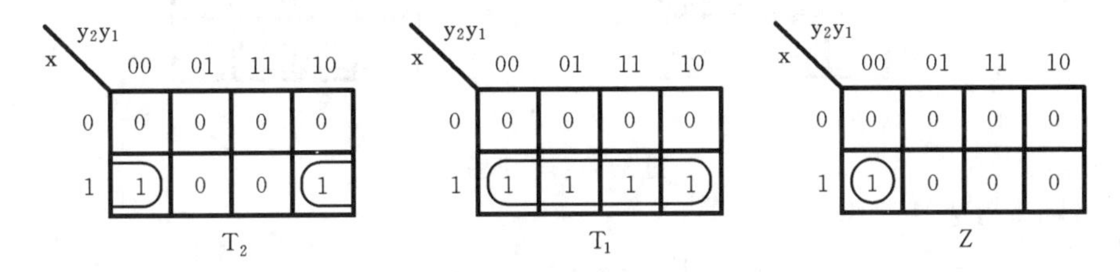

图 5.41　激励函数和输出函数卡诺图

化简后，激励函数和输出函数表达式为

$$T_2 = x\bar{y}_1 \qquad T_1 = x \qquad Z = x\bar{y}_2\bar{y}_1$$

③ 画出逻辑电路图。根据激励函数和输出函数表达式，画出逻辑电路，如图 5.42 所示。

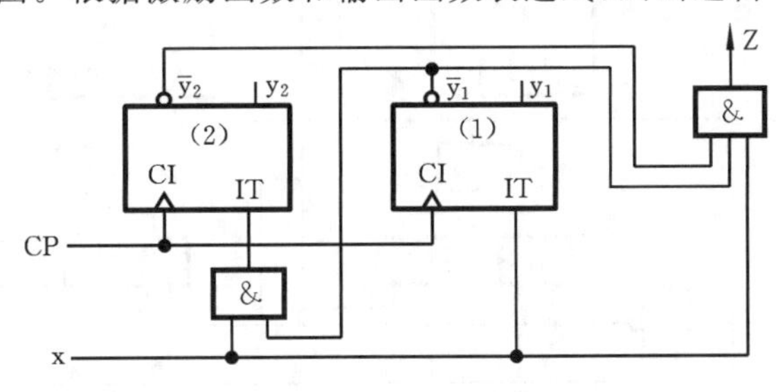

图 5.42　逻辑电路

例 5.15 设计一个两位串行输入、并行输出双向移位寄存器。该寄存器有x_1和x_2两个输入端,其中x_2为控制端,用于控制移位方向,x_1为数据输入端。当$x_2=0$时,x_1往寄存器高位串行送数,寄存器中的数据从高位移向低位;当$x_2=1$时,x_1往寄存器低位串行送数,寄存器中的数据从低位移向高位。寄存器的输出为触发器状态本身。

解 根据题意,设电路的状态变量为y_2和y_1,其中y_2为高位,y_1为低位,因而可直接画出寄存器的二进制状态图,如图 5.43 所示;状态表如表 5.33 所示。

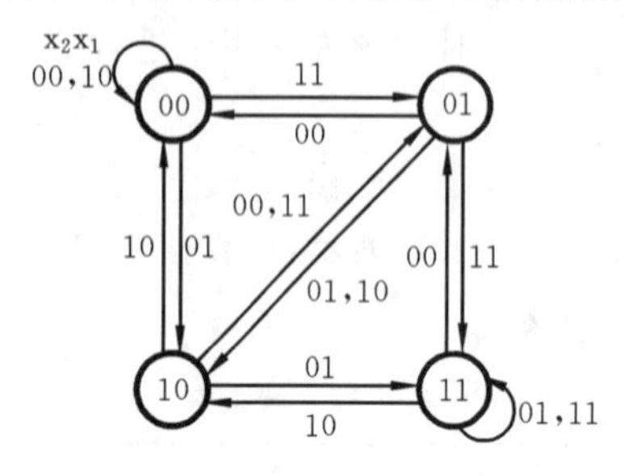

图 5.43 状态图

表 5.33 二进制状态表

现态		次态 $y_2^{n+1}y_1^{n+1}$			
y_2	y_1	$x_2x_1=00$	$x_2x_1=01$	$x_2x_1=11$	$x_2x_1=10$
0	0	0 0	1 0	0 1	0 0
0	1	0 0	1 0	1 1	1 0
1	1	0 1	1 1	1 1	1 0
1	0	0 1	1 1	0 1	0 0

假定采用 D 触发器作为存储元件,根据 D 触发器的激励表和表5.33所示状态表,可作出激励函数卡诺图,如图 5.44 所示。

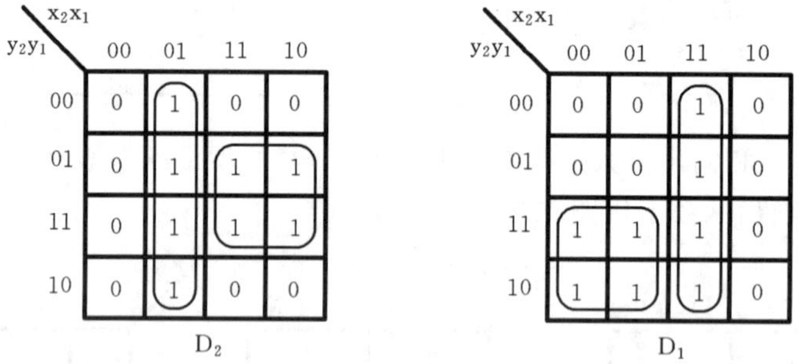

D_2:

y_2y_1 \ x_2x_1	00	01	11	10
00	0	1	0	0
01	0	1	1	1
11	0	1	1	1
10	0	1	0	0

D_1:

y_2y_1 \ x_2x_1	00	01	11	10
00	0	0	1	0
01	0	0	1	0
11	1	1	1	0
10	1	1	1	0

图 5.44 卡诺图

化简后的激励函数表达式为

$$D_2=\bar{x}_2x_1+x_2y_1$$

$$D_1=\bar{x}_2y_2+x_2x_1$$

根据以上函数表达式,可画出该寄存器的逻辑电路,如图 5.45 所示。

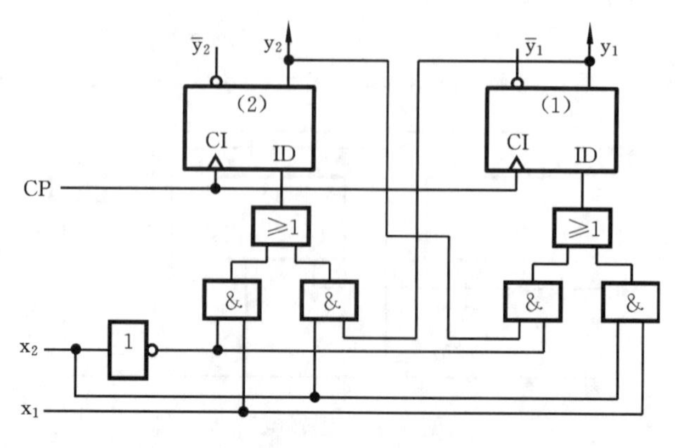

图 5.45 逻辑电路图

例 5.16 用J-K触发器作为存储元件，设计一个“101”序列检测器。该电路有一个输入 x 和一个输出 Z，当随机输入信号中出现“101”序列时，输出一个1信号。典型输入/输出序列如下。

输入 x　0 0 1 0 1 0 1 1 0 1 0 0

输出 Z　0 0 0 0 1 0 1 0 0 1 0 0

解 假定用 Moore 型同步时序电路实现给定功能，设计过程如下。

① 作出原始状态图和状态表。设初始状态为 A，根据题意可作出原始状态图，如图 5.46 所示；原始状态表如表 5.34 所示。

② 状态化简。根据化简法则可知，表 5.34 已是最小化状态表。

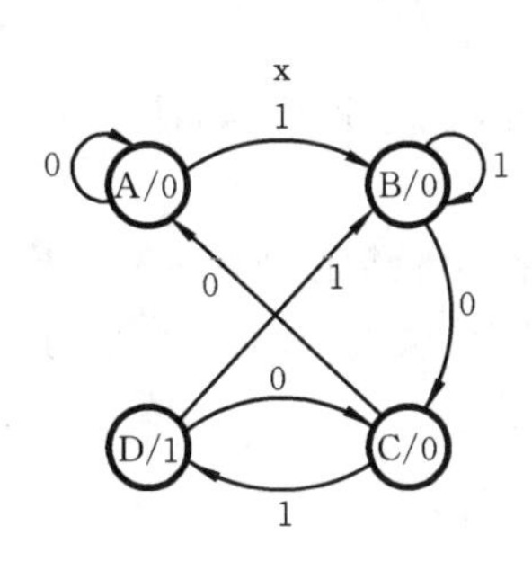

图 5.46 状态图

表 5.34 状态表

现 态	次态 x=0	次态 x=1	输出 Z
A	A	B	0
B	C	B	0
C	A	D	0
D	C	B	1

③ 状态编码。由于最小化状态表中共有4个状态，故需2位二进制代码表示，即电路中要有2个触发器。设状态变量为 y_2、y_1，根据相邻法的编码原则，该例可采用图 5.47 所示的编码方案。相应的二进制状态表如表 5.35 所示。

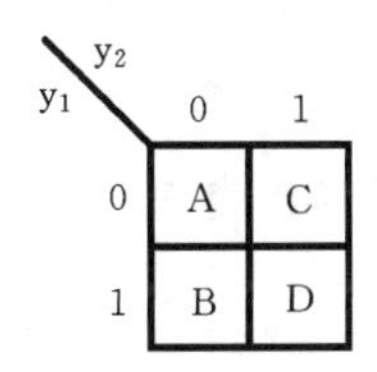

图 5.47 状态编码方案

表 5.35 二进制状态表

现态 y_2 y_1	次态 $y_2^{n+1}y_1^{n+1}$ x=0	次态 $y_2^{n+1}y_1^{n+1}$ x=1	输出 Z
0 0	0 0	0 1	0
0 1	1 0	0 1	0
1 0	0 0	1 1	0
1 1	1 0	0 1	1

④ 确定激励函数和输出函数。根据表 5.35 所示二进制状态表和 J-K 触发器的激励表，可列出激励函数和输出函数真值表，如表 5.36 所示。

表 5.36 激励函数和输出函数真值表

输入 x	现态 y_2	现态 y_1	次态 y_2^{n+1}	次态 y_1^{n+1}	激励函数 J_2	K_2	J_1	K_1	输出 Z
0	0	0	0	0	0	d	0	d	0
0	0	1	1	0	1	d	d	1	0
0	1	0	0	0	d	1	0	d	0
0	1	1	1	0	d	0	d	1	1
1	0	0	0	1	0	d	1	d	0
1	0	1	0	1	0	d	d	0	0
1	1	0	1	1	d	0	1	d	0
1	1	1	0	1	d	1	d	0	1

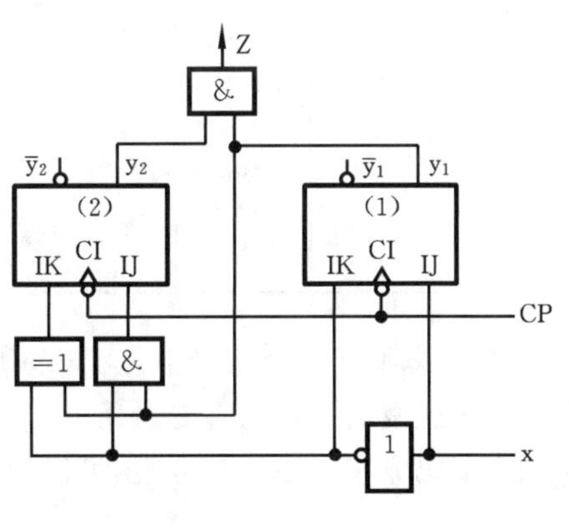

图 5.48 逻辑电路

用卡诺图对表 5.36 中的激励函数和输出函数化简后，可得到其最简表达式如下：

$$J_2=\bar{x}y_1 \qquad K_2=\bar{x}\,\bar{y}_1+xy_1=\bar{x}\oplus y_1$$

$$J_1=x \qquad K_1=\bar{x}$$

$$Z=y_2y_1$$

⑤ 画逻辑电路图。根据输出函数和激励函数表达式，可画出“101”序列检测器的逻辑电路图，如图 5.48 所示。

例 5.17 设计一个串行输入 3 位二进制码的奇偶检测器。该电路从输入端 x 串行输入二进制代码，每 3 位为一组，当 3 位代码中含 1 的个数为偶数时，输出 Z 产生一个 1 输出，平时 Z 输出为 0。

解 代码检测器的特点是，输入信号是按位分组的，每组的检测过程相同，即一组检测完后，电路回到初始状态，接着进行下一组的检测。

① 建立原始状态图和原始状态表。假定采用 Mealy 型电路实现给定功能的奇偶检测器，并设电路的初始状态为 A。根据题意，可作出该电路的原始状态图，如图 5.49 所示；与原始状态图对应的原始状态表如表 5.37 所示，表中共包含 7 个不同状态。

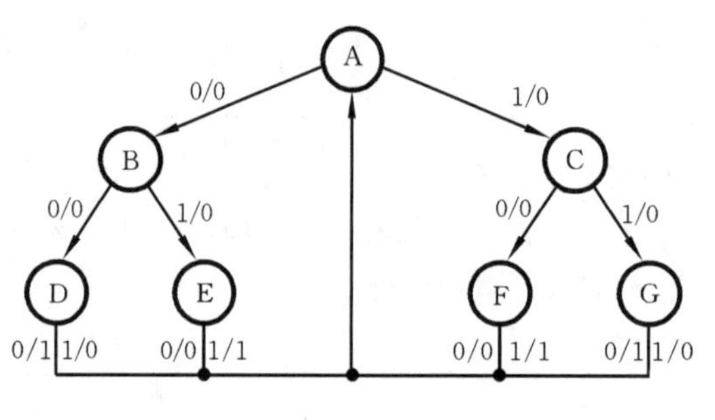

图 5.49 原始状态图

② 状态化简。用隐含表法化简表 5.37 所示原始状态表，可得到表 5.38 所示最小化状态表。

表 5.37 原始状态表

现 态	次态/输出	
	x=0	x=1
A	B/0	C/0
B	D/0	E/0
C	F/0	G/0
D	A/1	A/0
E	A/0	A/1
F	A/0	A/1
G	A/1	A/0

表 5.38 最小化状态表

现 态	次态/输出	
	x=0	x=1
A	B/0	C/0
B	D/0	E/0
C	E/0	D/0
D	A/1	A/0
E	A/0	A/1

③ 状态编码。由于最小化状态表中有 5 个状态，所以需采用 3 位二进制码表示，即电路要用 3 个触发器。设状态变量用 y_3、y_2、y_1 表示，根据状态编码的 3 条原则，可采用图 5.50 所示状态编码方案。按照该方案，可得到二进制状态表如表5.39所示。

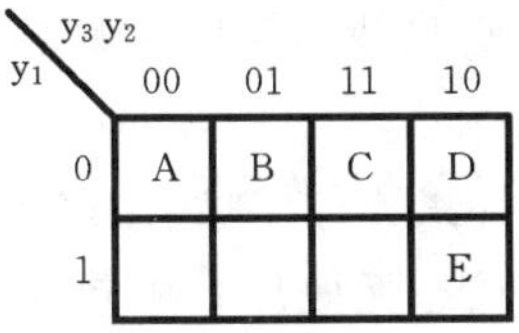

y_1 \ y_3y_2	00	01	11	10
0	A	B	C	D
1				E

图 5.50 状态分配方案

表 5.39 二进制状态表

y_3	y_2	y_1	$y_3^{n+1}y_2^{n+1}y_1^{n+1}/Z$	
			x=0	x=1
0	0	0	010/0	110/0
0	1	0	100/0	101/0
1	1	0	101/0	100/0
1	0	0	000/1	000/0
1	0	1	000/0	000/1

④ 确定激励函数和输出函数。假定用 D 触发器作为存储元件，根据二进制状态表和 D 触发器激励表，可作出输出函数和激励函数卡诺图，如图 5.51 所示。化简时可将多余状态 001,011,111 作为无关条件处理。

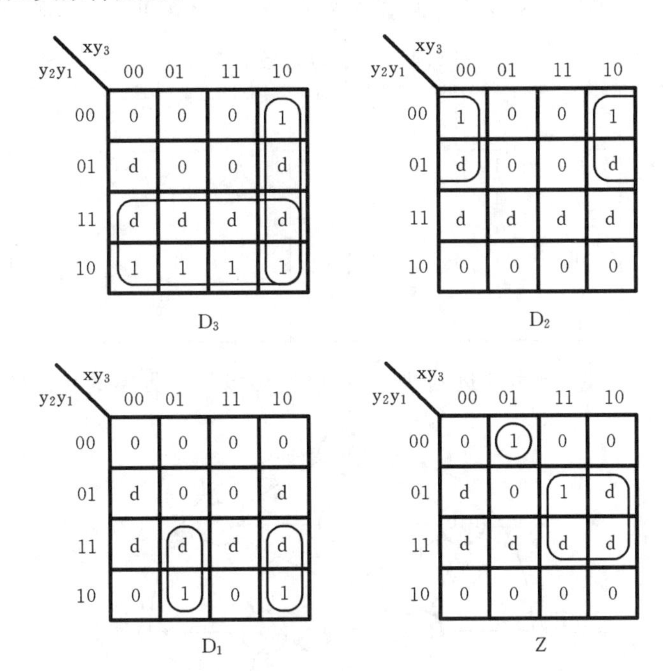

图 5.51 卡诺图

化简后的激励函数和输出函数表达式为

$$D_3 = x\bar{y}_3 + y_2$$

$$D_2 = \bar{y}_3\bar{y}_2 = \overline{y_3 + y_2}$$

$$D_1 = \bar{x}y_3y_2 + x\bar{y}_3y_2 = (x \oplus y_3)y_2$$

$$Z = xy_1 + \bar{x}y_3\bar{y}_2\bar{y}_1$$

⑤ 讨论。通常，当所设计的电路中触发器所能表示的状态数大于有效状态数时，需要对所设计电路的实际工作状态进行讨论。主要讨论两个问题。第一，当电路偶然进入无效状态时，能否在输入信号和时钟脉冲作用下自动进入有效状态，如果能自动进入有效状态，则称为具有自恢复功能，否则，称为“挂起”。第二，电路万一处在无效状态，是否会产生错误输出信号。一旦发现存在“挂起”现象或错误输出现象，就必须对设计的方案进行修改，否则，将影响

电路工作的可靠性,甚至破坏正常工作。

实际上,只需要根据确定的激励函数和输出函数表达式作出相应状态表和状态图,便可使需要讨论的两个问题一目了然。至于修改设计方案的问题,则只涉及激励函数和输出函数化简时对无效状态下任意项的处理问题。

当电路中包含多个无效状态时,往往又将无效状态构成的集合称作状态的无效序列,相应地将正常工作下的状态集合称为状态的有效序列。本例的状态无效序列中包含 001、011 和 111 共 3 个无效状态,它们在化简激励函数和输出函数时被作为无关条件处理,即在这几个状态下,函数的值可根据化简的需要随意指定为 1 或者 0。通常的做法是,在卡诺图上和 1 圈在一起的即指定为 1,否则为 0。因此,只需检查化简函数时的卡诺图,便可知道无效状态下的激励函数和输出函数的取值,并推出相应次态,进而作出与设计方案对应的状态图或状态表,得出讨论结果。

由图 5.51 可知,本例中无效状态下的激励函数、输出函数和电路次态如表5.40所示。

表 5.40 无效状态检查表

输入	现态			激励函数			次态			输出
x	y_3	y_2	y_1	D_3	D_2	D_1	y_3^{n+1}	y_2^{n+1}	y_1^{n+1}	Z
0	0	0	1	0	1	0	0	1	0	0
0	0	1	1	1	0	0	1	0	0	0
0	1	1	1	1	0	1	1	0	1	0
1	0	0	1	1	1	0	1	1	0	1
1	0	1	1	1	0	1	1	0	1	1
1	1	1	1	1	0	0	1	0	0	1

根据表 5.40 和表 5.39 所示二进制状态表,可作出该设计方案的状态图,如图 5.52 所示。

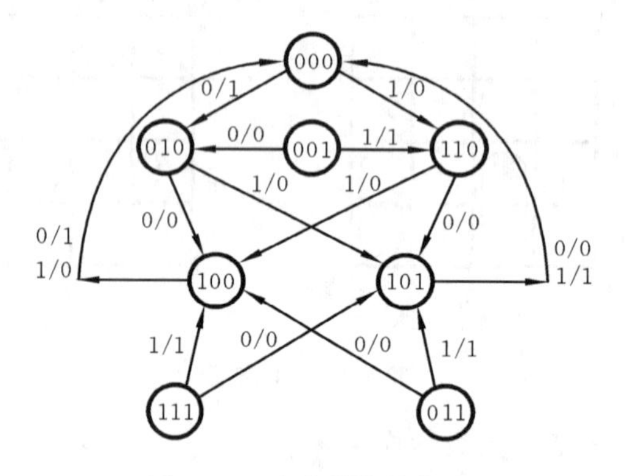

图 5.52 方案检查状态图

由该状态图可知,此方案的无效状态序列不会产生“挂起”现象,但在无效状态下输入 1 时会产生错误的 1 输出。为此,应将输出函数表达式修改为

$$
\begin{aligned}
Z &= \bar{x}y_3\bar{y}_2\bar{y}_1 + xy_3\bar{y}_2y_1 \\
&= y_3\bar{y}_2(\bar{x}\,\bar{y}_1 + xy_1) \\
&= y_3\bar{y}_2\overline{x \oplus y_1} \\
&= \overline{\bar{y}_3 + y_2 + (x \oplus y_1)}
\end{aligned}
$$

⑥ 画逻辑电路图。根据简化后的激励函数表达式和修改后的输出函数表达式，可画出该奇偶检测电路的逻辑电路，如图5.53所示。

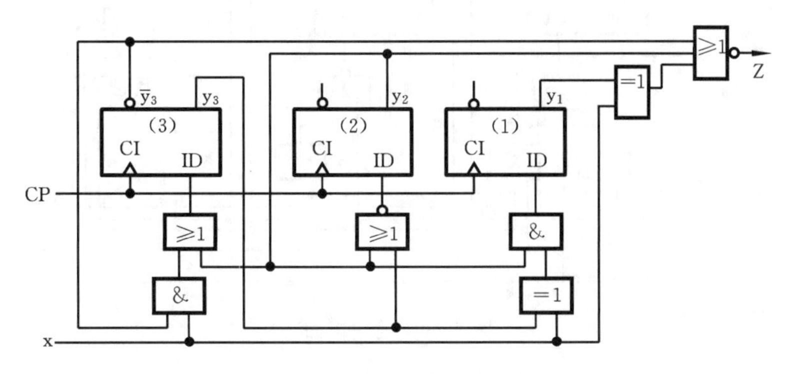

图5.53　逻辑电路

习　题　五

5.1　简述时序逻辑电路与组合逻辑电路的主要区别。

5.2　作出与表5.41所示状态表对应的状态图。

表5.41　状态表

现　态	次态 $y_2^{n+1}y_1^{n+1}$/输出 Z			
	$x_2x_1=00$	$x_2x_1=01$	$x_2x_1=11$	$x_2x_1=10$
A	B/0	B/0	A/1	B/0
B	B/0	C/1	A/0	D/1
C	C/0	B/0	D/0	A/0
D	A/0	A/1	C/0	C/0

5.3　已知状态图如图5.54所示，输入序列为 x=11010010，设初始状态为A，求状态和输出响应序列。

5.4　分析图5.55所示逻辑电路。假定电路初始状态为“00”，说明该电路逻辑功能。

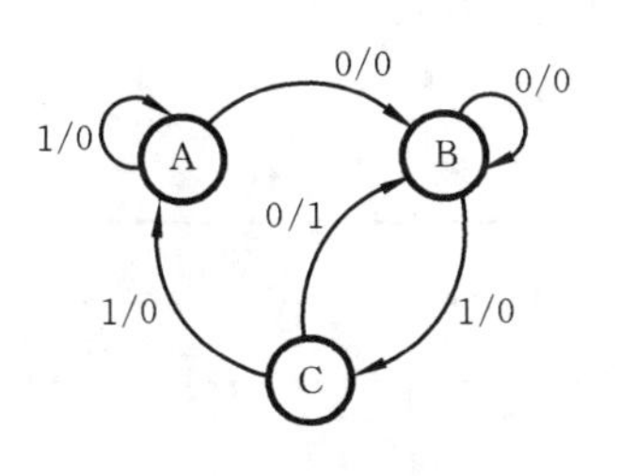

图5.54　状态图

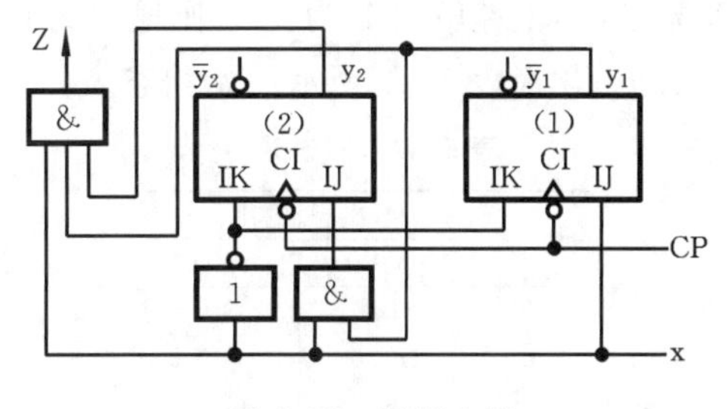

图5.55　逻辑电路

5.5　分析图5.56所示逻辑电路，说明该电路功能。

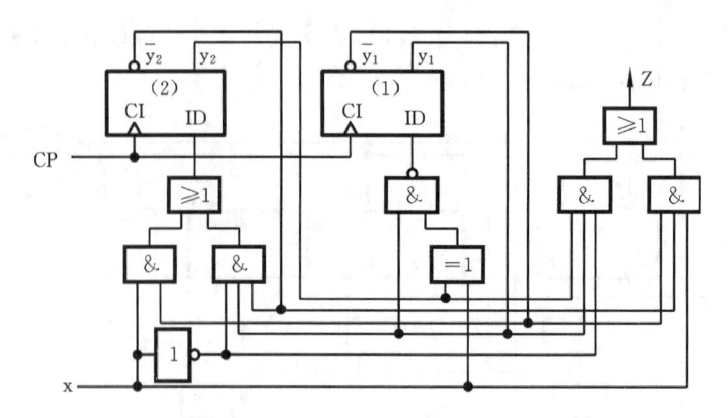

图 5.56 逻辑电路

5.6 分析图 5.57 所示逻辑电路,说明该电路功能。

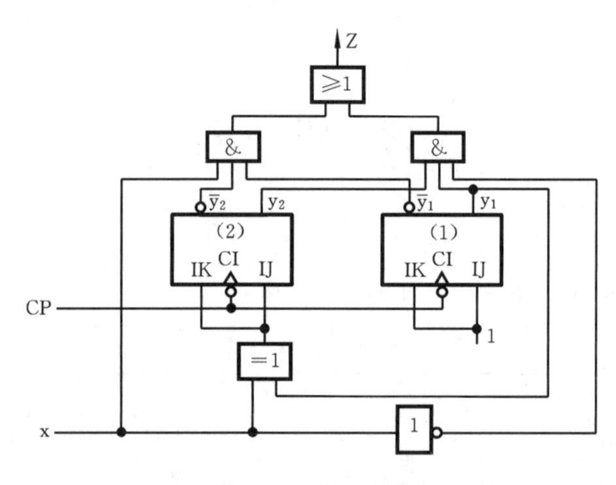

图 5.57 逻辑电路

5.7 作出"0101"序列检测器的 Mealy 型状态图和 Moore 型状态图。典型输入/输出序列如下。

输入 x　1 1 0 1 0 1 0 1 0 0 1 1

输出 Z　0 0 0 0 0 1 0 1 0 0 0 0

5.8 设计一个代码检测器,该电路从输入端 x 串行输入余 3 码(先低位后高位),当出现非法数字时,电路输出 Z 为 1,否则输出为 0。试作出 Mealy 型状态图。

5.9 化简表 5.42 所示原始状态表。

表 5.42 状态表

现　态	次态/输出	
	x=0	x=1
A	B/0	C/0
B	A/0	F/0
C	F/0	G/0
D	A/0	C/0
E	A/0	A/1
F	C/0	E/0
G	A/0	B/1

表 5.43 状态表

现　态	次态/输出	
	x=0	x=1
A	D/d	C/0
B	A/1	E/d
C	d/d	E/1
D	A/0	C/0
E	B/1	C/d

5.10 化简表5.43所示不完全确定原始状态表。

5.11 按照相邻法编码原则对表5.44进行状态编码。

5.12 分别用D、T、J-K触发器作为同步时序逻辑电路的存储元件，实现表5.45所示二进制状态表的功能。试写出激励函数和输出函数表达式，比较采用哪种触发器可使电路最简。

表5.44 状态表

现态	次态/输出	
	x=0	x=1
A	A/0	B/0
B	C/0	B/0
C	D/1	C/0
D	B/1	A/0

表5.45 状态表

现态		次态 $y_2^{n+1}y_1^{n+1}$/输出 Z	
y_2	y_1	x=0	x=1
0	0	01/0	10/0
0	1	11/0	10/0
1	1	10/1	01/0
1	0	00/1	11/1

5.13 已知某同步时序逻辑电路的激励函数和输出函数表达式为

$$D_2=\bar{x}y_2+xy_2\bar{y}_1$$

$$D_1=\bar{x}y_2+y_2\bar{y}_1+x\bar{y}_2y_1$$

$$Z=y_2$$

试求出改用J-K触发器作为存储元件的最简电路。

5.14 设计一个能对两个二进制数$X=x_1x_2\cdots x_n$和$Y=y_1y_2\cdots y_n$进行比较的同步时序逻辑电路，其中，X、Y串行地输入到电路的x、y输入端。比较从x_1、y_1开始，依次进行到x_n、y_n。电路有两个输出Z_x和Z_y，若比较结果X>Y，则Z_x为1，Z_y为0；若X<Y，则Z_x为0，Z_y为1；若X=Y，则Z_x和Z_y都为1。要求用尽可能少的状态数作出状态图和状态表，并用尽可能少的逻辑门和触发器(采用J-K触发器)实现其功能。

5.15 用T触发器作为存储元件，设计一个8421码十进制加1计数器。

第6章　异步时序逻辑电路

时序逻辑电路按照工作方式的不同，可以分为同步时序逻辑电路和异步时序逻辑电路两种类型，异步时序逻辑电路又可以进一步分为脉冲异步时序逻辑电路和电平异步时序逻辑电路。前面已对同步时序逻辑电路进行了系统介绍，本章讨论异步时序逻辑电路，并在介绍异步时序逻辑电路特点的基础上，重点讨论两类异步时序逻辑电路的分析与设计方法。

6.1　异步时序逻辑电路的特点与分类

在同步时序逻辑电路中，存储元件采用时钟控制触发器，电路中各触发器的时钟控制端与统一的时钟脉冲(CP)相连接，仅当时钟脉冲作用时，电路状态才能发生变化，改变后的状态一直保持到下一个时钟脉冲到来之时(在此期间不受外部输入变化的影响)。换而言之，由时钟脉冲信号决定电路状态转换时刻并实现“等状态时间”，整个电路在时钟脉冲作用下由一个稳定状态转移到另一个稳定状态。正因为时钟脉冲对电路的控制作用，所以不论输入信号是电平信号还是脉冲信号，对电路引起的状态响应都是相同的。因此，在研究同步时序逻辑电路时，没有对输入信号的形式加以区分。

此外，该类电路除了对时钟脉冲的宽度和周期有一定要求外，对输入信号的变化过程没有加任何约束。

异步时序逻辑电路的工作特点如下：

电路中没有统一的时钟脉冲信号同步，电路状态的改变是外部输入信号变化直接作用的结果；在状态转移过程中，各存储元件的状态变化不一定发生在同一时刻，不同状态的维持时间不一定相同，并且可能出现非稳定状态；在研究异步时序逻辑电路时，对输入信号的形式有所区分，无论输入信号是脉冲信号还是电平信号，对其变化过程均有一定约束。

根据电路结构模型和输入信号形式的不同，异步时序逻辑电路可分为**脉冲异步时序逻辑电路**和**电平异步时序逻辑电路**两种类型。

脉冲异步时序逻辑电路的存储电路由触发器组成(可以是时钟控制触发器或者非时钟控制触发器)，电路输入信号为脉冲信号；电平异步时序逻辑电路的存储电路由延迟元件组成(可以是专用的延迟元件或者利用电路本身固有的延迟)，通过延迟加反馈实现记忆功能，电路输入信号为电平信号。

根据电路输出是否与输入直接相关，两类异步时序逻辑电路均可分为 Mealy 型和 Moore 型两种不同的模型。

6.2 脉冲异步时序逻辑电路

6.2.1 脉冲异步时序逻辑电路的结构模型

脉冲异步时序逻辑电路的结构模型如图 6.1 所示。

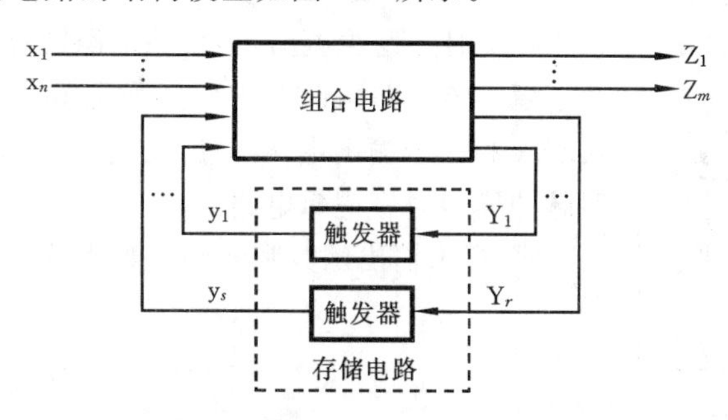

图 6.1　脉冲异步时序电路的结构模型

在脉冲异步时序逻辑电路中，引起触发器状态变化的脉冲信号是由输入端直接提供的。为了保证电路可靠地工作，输入脉冲信号必须满足如下约束条件：

① 输入脉冲的宽度，必须保证触发器可靠翻转；

② 输入脉冲的间隔，必须保证前一个脉冲引起的电路响应完全结束后，后一个脉冲才能到来；

③ 不允许在两个或两个以上输入端同时出现脉冲。因为客观上两个或两个以上脉冲是不可能准确地“同时”的，在没有时钟脉冲同步的情况下，由不可预知的时间延迟造成的微小时差，可能导致电路产生错误的状态转移。

此外，在脉冲异步时序逻辑电路中，Mealy 型和 Moore 型电路的输出信号会有所不同。对于 Mealy 型电路来说，由于输出不仅是状态变量的函数，而且是输入的函数，所以，输出通常是脉冲信号；而对于 Moore 型电路来说，由于输出仅仅是状态变量的函数，所以输出是电平信号，输出电平的值被定义在两个间隔不定的输入脉冲之间，即由两个输入脉冲之间的状态决定。

6.2.2 脉冲异步时序逻辑电路的分析

脉冲异步时序逻辑电路的分析方法与同步时序逻辑电路大致相同。分析过程中同样采用状态表、状态图、时间图等作为工具，分析步骤如下：

① 写出电路的输出函数和激励函数表达式；

② 列出电路次态真值表或次态方程组；

③ 作出状态表和状态图；

④ 画出时间图并用文字描述电路的逻辑功能。

显然，脉冲异步时序逻辑电路分析步骤与同步时序逻辑电路的完全相同。但是，由于脉冲异步时序逻辑电路没有统一的时钟脉冲以及对输入信号的约束，因此，在具体步骤的实施上是有区别的。其差别主要表现为两点。第一，当存储元件采用时钟控制触发器时，应将触发器的时钟控制端作为激励函数处理。分析时应特别注意触发器时钟端何时有脉冲作用，仅当时钟端有脉冲作用时,才根据触发器的输入确定状态转移方向,否则,触发器状态不变。若采用非时钟控制触发器,则应注意作用到触发器输入端的脉冲信号。第二,由于不允许两个或两个以上输入端同时出现脉冲,加之输入端无脉冲出现时,电路状态不会发生变化,因此,分析时可以排除这些情况,从而使分析过程中使用的图、表可以简化。具体地说,对 n 个输入端的一位输入,只需考虑各自单独出现脉冲的 n 种情况,而不像同步时序逻辑电路中那样需要考虑 2^n 种情况。例如,假定电路有 x_1、x_2 和 x_3 共 3 个输入,并用取值 1 表示有脉冲出现,则一位输入允许的取值只有 000、001、010、100 共 4 种,分析时需要讨论的只有后 3 种情况。下面举例说明脉冲异步时序逻辑电路的分析方法。

例 6.1 分析图 6.2 所示脉冲异步时序逻辑电路,指出该电路功能。

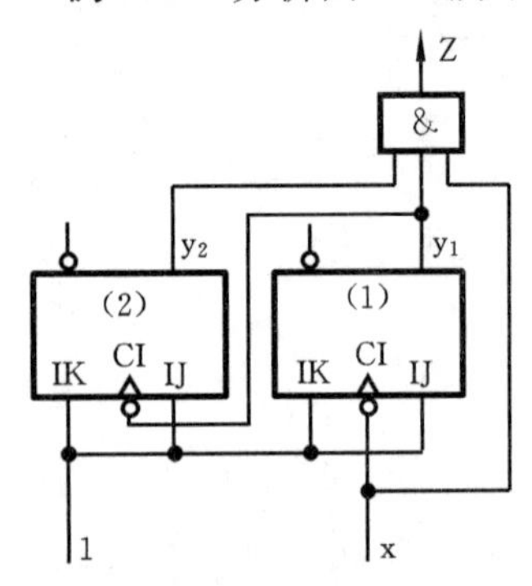

图 6.2 逻辑电路

解 该电路由两个 J-K 触发器和一个与门组成,有一个输入端 x 和一个输出端 Z,输出是输入和状态的函数,属于 Mealy 型脉冲异步时序逻辑电路。

① 写出输出函数和激励函数表达式。

$$Z = xy_2y_1$$

$$J_2 = K_2 = 1 \qquad C_2 = y_1$$

$$J_1 = K_1 = 1 \qquad C_1 = x$$

② 列出电路次态真值表。由于电路中的两个 J-K 触发器没有统一的时钟脉冲控制,所以,分析电路状态转移时,应特别注意各触发器时钟端何时有脉冲作用。J-K 触发器的状态转移发生在时钟端脉冲负跳变的瞬间,在次态真值表中用"ʅ"表示。仅当时钟端有"ʅ"出现时,相应触发器状态才能发生变化,否则状态不变。据此,可列出该电路的次态真值表,如表 6.1 所示。表中,x 为 1 表示输入端有脉冲出现,考虑到输入端无脉冲出现时电路状态不变,故省略了 x 为 0 的情况。

表 6.1 次态真值表

输入	现态		激励函数						次态	
x	y_2	y_1	J_2	K_2	C_2	J_1	K_1	C_1	y_2^{n+1}	y_1^{n+1}
1	0	0	1	1		1	1	ʅ	0	1
1	0	1	1	1	ʅ	1	1	ʅ	1	0
1	1	0	1	1		1	1	ʅ	1	1
1	1	1	1	1	ʅ	1	1	ʅ	0	0

③ 作出状态表和状态图。根据表 6.1 所示次态真值表和输出函数表达式,可作出该电路的状态表如表 6.2 所示,状态图如图 6.3 所示。

表 6.2 状态表

现态		次态 $y_2^{n+1}y_1^{n+1}$/输出 Z
y_2	y_1	x=1
0	0	0 1 / 0
0	1	1 0 / 0
1	0	1 1 / 0
1	1	0 0 / 1

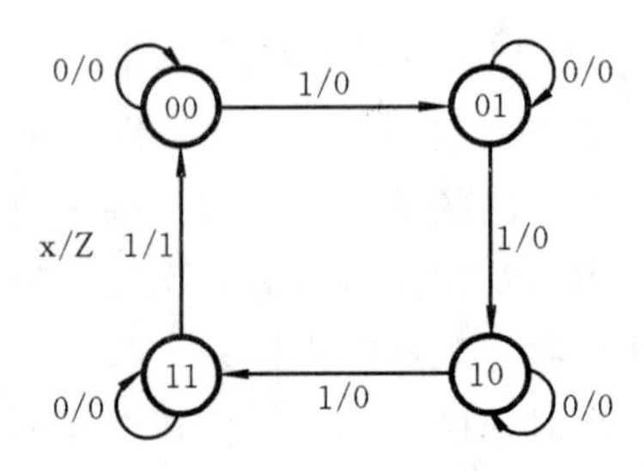

图 6.3 状态图

④ 画出时间图并说明电路逻辑功能。为了进一步描述该电路在输入脉冲作用下的状态和输出变化过程,可根据状态表或状态图画出该电路的时间图,如图6.4所示。

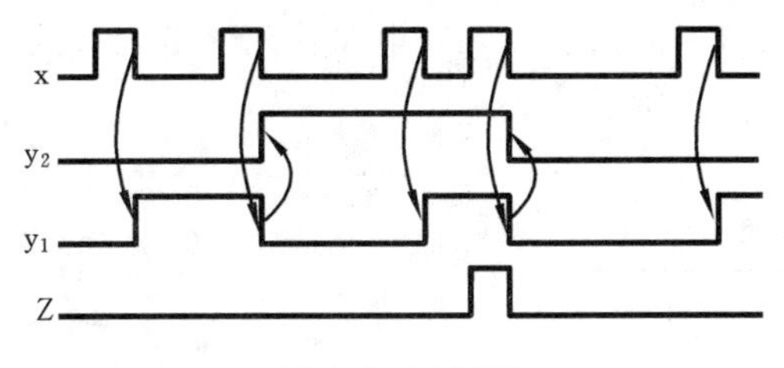

图 6.4 时间图

由状态图和时间图可知，该电路是一个模 4 加 1 计数器，当收到第四个输入脉冲时，电路产生一个进位输出脉冲。

例 6.2 分析图 6.5 所示脉冲异步时序逻辑电路。

解 该电路的存储电路部分由两个与非门构成的基本 R-S 触发器组成。电路有 3 个输入端 x_1、x_2 和 x_3，一个输出端 Z，输出 Z 是状态变量的函数，属于 Moore 型脉冲异步时序电路。

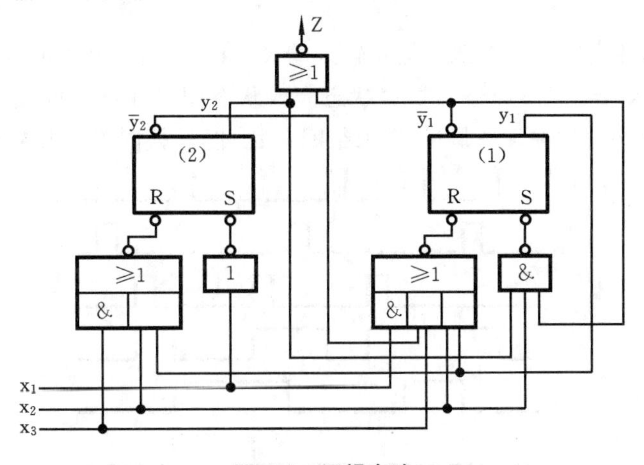

图 6.5 逻辑电路

① 写出输出函数和激励函数表达式。

$$Z=\overline{y_2+\bar{y}_1}=\bar{y}_2 y_1 \qquad R_2=\overline{x_3+x_2 y_1} \qquad S_2=\bar{x}_1$$

$$R_1=\overline{x_1+x_3\bar{y}_2+x_2 y_1} \qquad S_1=\overline{x_2 y_2 \bar{y}_1}$$

② 列出电路次态真值表。根据激励函数表达式和 R-S 触发器的功能表，可列出电路的次态真值表，如表 6.3 所示。

表 6.3 次态真值表

输入			现态		激励函数				次态	
x_1	x_2	x_3	y_2	y_1	R_2	S_2	R_1	S_1	y_2^{n+1}	y_1^{n+1}
1	0	0	0	0	1	0	0	1	1	0
1	0	0	0	1	1	0	0	1	1	0
1	0	0	1	0	1	0	0	1	1	0
1	0	0	1	1	1	0	0	1	1	0
0	1	0	0	0	1	1	1	1	0	0
0	1	0	0	1	0	1	0	1	0	0
0	1	0	1	0	1	1	1	0	1	1
0	1	0	1	1	0	1	0	1	0	0
0	0	1	0	0	0	1	0	1	0	0
0	0	1	0	1	0	1	0	1	0	0
0	0	1	1	0	0	1	1	1	0	0
0	0	1	1	1	0	1	1	1	0	1

③ 作出状态表和状态图。根据表 6.3 和电路输出函数表达式,可作出该电路的状态表,如表 6.4 所示;状态图如图 6.6 所示。

表 6.4　状态表

现态		次态 $y_2^{n+1}y_1^{n+1}$			输出
y_2	y_1	x_1	x_2	x_3	Z
0	0	10	00	00	0
0	1	10	00	00	1
1	0	10	11	00	0
1	1	10	00	01	0

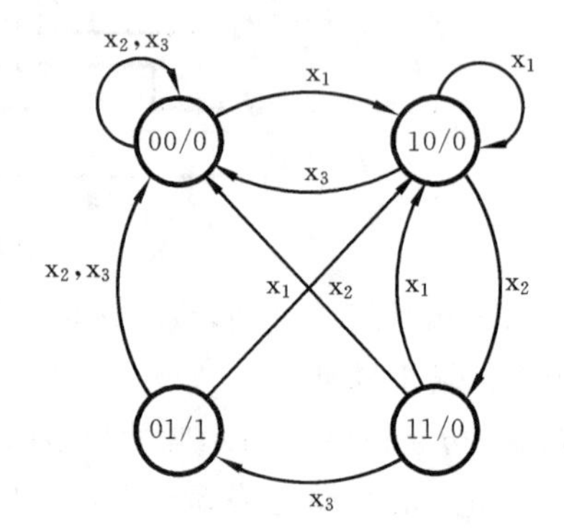

图 6.6　状态图

④ 画出时间图并说明电路功能。假定输入端 x_1、x_2、x_3 出现脉冲的顺序依次为 $x_1-x_2-x_1-x_3-x_1-x_2-x_3-x_1-x_3-x_2$,根据状态表或状态图可作出时间图,如图 6.7 所示。图中,假定电路状态转换发生在输入脉冲作用结束时,因此,转换时刻与脉冲后沿对齐。

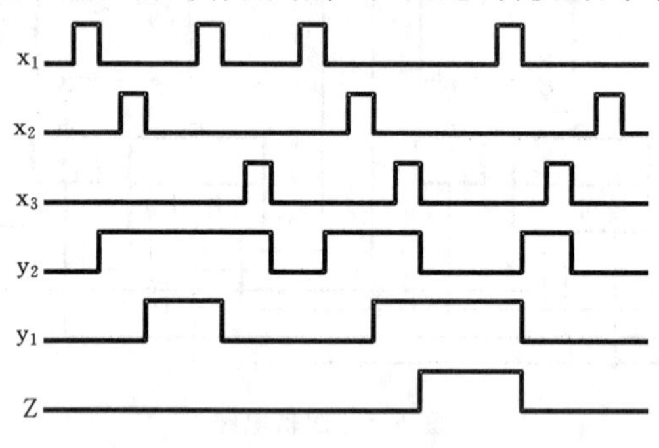

图 6.7　时间图

由状态图和时间图可知,在该电路中,当 3 个输入端按 x_1、x_2、x_3 的顺序依次出现脉冲时,产生一个"1"输出信号,其他情况下输出为"0"。因此,该电路是一个"$x_1-x_2-x_3$"序列检测器。

6.2.3　脉冲异步时序逻辑电路的设计

脉冲异步时序逻辑电路设计的一般过程与同步时序逻辑电路设计大体相同。同样分为形成原始状态图和状态表、状态化简、状态编码、确定激励函数和输出函数、画逻辑电路图等步骤。但由于在脉冲异步时序逻辑电路中没有统一的时钟脉冲信号,以及对输入脉冲信号的约束,所以在某些步骤的处理细节上有所不同。

在脉冲异步时序逻辑电路设计时,主要应注意如下两点。

① 由于不允许两个或两个以上输入端同时为 1(用 1 表示有脉冲出现),所以在形成原始状态图和原始状态表时,若有多个输入信号,则只需考虑多个输入信号中仅一个为 1 的情况,从而使问题的描述得以简化。此外,在确定激励函数和输出函数时,可将两个或两个以上输入同时为 1 的情况,作为无关条件处理。无疑,这有利于函数的简化。

② 由于电路中没有统一的时钟脉冲,因此,当存储电路采用带时钟控制端的触发器时,触

发器的时钟端是作为激励函数处理的。这就意味着可以通过控制其时钟端输入脉冲的有、无来控制触发器的翻转或不翻转。基于这一思想，在设计脉冲异步时序逻辑电路时，可列出 4 种常用时钟控制触发器的激励表，如表 6.5～表 6.8 所示。

表 6.5　D 触发器激励表

Q	Q^{n+1}	CP	D
0	0	d	0
		0	d
0	1	1	1
1	0	1	0
1	1	d	1
		0	d

表 6.6　J-K 触发器激励表

Q	Q^{n+1}	CP	J	K
0	0	d	0	d
		0	d	d
0	1	1	1	d
1	0	1	d	1
1	1	d	d	0
		0	d	d

表 6.7　T 触发器激励表

Q	Q^{n+1}	CP	T
0	0	d	0
		0	d
0	1	1	1
1	0	1	1
1	1	d	0
		0	d

表 6.8　R-S 触发器激励表

Q	Q^{n+1}	CP	R	S
0	0	d	d	0
		0	d	d
0	1	1	0	1
1	0	1	1	0
1	1	d	0	d
		0	d	d

从表 6.5～表 6.8 可知，在要求触发器状态保持不变时，有两种不同的处理方法：一是令 CP 为 d，输入端取相应值；二是令 CP 为 0，输入端取任意值。例如，当要使 D 触发器维持 0 不变时，可令 CP 为 d，D 为 0；也可令 CP 为 0，D 为 d。显然，这将使激励函数的确定变得更加灵活，究竟选择哪种处理方法，应看怎样更有利于电路简化。一般选 CP 为 0，输入任意，因为这样显得更清晰。

下面，举例说明异步时序逻辑电路设计的方法和步骤。

例 6.3　用 D 触发器作为存储元件，设计一个"$x_1-x_2-x_2$"序列检测器。该电路有两个输入 x_1 和 x_2，一个输出 Z。仅当 x_1 输入一个脉冲后，x_2 连续输入两个脉冲时，输出端 Z 由 0 变为 1，该 1 信号将一直维持到输入端 x_1 或 x_2 再出现脉冲时才由 1 变为 0。其输入/输出时间图如图 6.8 所示。

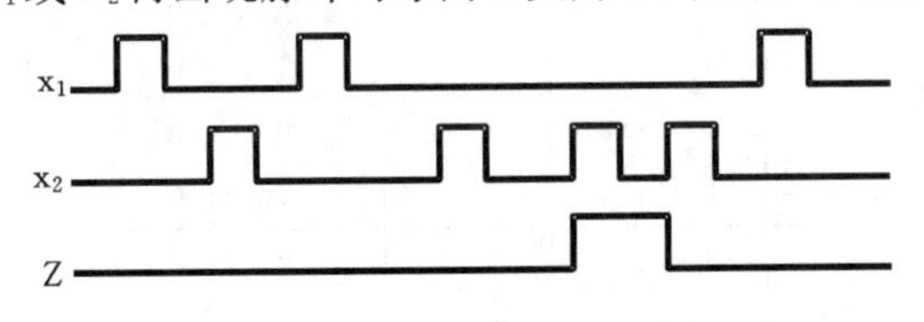

图 6.8　时间图

解　由题意可知，该序列检测器为 Moore 型脉冲异步时序逻辑电路。

① 作出原始状态图和原始状态表。设初始状态为 A，根据题意可作出原始状态图，如图 6.9 所示；原始状态表如表 6.9 所示。为了清晰起见，图、表中用 x_1 表示 x_1 端有脉冲输入，x_2 表示 x_2 端有脉冲输入。

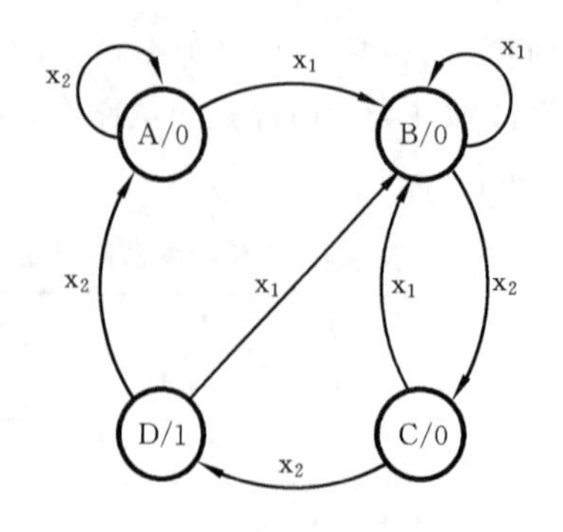

图 6.9 状态图

表 6.9 状态表

现态	次态		输出
	x_1	x_2	Z
A	B	A	0
B	B	C	0
C	B	D	0
D	B	A	1

② 状态化简。用隐含表法检查表 6.9 所示状态表,可知该状态表中的状态均不等效,即已为最简状态表。

③ 状态编码。由于最简状态表中有 4 个状态,故需用两位二进制代码表示。设状态变量用 y_2、y_1 表示,根据相邻编码法的原则,可采用表 6.10 所示编码方案。并由表 6.9、表 6.10 可得到二进制状态表,如表 6.11 所示。

表 6.10 编码方案

状态	编码	
	y_2	y_1
A	0	0
B	1	0
C	0	1
D	1	1

表 6.11 二进制状态表

现态		次态 $y_2^{n+1}y_1^{n+1}$		输出
y_2	y_1	$x_1=1$	$x_2=1$	Z
0	0	10	00	0
0	1	10	11	0
1	0	10	01	0
1	1	10	00	1

④ 确定输出函数和激励函数。假定次态与现态相同时,D 端取值随意,时钟端取值为 0;次态与现态不同时,D 端取值与次态相同,时钟端取值为 1(有脉冲出现)。根据表 6.11 所示状态表,可得到激励函数和输出函数真值表,如表 6.12 所示。

表 6.12 激励函数和输出函数真值表

输入		现态		激励函数				输出函数
x_2	x_1	y_2	y_1	C_2	D_2	C_1	D_1	Z
0	1	0	0	1	1	0	d	0
		0	1	1	1	1	0	0
		1	0	0	d	0	d	0
		1	1	0	d	1	0	1
1	0	0	0	0	d	0	d	0
		0	1	1	1	0	d	0
		1	0	1	0	1	1	0
		1	1	1	0	1	0	1

令输入端无脉冲出现时,各触发器时钟端为 0,输入端取任意值“d”,并将两个输入端同时为 1(不允许)作为无关条件处理,可得到激励函数和输出函数卡诺图,如图 6.10 所示。

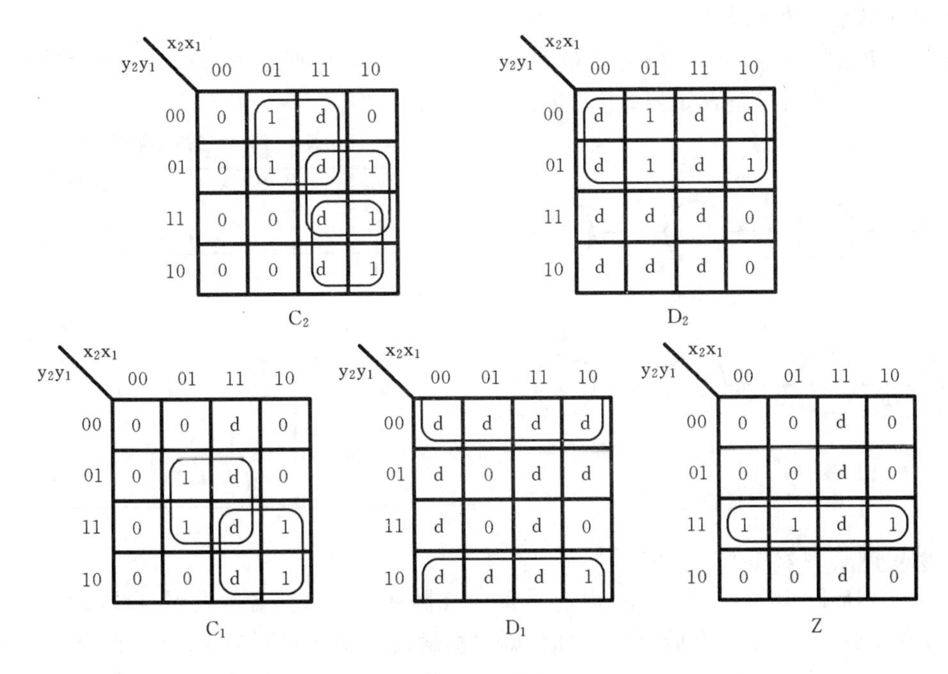

图 6.10　卡诺图

用卡诺图化简后的激励函数和输出函数如下：

$$C_2 = x_1\bar{y}_2 + x_2y_1 + x_2y_2 \qquad D_2 = \bar{y}_2$$

$$C_1 = x_1y_1 + x_2y_2 \qquad D_1 = \bar{y}_1$$

$$Z = y_2y_1$$

⑤ 画出逻辑电路图。根据激励函数和输出函数表达式，可画出该序列检测器的逻辑电路，如图 6.11 所示。

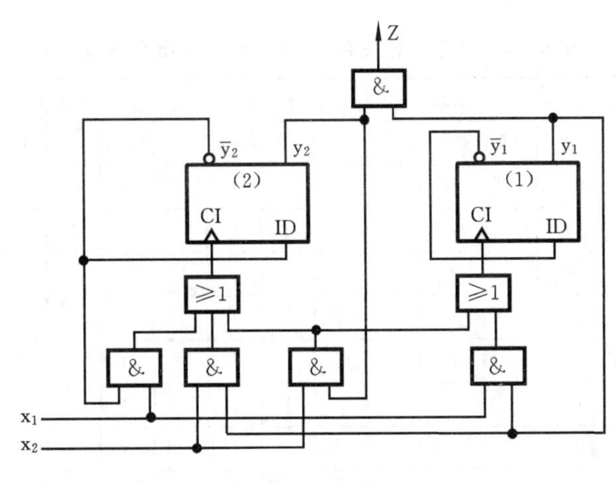

图 6.11　逻辑电路

例 6.4　用 T 触发器作为存储元件，设计一个异步模 8 加 1 计数器，该电路对输入端 x 出现的脉冲进行计数，当收到第八个脉冲时，输出端 Z 产生一个进位输出脉冲。

解　该电路的状态数目和状态转移关系均非常清楚，故可直接作出二进制状态图和状态表。并由题意可知，电路模型为 Mealy 型。

① 作出状态图和状态表。

设电路初始状态为“000”，状态变量用 y_3、y_2、y_1 表示，根据题意可作出二进制状态图，如图 6.12 所示；二进制状态表如表 6.13 所示。

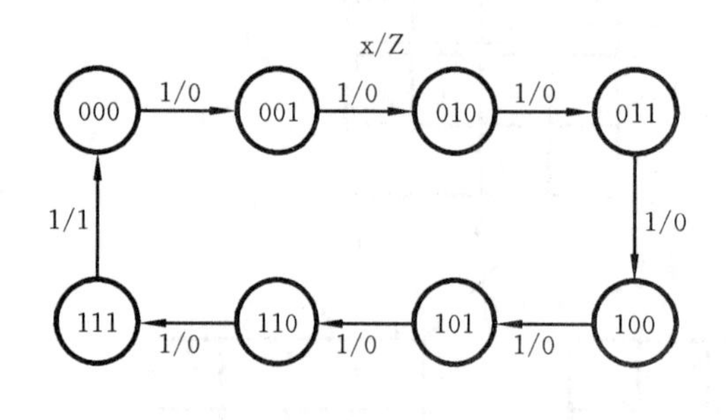

图 6.12　状态图

表 6.13　二进制状态表

现　态 $y_3\ y_2\ y_1$	次态 $y_3^{n+1}\ y_2^{n+1}\ y_1^{n+1}$/输出 Z x=1
0 0 0	0 0 1 / 0
0 0 1	0 1 0 / 0
0 1 0	0 1 1 / 0
0 1 1	1 0 0 / 0
1 0 0	1 0 1 / 0
1 0 1	1 1 0 / 0
1 1 0	1 1 1 / 0
1 1 1	0 0 0 / 1

② 确定激励函数和输出函数。

在例 6.3 所采用的设计方法中，规定 x 为 0(无脉冲输入)时，各触发器时钟端为 0(无触发脉冲)，输入端任意；x 为 1(有脉冲输入)时，则根据触发器状态是否需要改变，有选择地确定其时钟端为 1 或者为 0。从而，在一定现态下某些触发器的时钟端会随着输入脉冲的出现而产生一个触发脉冲，使触发器的状态发生设计者规定的转移。显然，这样处理的结果必然使触发器的时钟端和输入脉冲信号相关。事实上，当电路中采用边沿触发器作为存储元件时，触法器时钟端所要求的跳变信号除了来自输入脉冲外，还可以由电路中触发器状态的改变产生，这样处理的结果通常可以使电路更简单。据此，可对模 8 加 1 计数器的激励函数按如下方法进行处理。

假定采用下降沿触发(又称为负沿触发，用↓表示)的 T 触发器作为存储元件，根据表 6.13所示状态表，可确定在输入脉冲作用下的状态转移关系，以及激励函数和输出函数真值表，如表 6.14 所示。

表 6.14　状态转移关系及激励函数、输出函数真值表

输入脉冲	现态	次态	状态跳变			激励函数						输出
x	$y_3\ y_2\ y_1$	$y_3^{n+1}\ y_2^{n+1}\ y_1^{n+1}$	y_3	y_2	y_1	C_3	T_3	C_2	T_2	C_1	T_1	Z
1(_↑‾↓_)	0 0 0	0 0 1			↑		d		d	↓	1	0
1(_↑‾↓_)	0 0 1	0 1 0		↑	↓		d	↓	1	↓	1	0
1(_↑‾↓_)	0 1 0	0 1 1			↑		d		d	↓	1	0
1(_↑‾↓_)	0 1 1	1 0 0	↑	↓	↓	↓	1	↓	1	↓	1	0
1(_↑‾↓_)	1 0 0	1 0 1			↑		d		d	↓	1	0
1(_↑‾↓_)	1 0 1	1 1 0		↑	↓		d	↓	1	↓	1	0
1(_↑‾↓_)	1 1 0	1 1 1			↑		d		d	↓	1	0
1(_↑‾↓_)	1 1 1	0 0 0	↓	↓	↓	↓	1	↓	1	↓	1	1

由表 6.14 可以看出，在输入脉冲作用下，状态转移过程中激励函数 C_3 所要求的触发信号“↓”正好与 y_2 端产生的下跳变信号“↓”一致，可由 y_2 端提供；激励函数 C_2 所要求的触发信号“↓”正好与 y_1 端产生的下跳变信号“↓”一致，可由 y_1 端提供；激励函数 C_1 所要求的触发信号“↓”则可由 x 端的输入脉冲后沿提供；激励函数 T_3、T_2、T_1 的取值均为“1”或者任意值“d”。

而在输入端 x 为 0(无脉冲输入)时,电路状态不变,可令各触发器时钟端无下跳变信号"↓"出现,输入端 T 为任意值"d"。据此,可得到激励函数和输出函数表达式如下:

$$C_3 = y_2 \qquad C_2 = y_1 \qquad C_1 = x$$
$$T_3 = T_2 = T_1 = 1 \qquad Z = xy_3y_2y_1$$

③ 画出逻辑电路图。

根据激励函数和输出函数表达式,可画出实现给定要求的逻辑电路,如图 6.13 所示。

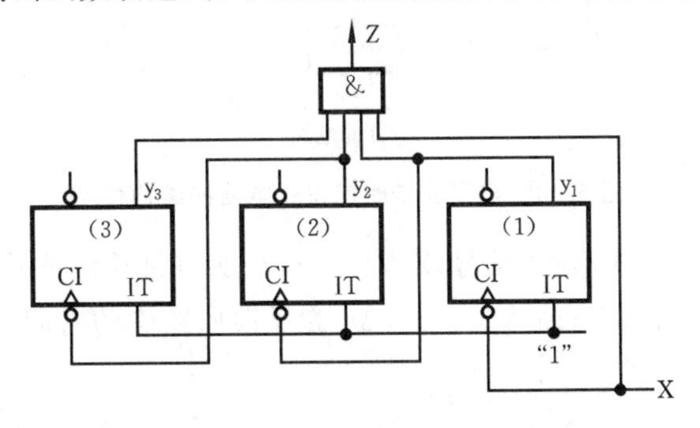

图 6.13　逻辑电路

思考:假定采用上升沿触发(又称为正沿触发,用↑表示)的 T 触发器作为存储元件,则激励函数 C_3、C_2、C_1 应作何改变?

6.3　电平异步时序逻辑电路

6.3.1　电平异步时序逻辑电路的结构模型与描述方法

前面讨论的脉冲异步时序逻辑电路和同步时序逻辑电路有两个共同的特点。第一,电路状态的转换是在脉冲作用下实现的。在同步时序逻辑电路中尽管输入信号可以是电平信号或者脉冲信号,但电路的状态转换受统一的时钟脉冲控制;脉冲异步时序逻辑电路中没有统一的时钟脉冲,因此,规定输入信号为脉冲信号,即控制电路状态转换的脉冲信号是由电路输入端提供的。第二,电路对过去输入信号的记忆是由触发器实现的。在同步时序逻辑电路中采用带时钟控制端的触发器;而在脉冲异步时序逻辑电路中既可用带时钟控制端的触发器,也可用非时钟控制触发器。

事实上,脉冲信号只不过是电平信号的一种特殊形式。所谓电平信号是指信号的"0"值和"1"值的持续时间是随意的,它以电位的变化作为信号的变化。而脉冲信号的"1"值仅仅维持一个固定的短暂时刻,它以脉冲的有、无标志信号的变化。显然,电平信号在短时间内连续两次变化便形成了脉冲。至于电路中的触发器,则不管是哪种类型,都是由逻辑门加反馈回路构成的。将上述两个特点进一步推广到一般,便可得到时序逻辑电路中更为本质的另一类电路——电平异步时序逻辑电路。

1. 电平异步时序逻辑电路的结构模型

电平异步时序逻辑电路同样由组合电路和存储电路两部分组成,但存储电路是由反馈回路中的延迟元件构成的。延迟元件一般不用专门插入延迟线,而是利用组合电路本身固有的分布延迟在反馈回路中的"集总"。其一般结构模型如图 6.14 所示。

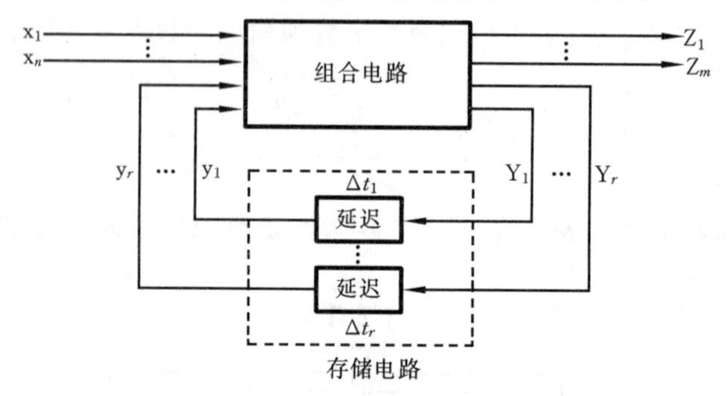

图 6.14　电平异步时序逻辑电路的结构模型

图中,$x_1, x_2, \cdots, x_n$ 为外部输入信号;$Z_1, Z_2, \cdots, Z_m$ 为外部输出信号;$Y_1, Y_2, \cdots, Y_r$ 为激励状态;$y_1, y_2, \cdots, y_r$ 为二次状态;$\Delta t_1, \Delta t_2, \cdots, \Delta t_r$ 为反馈回路中的时间延迟。电路可用以下方程组描述:

$$Z_i = f_i(x_1, \cdots, x_n, y_1, \cdots, y_r) \qquad i = 1, \cdots, m$$

$$Y_j = g_j(x_1, \cdots, x_n, y_1, \cdots, y_r) \qquad j = 1, \cdots, r$$

$$y_j(t + \Delta t_j) = Y_j(t)$$

由图 6.14 所示的结构模型及相应方程组可知,电路具有如下特点:

① 电路输出和状态的改变是由输入电平信号的变化直接引起的,由于电平异步时序逻辑电路可以及时地对输入信号的变化作出响应,所以工作速度较高。

② 电路的二次状态和激励状态仅仅相差一个时间延迟,即二次状态 y 是激励状态 Y 经过 Δt 延迟后的"重现",因此,y 被命名为二次状态。当输入信号不变时,激励状态与二次状态相同,即 y=Y,此时电路处于稳定状态。

③ 输入信号的一次变化可能会引起二次状态的多次变化。当电路处在稳定状态下输入信号发生变化时,若激励状态 Y 的值与二次状态 y 的值是相同的,则电路处于稳定状态;若激励状态 Y 的值与二次状态 y 的值不同,则变化后的 Y 经过 Δt 延迟后形成新的二次状态 y 反馈到组合电路输入端,这个新的二次状态 y 又会引起输出 Z 和激励状态 Y 的变化,这是一个循环过程,该过程将一直进行到激励状态 Y 等于二次状态 y 为止。在变化过程终止前,电路处于不稳定状态;变化过程结束后,电路进入一个新的稳定状态。这一现象,是电平异步时序逻辑电路的一个重要特征。

2. 输入信号的约束

考虑到电平异步时序逻辑电路输入信号的变化将直接引起输出和状态的变化,为了保证电路可靠地工作,对输入信号有如下两条约束。

① 不允许两个或两个以上输入信号同时发生变化。因为客观上不可能有准确的"同时",而微小的时差都可能使最终到达的状态不确定。

② 输入信号变化引起的电路响应必须完全结束后,才允许输入信号再次变化。换句话说,必须使电路进入稳定状态后,才允许输入信号发生变化。

以上两条是使电平异步时序逻辑电路能可靠工作的基本条件,通常将满足上述条件的工作方式称为基本工作方式,将按基本工作方式工作的电平异步时序逻辑电路称为基本型电路。

3. 描述方法

由于电平异步时序逻辑电路的组成与同步时序逻辑电路和脉冲异步时序逻辑电路不同，因此，电路的分析和设计方法以及分析和设计中使用的描述工具也不相同。在电平异步时序逻辑电路中，除了逻辑方程外，一般使用流程表和总态图描述一个电路的工作过程和逻辑功能。

流程表是用来反映电路输出信号、激励状态与电路输入信号、二次状态之间关系的一种表格形式。其一般格式如表 6.15 和表 6.16 所示。

表 6.15　Mealy 型流程表格式

二次状态	激励状态/输出		
		输入 x	
y		Y/Z	

表 6.16　Moore 型流程表格式

二次状态	激励状态			输出
		输入 x		
y		Y		Z

在构造流程表时，为了能够明显地区分电路的稳态和非稳态，当表中的激励状态与其对应的二次状态相同时，将激励状态加上圆圈，以表示电路处于稳态，否则，表示电路处于非稳态。其次，为了更好地体现不允许两个或两个以上输入信号同时变化的约束，将一位输入的各种取值按代码相邻的关系排列(类似卡诺图)，以表示输入信号只能在相邻位置上发生变化。

例如，图 6.15(a)所示的是一个用与非门构成的基本 R-S 触发器，假定在逻辑关系不变的前提下对该电路的器件和连线位置稍作变动，将从电路输入到输出的延迟时间集总成反馈回路中的延迟元件，并将延迟前的状态用激励状态 Y 表示，而将经过延迟后的状态用二次状态 y 表示，即可将该触发器变成图 6.15(b)所示电平异步时序逻辑电路的结构模型。

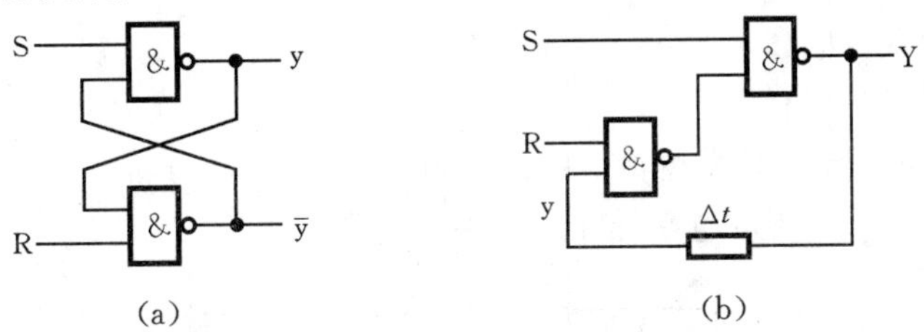

图 6.15　一个简单的电平异步时序逻辑电路

显然，基本 R-S 触发器是一个简单的电平异步时序逻辑电路，该电路的输出即状态，属于 Moore 型电平异步时序逻辑电路的特例。该电平异步时序逻辑电路的激励方程为

$$Y=\bar{S}+Ry$$

根据激励方程和与非门构成的 R-S 触发器不允许两个输入信号同时为 0 的约束，可作出相应流程表，如表 6.17 所示。

表 6.17　R-S 触发器流程表

二次状态 y	激励状态 Y RS=00	RS=01	RS=11	RS=10	输　出
0	d	⓪	⓪	1	0
1	d	0	①	①	1

由于电平异步时序逻辑电路在输入信号作用下存在稳态和非稳态，而且在同一种输入信号作用下，可能有一个稳态也可能有多个稳态，因此，为了对电路的工作状态和逻辑功能作出确切的说明，除了流程表和常用的时间图之外，引入了总态和总态图的概念。

总态是指电路输入和二次状态的组合，记作(x,y)。在流程表中，代表某个二次状态的一行和代表某种输入取值的一列的交叉点对应一个总态。当输入信号作相邻变化不引起电路状态变化时，在表内总态只作水平方向的移动。例如，表6.17中，当处在稳定总态(01,0)，输入RS由01变为11时，总态沿水平方向移动，到达稳定总态(11,0)，等待输入信号作新的变化。当输入信号作相邻变化引起状态改变时，总态先作水平移动，进入非稳定总态，然后再作垂直方向的移动，直至进入稳定总态为止。例如，表6.17中，当处在稳定总态(11,0)，输入RS由11变为10时，总态先作水平移动，进入非稳定总态(10,0)，由于此时激励状态由0变成了1，紧跟着二次状态将由0变为1，所以总态接着作垂直移动，进入稳定总态(10,1)。

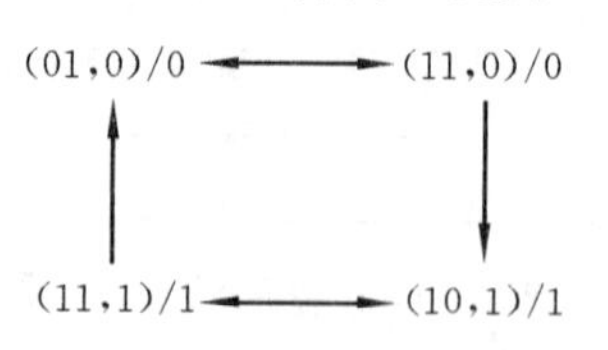

图6.16 与表6.17对应的总态图

总态图是反映稳定总态之间转移关系及相应输出的一种有向图。一个电平异步时序逻辑电路的逻辑功能，是由该电路在输入作用下稳定状态之间的转移关系以及各时刻的输出来体现的。总态图能够清晰地描述一个电路的逻辑功能。表6.17所示流程表对应的总态图如图6.16所示。

6.3.2 电平异步时序逻辑电路的分析

电平异步时序逻辑电路的分析过程比较简单，其一般步骤如下：

① 根据逻辑电路图写出输出函数和激励函数表达式；

② 作出流程表；

③ 作出总态图或时间图；

④ 说明电路逻辑功能。

下面举例说明电平异步时序逻辑电路的分析过程。

例6.5 分析图6.17所示电平异步时序逻辑电路。

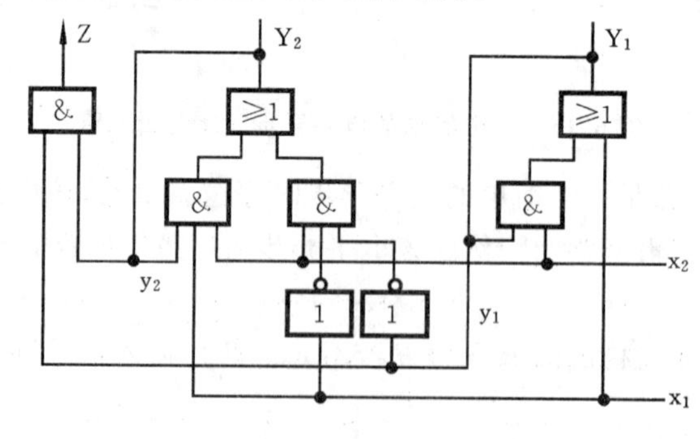

图6.17 逻辑电路

解 该电路有两个外部输入 x_1、x_2；两条反馈回路，对应的激励状态为 Y_1、Y_2，二次状态为 y_1、y_2；一个外部输出Z，输出与输入没有直接关系，仅仅是二次状态的函数，所以，该电路为Moore模型。

① 写出输出函数和激励函数表达式

$$Z = y_2 y_1$$

$$Y_2 = x_2 x_1 y_2 + x_2 \overline{x_1}\,\overline{y_1}$$

$$Y_1 = x_2 y_1 + x_1$$

② 作出流程表。根据激励函数和输出函数表达式可作出流程表,如表6.18所示。

表 6.18 流程表

二次状态	激励状态 Y_2Y_1				输出
y_2 y_1	$x_2x_1=00$	$x_2x_1=01$	$x_2x_1=11$	$x_2x_1=10$	Z
0 0	(00)	01	01	10	0
0 1	00	(01)	(01)	(01)	0
1 1	00	01	(11)	01	1
1 0	00	01	11	(10)	0

③ 作出总态图。根据流程表上稳定总态之间的关系,可作出图 6.18 所示的总态图。

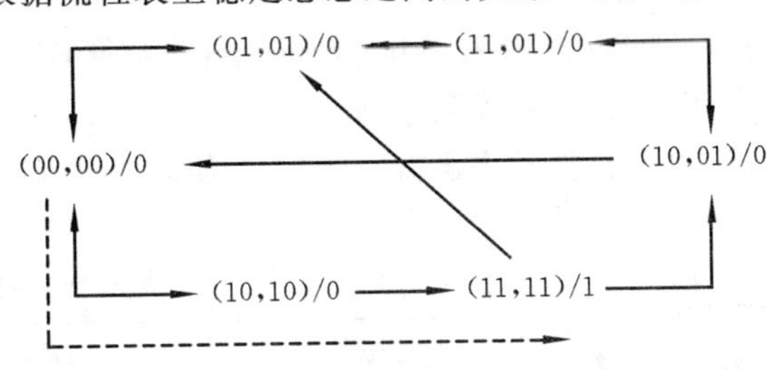

图 6.18 总态图

为了更直观地描述电路功能,还可以作出时间图。假定电路初始总态为$(x_2x_1, y_2y_1)=(00,00)$,输入 x_2x_1 的变化序列为 00→10→11→01→00→01→11→10,根据流程表可作出总态和输出响应序列如下:

时 刻 t_i	t_0	t_1	t_2	t_3	t_4	t_5	t_6	t_7
输入 x_2x_1	00	10	11	01	00	01	11	10
总态(x_2x_1, y_2y_1)	(00,00)	(10,00)*	(11,10)*	(01,11)*	(00,01)*	(01,00)*	(11,01)	(10,01)
		(10,10)	(11,11)	(01,01)	(00,00)	(01,01)		
输出 Z	0	0	1	0	0	0	0	0

在总态响应序列中加“ * ”的表示是非稳定总态。根据以上总态和输出响应序列可作出时间图,如图 6.19 所示。

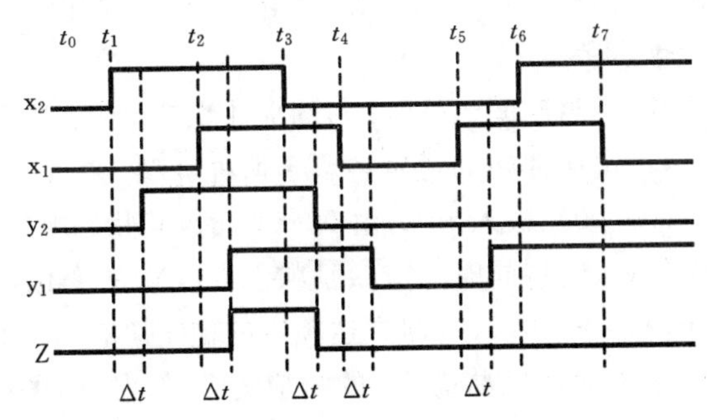

图 6.19 时间图

④ 说明电路功能。从总态图和时间图可以看出,仅当电路收到输入序列“00→10→11”时,才产生一个高电平输出信号,其他情况下均输出低电平。因此,该电路是一个“00→10→11”序列检测器。

6.3.3 电平异步时序逻辑电路的竞争

电平异步时序逻辑电路是利用各反馈回路的时间延迟实现记忆功能的。前面对电路进行分析时，没有对各反馈回路之间时间延迟的长短进行讨论，也就是说，是在假定各回路之间延迟时间相同的情况下对电路的工作过程进行分析的。事实上，各反馈回路的延迟时间往往各不相同。当电路中存在多条反馈回路，而各回路之间的延时又互不相同时，则可能由于输入信号的变化在反馈回路之间引起竞争。这里的所谓竞争，是指当输入信号变化引起电路中两个或两个以上状态变量发生变化时，由于各反馈回路延迟时间的不同，使状态变量的变化有先有后而导致不同状态响应过程的现象。

根据竞争对电路状态转移产生的影响，可将竞争分为非临界竞争和临界竞争两种类型。若竞争的结果最终能到达预定的稳态，则称为非临界竞争；若竞争的结果可能使电路到达不同的稳态，即状态转移不可预测，则称为临界竞争。

例如，图 6.20 所示为某电平异步时序逻辑电路的结构框图，假定描述该电路的流程表如表6.19所示。

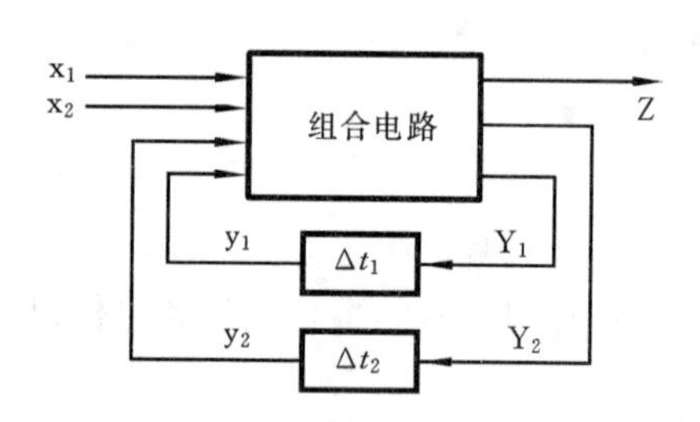

图 6.20 某电平异步时序电路框图

表 6.19 流程表

二次状态		激励状态 Y_2Y_1/输出 Z			
y_2	y_1	$x_2x_1=00$	$x_2x_1=01$	$x_2x_1=11$	$x_2x_1=10$
0	0	00/0	00/0	01/0	11/0
0	1	00/0	01/0	01/0	01/0
1	1	00/0	00/0	10/0	11/0
1	0	00/0	00/0	10/1	10/0

从表 6.19 可以看出，当电路处于稳定总态(00,00)、输入 x_2x_1 由 00→10 时，电路应经过非稳定总态(10,00)到达稳定总态(10,11)，由于此次输入变化引起激励状态 Y_2Y_1 从 00→11，即两个状态变量均发生变化，所以，当电路中两条反馈回路的延迟时间 Δt_1 和 Δt_2 不相等时，电路中将产生竞争。

此外，当电路处于稳定总态(10,11)、输入 x_2x_1 由 10→00 时，由于激励状态 Y_2Y_1 从 11→00，所以，电路同样可能发生竞争。

下面，按照两条反馈回路延迟时间 Δt_1 和 Δt_2 的大小关系，对上述两处输入信号变化引起的状态响应过程进行分析，讨论所存在的竞争各属于何种类型。

当电路处于稳定总态(00,00)、输入 x_2x_1 由 00→10 时，其状态响应过程如下。

① $\Delta t_2=\Delta t_1$：二次状态 y_2、y_1 将同时响应激励状态 Y_2、Y_1 的变化，即 y_2y_1 由 00→11，总态变化过程为(00,00)→(10,00)→(10,11)，即到达预定的稳定总态(10,11)。

② $\Delta t_2<\Delta t_1$：二次状态 y_2 对激励状态 Y_2 的响应先于 y_1 对 Y_1 的响应，即 y_2y_1 将由 00→10，总态变化过程为(00,00)→(10,00)→(10,10)，由于(10,10)是稳定总态，故电路停留在该稳定总态，即电路到达了一个非期望的稳定总态(10,10)。

③ $\Delta t_2>\Delta t_1$：二次状态 y_2 对激励状态 Y_2 的响应落后于 y_1 对 Y_1 的响应，即 y_2y_1 将由 00→01，总态变化过程为(00,00)→(10,00)→(10,01)，由于(10,01)是稳定总态，故电路停留在该稳态，即电路到达了一个非期望的稳定总态(10,01)。

由此可见，此次输入信号变化，使电路最终到达的稳定状态随电路反馈回路中延迟时间的不同而不同，即状态转移不可预测，所以本次竞争为临界竞争。

当电路处于稳定总态(10,11)、输入 x_2x_1 由 10→00 时，其状态响应过程如下。

① $\Delta t_2=\Delta t_1$：二次状态 y_2、y_1 将同时响应激励状态 Y_2、Y_1 的变化，即 y_2y_1 由 11→00，总态变化过程为(10,11)→(00,11)→(00,00)，到达预定的稳定总态(00,00)。

② $\Delta t_2<\Delta t_1$：二次状态 y_2 对激励状态 Y_2 的响应先于 y_1 对 Y_1 的响应，总态变化过程为(10,11)→(00,11)→(00,01)→(00,00)，到达预定的稳定总态(00,00)。

③ $\Delta t_2>\Delta t_1$：二次状态 y_2 对激励状态 Y_2 的响应落后于 y_1 对 Y_1 的响应，总态变化过程为(10,11)→(00,11)→(00,10)→(00,00)，到达预定的稳定总态(00,00)。

由此可见，无论反馈回路中延迟时间的大小如何，此次输入信号变化引起的竞争最终都能到达预定稳态，所以，本次竞争属于非临界竞争。

从上述分析不难得出用流程表检查电路竞争的**一般法则**：当从某一稳态出发，输入信号发生所允许的变化、引起两个或两个以上激励状态发生变化时，由于反馈回路之间延迟时间的不同会使电路产生竞争。若输入信号变化所到达的列只有一个稳态，则该竞争属非临界竞争；若输入信号变化所到达的列有两个或两个以上稳态，则该竞争属临界竞争。

显然，非临界竞争的存在不会影响电路的正常工作，但临界竞争的存在却将导致电路状态转换的不可预测。为了确保电平异步时序逻辑电路能可靠地实现预定功能，电路设计时必须避免发生临界竞争。该问题一般可在状态编码时解决，具体方法在 6.3.4 节中介绍。

*6.3.4 电平异步时序逻辑电路的设计

电平异步时序逻辑电路设计的一般步骤如下：

① 根据设计要求，建立原始流程表；

② 化简原始流程表，得到最简流程表；

③ 状态编码，得到二进制流程表；

④ 确定激励状态和输出函数表达式；

⑤ 画出逻辑电路图。

下面对完成上述步骤的具体方法分别进行介绍。

1. 建立原始流程表

原始流程表是按照电平异步时序逻辑电路的描述方法对设计要求的一种最原始的抽象。为了实现从一个逻辑问题的文字描述到流程表的过渡，在建立原始流程表时通常借助时间图或原始总态图，即首先根据题意画出典型输入、输出时间图或作出原始总态图，然后再逐步形成原始流程表。

根据时间图建立原始流程表的过程如下。

(1) 画出典型输入/输出时间图并设立相应状态

画典型输入/输出时间图应注意以下 3 点：

① 符合题意，即正确体现设计要求；

② 满足电平异步时序逻辑电路不允许两个或两个以上输入信号同时改变的约束条件；

③ 尽可能反映输入信号在各种取值下允许发生的变化。

作出输入/输出时间图后,按输入信号的变化进行时间划分,将每次变化作为一个新的输入,用不同时刻进行区分。由于电平异步时序逻辑电路约定,每次输入信号变化,必须保证电路进入稳定状态后才允许输入信号再次变化,所以,应根据题意设立与各时刻输入/输出对应的稳定状态。

(2) 建立原始流程表

根据时间图和所设立的状态建立原始流程表,一般分为3步进行。

① 画出原始流程表,并填入稳定状态和相应输出。由于根据时间图设立状态时,开始并不知道哪些输入取值可用同一状态表示,因此,对不同的输入取值总是设立不同的状态进行区分,这就使得原始流程表中每一行只有一个稳定状态。显然,每设立一个状态,在原始流程表上便占一行,每行对应一个二次状态。根据每个状态设立时的输入值,在表中找到相应列,并在该总态中填入与二次状态相同的激励状态和相应输出,即可得到原始流程表的稳定状态部分。

② 填入非稳定状态并指定非稳定状态下的输出,完善流程表。由于表中每行只有一个稳定状态,所以,在稳态下输入信号发生允许变化时,电路不可能直接进入另一个稳态。假定每次输入信号发生变化时,电路总是经过一个非稳定状态后进入另一个稳定状态,根据时间图中的状态转移关系,可在原始流程表中填入相应的非稳定状态。

在填写非稳定状态时应注意,由于时间图中不一定反映了所有输入信号变化的情况,所以往往要根据题意作适当的补充和完善。当从某一稳态出发,输入信号发生允许变化所引起的状态转移,不能用时间图中所设立的状态来表示时,则应根据题意补充新的状态,以便无遗漏地反映设计要求。

为了使电路经过非稳定状态时,其输出不产生尖脉冲信号,规定非稳定状态下输出指定的法则为:若转换前后两个稳定状态的输出相同,则指定非稳定状态下的输出与稳态下的输出相同;若转换前后两个稳定状态的输出不同,则可指定非稳定状态下的输出为任意值“d”。

③ 填入无关状态和无关输出。因为不允许两个或两个以上输入信号同时改变,所以,对稳态下输入不允许到达的列,在相应处填入任意状态和任意输出,用“d”表示,即作为无关处理。

至此,可得到一个完整的原始流程表。

例 6.6 某电平异步时序逻辑电路有两个输入端 x_1 和 x_2,一个输出端 Z。输出与输入之间的关系为:只要 $x_1x_2=00$,则 $Z=0$,在此之后当 $x_1x_2=01$ 或 10 时,$Z=1$;只要 $x_1x_2=1$,则 $Z=1$,在此之后当 $x_1x_2=01$ 或 10 时,$Z=0$。作出该电路的原始流程表。

解 根据借助时间图建立原始流程表的方法,形成该电路原始流程表的过程如下。

①画出典型输入/输出时间图并设立相应状态。

根据题意,可画出该电路典型输入/输出时间图,如图 6.21 所示。

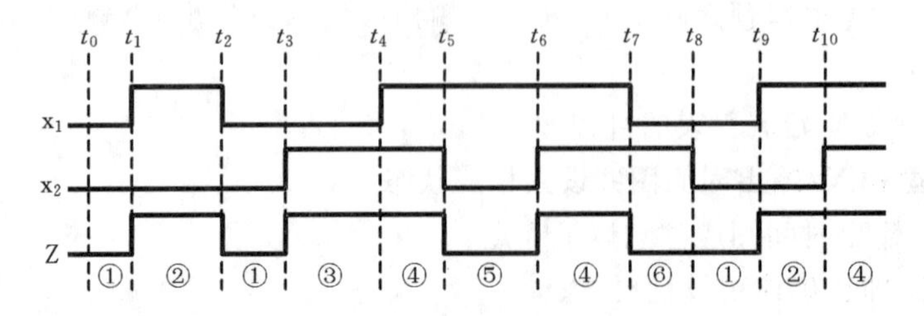

图 6.21 典型输入/输出时间图

图中，假定 t_0 为起始时刻，在该时刻输入 $x_1x_2=00$，输出 Z 为 0，用状态①表示；在 t_1 时刻，输入 x_1x_2 由 00→10，输出 Z 为 1，用状态②表示；在 t_2 时刻，输入 x_1x_2 由 10→00，输出 Z 为 0，因为任何时刻只要 $x_1x_2=00$，则输出 Z 为 0，故与 t_0 时刻相同，仍用状态①表示；t_3 时刻，输入 x_1x_2 由 00→01，输出 Z 为 1，用状态③表示；t_4 时刻，输入 x_1x_2 由 01→11，输出 Z 为 1，用状态④表示；t_5 时刻，输入 x_1x_2 由 11→10，输出 Z 为 0，用状态⑤表示；t_6 时刻，输入 x_1x_2 由 10→11，输出 Z 为 1，因为任何时刻只要 $x_1x_2=11$，则输出 Z 为 1，故与 t_4 时刻相同，仍用状态④表示；t_7 时刻，输入 x_1x_2 由 11→01，输出 Z 为 0，用状态⑥表示；t_8 时刻，输入 x_1x_2 由 01→00，输出 Z 为 0，与 t_0 时刻相同，用状态①表示；t_9 时刻，输入 x_1x_2 由 00→10，输出 Z 为 1，与 t_1 时刻相同，用状态②表示；t_{10} 时刻，输入 x_1x_2 由 10→11，输出 Z 为 1，与 t_4 时刻相同，用状态④表示。

②建立原始流程表。

首先，画出原始流程表并填入稳定状态和相应输出。图 6.20 中共设立了 6 个稳定状态，按照每行一个稳定状态，将时间图中设立的各状态和相应的输出填入流程表中与各二次状态、输入取值对应的行、列位置，即可得到表 6.20 所示的部分流程表（Ⅰ）。

表 6.20 部分流程表(Ⅰ)

二次状态 y	激励状态 Y/输出 Z			
	$x_1x_2=00$	$x_1x_2=01$	$x_1x_2=11$	$x_1x_2=10$
1	①/0			
2				②/1
3		③/1		
4			④/1	
5				⑤/0
6		⑥/0		

表 6.21 部分流程表(Ⅱ)

二次状态 y	激励状态 Y/输出 Z			
	$x_1x_2=00$	$x_1x_2=01$	$x_1x_2=11$	$x_1x_2=10$
1	①/0	3/d		2/d
2	1/d		4/1	②/1
3	1/d	③/1	4/1	
4		6/d	④/1	5/d
5	1/0		4/d	⑤/0
6	1/0	⑥/0	4/d	

然后，填入非稳定状态并指定非稳定状态下的输出，完善流程表。根据时间图中的状态转移关系和非稳定状态下输出指定的法则，在流程表中填入非稳定状态并指定其输出，即可得到表 6.21所示的部分流程表(Ⅱ)。在图 6.21 所示时间图中，未体现出电路处于稳定状态③、输入 x_1x_2 由 01→00 的情况，此时，可根据题意令其转向状态①；同样，当处于稳态⑤，输入 x_1x_2 由10→00 时，可令其转向状态①；当处于稳态⑥，输入 x_1x_2 由 01→11 时，可令其转向状态④。由于时间图中设立的 6 个状态已能反映电路在各种输入取值作用下的状态响应，所以无需补充新的状态。

最后，填入无关状态和无关输出。对表 6.21 中各稳定状态下输入变化不允许到达的列，在相应位置填入无关状态和无关输出“d”，即可得到表 6.22 所示的完整流程表。

表 6.22 完整流程表

二次状态 y	激励状态 Y/输出 Z			
	$x_1x_2=00$	$x_1x_2=01$	$x_1x_2=11$	$x_1x_2=10$
1	①/0	3/d	d/d	2/d
2	1/d	d/d	4/1	②/1
3	1/d	③/1	4/1	d/d
4	d/d	6/d	④/1	5/d
5	1/0	d/d	4/d	⑤/0
6	1/0	⑥/0	4/d	d/d

2. 化简原始流程表

在建立原始流程表时,设计者一般将注意力集中在如何正确、清晰地描述给定的设计要求上,并没有刻意追求如何使用最少的状态,因而所得到的流程表往往不是最简的。在进行电平异步时序逻辑电路设计时,流程表中的状态数目决定了电路中反馈回路的数目。显然,状态数目的多少与电路的复杂程度直接相关。为了获得一种经济、合理的设计方案,必须对原始流程表进行化简,求出最简流程表。

原始流程表的化简是建立在状态相容这一概念基础之上的。由于原始流程表中的每一行代表一个稳定状态,因而相容状态的概念被引申为相容行的概念。

对于原始流程表中的某两行,如果每一列确定的输出相同,且确定的激励状态相同、交错、循环、相容或为各自本身,则称这两行为相容行。在检查输出时,对于一个确定而另一个任意,或者两个均任意的情况,都作为相同情况处理。在检查激励状态时,按以下原则确定稳定状态、非稳定状态和任意状态的相容性:

① 稳定状态ⓘ和非稳定状态 i 是相容的;

② 若稳定状态ⓘ和ⓙ是相容的,则稳定状态ⓘ和非稳定状态 j 是相容的;

③ 若稳定状态ⓘ和ⓙ是相容的,则非稳定状态 i 和 j 是相容的;

④ 稳定状态ⓘ和非稳定状态 i 均与任意状态“d”相容;任意状态“d”与任意状态“d”相容。

引入相容行的概念后,原始流程表的化简过程与不完全给定状态表的化简过程类似,同样可用隐含表、合并图和覆盖闭合表作为化简工具,其一般步骤如下:

① 作隐含表,找出相容行;

② 作合并图,求出最大相容行类;

③ 从相容行类中选择一个最小闭覆盖;

④ 作出最简流程表。

对最小闭覆盖中各相容行类中的相容行进行合并时注意,当输出存在确定值和任意值“d”时,合并后取确定值;当激励状态存在稳定状态和非稳定状态时,合并时取稳定状态;当激励状态存在确定状态和任意状态“d”时,合并时取确定状态。

下面举例说明原始流程表的化简过程。

例 6.7 化简表 6.22 所示原始流程表。

解 根据化简原始流程表的方法和步骤,化简过程如下。

① 作隐含表,找相容行。图 6.22 给出了与表 6.22 所示原始流程表对应的隐含表。根据相容行的判断规则,可找出相容行对:(1,2),(1,3),(2,3),(2,6),(3,5),(4,5),(4,6),(5,6)。

② 作合并图,求最大相容行类。根据所得出的相容行对,可作出合并图如图 6.23 所示。可见,最大相容行类为(1,2,3),(4,5,6),(3,5),(2,6)。

③ 选择一个最小闭覆盖。显然,选择由两个最大相容行类构成的集合{(1,2,3),(4,5,6)},便可满足覆盖、闭合和最小 3 个条件。因此,该集合即为表 6.22 所示原始流程表的最小闭覆盖。

④ 作出最简流程表。将最小闭覆盖中的最大相容类(1,2,3),(4,5,6)分别用 A、B 代替,即可得到最简流程表,如表 6.23 所示。

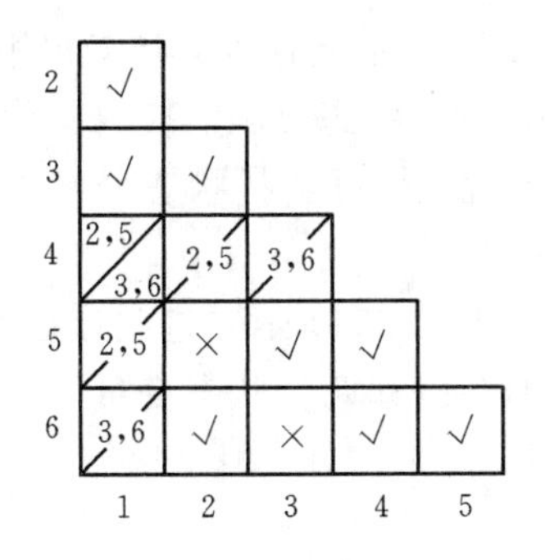

图 6.22 隐含表

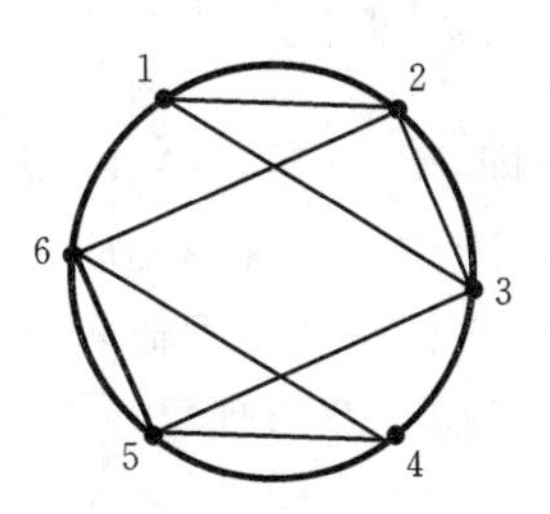

图 6.23 合并图

表 6.23 最简流程表

二次状态 y	激励状态 Y/输出 Z			
	$x_1x_2=00$	$x_1x_2=01$	$x_1x_2=11$	$x_1x_2=10$
A	Ⓐ/0	Ⓐ/1	B/1	Ⓐ/1
B	A/0	Ⓑ/0	Ⓑ/1	Ⓑ/0

3. 状态编码

状态编码的任务是根据化简后的状态数目确定二进制代码的位数，并选择一种合适的状态分配方案，将每个状态用一个二进制代码表示。在同步时序逻辑电路设计中，选择分配方案时需考虑的主要问题是如何使电路结构最简单。而在电平异步时序逻辑电路设计中，确定分配方案时应考虑的主要问题是如何避免反馈回路之间的临界竞争，保证电路可靠地实现预定功能。

为了消除临界竞争，在确定状态分配方案时常用以下几种方法。

(1) 相邻状态，相邻分配

由 6.3.3 节对电平异步时序逻辑电路中竞争现象的分析可知，仅当输入变化引起两个或两个以上状态变量发生变化时，电路中才会产生竞争。换而言之，如果能保证每次状态转移时，仅有一个状态变量变化，则不会产生竞争。据此，可通过“相邻状态，相邻分配”的方法消除竞争。所谓相邻状态，是指稳态下输入取值作相邻变化时，需要直接发生转换的状态。而所谓相邻分配是指分配给相邻状态的代码为相邻代码(仅一位不同)。

为了找出流程表中各状态的相邻关系，通常借助状态相邻图。画状态相邻图的方法是：先将流程表中的每一个状态用一个圆圈表示(在圆圈内标出状态名)，然后从流程表中每一个稳态出发，找出输入取值作相邻变化时的下一个稳态，并用有向线段将其连接起来，表示这两个状态为相邻状态。

例 6.8 对表 6.24 所示流程表进行状态编码，作出二进制流程表。

表 6.24 流程表

二次状态 y	激励状态 Y			
	$x_2x_1=00$	$x_2x_1=01$	$x_2x_1=11$	$x_2x_1=10$
A	Ⓐ	Ⓐ	B	C
B	A	Ⓑ	Ⓑ	Ⓑ
C	Ⓒ	A	D	Ⓒ
D	C	Ⓓ	Ⓓ	Ⓓ

解 根据"相邻状态,相邻分配"的法则,首先作出表 6.24 所示流程表的状态相邻图,如图 6.24 所示。由相邻图可知,A 和 B、A 和 C、C 和 D 为相邻状态,状态分配时应令其代码相邻。流程表中共有 4 个状态,需两位代码,设二次状态用 y_2、y_1 表示,可选择状态分配方案,如图 6.25所示。即:用 00 表示 A,01 表示 B,10 表示 C,11 表示 D。

将表 6.24 中的状态用相应二进制编码表示,即可得到表 6.25 所示二进制流程表。由该流程表可知,在任一稳态下输入信号发生允许变化时,均不会引起两个状态变量发生变化,因而从根本上消除了竞争现象。

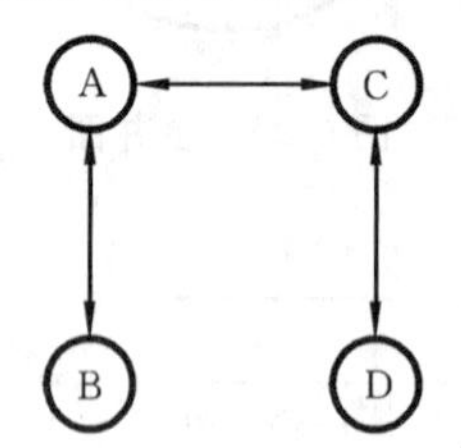

图 6.24 状态相邻图

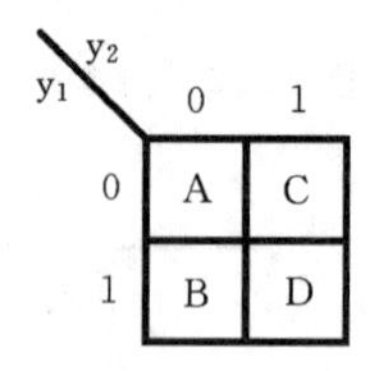

图 6.25 状态分配方案

表 6.25 二进制流程表

二次状态 y_2 y_1	激励状态 Y_2Y_1 $x_2x_1=00$	$x_2x_1=01$	$x_2x_1=11$	$x_2x_1=10$
0 0	(00)	(00)	01	10
0 1	00	(01)	(01)	(01)
1 1	10	(11)	(11)	(11)
1 0	(10)	00	11	(10)

值得指出的是,并不是所有流程表都能直接用最少的二进制代码位数实现"相邻状态,相邻分配"。设状态数为 n,二进制代码位数为 m,则 n 和 m 的关系为$2^m \geqslant n > 2^{m-1}$。由于一个 m 位代码最多只有 m 个相邻代码,因此,当相邻图上状态的最大相邻状态数 L 大于m 时,则不可能用 m 位代码实现相邻分配。通常解决的办法是增加二进制代码位数,实现相邻分配。由于代码位数对应着电路中的反馈回路数,因此,这将增加电路的复杂性。

(2) 增加过渡状态,实现相邻分配

对于某些流程表,尽管相邻图上状态的最大相邻状态数 L 不大于状态分配的最小代码位数 m,但状态之间的相邻关系出现由奇数个状态构成的闭环,因而无法直接实现状态的相邻分配。一种常用的方法是通过增加过渡状态,实现相邻分配,得到一个无竞争的二进制流程表。

例 6.9 对表 6.26 所示流程表进行状态编码,得到二进制流程表。

表 6.26 流程表

二次状态 y	激励状态 Y $x_2x_1=00$	$x_2x_1=01$	$x_2x_1=11$	$x_2x_1=10$
A	Ⓐ	B	C	Ⓐ
B	A	Ⓑ	Ⓑ	C
C	A	B	Ⓒ	Ⓒ

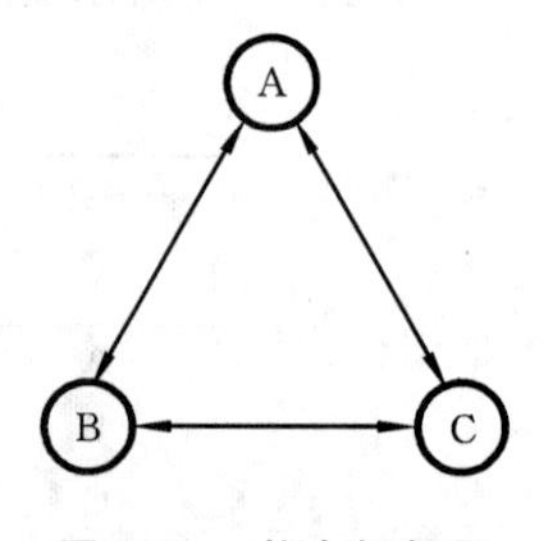

图 6.26 状态相邻图

解　根据表6.26所示流程表,可作出状态相邻图,如图6.26所示。尽管相邻图上每个状态只有两个相邻状态,但由于3个状态之间的相邻关系构成一个闭环,所以用两位代码无论怎样分配均无法满足其相邻关系。如果增加一个过渡状态,例如,在状态A和C之间增加过渡状态D,将A→C改为A→D→C,C→A改为C→D→A,那么,表6.26所示流程表可被修改成如表6.27所示。修改后的流程表中增加了新的一行,但该行没有稳定状态,因为状态D仅在稳态A和C发生转换时起过渡作用。作出表6.26和表6.27的总态图(略),总态图表明,增加过渡状态后的流程表与原流程表描述的逻辑功能相同。表6.27所示流程表的状态相邻图如图6.27所示。显然,用两位代码可以方便地满足图6.27所示的相邻关系。

表6.27　增加过渡状态后的流程表

二次状态	激励状态 Y			
y	$x_2x_1=00$	$x_2x_1=01$	$x_2x_1=11$	$x_2x_1=10$
A	Ⓐ	B	D	Ⓐ
B	A	Ⓑ	Ⓑ	C
C	D	B	Ⓒ	Ⓒ
D	A	d	C	d

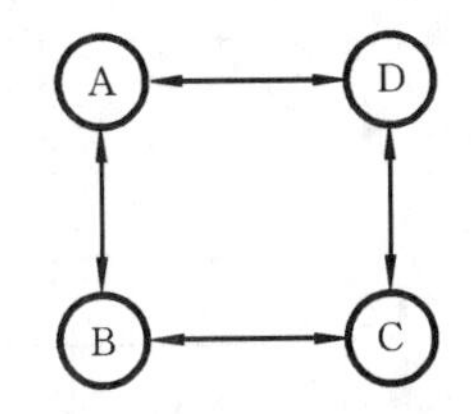

图6.27　增加过渡状态后的状态相邻图

设二次状态用y_2、y_1表示,令y_2y_1取值00表示A,01表示B,10表示D,11表示C,即可得到与表6.27对应的二进制流程表,如表6.28所示,该流程表描述的电路中不存在竞争。

表6.28　二进制流程表

二次状态		激励状态 Y_2Y_1			
y_2	y_1	$x_2x_1=00$	$x_2x_1=01$	$x_2x_1=11$	$x_2x_1=10$
0	0	(00)	01	10	(00)
0	1	00	(01)	(01)	11
1	1	10	01	(11)	(11)
1	0	00	dd	11	dd

(3) 允许非临界竞争,避免临界竞争

由于非临界竞争并不影响电路正常工作,所以,在进行状态分配时,只需避免临界竞争。对于有的流程表,虽然无法用最少位数的代码实现无竞争的状态分配,但可以通过将竞争限制在只有一个稳态的列,即允许非临界竞争,从而可以实现无临界竞争的状态分配。

例6.10　对表6.29所示流程表进行状态编码,得到二进制流程表。

解　根据表6.29所示流程表可作出状态相邻图,如图6.28所示。显然,用两位二进制代码无法实现相邻状态相邻分配。解决的方法之一是通过增加过渡状态和增加代码位数实现相邻分配,但这样处理的结果必然增加电路的复杂性。解决该问题的另一种方法是允许非临界竞争,避免临界竞争。观察表6.29不难发现,状态A和C之间的转换只发生在$x_2x_1=00$和

表6.29　流程表

二次状态	激励状态 Y				输　出
y	$x_2x_1=00$	$x_2x_1=01$	$x_2x_1=11$	$x_2x_1=10$	Z
A	Ⓐ	C	D	Ⓐ	0
B	A	C	Ⓑ	Ⓑ	0
C	A	Ⓒ	Ⓒ	B	0
D	A	C	Ⓓ	A	1

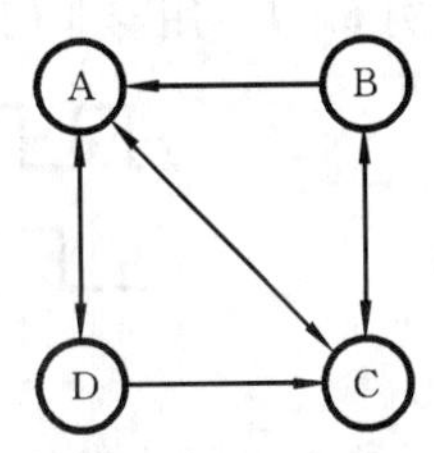

图6.28　状态相邻图

$x_2x_1=01$这两列，而这两列各只有一个稳定状态，这就意味着 A 和 C 发生转换时，即使产生竞争，这种竞争也属于非临界竞争。即在状态分配时 A 和 C 可以不相邻。排除 A 和 C 的相邻关系后，状态编码只需满足 A 和 B、A 和 D、D 和 C、C 和 B 相邻即可。

设二次状态用 y_2、y_1 表示，令 y_2y_1 取值 00 表示 A，01 表示 B，10 表示 D，11 表示 C，将其代入表 6.29，即可得到表 6.30 所示二进制流程表。该流程表描述的电路不会产生临界竞争。

表 6.30 二进制流程表

二次状态 y_2 y_1	激励状态 Y_2Y_1				输出 Z
	$x_2x_1=00$	$x_2x_1=01$	$x_2x_1=11$	$x_2x_1=10$	
0 0	(00)	11	10	(00)	0
0 1	00	11	(01)	(01)	0
1 1	00	(11)	(11)	01	0
1 0	00	11	(10)	00	1

4. 确定激励状态和输出函数表达式

二进制流程表给出了激励状态、输出函数与电路输入和二次状态之间的取值关系。根据流程表可作出激励状态、输出函数的卡诺图，化简后即可得到激励状态和输出函数的最简表达式。例如，根据表 6.30 可作出 Y_2、Y_1 和输出 Z 的卡诺图，如图 6.29 所示。

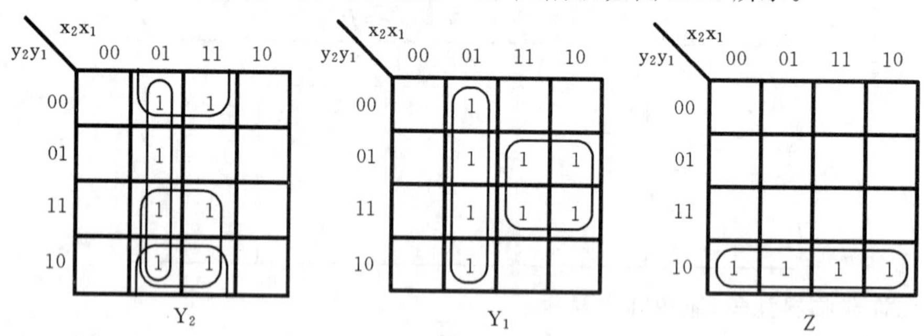

图 6.29 激励状态和输出函数卡诺图

化简后可得到激励状态和输出函数表达式为

$$Y_2=\bar{x}_2x_1+x_1y_2+x_1\bar{y}_1$$

$$Y_1=\bar{x}_2x_1+x_2y_1 \qquad Z=y_2\bar{y}_1$$

根据激励状态和输出函数表达式，即可画出相应逻辑电路图(略)。

前面对电平异步时序逻辑电路设计的各主要步骤和方法进行了讨论。为了使读者系统地掌握设计的全过程，下面给出一个设计实例。

例 6.11 用与非门设计一个单脉冲发生器，电路结构框图如图 6.30 所示。

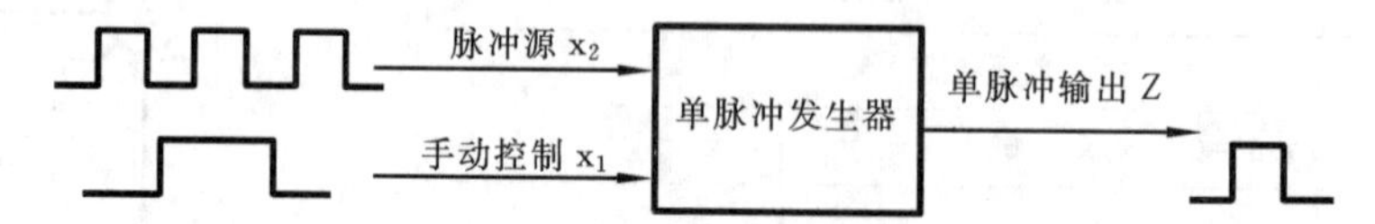

图 6.30 单脉冲发生器的结构框图

该电路有两个输入端 x_1、x_2 和一个输出端 Z。x_2 接时钟脉冲源，x_1 接手动控制按钮。当不按下按钮($x_1=0$)时，x_2 端的脉冲被封锁，输出 Z 为 0，无脉冲输出；当按下按钮并释放(x_1 由

0→1再由 1→0)之后,输入端 x_2出现的第一个完整脉冲被送至输出端 Z,即用手启动一次,输出一个完整脉冲。电路规定每启动一次,必须在输出一个完整脉冲后才可再次启动。

解　单脉冲发生器是一种在系统调试、维修、测试中常用的逻辑电路,主要用来控制系统运行于单步工作状态。根据给定要求,设计过程如下。

① 建立原始流程表。根据题意可作出典型输入/输出时间图,如图 6.31 所示。

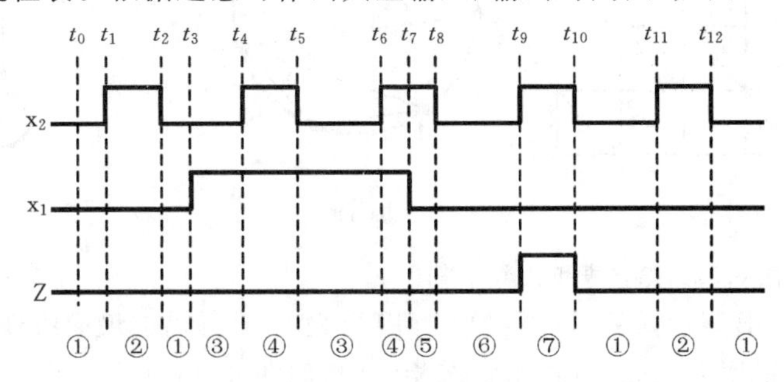

图 6.31　典型时间图

图中,按照输入信号的变化进行时间划分后,根据题意共设立了 7 个不同状态。其中,t_0时刻 $x_2x_1=00$,启动信号和脉冲信号均未出现,输出 Z 为 0,设用状态①表示;t_1时刻 $x_2x_1=10$,有脉冲出现但没有启动信号,输出 Z 为 0,设用状态②表示;t_2时刻与 t_0时刻相同;t_3时刻 $x_2x_1=01$,有启动信号但无脉冲信号,输出 Z 为 0,设用状态③表示;t_4时刻 $x_2x_1=11$,启动信号和脉冲信号同时出现,输出 Z 为 0,设用状态④表示;t_5时刻与 t_3时刻相同;t_6时刻与 t_4时刻相同;t_7时刻$x_2x_1=10$,此时 x_2端有启动信号结束后的不完整脉冲,输出 Z 为 0,设用状态⑤表示;t_8时刻$x_2x_1=00$,此时启动信号已结束,但第一个完整脉冲尚未出现,输出 Z 为 0,设用状态⑥表示;t_9时刻,出现了启动信号结束后的第一个完整脉冲,输出 Z 为 1,产生一个完整输出脉冲,设用状态⑦表示。此后,电路将重复此过程,实现每启动一次,输出一个完整脉冲的功能。

根据时间图中设立的状态可建立原始流程表,如表 6.31 所示。

表 6.31　原始流程表

二次状态	激励状态 Y/输出 Z			
y	$x_2x_1=00$	$x_2x_1=01$	$x_2x_1=11$	$x_2x_1=10$
1	①/0	3/0	d/d	2/0
2	1/0	d/d	4/0	②/0
3	6/0	③/0	4/0	d/d
4	d/d	3/0	④/0	5/0
5	6/0	d/d	d/d	⑤/0
6	⑥/0	d/d	d/d	7/d
7	1/d	d/d	d/d	⑦/1

由于问题中规定每启动一次,必须输出一个完整脉冲后才能再次启动,所以,处在稳态⑤时输入取值不允许从 10→11,处在稳态⑥时输入取值不允许从 00→01,处在稳态⑦时输入取值不允许从 10→11。因此,在流程表上的相应位置填入任意状态和任意输出“d”。

② 化简流程表。根据相容行的判断法则,可作出与表 6.31 对应的隐含表,如图 6.32(a)所示。由隐含表可得到相容行对(1,2)、(3,4)、(3,5)、(3,6)、(4,5)。据此,可作出状态合并图,如图 6.32(b)所示,其最大相容行类为(1,2)、(3,4,5)、(3,6)、(7)。

根据选择最小闭覆盖的条件,可选择相容行类集合{(1,2),(3,4,5),(6),(7)}。令(1,2)

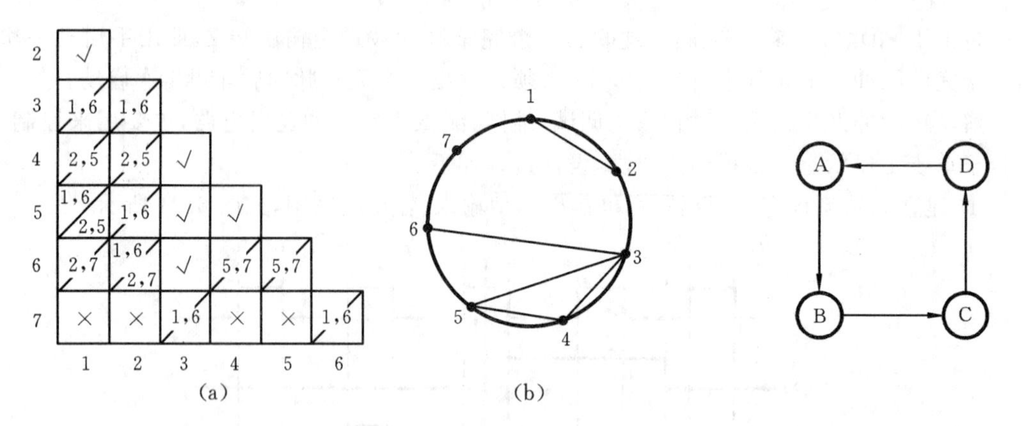

图 6.32 隐含表和状态合并图　　　　图 6.33 状态相邻图

用 A 表示,(3,4,5)用 B 表示,(6)用 C 表示,(7)用 D 表示,合并后的最简流程表如表 6.32 所示。

③ 状态编码。根据表 6.32 可作出状态相邻图,如图 6.33 所示。设二次状态用 y_2、y_1 表示,为了满足图 6.33 所示的相邻关系,可令 y_2y_1 取值 00 表示 A,01 表示 B,11 表示 C,10 表示 D。将各状态的编码代入表 6.32,即可得到表 6.33 所示二进制流程表。

表 6.32 最简流程表

二次状态 y	激励状态 Y/输出 Z			
	$x_2x_1=00$	$x_2x_1=01$	$x_2x_1=11$	$x_2x_1=10$
A	Ⓐ/0	B/0	B/0	Ⓐ/0
B	C/0	Ⓑ/0	Ⓑ/0	Ⓑ/0
C	Ⓒ/0	d/d	d/d	D/d
D	A/d	d/d	d/d	Ⓓ/1

表 6.33 二进制流程表

二次状态 y_2 y_1	激励状态 Y_2Y_1/输出 Z			
	$x_2x_1=00$	$x_2x_1=01$	$x_2x_1=11$	$x_2x_1=10$
0 0	(00)/0	01/0	01/0	(00)/0
0 1	11/0	(01)/0	(01)/0	(01)/0
1 1	(11)/0	d/d	d/d	10/d
1 0	00/d	d/d	d/d	(10)/1

④ 确定激励状态和输出函数表达式。根据二进制流程表可作出激励状态和输出函数卡诺图,如图 6.34 所示。

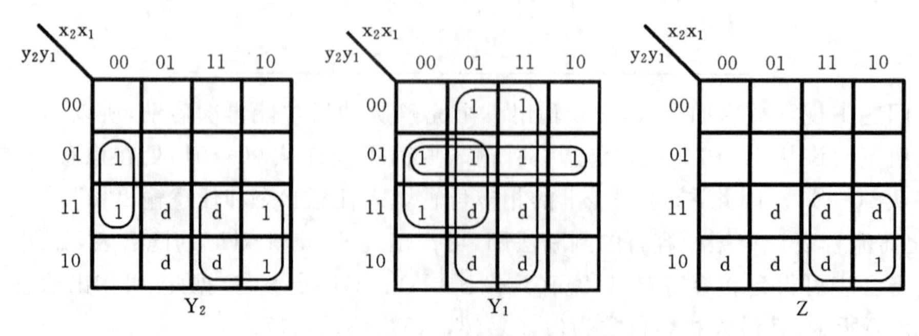

图 6.34 激励函数和输出函数卡诺图

用卡诺图化简后，可得到激励状态和输出函数的最简表达式：

$$Y_2 = x_2 y_2 + \bar{x}_2 \bar{x}_1 y_1 = \overline{\overline{x_2 y_2} \cdot \overline{\bar{x}_2 \bar{x}_1 y_1}}$$

$$Y_1 = x_1 + \bar{x}_2 y_1 + \bar{y}_2 y_1 = \overline{\bar{x}_1 \cdot \overline{\overline{x_2 y_2} \cdot y_1}}$$

$$Z = x_2 y_2 = \overline{\overline{x_2 y_2}}$$

⑤ 画出逻辑电路图。根据激励状态和输出函数的与非-与非表达式，可画出用与非门实现给定功能的逻辑电路，如图 6.35 所示。

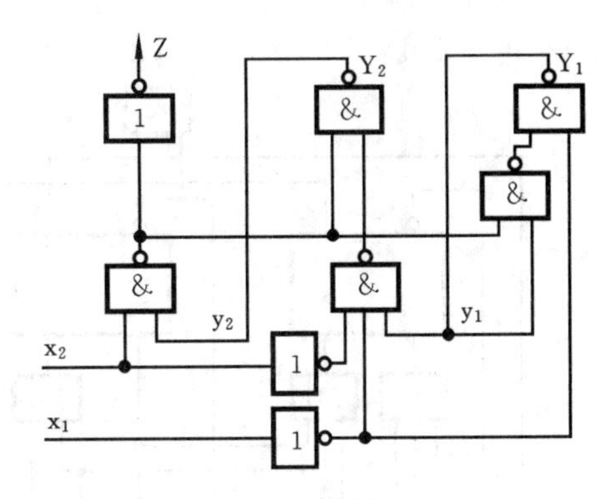

图 6.35　逻辑电路

习　题　六

6.1　分析图 6.36 所示脉冲异步时序逻辑电路。

(1) 作出状态表和状态图；

(2) 说明电路逻辑功能。

6.2　分析图 6.37 所示脉冲异步时序逻辑电路。

(1) 作出状态表和时间图；

(2) 说明电路逻辑功能。

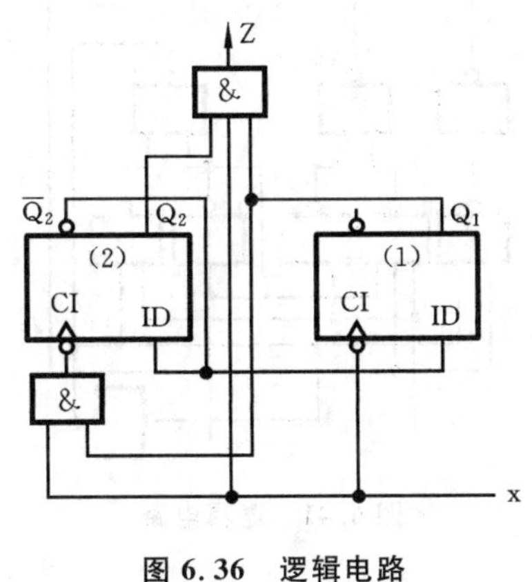

图 6.36　逻辑电路

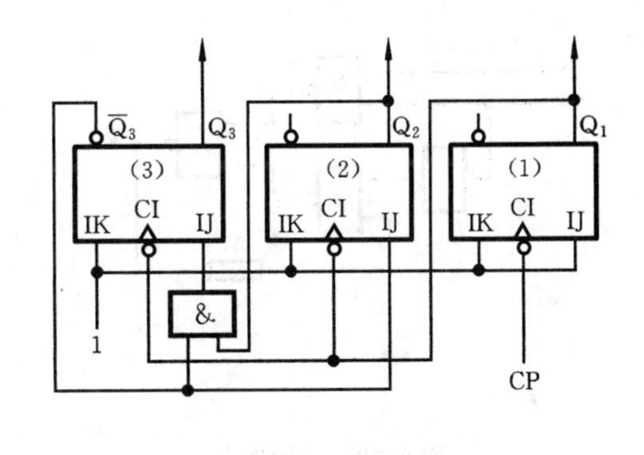

图 6.37　逻辑电路

6.3　分析图 6.38 所示脉冲异步时序逻辑电路。

(1) 作出状态表和状态图；

(2) 说明电路逻辑功能。

6.4　分析图 6.39 所示脉冲异步时序逻辑电路，作出时间图并说明该电路逻辑功能。

6.5　用 D 触发器作为存储元件，设计一个脉冲异步时序逻辑电路。该电路在输入端 x 的脉冲作用下，实现 3 位二进制减 1 计数的功能，当电路状态为“000”时，在输入脉冲作用下输出端 Z 产生一个借位脉冲，平时 Z 输出 0。

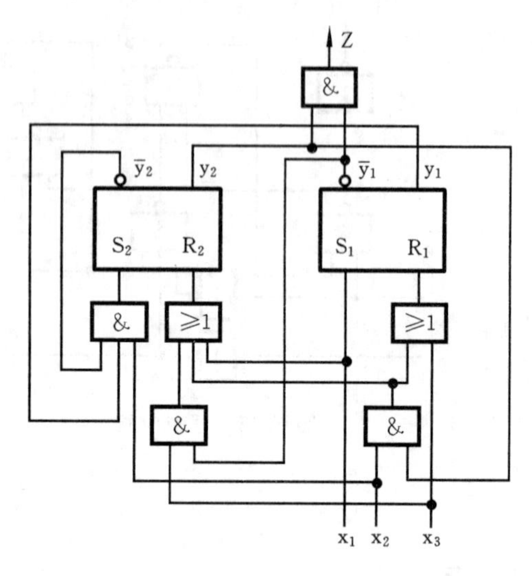

图 6.38 逻辑电路

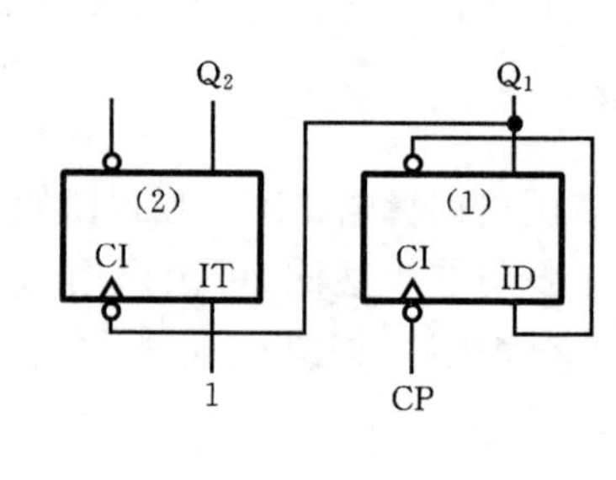

图 6.39 逻辑电路

6.6 用 T 触发器作为存储元件,设计一个脉冲异步时序逻辑电路,该电路有两个输入 x_1 和 x_2,一个输出 Z,当输入序列为"$x_1-x_1-x_2$"时,在输出端 Z 产生一个脉冲,平时 Z 输出为 0。

6.7 试用与非门构成的基本 R-S 触发器设计一个模 4 加 1 计数器。

6.8 分析图 6.40 所示电平异步时序逻辑电路,作出流程表。

6.9 分析图 6.41 所示电平异步时序逻辑电路,作出流程表和总态图,说明该电路的逻辑功能。

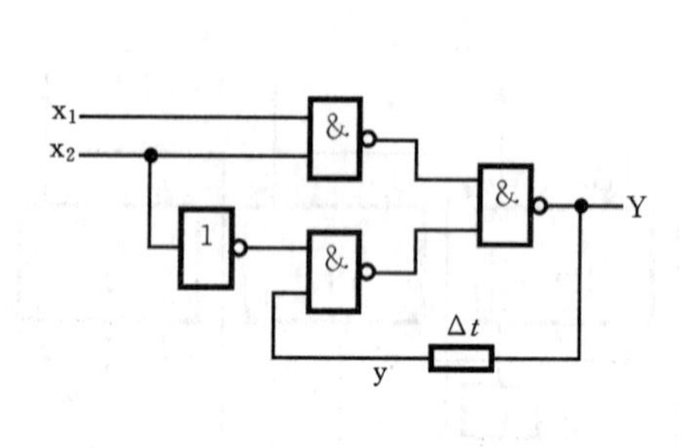

图 6.40 逻辑电路

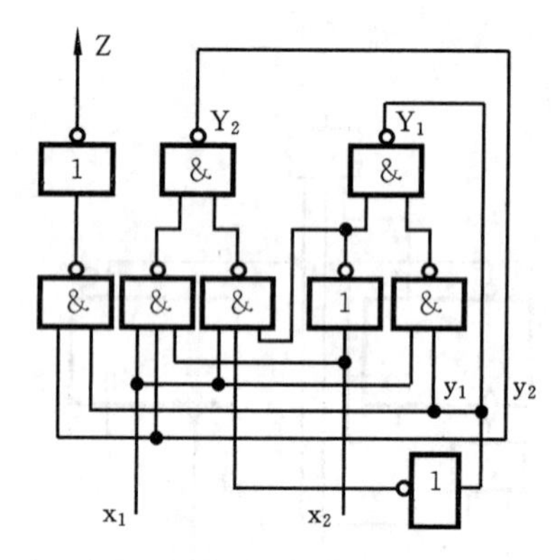

图 6.41 逻辑电路

6.10 某电平异步时序逻辑电路的流程表如表 6.34 所示。作出输入 x_2x_1 变化序列为 00→01→11→10→11→01→00时的总态(x_2x_1,y_2y_1)响应序列。

表 6.34 流程表

二次状态 y_2 y_1	激励状态 Y_2Y_1/输出 Z $x_2x_1=00$	$x_2x_1=01$	$x_2x_1=11$	$x_2x_1=10$
0 0	(00)/0	01/0	01/0	10/0
0 1	00/0	(01)/0	(01)/0	11/0
1 1	00/0	01/0	10/0	(11)/0
1 0	00/d	00/1	(10)/1	(10)/1

6.11 某电平异步时序逻辑电路有一个输入 x 和一个输出 Z,每当输入 x 出现一次 0→1→0 的跳变后,当 x 为 1 时输出 Z 为 1,典型输入/输出时间图如图6.42所示。试建立该电路的原始流程表。

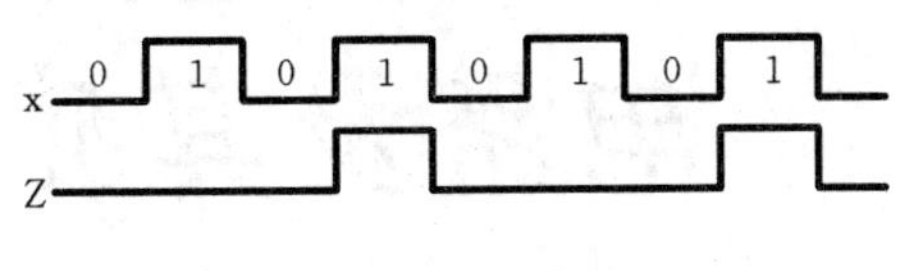

图 6.42 时间图

6.12 简化表 6.35 所示的原始流程表。

表 6.35 原始流程表

二次状态	激励状态/输出(Y/Z)			
y	$x_2x_1=00$	$x_2x_1=01$	$x_2x_1=11$	$x_2x_1=10$
1	①/0	5/d	d/d	2/d
2	1/d	d/d	3/d	②/0
3	d/d	5/d	③/1	4/d
4	1/d	d/d	3/d	④/1
5	1/d	⑤/0	6/d	d/d
6	d/d	5/d	⑥/0	4/d

6.13 图 6.43 为某电平异步时序逻辑电路的结构框图。图中,

$$Y_2 = x_2y_2 + \bar{x}_1y_2 + x_2\bar{x}_1y_1$$
$$Y_1 = x_2x_1 + \bar{x}_2\bar{x}_1y_2 + x_1y_2\bar{y}_1$$
$$Z = y_2y_1$$

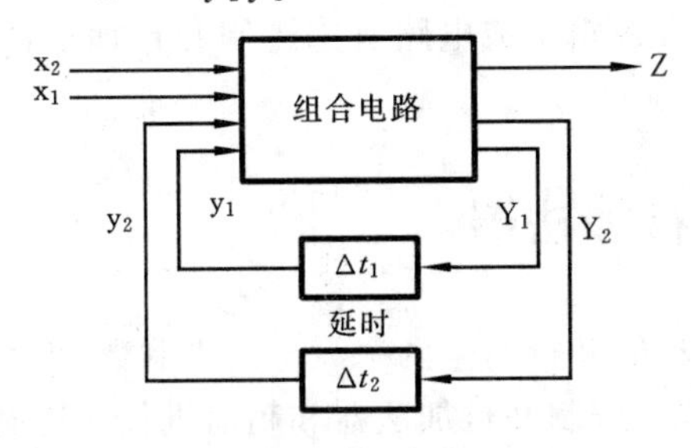

图 6.43 结构框图

试问该电路中是否存在竞争?若存在,请说明竞争类型。

6.14 对表 6.36 所示的最简流程表进行无临界竞争的状态编码,并确定激励状态和输出函数表达式。

表 6.36 最简流程表

二次状态	激励状态 Y/输出 Z			
y	$x_2x_1=00$	$x_2x_1=01$	$x_2x_1=11$	$x_2x_1=10$
A	Ⓐ/0	Ⓐ/0	Ⓐ/0	C/d
B	Ⓑ/0	A/0	C/d	Ⓑ/0
C	B/d	A/d	Ⓒ/1	Ⓒ/1

6.15 某电平异步时序逻辑电路有两个输入 x_1、x_2 和一个输出 Z。当 $x_2=1$ 时,Z 总为 0;当 $x_2=0$ 时,x_1 第一次从 0→1 的跳变使 Z 变为 1,该 1 输出信号一直保持到 x_2 由 0→1,才使 Z 为 0。试用与非门实现该电路功能。

第7章 中规模通用集成电路及其应用

集成电路由SSI发展到MSI、LSI和VLSI后，单个芯片的功能不断增强。一般地，在SSI中仅仅是基本器件(如逻辑门或触发器)的集成，在MSI中已是逻辑部件(如译码器、寄存器等)的集成，而在LSI和VLSI中则是一个数字子系统或整个数字系统(如微处理器、单片机)的集成。因此，采用中、大规模集成电路组成数字系统具有体积小、功耗低、可靠性高等优点，且易于设计、调试和维护。

各种中规模通用集成电路本身就是一种完美的逻辑设计作品，使用时只需适当地进行连接，就能实现预定的逻辑功能。另外，它们所具有的通用性、灵活性及多功能性，使之除完成基本功能之外，还能以它们为基本器件组成各类逻辑部件和数字系统，有效地实现各种逻辑功能。

本章主要讨论最常用的几种中规模通用集成电路及其应用。

7.1 常用中规模组合逻辑电路

使用最广泛的中规模组合逻辑集成电路有二进制并行加法器、译码器、编码器、多路选择器和多路分配器等。

7.1.1 二进制并行加法器

二进制并行加法器是一种能并行产生两个n位二进制数“算术和”的逻辑部件。按其进位方式的不同，可分为串行进位二进制并行加法器和超前进位二进制并行加法器两种类型。

1. 构成思想

(1) 串行进位二进制并行加法器

串行进位二进制并行加法器是由全加器级联构成的，高位的“和”依赖于来自低位的进位输入。4位串行进位二进制并行加法器的结构框图如图7.1所示。

串行进位二进制并行加法器的特点是：被加数和加数的各位能同时并行到达各位的输入

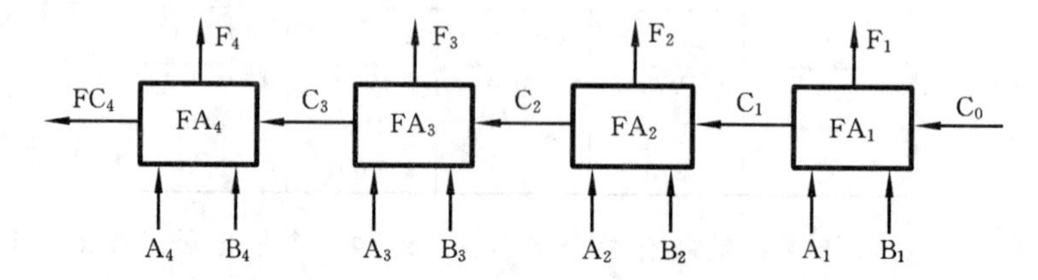

图7.1 4位串行进位二进制并行加法器的结构框图

端，而各位全加器的进位输入则是按照由低位向高位逐级串行传递的，各进位形成一条进位链。由于每一位相加的"和"都与本位进位输入有关，所以，最高位必须等到各低位全部相加完成并送来进位信号之后才能产生运算结果。显然，这种加法器的运算速度较慢，而且位数越多，速度就越低。

为了提高加法器的运算速度，必须设法减小或去除由于进位信号逐级传送所花费的时间，使各位的进位直接由加数和被加数来决定，而无须依赖低位进位。根据这一思想设计的加法器称为超前进位（又称先行进位）二进制并行加法器。

(2) 超前进位二进制并行加法器

超前进位二进制并行加法器是根据输入信号同时形成各位向高位"进位"的二进制并行加法器。

根据全加器的功能，可写出第 i 位全加器的进位输出函数表达式为

$$\begin{aligned}C_i &= \overline{A}_i B_i C_{i-1} + A_i \overline{B}_i C_{i-1} + A_i B_i \overline{C}_{i-1} + A_i B_i C_{i-1} \\ &= (A_i \oplus B_i) C_{i-1} + A_i B_i\end{aligned}$$

由进位函数表达式可知：当第 i 位的被加数 A_i 和加数 B_i 均为1时，有 $A_iB_i=1$，不论低位运算结果如何，本位必然产生进位输出（即 $C_i=1$），据此，定义 $G_i=A_iB_i$ 为**进位产生函数**；当 $A_i \oplus B_i=1$ 时，可使得 $C_i=C_{i-1}$，即当 $A_i \oplus B_i=1$ 时，来自低位的进位输入能传送到本位的进位输出。所以，定义 $P_i=A_i \oplus B_i$ 为**进位传递函数**。将 P_i 和 G_i 代入全加器的"和"及"进位"输出表达式，可得到

$$\begin{aligned}F_i &= A_i \oplus B_i \oplus C_{i-1} = P_i \oplus C_{i-1} \\ C_i &= P_i C_{i-1} + G_i\end{aligned}$$

4位二进制并行加法器各位的进位输出函数表达式分别为

$$\begin{aligned}C_1 &= P_1 C_0 + G_1 \\ C_2 &= P_2 C_1 + G_2 = P_2 P_1 C_0 + P_2 G_1 + G_2 \\ C_3 &= P_3 C_2 + G_3 = P_3 P_2 P_1 C_0 + P_3 P_2 G_1 + P_3 G_2 + G_3 \\ C_4 &= P_4 C_3 + G_4 = P_4 P_3 P_2 P_1 C_0 + P_4 P_3 P_2 G_1 + P_4 P_3 G_2 + P_4 G_3 + G_4\end{aligned}$$

由于 $C_1 \sim C_4$ 是 P_i、G_i 和 C_0 的函数，P_i、G_i 又是 A_i、B_i 的函数，而 A_i、B_i 和 C_0（一般情况下，C_0 在运算前已预置）能同时提供，所以，在输入 A_i、B_i 和 C_0 之后，可以同时产生 $C_1 \sim C_4$。通常将根据 P_i、G_i 和 C_0 产生 $C_1 \sim C_4$ 的逻辑电路称为超前进位发生器。通过超前进位电路，可以有效地提高运算速度，采用超前进位发生器的二进制并行加法器称为超前进位二进制并行加法器，有时又称为先行进位二进制并行加法器或并行进位二进制并行加法器。

2. 典型芯片

常用并行加法器有4位超前进位二进制并行加法器74283，该器件为具有16条引脚的芯片，其引脚排列图和逻辑符号分别如图7.2(a)、(b)所示。图中，A_4、A_3、A_2、A_1 和 B_4、B_3、B_2、B_1 为两组4位二进制加数；F_4、F_3、F_2、F_1 为相加产生的4位"和"；C_0 为最低位的进位输入；FC_4 为最高位的进位输出。

3. 应用举例

二进制并行加法器除实现二进制加法运算外，还可实现代码转换、二进制减法运算、二进制乘法运算、十进制加法运算等功能。下面举例说明。

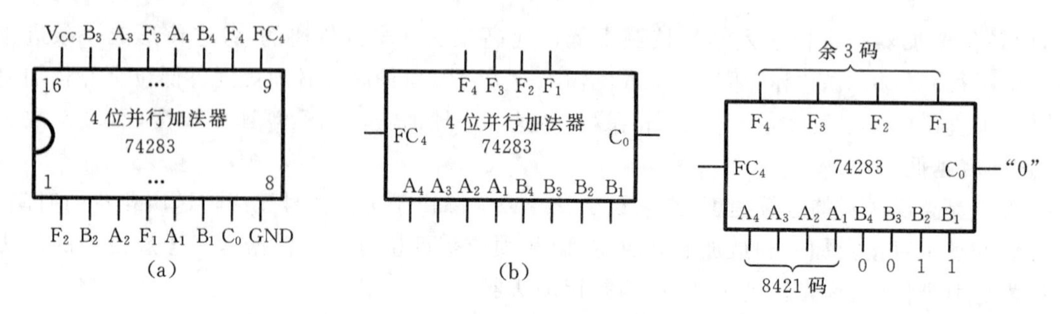

图 7.2　74283 的引脚排列图和逻辑符号　　　图 7.3　逻辑电路

例 7.1　用 4 位二进制并行加法器设计一个将 8421 码转换成余 3 码的代码转换电路。

解　根据余 3 码的定义可知，余 3 码是由 8421 码加 3 形成的代码。所以，用 4 位二进制并行加法器实现从 8421 码到余 3 码的转换，只需从 4 位二进制并行加法器的输入端 A_4、A_3、A_2、A_1 输入 8421 码，而从输入端 B_4、B_3、B_2、B_1 输入二进制数 0011，进位输入端 C_0 加上“0”，便可从输出端 F_4、F_3、F_2、F_1 得到与输入 8421 码对应的余 3 码。其逻辑电路如图 7.3 所示。

例 7.2　用 4 位二进制并行加法器设计一个 4 位二进制并行加法/减法器。

解　设 A 和 B 分别为 4 位二进制数，其中 $A=a_4a_3a_2a_1$ 为被加数（或被减数），$B=b_4b_3b_2b_1$ 为加数（或减数），$S=s_4s_3s_2s_1$ 为和数（或差数）。令 M 为功能选择变量，当 M=0 时，执行 A+B；当 M=1 时，执行 A−B。减法采用补码运算。

可用一片 4 位二进制并行加法器和 4 个异或门实现上述逻辑功能。具体可将 4 位二进制数 A 直接加到并行加法器的 A_4、A_3、A_2、A_1 输入端，4 位二进制数 B 通过异或门加到并行加法器的 B_4、B_3、B_2、B_1 输入端。将功能选择变量 M 作为异或门的另一个输入且同时加到并行加法器的 C_0 进位输入端。当 M=0 时，$C_0=0$，$b_i \oplus M=b_i \oplus 0=b_i$，加法器实现 A+B；当 M=1 时，$C_0=1$，$b_i \oplus M=b_i \oplus 1=\bar{b}_i$，加法器实现 $A+\bar{B}+1$，即 A−B。其逻辑电路如图 7.4 所示。

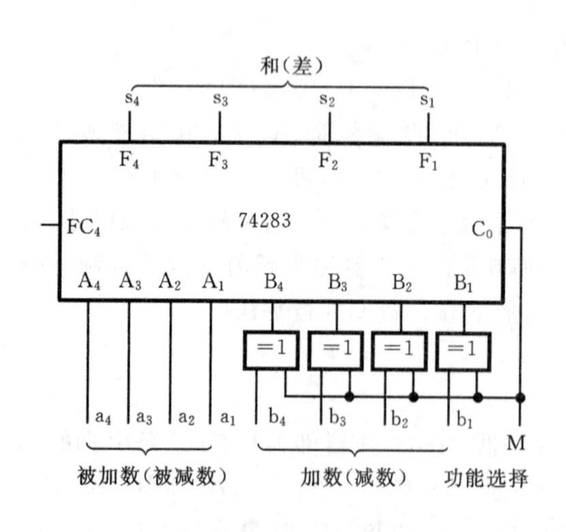

图 7.4　逻辑电路

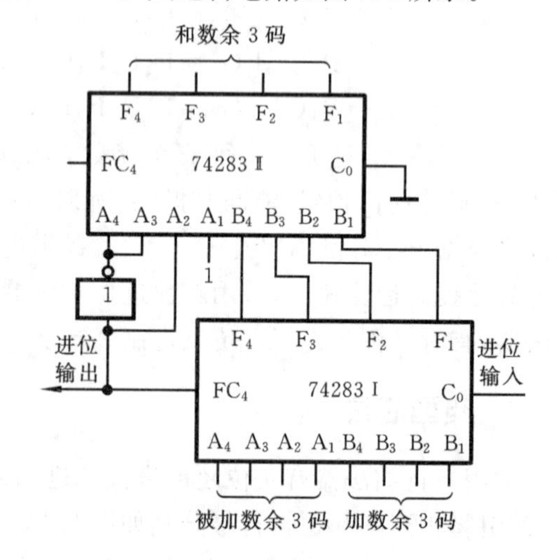

图 7.5　逻辑电路

例 7.3　用 4 位二进制并行加法器设计一个用余 3 码表示的 1 位十进制数加法器。

解　根据余 3 码的特点，两个余 3 码表示的十进制数相加时，需要对相加结果进行修正。修正法则是：若相加结果无进位产生，则“和”需要减 3；若相加结果有进位产生，则“和”

需要加3。据此，可用两片4位二进制并行加法器和一个反相器实现给定功能，逻辑电路如图7.5所示。其中，片Ⅰ用来对两个1位十进制数的余3码进行相加，片Ⅱ用来对相加结果进行修正。修正控制函数为片Ⅰ的进位输出FC_4，当$FC_4=0$时，将片Ⅰ的和输出送至片Ⅱ，并将其加上二进制数1101(即采用补码实现运算结果减二进制数0011)；当$FC_4=1$时，将片Ⅰ的和输出送至片Ⅱ，并将其加上二进制数0011，片Ⅱ的和输出即为两个余3码相加的和数。

例7.4　用4位二进制并行加法器实现4位二进制数乘法器的逻辑功能。

解　设两个无符号4位二进制数X和Y，$X=x_3x_2x_1x_0$，$Y=y_3y_2y_1y_0$，由此可推出X和Y的乘积Z为一个8位二进制数，令$Z=z_7z_6z_5z_4z_3z_2z_1z_0$。两数相乘求积的过程如下：

被乘数				x_3	x_2	x_1	x_0
×)　乘数				y_3	y_2	y_1	y_0
				y_0x_3	y_0x_2	y_0x_1	y_0x_0
			y_1x_3	y_1x_2	y_1x_1	y_1x_0	
		y_2x_3	y_2x_2	y_2x_1	y_2x_0		
	y_3x_3	y_3x_2	y_3x_1	y_3x_0			
乘积 z_7	z_6	z_5	z_4	z_3	z_2	z_1	z_0

因为两个1位二进制数相乘的法则和逻辑"与"运算法则相同，所以"积"项x_iy_j($i,j=0,1,2,3$)可用两输入与门实现；而对部分积求和则可用并行加法器实现。由此可知，实现4位二进制数乘法运算的逻辑电路可由16个两输入与门和3个4位二进制并行加法器构成。其逻辑电路如图7.6所示。

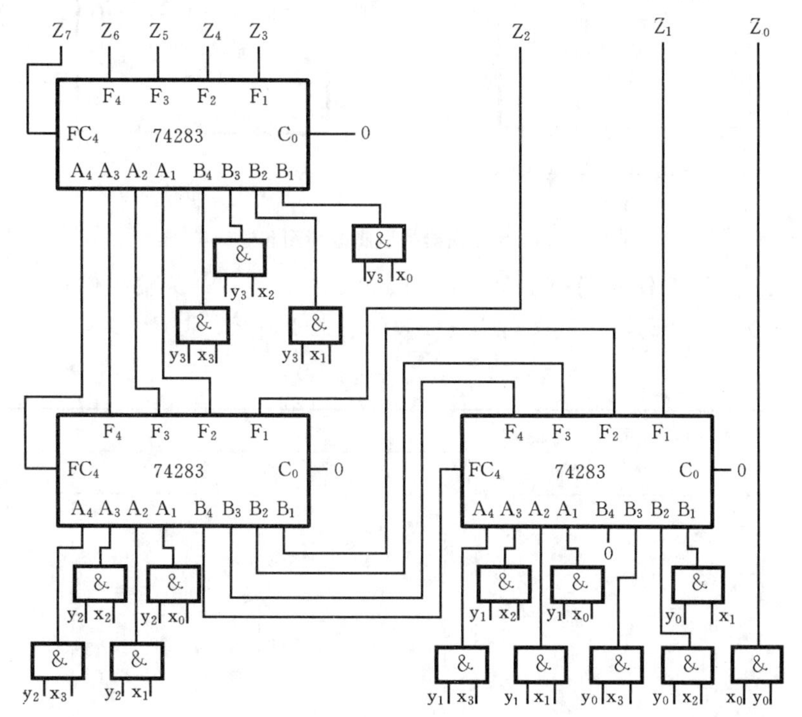

图7.6　逻辑电路

7.1.2 译码器和编码器

译码器(Decoder)和编码器(Encoder)是数字系统中广泛使用的多输入多输出组合逻辑部件。译码器的功能是对具有特定含义的输入代码进行“翻译”,将其转换成相应的输出信号。编码器的功能恰好与译码器相反,它是对输入信号按一定规律进行编排,使每组输出代码具有特定的含义。

1. 译码器

译码器的种类很多,常见的有二进制译码器、二-十进制译码器和数字显示译码器。

(1) 二进制译码器

二进制译码器是一种能将 n 个输入变量变换成 2^n 个输出函数,且输出函数与由输入变量构成的最小项具有对应关系的一种多输出组合逻辑电路。从结构上看,一个二进制译码器一般具有 n 个输入端、2^n 个输出端和一个(或多个)使能输入端。在使能输入端为有效电平时,对应每一组输入代码,仅一个输出端为有效电平,其余输出端为无效电平(与有效电平相反)。输出有效电平可以是高电平(称为高电平译码),也可以是低电平(称为低电平译码)。

常见的 MSI 二进制译码器有 2-4 线(2 输入 4 输出)译码器、3-8 线(3 输入 8 输出)译码器和 4-16 线(4 输入 16 输出)译码器等。下面以 3-8 线译码器 74138 为例进行介绍。74138 的引脚排列图和逻辑符号分别如图 7.7 (a)、(b)所示。

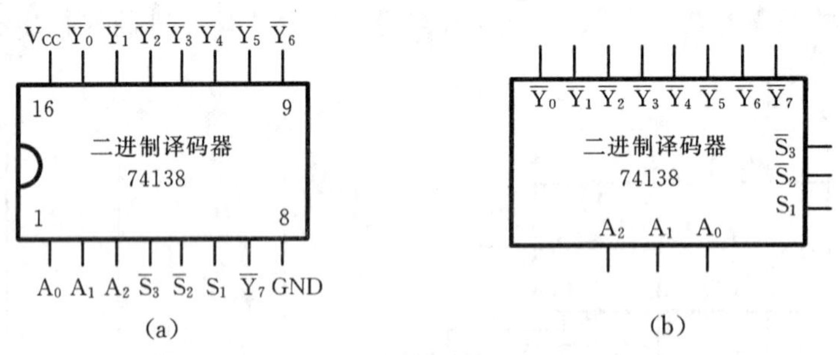

图 7.7 74138 译码器的引脚排列图和逻辑符号

图中,A_2、A_1、A_0为输入端;$\overline{Y}_0$、$\overline{Y}_1$、$\overline{Y}_2$、$\overline{Y}_3$、$\overline{Y}_4$、$\overline{Y}_5$、$\overline{Y}_6$、$\overline{Y}_7$为输出端;S_1、$\overline{S}_2$、$\overline{S}_3$为使能端,作用是禁止或选通译码器。该译码器真值表如表 7.1 所示。

表 7.1 74138 译码器真值表

输入					输出							
S_1	$\overline{S}_2+\overline{S}_3$	A_2	A_1	A_0	$\overline{Y}_0$	$\overline{Y}_1$	$\overline{Y}_2$	$\overline{Y}_3$	$\overline{Y}_4$	$\overline{Y}_5$	$\overline{Y}_6$	$\overline{Y}_7$
1	0	0	0	0	0	1	1	1	1	1	1	1
1	0	0	0	1	1	0	1	1	1	1	1	1
1	0	0	1	0	1	1	0	1	1	1	1	1
1	0	0	1	1	1	1	1	0	1	1	1	1
1	0	1	0	0	1	1	1	1	0	1	1	1
1	0	1	0	1	1	1	1	1	1	0	1	1
1	0	1	1	0	1	1	1	1	1	1	0	1
1	0	1	1	1	1	1	1	1	1	1	1	0
0	d	d	d	d	1	1	1	1	1	1	1	1
d	1	d	d	d	1	1	1	1	1	1	1	1

由真值表可知，当 $S_1=1$，$\bar{S}_2+\bar{S}_3=0$ 时，无论 A_2、A_1 和 A_0 取何值，输出 $\bar{Y}_0,\cdots,\bar{Y}_7$ 中有且仅有一个为0（低电平有效），其余都是1。显然，这里的输出 $\bar{Y}_i$ 即输入变量构成的最大项 M_i，亦即最小项之非 $\bar{m}_i$。

二进制译码器在数字系统中的应用非常广泛，它的典型用途是实现存储器的地址译码、控制器中的指令译码等。除此之外，还可用译码器实现各种组合逻辑功能。下面举例说明。

例7.5 用3-8线译码器74138和与非门实现全减器的功能。

解 实现对被减数、减数及来自相邻低位的借位进行减法运算，得到差及向相邻高位借位的逻辑电路称为全减器。设它的输入为被减数 A_i、减数 B_i 以及来自低位的借位 G_{i-1}，输出为相减所得差 D_i 和借位 G_i。全减器的真值表如表7.2所示。

由表7.2可写出差 D_i 和借位 G_i 的逻辑表达式

$$D_i(A_i,B_i,G_{i-1})=m_1+m_2+m_4+m_7=\overline{\bar{m}_1\cdot\bar{m}_2\cdot\bar{m}_4\cdot\bar{m}_7}$$

$$G_i(A_i,B_i,G_{i-1})=m_1+m_2+m_3+m_7=\overline{\bar{m}_1\cdot\bar{m}_2\cdot\bar{m}_3\cdot\bar{m}_7}$$

用译码器74138和与非门实现全减器功能时，只需将全减器的输入变量 A_i、B_i、G_{i-1} 分别与译码器的输入 A_2、A_1、A_0 相连接，译码器使能输入端 S_1、$\bar{S}_2$、$\bar{S}_3$ 接固定工作电平，便可在译码器输出端得到3个变量的8个最小项的"非"。根据全减器的输出函数表达式，将相应最小项的"非"送至与非门输入端，便可实现全减器的功能。逻辑电路如图7.8所示。

表7.2 全减器真值表

输入			输出	
A_i	B_i	G_{i-1}	D_i	G_i
0	0	0	0	0
0	0	1	1	1
0	1	0	1	1
0	1	1	0	1
1	0	0	1	0
1	0	1	0	0
1	1	0	0	0
1	1	1	1	1

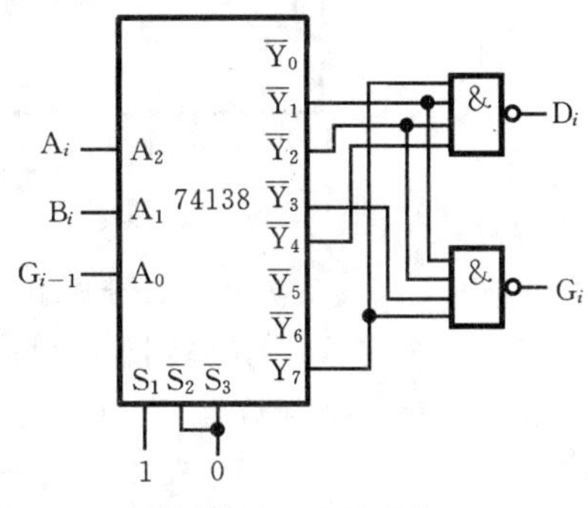

图7.8 逻辑电路

例7.6 用译码器和与非门实现逻辑函数

$$F(A,B,C,D)=\sum m(2,4,6,8,10,12,14)$$

解 题目给定的逻辑函数有4个逻辑变量，显然可采用上例类似的方法用一个4-16线译码器和与非门实现。

此外，也可以充分利用译码器的使能输入端，用3-8线译码器实现4变量逻辑函数。其方法是，用译码器的一个使能端作为变量输入端，将两个3-8线译码器扩展成4-16线译码器。如图7.9所示，用两片74138实现给定函数时，可先将给定函数变换为

$$F(A,B,C,D)=\overline{\bar{m}_2\ \bar{m}_4\ \bar{m}_6\ \bar{m}_8\ \bar{m}_{10}\ \bar{m}_{12}\ \bar{m}_{14}}$$

然后将逻辑变量B、C、D分别接至片Ⅰ和片Ⅱ的输入端 A_2、A_1、A_0，逻辑变量A接至片Ⅰ的使能端 $\bar{S}_2$ 和片Ⅱ的使能端 S_1。这样，当输入变量 $A=0$ 时，片Ⅰ工作，片Ⅱ禁止，由片Ⅰ产生 $\bar{m}_0\sim\bar{m}_7$；当 $A=1$ 时，片Ⅱ工作，片Ⅰ禁止，由片Ⅱ产生 $\bar{m}_8\sim\bar{m}_{15}$。将译码器输出中与函数相关的项进行与非运算，即可实现给定函数F的功能。

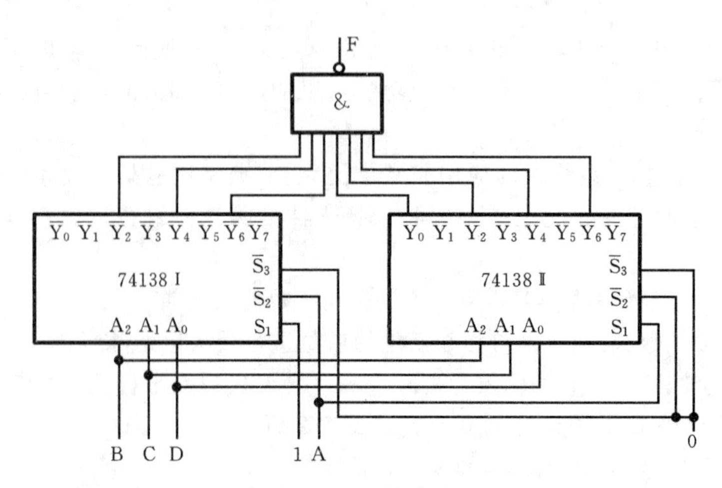

图 7.9 逻辑电路

(2) 二-十进制译码器

二-十进制译码器的功能是将 4 位 BCD 码的 10 组代码翻译成 10 个与十进制数字符号对应的输出信号。图 7.10(a)、(b)所示为二-十进制译码器 7442 的引脚排列图和逻辑符号。

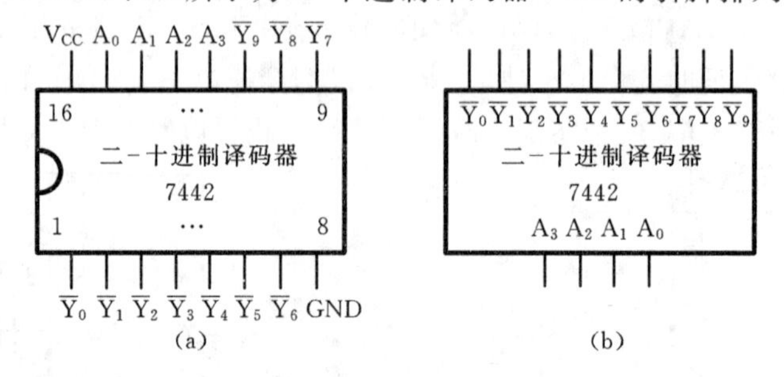

图 7.10 二-十进制译码器 7442 的引脚排列图和逻辑符号

7442 是一个将 8421 码转换成十进制数字的译码器,其输入 $A_3 \sim A_0$ 为 8421 码,输出 $\overline{Y}_0 \sim \overline{Y}_9$ 分别代表十进制数字 0~9。该译码器的真值表如表7.3所示。

表 7.3 二-十进制译码器 7442 的真值表

输入				输出									
A_3	A_2	A_1	A_0	$\overline{Y}_0$	$\overline{Y}_1$	$\overline{Y}_2$	$\overline{Y}_3$	$\overline{Y}_4$	$\overline{Y}_5$	$\overline{Y}_6$	$\overline{Y}_7$	$\overline{Y}_8$	$\overline{Y}_9$
0	0	0	0	0	1	1	1	1	1	1	1	1	1
0	0	0	1	1	0	1	1	1	1	1	1	1	1
0	0	1	0	1	1	0	1	1	1	1	1	1	1
0	0	1	1	1	1	1	0	1	1	1	1	1	1
0	1	0	0	1	1	1	1	0	1	1	1	1	1
0	1	0	1	1	1	1	1	1	0	1	1	1	1
0	1	1	0	1	1	1	1	1	1	0	1	1	1
0	1	1	1	1	1	1	1	1	1	1	0	1	1
1	0	0	0	1	1	1	1	1	1	1	1	0	1
1	0	0	1	1	1	1	1	1	1	1	1	1	0
1	0	1	0	1	1	1	1	1	1	1	1	1	1
1	0	1	1	1	1	1	1	1	1	1	1	1	1
1	1	0	0	1	1	1	1	1	1	1	1	1	1
1	1	0	1	1	1	1	1	1	1	1	1	1	1
1	1	1	0	1	1	1	1	1	1	1	1	1	1
1	1	1	1	1	1	1	1	1	1	1	1	1	1

从真值表可知，该译码器的输出为低电平有效。其次，对于 8421 码中不允许出现的 6 个非法码（1010～1111），译码器输出端 0～9 均无低电平信号产生，即译码器对这 6 个非法码拒绝翻译。这种译码器的优点是当输入端出现非法码时，电路不会产生错误译码。

(3) 七段显示译码器

在数字系统中，通常需要将数字量直观地显示出来，一方面供人们直接读取处理结果，另一方面用以监视数字系统工作情况。因此，数字显示电路是许多数字设备不可缺少的部分。数字显示译码器是驱动显示器件（如荧光数码管、液晶数码管等）的核心部件。它可以将输入代码转换成相应字符的控制信号，使之在数码管上显示出来。常用的数字显示译码器有七段显示译码器，图 7.11(a)、(b)所示为七段显示译码器 7448 的引脚排列图和逻辑符号。

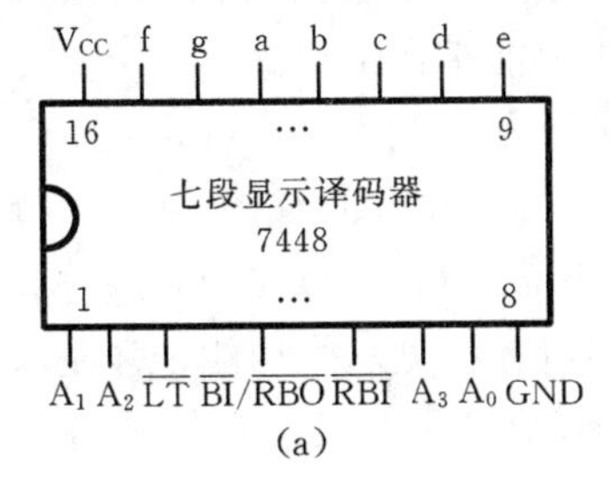

(a)

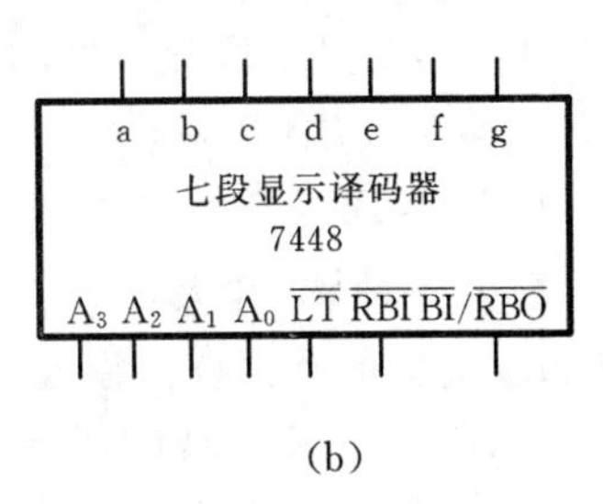

(b)

图 7.11　7448 的引脚排列图和逻辑符号

七段显示译码器 7448 的输出为高电平有效，即输出为 1 时，对应字段点亮；输出为 0 时，对应字段熄灭。该译码器能够驱动七段显示器显示 16 种字形。输入 A_3、A_2、A_1 和 A_0 接收 4 位二进制码，输出 a、b、c、d、e、f 和 g 分别驱动七段显示器的 a、b、c、d、e、f 和 g 字段。7448 的功能表如表 7.4 所示。

表 7.4　7448 的功能表

十进制数或功能	输入						$\overline{BI}/\overline{RBO}$	输出							说明
	$\overline{LT}$	$\overline{RBI}$	A_3	A_2	A_1	A_0		a	b	c	d	e	f	g	
0	1	1	0	0	0	0	1	1	1	1	1	1	1	0	译码显示
1	1	d	0	0	0	1	1	0	1	1	0	0	0	0	
2	1	d	0	0	1	0	1	1	1	0	1	1	0	1	
3	1	d	0	0	1	1	1	1	1	1	1	0	0	1	
4	1	d	0	1	0	0	1	0	1	1	0	0	1	1	
5	1	d	0	1	0	1	1	1	0	1	1	0	1	1	
6	1	d	0	1	1	0	1	0	0	1	1	1	1	1	
7	1	d	0	1	1	1	1	1	1	1	0	0	0	0	
8	1	d	1	0	0	0	1	1	1	1	1	1	1	1	
9	1	d	1	0	0	1	1	1	1	1	0	0	1	1	
10	1	d	1	0	1	0	1	0	0	0	1	1	0	1	
11	1	d	1	0	1	1	1	0	0	1	1	0	0	1	
12	1	d	1	1	0	0	1	0	1	0	0	0	1	1	
13	1	d	1	1	0	1	1	1	0	0	1	0	1	1	
14	1	d	1	1	1	0	0	0	0	0	1	1	1	1	
15	1	d	1	1	1	1	1	0	0	0	0	0	0	0	
消隐	d	d	d	d	d	d	0	0	0	0	0	0	0	0	熄灭
脉冲消隐	1	0	0	0	0	0	0	0	0	0	0	0	0	0	灭零
灯测试	0	d	d	d	d	d	1	1	1	1	1	1	1	1	测试

为了增强器件功能，七段显示译码器 7448 设有 3 个辅助控制信号 $\overline{LI}$、$\overline{RBI}$ 和 $\overline{BI}/\overline{RBO}$。各控制信号功能如下。

① $\overline{BI}/\overline{RBO}$为熄灭输入端/灭零输出端(低电平有效)。该控制端具有双向控制功能,有时作为输入信号,有时作为输出信号。当$\overline{BI}/\overline{RBO}$作为输入使用,且$\overline{BI}=0$时,不管其他输入状态如何,所有各段输出 a~g 均为 0,显示管的七段均熄灭,目的是为了降低系统功耗,在不需要观察时全部熄灭显示器。

当$\overline{BI}/\overline{RBO}$作为输出使用时,受控于$\overline{LT}$和$\overline{RBI}$。当$\overline{LT}=1$,$\overline{RBI}=0$且输入数码$A_3A_2A_1A_0=0000$时,$\overline{RBO}=0$;当$\overline{LT}=0$,或者$\overline{LT}=1$且$\overline{RBI}=1$时,$\overline{RBO}=1$。该端主要用于显示多位数字时,多个译码器之间的连接。

② $\overline{LT}$为灯测试输入端(低电平有效)。当$\overline{LT}=0$时,$\overline{BI}/\overline{RBO}$是输出端。当$\overline{LT}=0$且$\overline{BI}=1$时,不管其他输入状态如何,a~g 均输出有效的逻辑 1,显示管的七段均应点亮。该输入端通常用来检查 7448 本身及七段显示器的显示管是否都能正常工作。

③ $\overline{RBI}$为灭零输入端,用来熄灭无意义 0 的显示。当$\overline{LT}=1$,$\overline{RBI}=0$且输入数码$A_3A_2A_1A_0=0000$时,$\overline{BI}/\overline{RBO}$为输出端,且$\overline{RBO}=0$。此时输出 a~g 均为 0,显示管的七段均熄灭,不显示数字 0,故称为“灭零”。利用$\overline{RBI}=0$和$\overline{LT}=1$,可以实现某一位 0 的“消隐”,通常用来把有效数字前面的 0 灭掉。输入数码为其他数值时,显示管均能正常显示。

七段译码显示原理如图 7.12(a)所示,图 7.12(b)给出了七段显示笔画与 16 种字形的对应关系。

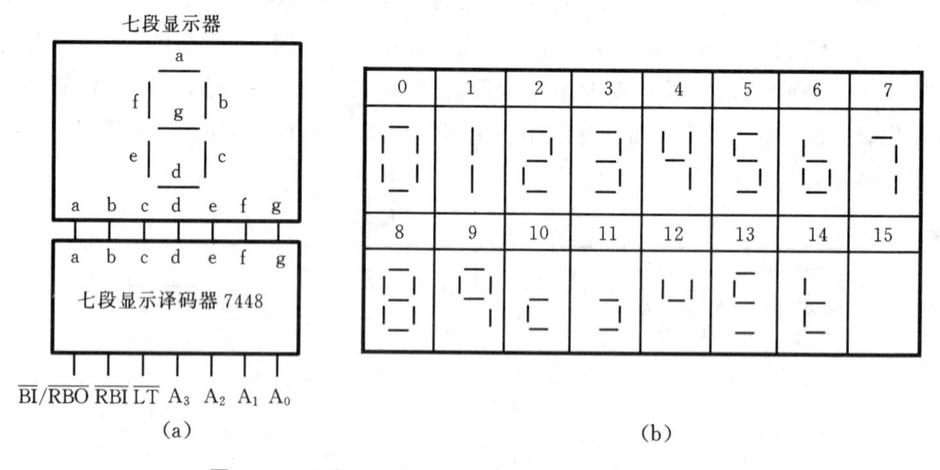

图 7.12 七段显示译码工作原理及笔画与字形关系

2. 编码器

编码器按照被编信号的不同特点和要求,有各种不同的类型,最常见的有二-十进制编码器(又称为 BCD 码编码器)和优先编码器。

(1) 二-十进制编码器

二-十进制编码器执行的逻辑功能是将十进制的 10 个数字 0~9 分别编成 4 位 BCD 码。这种编码器由 10 个输入端代表 10 个不同数字,4 个输出端代表 BCD 代码。最常见的有 8421 码编码器,图 7.13 所示的是按键式 8421 码编码器的逻辑电路。

图中,I_0~I_9代表 10 个按键,A、B、C、D 为代码输出端,当按下某一输入键时,在 A、B、C、D 端输出相应的 8421 码。图中,S 为使用输出标志,当按下I_0~I_9中任一个键时,S 为 1,表示输出有效;S 为 0,表示输出无效。设置标志 S 是为了区别按下I_0键与不按任何键时均有 ABCD=0000 的两种不同情况。该编码器的真值表如表 7.5 所示。

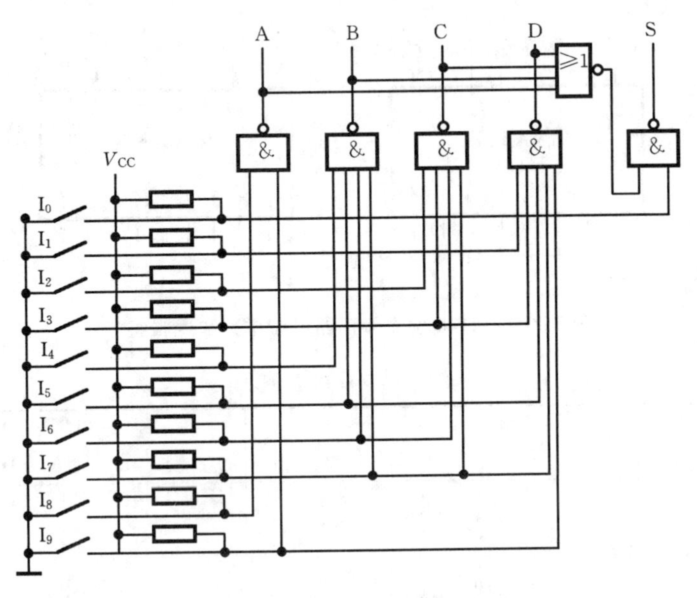

图 7.13　按键式 8421 码编码器

表 7.5　8421 码编码器真值表

输入										输出				
I_9	I_8	I_7	I_6	I_5	I_4	I_3	I_2	I_1	I_0	A	B	C	D	S
1	1	1	1	1	1	1	1	1	1	0	0	0	0	0
1	1	1	1	1	1	1	1	1	0	0	0	0	0	1
1	1	1	1	1	1	1	1	0	1	0	0	0	1	1
1	1	1	1	1	1	1	0	1	1	0	0	1	0	1
1	1	1	1	1	1	0	1	1	1	0	0	1	1	1
1	1	1	1	1	0	1	1	1	1	0	1	0	0	1
1	1	1	1	0	1	1	1	1	1	0	1	0	1	1
1	1	1	0	1	1	1	1	1	1	0	1	1	0	1
1	1	0	1	1	1	1	1	1	1	0	1	1	1	1
1	0	1	1	1	1	1	1	1	1	1	0	0	0	1
0	1	1	1	1	1	1	1	1	1	1	0	0	1	1

常用的十进制-BCD码编码器有中规模集成电路芯片 74147 等，有关详细介绍可查阅集成电路手册。

(2) 优先编码器

优先编码器是数字系统中实现优先权管理的一个重要逻辑部件。它与上述二-十进制编码器的最大区别是：二-十进制编码器的输入信号是互斥的，即任何时候只允许一个输入端为有效信号；而优先编码器的各个输入信号不是互斥的，它允许多个输入端同时为有效信号。优先编码器的每个输入具有不同的优先级别，当多个输入信号有效时，能识别输入信号的优先级别，并对其中优先级别最高的一个进行编码，产生相应的输出代码。图 7.14(a)、(b)所示的分别为常见 MSI 优先编码器 74148 的引脚排列图和逻辑符号。

图中，$\bar{I}_0 \sim \bar{I}_7$ 为 8 个输入端，$\overline{Q}_A$、$\overline{Q}_B$ 和 $\overline{Q}_C$ 为 3 位二进制码输出，因此，称它为8-3线优先编码器，其真值表如表 7.6 所示。

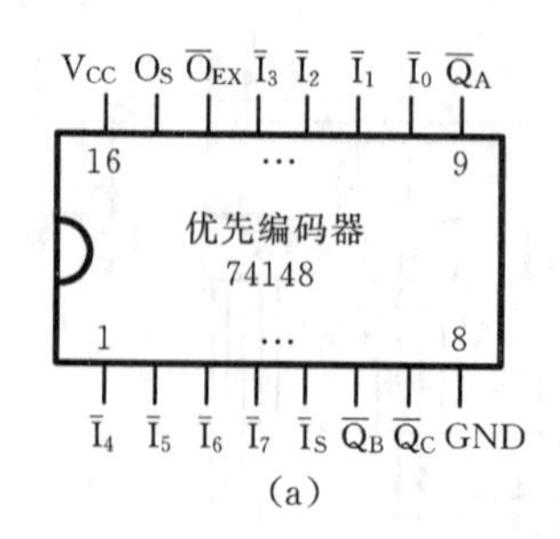

(a)

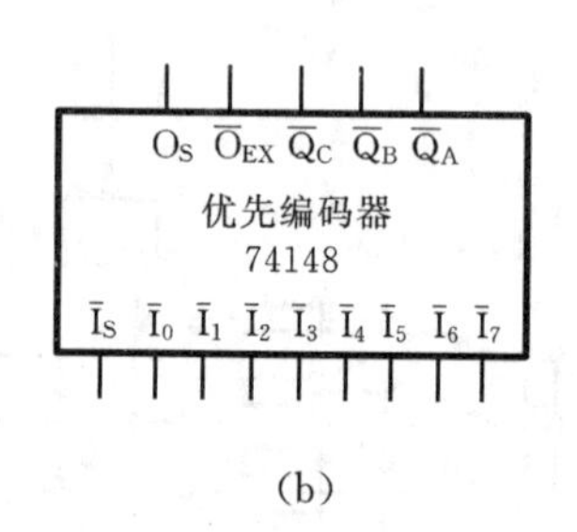

(b)

图 7.14　74148 优先编码器引脚排列和逻辑符号

表 7.6　74148 真值表

输入									输出				
$\overline{I}_S$	$\overline{I}_0$	$\overline{I}_1$	$\overline{I}_2$	$\overline{I}_3$	$\overline{I}_4$	$\overline{I}_5$	$\overline{I}_6$	$\overline{I}_7$	$\overline{Q}_C$	$\overline{Q}_B$	$\overline{Q}_A$	$\overline{Q}_{EX}$	O_S
1	d	d	d	d	d	d	d	d	1	1	1	1	1
0	1	1	1	1	1	1	1	1	1	1	1	1	0
0	d	d	d	d	d	d	d	0	0	0	0	0	1
0	d	d	d	d	d	d	0	1	0	0	1	0	1
0	d	d	d	d	d	0	1	1	0	1	0	0	1
0	d	d	d	d	0	1	1	1	0	1	1	0	1
0	d	d	d	0	1	1	1	1	1	0	0	0	1
0	d	d	0	1	1	1	1	1	1	0	1	0	1
0	d	0	1	1	1	1	1	1	1	1	0	0	1
0	0	1	1	1	1	1	1	1	1	1	1	0	1

由真值表可知,输入 $\overline{I}_0$～$\overline{I}_7$和输出 $\overline{Q}_A$、$\overline{Q}_B$、$\overline{Q}_C$的有效工作电平均为低电平(即逻辑 0)。在 $\overline{I}_0$～$\overline{I}_7$输入端中,下角标号码越大的优先级越高。例如,$\overline{I}_0$、$\overline{I}_2$、$\overline{I}_3$、$\overline{I}_5$和 $\overline{I}_7$为 1,$\overline{I}_1$、$\overline{I}_4$和 $\overline{I}_6$为 0 时,输出按优先级较高的 $\overline{I}_6$编码,即 $\overline{Q}_C\overline{Q}_B\overline{Q}_A=001$,而不是按优先级较低的 $\overline{I}_1$和 $\overline{I}_4$编码。此后,若 $\overline{I}_6$变为 1,则按 $\overline{I}_4$编码,$\overline{Q}_C\overline{Q}_B\overline{Q}_A=011$。若 $\overline{I}_4$也变为 1,输出才按 $\overline{I}_1$编码,$\overline{Q}_C\overline{Q}_B\overline{Q}_A=110$。输入 $\overline{I}_S$和输出 O_S、$\overline{O}_{EX}$在容量扩展时使用。$\overline{I}_S$为选通输入端(或称允许输入端),当 $\overline{I}_S=0$ 时,编码器工作,反之不进行编码工作。O_S为选通输出端(或称允许输出端),当选通输入有效(即 $\overline{I}_S=0$)而无信号输入时,O_S为 0。$\overline{O}_{EX}$为工作状态标志,当选通输入无效(即$\overline{I}_S=1$),或者虽选通输入有效($\overline{I}_S=0$)但无信号输入(即 $\overline{I}_0$～$\overline{I}_7$均为 1)时,$\overline{O}_{EX}$为 1。换而言之,只有当选通输入有效且有信号输入(即 $\overline{I}_0$～$\overline{I}_7$中至少有一个为 0)时,$\overline{O}_{EX}$才为 0。$\overline{O}_{EX}$通常用来扩展编码器功能。

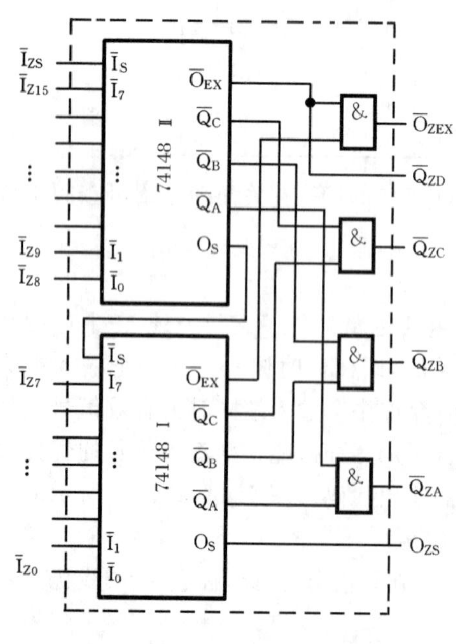

图 7.15　16 级中断优先编码器

例 7.7　用优先编码器 74148 设计一个能裁决 16 级不同中断请求的中断优先编码器。

解　设 $\overline{I}_{Z15}$～$\overline{I}_{Z0}$为 16 个不同的中断请求信号,下标码越大的优先级别越高,$\overline{Q}_{ZD}$、$\overline{Q}_{ZC}$、$\overline{Q}_{ZB}$和 $\overline{Q}_{ZA}$为中断请求信号的编码输出,输入和输出均为低电平有效。$\overline{I}_{ZS}$为选通输入端,O_{ZS}为选通输出端,$\overline{Q}_{ZEX}$为工作状态标志。根据 74148 的功能,可用两片 74148 实现给定功能,逻辑电路如图 7.15 所示。

其中，中断优先编码器的允许输入端 $\bar{I}_{ZS}$ 接片Ⅱ的 $\bar{I}_S$ 端。当 $\bar{I}_{ZS}$ 为0时，片Ⅱ处于工作状态，若 $\bar{I}_{Z15}$～$\bar{I}_{Z8}$ 中有中断请求信号，则其输出 O_S 为1，$\overline{O}_{EX}$ 为0，O_S 接到片Ⅰ的 $\bar{I}_S$ 端，使片Ⅰ不工作，其输出均为1，此时中断优先编码器对高8级中断请求信号中优先级最高的中断请求信号进行编码；若 $\bar{I}_{Z15}$～$\bar{I}_{Z8}$ 中无中断请求信号，则片Ⅱ的 $\overline{O}_{EX}$（即 $\overline{Q}_{ZD}$）及 $\overline{Q}_C$、$\overline{Q}_B$、$\overline{Q}_A$ 均为1，O_S 为0，使片Ⅰ的 $\bar{I}_S$ 为0，片Ⅰ处于工作状态，实现对 I_{Z7}～I_{Z0} 中优先级最高中断请求信号进行编码。

7.1.3 多路选择器和多路分配器

多路选择器和多路分配器是数字系统中常用的中规模集成电路，其基本功能是完成对多路数据的选择与分配、在公共传输线上实现多路数据的分时传送。此外，还可完成数据的并串转换、序列信号产生等多种逻辑功能以及实现各种逻辑函数功能。

1. 多路选择器

多路选择器(Multiplexer)又称数据选择器或多路开关，常用MUX表示。它是一种多路输入、单路输出的组合逻辑电路，其逻辑功能是从多路输入中选中一路送至输出端，输出对输入的选择受选择控制变量控制。通常，一个具有 2^n 路输入和一路输出的MUX有 n 个选择控制变量，对应控制变量的每种取值组合，选中相应的一路输入送至输出。

(1) 典型芯片

常见的MSI多路选择器有双4路MUX 74153、8路MUX 74152(无使能控制端)、74151和16路MUX 74150等。下面以双4路MUX 74153为例对其外部特性进行介绍。

双4路MUX 74153的引脚排列图和逻辑符号如图7.16中的(a)和(b)所示。该芯片中有两个4路MUX。其中，G为使能控制端，低电平有效；D_0～D_3 为数据输入端；A_1、A_0 为选择控制端，两个MUX共用；Y为输出端。

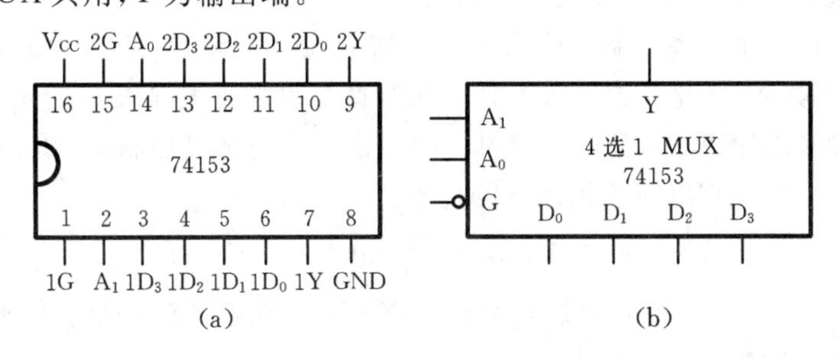

图7.16 74153引脚排列图和逻辑符号

4路MUX 74153的功能表如表7.7所示。

表7.7 4路MUX 74153的功能表

使能输入	选择输入		数据输入				输出
G	A_1	A_0	D_0	D_1	D_2	D_3	Y
1	d	d	d	d	d	d	0
0	0	0	D_0	d	d	d	D_0
0	0	1	d	D_1	d	d	D_1
0	1	0	d	d	D_2	d	D_2
0	1	1	d	d	d	D_3	D_3

由功能表可知,在工作状态下(G=0),当 $A_1A_0=00$ 时,$Y=D_0$;当 $A_1A_0=01$ 时,$Y=D_1$;当 $A_1A_0=10$ 时,$Y=D_2$;当 $A_1A_0=11$ 时,$Y=D_3$。即在 A_1A_0 的控制下,依次选中 D_0~D_3 端的数据送至输出端。4 路 MUX 的输出函数表达式为

$$Y=\overline{A}_1\overline{A}_0D_0+\overline{A}_1A_0D_1+A_1\overline{A}_0D_2+A_1A_0D_3=\sum_{i=0}^{3}m_iD_i$$

式中,m_i 为选择变量 A_1、A_0 组成的最小项;D_i 为 i 端的输入数据,取值等于 0 或 1。

类似地,可以写出 2^n 路 MUX 的输出表达式为

$$Y=\sum_{i=0}^{2^n-1}m_iD_i$$

式中,m_i 为选择控制变量 $A_{n-1},A_{n-2},\cdots,A_1,A_0$ 组成的最小项;D_i 为 2^n 路输入中的第 i 路数据输入,取值 0 或 1。

(2) 应用举例

MUX 除用来完成对多路数据进行选择的基本功能外,在逻辑设计中常用来实现各种逻辑函数功能。假定用具有 n 个选择控制变量的 MUX 实现 m 个变量的函数,具体方法可以分为 3 种情况讨论。

① $m=n$(用 n 个选择控制变量的 MUX 实现 n 个变量的函数)。

实现方法:将函数的 n 个变量依次连接到 MUX 的 n 个选择变量端,并将函数表示成最小项之和的形式。若函数表达式中包含最小项 m_i,则相应 MUX 的 D_i 接 1,否则 D_i 接 0 。

② $m=n+1$(用 n 个选择控制变量的 MUX 实现 $n+1$ 个变量的函数)。

实现方法:从函数的 $n+1$ 个变量中任选 n 个作为 MUX 的选择控制变量,并根据所选定的选择控制变量将函数变换成 $Y=\sum_{i=0}^{2^n-1}m_iD_i$ 的形式 ,以确定各数据输入 D_i。假定剩余变量为 X,则 D_i 的取值只可能是 0、1、X 或 $\overline{X}$ 四者之一。

③ $m\geqslant n+2$(用 n 个选择控制变量的 MUX,实现 $n+1$ 个以上变量的函数)。

实现方法与②类似,但此时数据输入为去除选择变量之外剩余变量的函数,因此,一般需要增加适当的逻辑门辅助实现,且所需逻辑门的多少通常与选择控制变量的确定相关。

例 7.8 用 MUX 实现以下逻辑函数的功能:

$$F(A,B,C)=\sum m(2,3,5,6)$$

解 给定函数为一个 3 变量函数,可采用 8 路 MUX 或者 4 路 MUX 实现其功能。

方案 1 采用 8 路数据选择器实现

假定采用 8 路 MUX 74152 实现,MUX 的输出表达式为

$$Y=\overline{A}_2\overline{A}_1\overline{A}_0D_0+\overline{A}_2\overline{A}_1A_0D_1+\overline{A}_2A_1\overline{A}_0D_2+\overline{A}_2A_1A_0D_3$$
$$+A_2\overline{A}_1\overline{A}_0D_4+A_2\overline{A}_1A_0D_5+A_2A_1\overline{A}_0D_6+A_2A_1A_0D_7$$

给定逻辑函数 F 的表达式为

$$F(A,B,C)=\sum m(2,3,5,6)=\overline{A}B\overline{C}+\overline{A}BC+A\overline{B}C+AB\overline{C}$$

比较上述两个表达式可知:要使 Y=F,只需令 8 路 MUX 的 $A_2=A,A_1=B,A_0=C$ 且 $D_2=D_3=D_5=D_6=1$,而 $D_0=D_1=D_4=D_7=0$ 即可。据此可画出用 8 路 MUX 实现给定函数的逻辑电路,如图 7.17(a)所示。

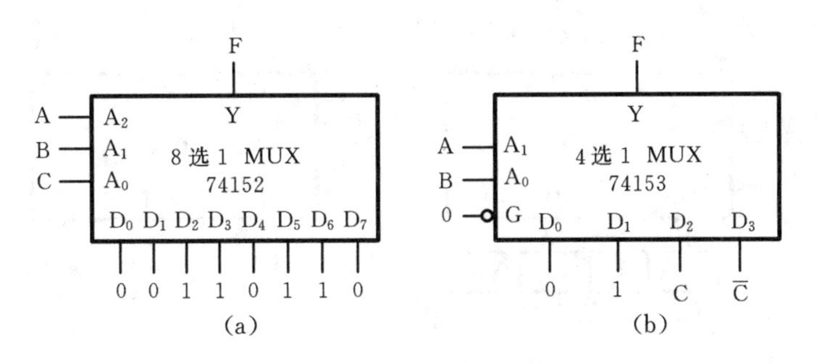

图 7.17 例 7.8 的两种方案

方案 2 采用 4 路数据选择器实现

假定采用 4 路 MUX 74153 实现，由于 4 路 MUX 具有 2 个选择控制变量，所以用来实现 3 变量函数功能时，应该首先从函数的 3 个变量中任选 2 个作为选择控制变量，然后再确定选择器的数据输入。假定选 A、B 与选择控制端 A_1、A_0 相连，则可将函数 F 的表达式表示成如下形式：

$$\begin{aligned} F(A,B,C) &= \bar{A}B\bar{C} + \bar{A}BC + A\bar{B}C + AB\bar{C} \\ &= \bar{A}\bar{B}\cdot 0 + \bar{A}B\cdot(\bar{C}+C) + A\bar{B}\cdot C + AB\cdot\bar{C} \\ &= \bar{A}\bar{B}\cdot 0 + \bar{A}B\cdot 1 + A\bar{B}\cdot C + AB\cdot\bar{C} \end{aligned}$$

显然，要使 4 路 MUX 的输出 Y 与函数 F 相等，只需 $D_0=0$、$D_1=1$、$D_2=C$、$D_3=\bar{C}$。据此，可画出用 4 路 MUX 实现给定函数功能的逻辑电路，如图 7.17(b)所示。类似地，也可以选择 A、C 或 B、C 作为选择控制变量，选择控制变量不同，数据输入也不同。例如，本例若选 A、C 与 A_1、A_0 相连，则应有 $D_0=B$、$D_1=B$、$D_2=B$、$D_3=\bar{B}$。

上述两种方案表明：用具有 n 个选择控制变量的 MUX 实现 n 个变量的函数或 $n+1$ 个变量的函数时，无须任何辅助电路，可由 MUX 直接实现。

例 7.9 用 4 路 MUX 实现 4 变量逻辑函数的功能，函数表达式为

$$F(A,B,C,D) = \sum m(0,2,3,7,8,9,10,13)$$

解 用 4 路 MUX 实现该函数时，首先应从函数的 4 个变量中选出 2 个作为 MUX 的选择控制变量。原则上讲，这种选择是任意的，但选择合适时可使设计简化。

方案 1 选用变量 A 和 B 作为选择控制变量

假定选用变量 A 和 B 作为选择控制变量与选择控制端 A_1、A_0 相连，首先对函数作如下变换：

$$\begin{aligned} F(A,B,C,D) &= \sum m(0,2,3,7,8,9,10,13) \\ &= \bar{A}\bar{B}\bar{C}\bar{D} + \bar{A}\bar{B}C\bar{D} + \bar{A}\bar{B}CD + \bar{A}BCD + A\bar{B}\bar{C}\bar{D} + A\bar{B}\bar{C}D + A\bar{B}C\bar{D} + AB\bar{C}D \\ &= \bar{A}\bar{B}(\bar{C}\bar{D} + C\bar{D} + CD) + \bar{A}B\cdot CD + A\bar{B}(\bar{C}\bar{D} + \bar{C}D + C\bar{D}) + AB\cdot\bar{C}D \\ &= \bar{A}\bar{B}(C + \bar{D}) + \bar{A}B\cdot CD + A\bar{B}(\bar{C} + \bar{D}) + AB\cdot\bar{C}D \end{aligned}$$

根据变换后的逻辑表达式，即可确定各数据输入 D_i 分别为

$$D_0 = C + \bar{D} \qquad D_1 = CD \qquad D_2 = \bar{C} + \bar{D} = + \overline{CD} \qquad D_3 = \bar{C}D$$

据此，可得到用 MUX 74153 实现给定函数的逻辑电路，如图 7.18(a)所示。除 4 路 MUX 外，附加了 4 个逻辑门。

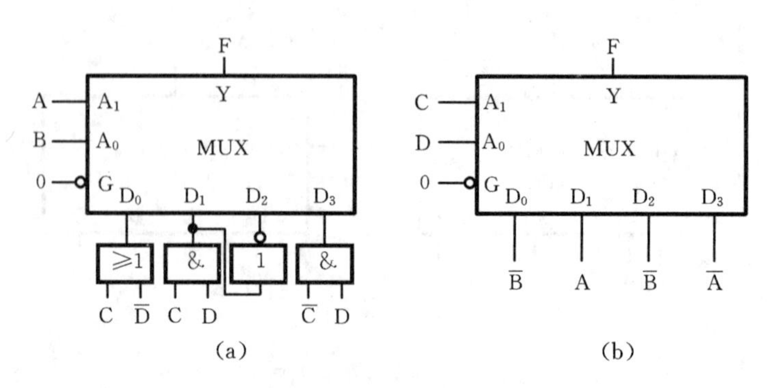

图 7.18 例 7.9 的两种方案

方案 2 选用变量 C 和 D 作为选择控制变量

如果选用变量 C 和 D 作为选择控制变量与选择控制端 A_1、A_0 相连，则可对函数做如下变换：

$$
\begin{aligned}
F(A,B,C,D) &= \sum m(0,2,3,7,8,9,10,13) \\
&= \bar{A}\bar{B}\bar{C}\bar{D} + \bar{A}\bar{B}C\bar{D} + \bar{A}\bar{B}CD + \bar{A}BCD + A\bar{B}\bar{C}\bar{D} + A\bar{B}\bar{C}D + A\bar{B}C\bar{D} + AB\bar{C}D \\
&= \bar{C}\bar{D}(\bar{A}\bar{B} + A\bar{B}) + \bar{C}D(A\bar{B} + AB) + C\bar{D}(\bar{A}\bar{B} + A\bar{B}) + CD(\bar{A}\bar{B} + \bar{A}B) \\
&= \bar{C}\bar{D} \cdot \bar{B} + \bar{C}D \cdot A + C\bar{D} \cdot \bar{B} + CD \cdot \bar{A}
\end{aligned}
$$

根据变换后的逻辑表达式，可确定各数据输入 D_i 分别为

$$D_0 = \bar{B} \qquad D_1 = A \qquad D_2 = \bar{B} \qquad D_3 = \bar{A}$$

相应逻辑电路如图 7.18(b)所示，在有反变量提供的前提下，无须附加逻辑门。显然，实现给定函数用 C、D 作为选择控制变量更简单。

由上述可见，用 n 个选择控制变量的 MUX 实现 $n+2$ 个以上变量的函数时，数据输入 D_i 一般是 2 个或 2 个以上变量的函数。函数 D_i 的复杂程度与选择控制变量的确定相关，只有通过对各种方案的比较，才能从中得到简单、经济的方案。

例 7.10 用一片双 4 路 MUX 74153 实现 4 变量多输出函数。函数表达式为

$$
\begin{cases}
F_1(A,B,C,D) = \sum m(0,1,5,7,10,13,15) \\
F_2(A,B,C,D) = \sum m(8,10,12,13,15)
\end{cases}
$$

解 假定选取函数变量 A、B 作为 MUX 的选择控制变量 A_1、A_0，则可对函数 F_1 和 F_2 做如下变换。

$$
\begin{aligned}
F_1(A,B,C,D) &= \sum m(0,1,5,7,10,13,15) \\
&= \bar{A}\bar{B}\bar{C}\bar{D} + \bar{A}\bar{B}\bar{C}D + \bar{A}B\bar{C}D + \bar{A}BCD + A\bar{B}C\bar{D} + AB\bar{C}D + ABCD \\
&= \bar{A}\bar{B}(\bar{C}\bar{D} + \bar{C}D) + \bar{A}B(\bar{C}D + CD) + A\bar{B} \cdot C\bar{D} + AB(\bar{C}D + CD) \\
&= \bar{A}\bar{B} \cdot \bar{C} + \bar{A}B \cdot D + A\bar{B} \cdot C\bar{D} + AB \cdot D
\end{aligned}
$$

$$
\begin{aligned}
F_2(A,B,C,D) &= \sum m(8,10,12,13,15) \\
&= A\bar{B}\bar{C}\bar{D} + A\bar{B}C\bar{D} + AB\bar{C}\bar{D} + AB\bar{C}D + ABCD \\
&= \bar{A}\bar{B} \cdot 0 + \bar{A}B \cdot 0 + A\bar{B}(\bar{C}\bar{D} + C\bar{D}) + AB(\bar{C}\bar{D} + \bar{C}D + CD) \\
&= \bar{A}\bar{B} \cdot 0 + \bar{A}B \cdot 0 + A\bar{B} \cdot \bar{D} + AB \cdot (\bar{C} + D)
\end{aligned}
$$

令 MUX74153 的 $1Y=F_1$，$2Y=F_2$，根据上述逻辑表达式可确定 MUX74153 各数据输入端的值，依次为

$$1D_0=\overline{C}\quad 1D_1=D\quad 1D_2=C\overline{D}\quad 1D_3=D$$
$$2D_0=0\quad 2D_1=0\quad 2D_2=\overline{D}2\quad D_3=\overline{C}+D$$

实现函数 F_1 和 F_2 的逻辑电路如图 7.19 所示。

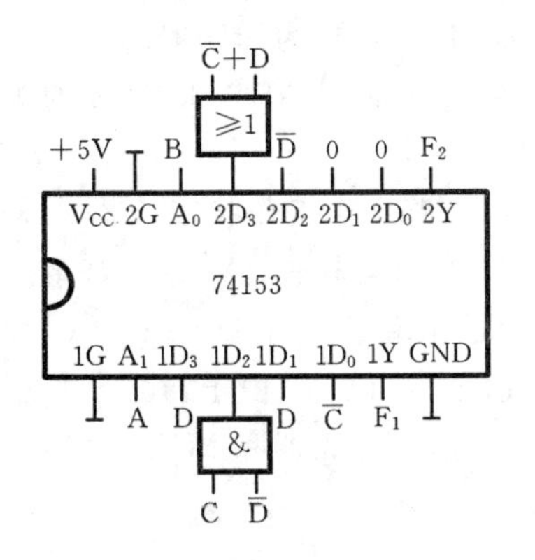

图 7.19　逻辑电路

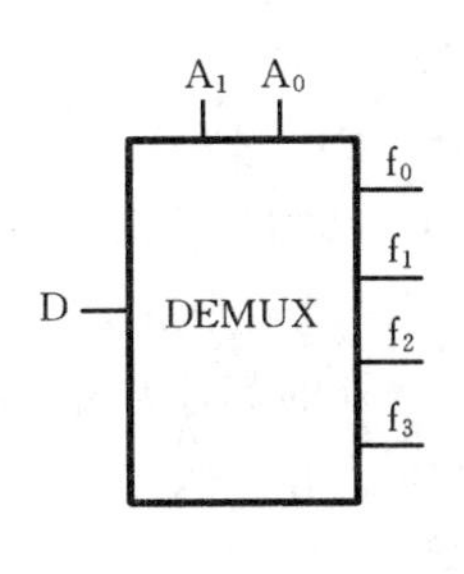

图 7.20　4 路 DEMUX 的逻辑符号

表 7.8　4 路 DEMUX 功能表

A_1	A_0	f_0	f_1	f_2	f_3
0	0	D	0	0	0
0	1	0	D	0	0
1	0	0	0	D	0
1	1	0	0	0	D

2. 多路分配器

多路分配器(Demultiplexer)又称数据分配器，常用 DEMUX 表示。其结构与多路选择器正好相反，它是一种单输入、多输出的逻辑部件，输入数据具体从哪一路输出由选择控制变量决定。图 7.20 所示为 4 路 DEMUX 的逻辑符号。图中，D 为数据输入端，A_1、A_0 为选择控制输入端，$f_0\sim f_3$ 为数据输出端。其功能表如表 7.8 所示。

由功能表可知，4 路 DEMUX 的输出函数表达式为

$$f_0=\overline{A}_1\overline{A}_0\cdot D=m_0\cdot D\qquad f_1=\overline{A}_1A_0\cdot D=m_1\cdot D$$
$$f_2=A_1\overline{A}_0\cdot D=m_2\cdot D\qquad f_3=A_1A_0\cdot D=m_3\cdot D$$

式中，$m_i(i=0\sim3)$ 是由选择控制变量构成的 4 个最小项。

由此可见，DEMUX 与译码器十分相似，若将图 7.20 中所示的 D 端接固定的 1，则该电路实现 2-4 线译码器的功能，故 DEMUX 和译码器一般是可以互相替代的，通常归于一类。

DEMUX 常与 MUX 联用，以实现多通道数据分时传送。通常在发送端由 MUX 将各路数据分时送至公共传输线(总线)，接收端再由 DEMUX 将公共线上的数据分配到相应的输出端。图 7.21 所示的是利用一根数据传输线分时传送 8 路数据的示意图，在公共选择控制变量 ABC 的控制下，实现 D_i—f_i 的传送($i=0\sim7$)。

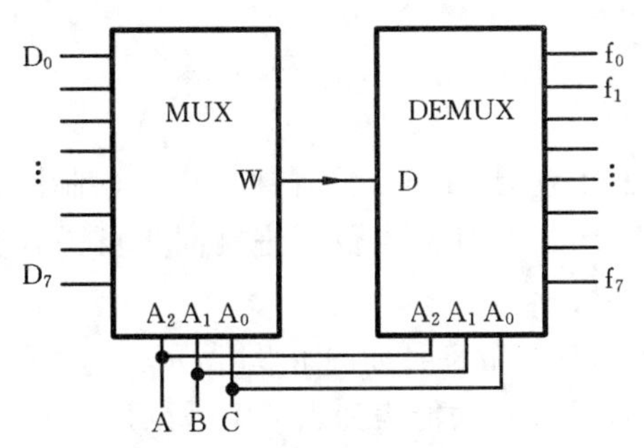

图 7.21　8 路数据传输示意图

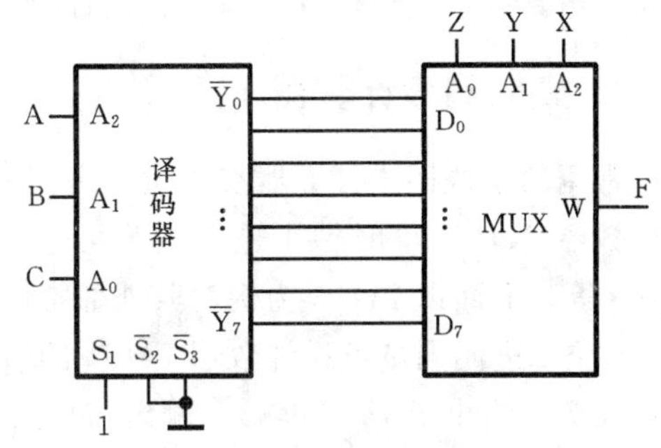

图 7.22　比较器的逻辑电路

以上对几种最常用的MSI组合逻辑电路进行了介绍，在逻辑设计时可以灵活使用这些电路实现各种逻辑功能。

例 7.11 用8路MUX和3-8线译码器构造一个3位二进制数等值比较器。

解 设进行比较的两个3位二进制数分别为ABC和XYZ，将ABC作为译码器的输入信号，XYZ作为MUX的选择控制变量，按图7.22所示进行连接，即可实现ABC和XYZ的等值比较。

从图7.22可知，当译码器的使能端$\bar{S}_3$、$\bar{S}_2$接地，S_1接“1”时，电路处于工作状态。若ABC=XYZ，则MUX的输出F=0，否则F=1。例如，当ABC=010时，译码器输出$\overline{Y}_2=0$，其余均为1。若MUX选择控制变量XYZ=ABC=010，则选通D_2送至输出端F，由于$D_2=\overline{Y}_2=0$，故F=0；若XYZ≠010，则MUX会选择D_2之外的其他数据输入送至输出端F，由于与其余数据输入端相连的译码器输出均为1，故F为1。用类似方法，采用合适的译码器和MUX可构成多位二进制数比较器。

7.2 常用中规模时序逻辑电路

数字系统中最常用的中规模同步时序器件是计数器和寄存器，本节将分别举例介绍其外部特性及在逻辑设计中的应用。要求在掌握外部特性的基础上，能根据需要对器件进行合理选择、灵活使用。

7.2.1 集成计数器

广义地说，计数器是一种能在输入信号作用下依次通过预定状态的时序逻辑电路。计数器中的“数”是用触发器的状态组合来表示的，在计数脉冲作用下使一组触发器的状态依次转换成不同的状态组合来表示数的变化，即可达到计数的目的。计数器在运行时，所经历的状态是周期性的，总是在有限个状态中循环，通常将一次循环所包含的状态总数称为计数器的“模”。

集成计数器的种类很多，通常有不同的分类方法。按其工作方式可分为同步计数器和异步计数器；按其进位制可分为二进制计数器、十进制计数器和任意进制计数器；按其功能又可分为加法计数器、减法计数器和加/减可逆计数器等。为了满足实际应用的需要，集成计数器一般具有计数、保存、清除、预置等功能。

1. 集成同步计数器

常用的集成同步计数器有4位二进制同步加法计数器74161、单时钟4位二进制同步可逆计数器74191、单时钟十进制同步可逆计数器74190、双时钟4位二进制同步可逆计数器74193等。下面以74193为例对其外部特性进行介绍。

4位二进制同步可逆计数器74193的引脚排列图及逻辑符号如图7.23所示。

表7.9给出了74193输入/输出信号的说明。该芯片的功能表如表7.10所示。

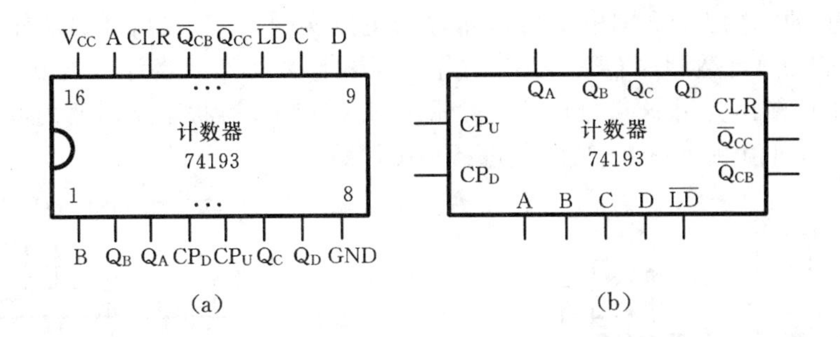

图 7.23 74193 的引脚排列图和逻辑符号

由表 7.10 可知，当 CLR 为高电平时，计数器被清除为“0”；当$\overline{LD}$为低电平时，计数器被预置为 A、B、C、D 端输入的值；当计数脉冲由 CP_U端输入时，计数器进行累加计数；当计数脉冲由 CP_D端输入时，计数器进行累减计数。

表 7.9 74193 输入/输出信号的说明

引线名称		说明
输入端	CLR	清除
	$\overline{LD}$	预置控制
	D,C,B,A	预置初置
	CP_U ↑	累加计数脉冲
	CP_D ↑	累减计数脉冲
输出端	$Q_DQ_CQ_BQ_A$	记数值
	$\overline{Q}_{CC}$	进位输出负脉冲
	$\overline{Q}_{CB}$	借位输出负脉冲

表 7.10 74193 的功能表

输入								输出			
CLR	$\overline{LD}$	D	C	B	A	CP_U	CP_D	Q_D	Q_C	Q_B	Q_A
1	d	d	d	d	d	d	d	0	0	0	0
0	0	x_3	x_2	x_1	x_0	d	d	x_3	x_2	x_1	x_0
0	1	d	d	d	d	↑	1	累	加	计	数
0	1	d	d	d	d	1	↑	累	减	计	数

4 位二进制计数器是模为 16 的计数器。在实际应用中，可根据需要用 4 位二进制计数器构成模为任意 R(R 小于 16 或大于 16)的计数器。下面举例介绍用 4 位二进制同步可逆计数器 74193 构成模为任意 R 计数器的方法。

(1) 构成模小于 16 的计数器

通过利用计数器的清除、预置等功能，可以很方便地实现模小于 16 的计数器。

例 7.12 用 4 位二进制同步可逆计数器 74193 构成模 10 加法计数器。

解 假设计数器的初始状态为 $Q_3Q_2Q_1Q_0=0000$，其状态变化序列如下：

$$
\begin{array}{ccccccccc}
0000 & \rightarrow & 0001 & \rightarrow & 0010 & \rightarrow & 0011 & \rightarrow & 0100 \\
\uparrow & & & & & & & & \downarrow \\
1001 & \leftarrow & 1000 & \leftarrow & 0111 & \leftarrow & 0110 & \leftarrow & 0101
\end{array}
$$

根据 74193 的功能表,可用图 7.24 所示逻辑电路实现模 10 加法器的功能。其中,$\overline{LD}$和 CP_D接逻辑 1,CP_U接计数脉冲 CP,74193 工作在累加计数状态。当计数器输出由 1001 变为 1010 时,其中与门输出为 1,该信号接至清除端 CLR,使计数器状态立即变为 0000,当下一个计数脉冲到达时,再由 0000→0001,继续进行加 1 计数。

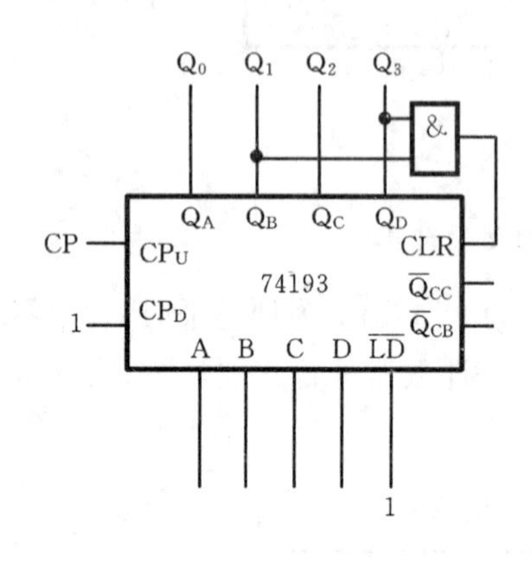

图 7.24 模 10 加法计数器逻辑电路

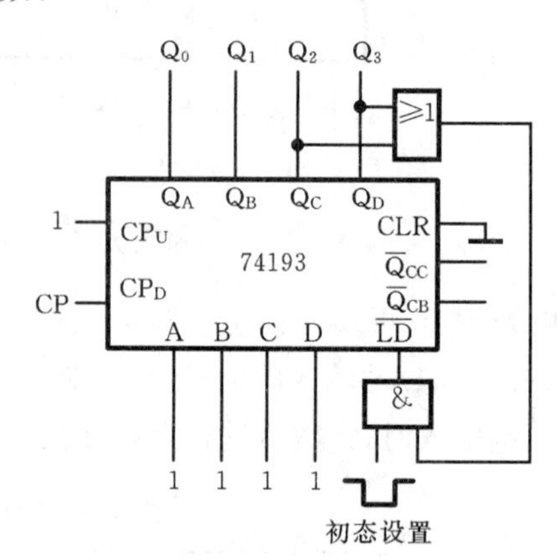

图 7.25 模 12 减法计数器逻辑电路

例 7.13 用 4 位二进制同步可逆计数器 74193 构成模 12 减法计数器。

解 设计数器的初始状态为 $Q_3Q_2Q_1Q_0=1111$,其状态变化序列如下:

$$
\begin{array}{ccccccccccc}
1111 & \rightarrow & 1110 & \rightarrow & 1101 & \rightarrow & 1100 & \rightarrow & 1011 & \rightarrow & 1010 \\
\uparrow & & & & & & & & & & \downarrow \\
0100 & \leftarrow & 0101 & \leftarrow & 0110 & \leftarrow & 0111 & \leftarrow & 1000 & \leftarrow & 1001
\end{array}
$$

模 12 减法计数器的逻辑电路如图 7.25 所示。其中,74193 的 CLR 端接地,CP_U接逻辑 1,CP_D接计数脉冲 CP,$\overline{LD}$端受初态设置端和计数器状态的控制,当$\overline{LD}$为 1 时 74193 工作在减法计数状态。初态设置端平时为 1,在电路开始工作时通过一个负脉冲信号置入初态"1111",然后电路在计数脉冲作用下开始减 1 计数。当计数器输出由 0100 变为 0011 时,其中或门输出由 1 变为 0,并经与门送至$\overline{LD}$端,使计数器立即置入 1111,当下一脉冲到来时继续进行减 1 计数。

(2) 构成模大于 16 的计数器

利用计数器的进位输出或借位输出脉冲作为计数脉冲,将多个 4 位计数器进行级联,即可构成模大于 16 的计数器。例如,将两片 74193 按图 7.26 所示进行连接,即为一个模为 256 的减法计数器。用类似的方法,也可以构成模为 256 的加法计数器。

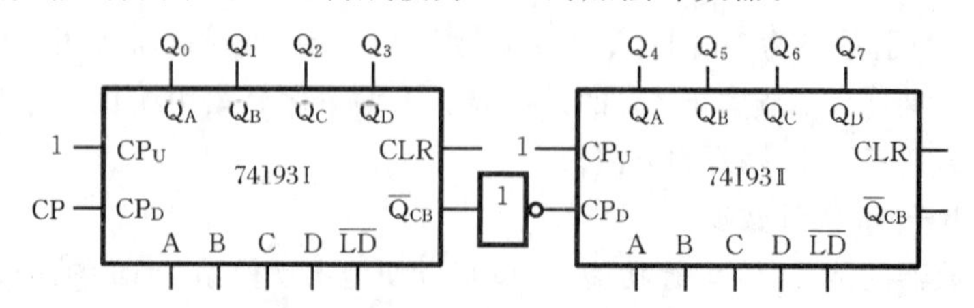

图 7.26 模 256 减法计数器逻辑电路

用 4 位二进制计数器级联后,再恰当地使用预置、清除等功能,便可构成模大于 16 的任意进制计数器。

例 7.14 用两片 4 位二进制同步可逆计数器 74193 构成模$(147)_{10}$的加法计数器。

解　设计数器状态变化序列为$(0)_{10}$～$(146)_{10}$，当计数器状态由$(146)_{10}$变为$(147)_{10}$时，应该令其进入$(0)_{10}$。因为$(147)_{10}=(10010011)_2$，所以根据74193的功能可画出模$(147)_{10}$加法计数器的逻辑电路，如图7.27所示。图中，片Ⅰ和片Ⅱ的CP_D端、$\overline{LD}$端均接1，CLR端为清除控制端。计数脉冲由片Ⅰ的CP_U端输入，片Ⅰ的进位输出脉冲$\overline{Q}_{CC}$经反相后作为片Ⅱ的计数脉冲。工作时先将计数器清零，在计数脉冲到来后，计数器开始加1计数，当计数器的状态$Q_7Q_6Q_5Q_4Q_3Q_2Q_1Q_0=10010011$时，产生一个高电平送CLR，计数器清零，实现了模147加法计数。

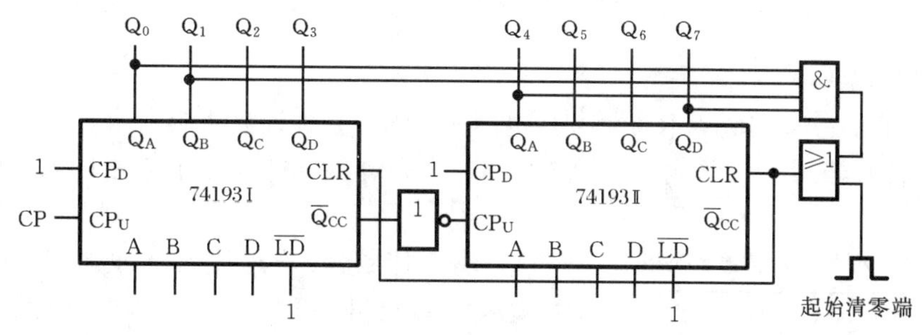

图7.27　模147加法计数器逻辑电路

2. 集成异步计数器

最常用的中规模异步时序逻辑器件有二-五-十进制加法计数器74290、双时钟4位二进制加法计数器74293等集成器件。下面以74290为例对其外部特性及应用进行介绍。

中规模集成加法计数器74290的内部包括4个主从J-K触发器。触发器0组成模2计数器，计数脉冲由CP_A提供；触发器1～触发器3组成异步模5计数器，计数脉冲由CP_B提供。该芯片的引脚排列图和逻辑符号如图7.28所示，功能表如表7.11所示。

集成异步计数器74290共有6个输入和4个输出。其中，R_{0A}、R_{0B}为清零输入信号，高电

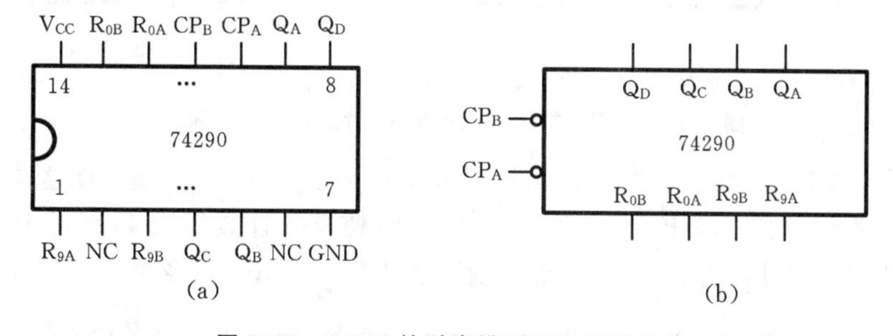

图7.28　74290的引脚排列图和逻辑符号

表7.11　74290的功能表

输入					输出			
R_{0A}	R_{0B}	R_{9A}	R_{9B}	CP	Q_D	Q_C	Q_B	Q_A
1	1	0	d	d	0	0	0	0
1	1	d	0	d	0	0	0	0
d	d	1	1	d	1	0	0	1
d	0	d	0	↓		计	数	
0	d	0	d	↓		计	数	
0	d	d	0	↓		计	数	
d	0	0	d	↓		计	数	

平有效;R_{9A}、R_{9B}为置9(即二进制1001)输入信号,高电平有效;CP_A、CP_B为计数脉冲信号;Q_D、Q_C、Q_B、Q_A为数据输出信号。由表7.11可以归纳出74290具有如下功能。

(1) 异步清零功能

当$R_{9A} \cdot R_{9B}=0$且$R_{0A}=R_{0B}=1$时,不需要输入脉冲配合,电路可以实现异步清零操作,使$Q_DQ_CQ_BQ_A=0000$。

(2) 异步置9功能

当$R_{9A}=R_{9B}=1$时,不论R_{0A}、R_{0B}及输入脉冲为何值,均可实现异步置9操作,使$Q_DQ_CQ_BQ_A=1001$。

(3) 计数功能

当$R_{9A} \cdot R_{9B}=0$且$R_{0A} \cdot R_{0B}=0$时,电路实现如下几种计数功能。

① 模2计数器:若将计数脉冲加到CP_A端,并从Q_A端输出,则可实现1位二进制加法计数(二分频)。

表7.12 74290模5计数器状态表

序号	Q_D	Q_C	Q_B
0	0	0	0
1	0	0	1
2	0	1	0
3	0	1	1
4	1	0	0

② 模5计数器:若将计数脉冲加到CP_B端,并从Q_D、Q_C、Q_B端输出,则可实现五进制加法计数,状态转移表如表7.12所示。

③ 模10计数器:用74290构成模10计数器有两种不同的方法,一种是构成8421码十进制计数器,另一种是构成5421码十进制计数器。两种方法的连接示意图分别如图7.29(a)、(b)所示。

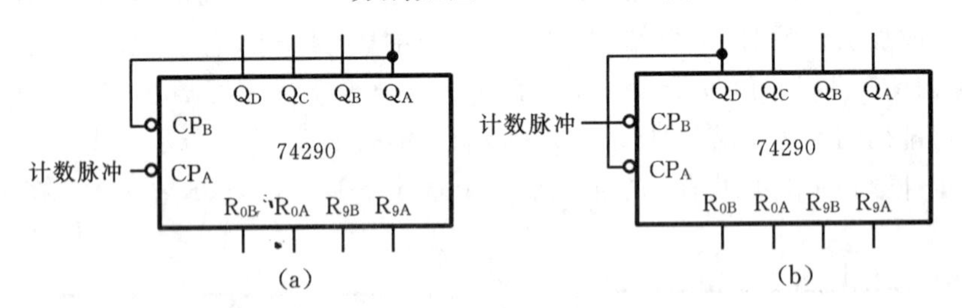

图7.29 74290构成的两种模10计数器连接示意图

在图7.29(a)中,计数脉冲加到CP_A端,并将输出端Q_A接到CP_B端。在这种方式下,每来2个计数脉冲,模2计数器输出Q_A产生一个负跳变,使模5计数器增1,经过10个脉冲作用后,模5计数器循环一周,实现8421码十进制加法计数。状态转移表如表7.13所示。

表7.13 8421码模10计数器状态表

序号	Q_D	Q_C	Q_B	Q_A
0	0	0	0	0
1	0	0	0	1
2	0	0	1	0
3	0	0	1	1
4	0	1	0	0
5	0	1	0	1
6	0	1	1	0
7	0	1	1	1
8	1	0	0	0
9	1	0	0	1

表7.14 5421码模10计数器状态表

序号	Q_A	Q_D	Q_C	Q_B
0	0	0	0	0
1	0	0	0	1
2	0	0	1	0
3	0	0	1	1
4	0	1	0	0
5	1	0	0	0
6	1	0	0	1
7	1	0	1	0
8	1	0	1	1
9	1	1	0	0

在图 7.29(b)中，计数脉冲加到模 5 计数器的 CP_B 端，并将模 5 计数器的高位输出端 Q_D 接到模 2 计数器的 CP_A 端。在这种方式下，每来 5 个计数脉冲，模 5 计数器输出 Q_D 产生一个负跳变，使模 2 计数器增 1，经过 10 个脉冲作用后，模 2 计数器循环一周，实现 5421 码十进制加法计数。状态转移表如表 7.14 所示。

集成异步计数器 74290 除了完成上述基本功能外，也可用来构成其他计数器。

例 7.15　用集成异步计数器 74290 设计一个模 8 加法计数器。

解　根据设计要求，首先将集成异步计数器 74290 按 8421 码十进制加法计数器连接，并将计数器初始状态设为“0000”。该计数器的状态转移图如图 7.30 所示。

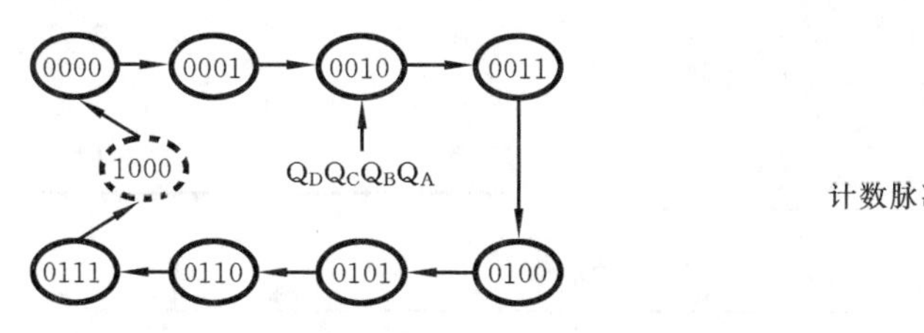

图 7.30　状态转移图

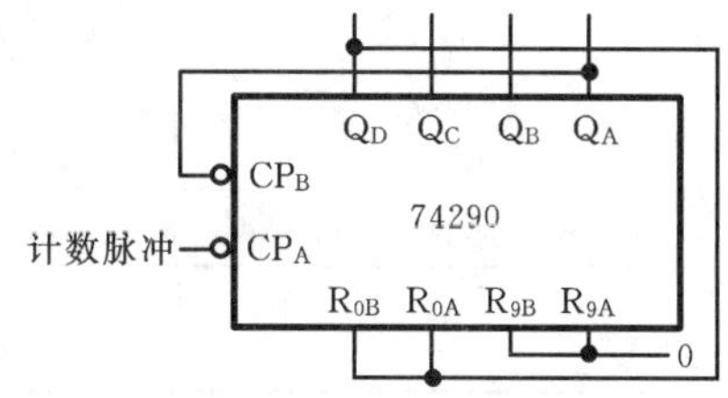

图 7.31　逻辑电路

由计数器的状态转移图可以看出，当电路在第八个计数脉冲作用下 $Q_DQ_CQ_BQ_A$ 由 0111 转为 1000 时，计数器应该回到初始状态 0000，即 Q_D 由 0 变为 1 时，应使计数器清零。根据集成异步计数器 74290 的功能表可知，只需利用 Q_D 作为异步清零信号与 R_{0A}、R_{0B} 相连接即可实现要求的状态转移，逻辑电路如图7.31所示。

7.2.2　集成寄存器

寄存器是数字系统中用来存放数据或运算结果的一种常用逻辑部件。寄存器的主要组成部分是触发器，一个触发器能存储 1 位二进制代码，所以要存放 n 位二进制代码的寄存器应包含 n 个触发器。中规模集成电路寄存器除了具有接收数据、保存数据和传送数据等基本功能外，通常还具有左、右移位，串、并输入，串、并输出以及预置、清零等多种功能，属于多功能寄存器。

1. 典型芯片

中规模集成寄存器的种类很多，常用的集成器件有 4 位寄存器 7495、74175、74194，5 位寄存器 7496，8 位寄存器 7491 等。74194 是一种常用的 4 位双向移位寄存器。下面以 74194 为例对其外部特性及应用进行讨论。

74194 是一种常用的 4 位双向移位寄存器，其管脚排列图和逻辑符号如图7.32(a)、(b)所示。

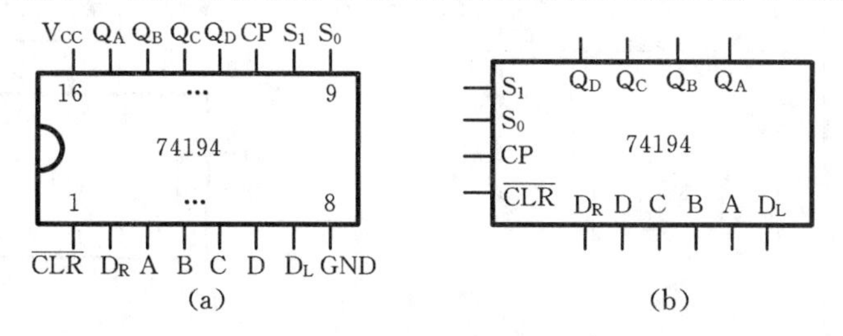

图 7.32　74194 的管脚排列图和逻辑符号

74194 输入/输出引线的说明如表 7.15 所示,该芯片控制端的功能如表 7.16 所示,功能表如表 7.17 所示。

从功能表可知,双向移位寄存器在$\overline{CLR}$、S_1和 S_0的控制下可完成数据的并行输入、右移串行输入、左移串行输入、保持和清除等 5 种功能。

表 7.15　74194 引线说明

引线名称		说　明
输入端	$\overline{CLR}$	清除
	D,C,B,A	并行数据输入
	D_R	右移串行数据输入
	D_L	左移串行数据输入
	S_1,S_0	工作方式选择控制
	CP	工作脉冲
输出端	Q_D,Q_C,Q_B,Q_A	寄存器的状态

表 7.16　控制端的功能

控制信号		功　能
S_1	S_0	
0	0	保　持
0	1	右　移
1	0	左　移
1	1	并行输入

表 7.17　74194 的功能表

输	入									输	出		
$\overline{CLR}$	CP	S_1	S_0	D_R	D_L	D	C	B	A	Q_D	Q_C	Q_B	Q_A
0	d	d	d	d	d	d	d	d	d	0	0	0	0
1	0	d	d	d	d	d	d	d	d	Q_D^n	Q_C^n	Q_B^n	Q_A^n
1	↑	1	1	d	d	x_3	x_2	x_1	x_0	x_3	x_2	x_1	x_0
1	↑	0	1	1	d	d	d	d	d	1	Q_D^n	Q_C^n	Q_B^n
1	↑	0	1	0	d	d	d	d	d	0	Q_D^n	Q_C^n	Q_B^n
1	↑	1	0	d	1	d	d	d	d	Q_C^n	Q_B^n	Q_A^n	1
1	↑	1	0	d	0	d	d	d	d	Q_C^n	Q_B^n	Q_A^n	0
1	d	0	0	d	d	d	d	d	d	Q_D^n	Q_C^n	Q_B^n	Q_A^n

2. 应用举例

寄存器除完成预定功能外,在数字系统中还能用来构成计数器和序列信号发生器等逻辑部件。

例 7.16　用 4 位双向移位寄存器 74194 构成一个模 8 计数器。该计数器的状态转移关系如表 7.18 所示。

解　由 74194 的功能表可知,要满足表 7.18 所示状态转移关系,只需将 74194 预置初始状态“0000”后,将 S_1S_0接 10,并令 D_L与 $\overline{Q}_D$相连接即可。其逻辑电路如图 7.33 所示。

表 7.18　状态转移表

现	态			次	态		
Q_D	Q_C	Q_B	Q_A	Q_D^{n+1}	Q_C^{n+1}	Q_B^{n+1}	Q_A^{n+1}
0	0	0	0	0	0	0	1
0	0	0	1	0	0	1	1
0	0	1	1	0	1	1	1
0	1	1	1	1	1	1	1
1	1	1	1	1	1	1	0
1	1	1	0	1	1	0	0
1	1	0	0	1	0	0	0
1	0	0	0	0	0	0	0

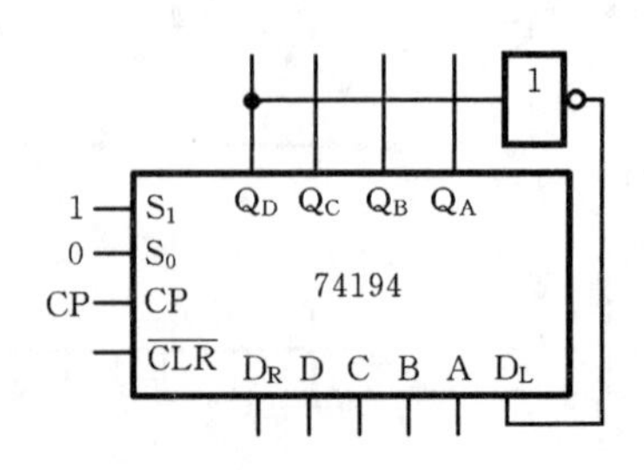

图 7.33　逻辑电路图

该电路工作时，首先令$\overline{CLR}$接“0”，将寄存器清 0 后，再令$\overline{CLR}$接“1”。寄存器清 0 后，将S_1S_0接 10，寄存器在时钟作用下，循环左移实现给定的状态转移。

例 7.17　用一片 74194 和适当的逻辑门构成产生序列为 00101110 的序列发生器。

解　序列信号发生器可由移位寄存器和反馈逻辑电路构成，其结构框图如图 7.34 所示。

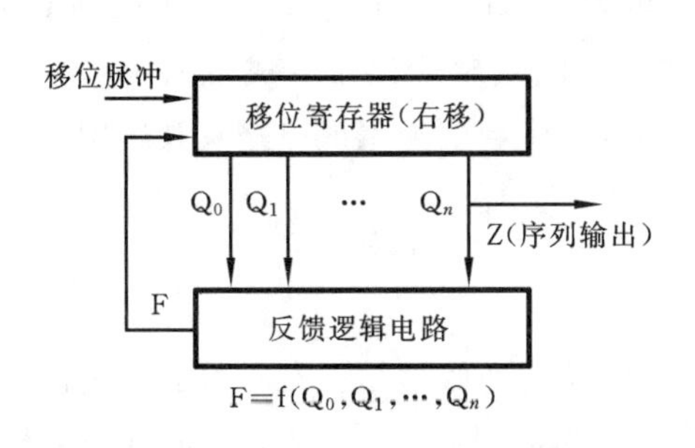

图 7.34　序列发生器结构框图

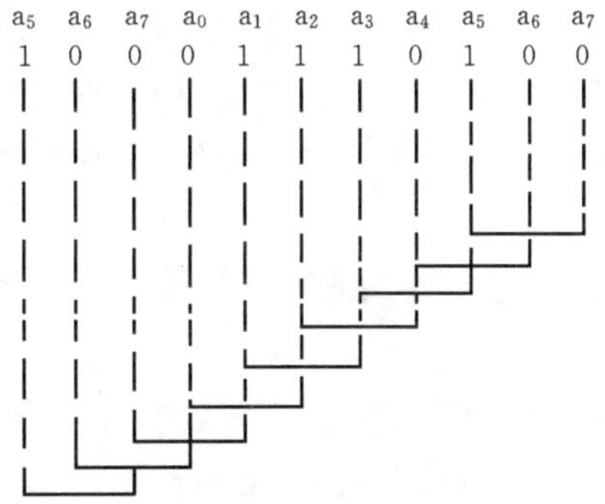

a_5 a_6 a_7 a_0 a_1 a_2 a_3 a_4 a_5 a_6 a_7

1 0 0 0 1 1 1 0 1 0 0

图 7.35　序列与移位寄存器状态的关系

假定序列发生器产生的序列周期为 T_p，移位寄存器的级数(触发器个数)为 n，应满足关系式 $2^n \geqslant T_p$。本例的 $T_p=8$，故 $n \geqslant 3$，该例选择 $n=3$ 可以满足要求。设输出序列 $Z=a_0a_1a_2a_3a_4a_5a_6a_7$，图 7.35 列出了所要产生的序列(以周期 $T_p=8$ 重复，最右边信号先输出)与移位寄存器状态的关系。

在图 7.35 中，序列下面的水平线段对应的数码表示移位寄存器的状态。将$a_5a_6a_7=100$作为寄存器的初始状态，令 74194 的初始状态 $Q_DQ_CQ_B=100$，从Q_B产生输出，由反馈电路依次形成 a_4、a_3、a_2、a_1、a_0、a_7、a_6、a_5作为右移串行输入端的输入，这样便可在时钟脉冲作用下产生规定的输出序列。电路在时钟作用下的状态变化过程及右移输入值如表 7.19 所示。

由表 7.19 可得到反馈函数 F 的逻辑表达式为

$$
\begin{aligned}
F &= \overline{Q}_D\overline{Q}_C\overline{Q}_B + \overline{Q}_DQ_C\overline{Q}_B + Q_D\overline{Q}_CQ_B + Q_DQ_C\overline{Q}_B \\
&= \overline{Q}_D\overline{Q}_B + Q_C\overline{Q}_B + Q_D\overline{Q}_CQ_B \\
&= (\overline{Q}_D + Q_C)\overline{Q}_B + Q_D\overline{Q}_CQ_B \\
&= (\overline{Q}_D + Q_C)\overline{Q}_B + \overline{(\overline{Q}_D + Q_C)}Q_B \\
&= (\overline{Q}_D + Q_C) \oplus Q_B
\end{aligned}
$$

表 7.19　电路状态变化表

CP	F(D_R)	Q_D	Q_C	Q_B
0	0	1	0	0
1	1	0	1	0
2	1	1	0	1
3	1	1	1	0
4	0	1	1	1
5	0	0	1	1
6	0	0	0	1
7	1	0	0	0

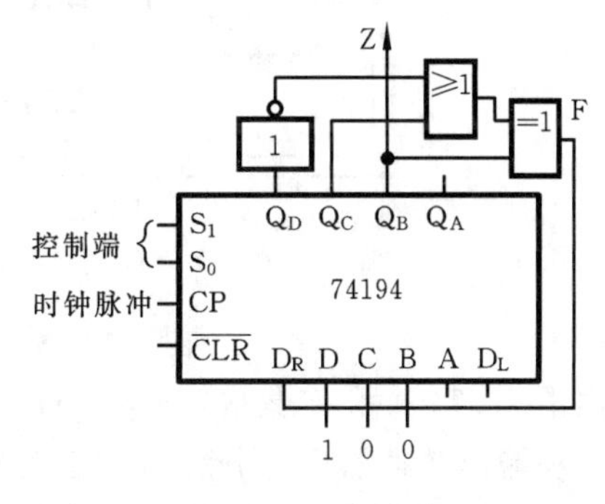

图 7.36　逻辑电路

根据上述表达式和 74194 的功能表，可画出该序列发生器的逻辑电路，如图 7.36 所示。

该电路的工作过程为：在 S_1S_0的控制下，先置寄存器 74194 的初始状态为$Q_DQ_CQ_B=100$，然后令其工作在右移串行输入方式，即可在时钟脉冲作用下从 Z 端产生所需要的脉冲序列。

7.3　常用中规模信号产生与变换电路

数字系统中使用的集成电路除组合电路和时序电路外，还有一种信号产生与变换电路。它们常用于产生各种宽度、幅值的脉冲信号，对信号进行变换、整形以及完成模拟信号与数字信号之间的转换等。本节介绍几种最常用的中规模信号产生与变换集成电路及其应用。

7.3.1　集成定时器555及其应用

集成定时器555是一种将模拟电路功能与逻辑电路功能巧妙地结合在一起的中规模集成电路。该电路功能灵活、适用范围广，只要在外部配上适当的阻容元件，就可以很方便地构成多谐振荡器、施密特触发器和单稳态触发器等电路，完成脉冲信号的产生、定时和整形等功能。因而在控制、定时、检测、仿声、报警等方面有着广泛应用。常用的集成定时器555有5G555(TTL电路)和CC7555(CMOS电路)等。下面以5G555为例说明其功能和应用。

1. 5G555的电路结构与逻辑功能

(1) 电路结构和工作原理

5G555的电路结构图和管脚排列图分别如图7.37(a)、(b)所示。

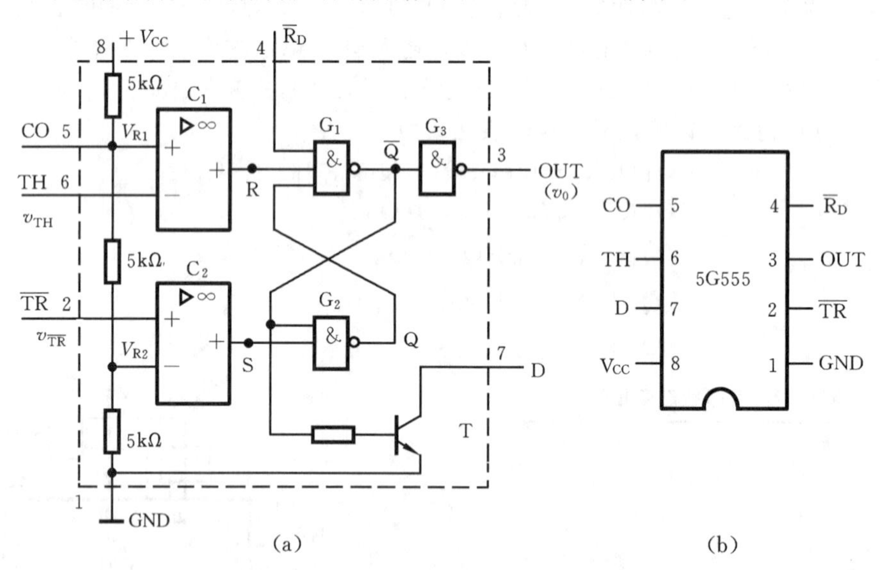

图7.37　5G555的电路结构和管脚功能

由图7.37(a)可知，集成定时器5G555由电阻分压器、电压比较器、基本R-S触发器、放电三极管和输出缓冲器5部分组成。定时器的功能主要取决于比较器C_1和C_2，由它们的输出直接控制基本R-S触发器的状态和放电三极管T的状态，从而决定整个电路的输出状态。

① 电阻分压器。由3个阻值均为5kΩ的电阻串联构成分压器，为电压比较器C_1和C_2提供参考电压。当电压控制端CO不外加控制电压v_{CO}时，$V_{R1}=\frac{2}{3}V_{CC}$，$V_{R2}=\frac{1}{3}V_{CC}$，当外加控

制电压v_{CO}时，比较器的参考电压将发生变化，相应电路的阈值、触发电平也将随之改变，并进而影响电路的定时参数。为了防止干扰，当不外加控制电压时，CO 端一般通过一个小电容(如 0.01μF)接地，以旁路高频干扰。

② 电压比较器 C_1和 C_2。电压比较器 C_1和 C_2是两个结构完全相同的理想运算放大器。当运算放大器的同相输入V_+大于反相输入V_-时，其输出为高电平 1 信号；而当V_+小于V_-时，其输出为低电平 0 信号。

当比较器 C_1的同相输入端(+端)接参考电压V_{R1}，反相输入端(－端)与阈值输入端 TH 相连时，其输出 R 端的状态取决于阈值输入信号v_{TH}与V_{R1}的比较结果。当$v_{TH}<V_{R1}$时，输出 R 为高电平 1；当$v_{TH}>V_{R1}$时，输出 R 为低电平 0。

当比较器 C_2的同相输入端(+端)与触发输入端$\overline{TR}$相连，反相输入端(－端)接参考电压V_{R2}时，其输出端 S 的状态取决于触发输入信号$v_{\overline{TR}}$与V_{R2}的比较结果。当$v_{\overline{TR}}<V_{R2}$时，输出 S 为低电平 0；当$v_{\overline{TR}}>V_{R2}$时，输出 S 为高电平 1。

③ 基本 R-S 触发器。两个与非门 G_1和 G_2构成了低电平触发的基本 R-S 触发器。触发器输入信号 R、S 为比较器 C_1、C_2的输出，触发器 Q 端状态为电路输出端 OUT 的状态，触发器 $\overline{Q}$ 端状态控制放电三极管 T 的导通与截止。当外部复位信号 $\overline{R}_D$为 0(低电平)时，可使$v_o=0$，定时器输出直接复位。

④ 放电三极管 T。构成泄放电路，T 的集电极即输出端 D。如果将 D 端经过一个外接电阻接至电源，即可组成一个反相器。当 Q=0 ($\overline{Q}$=1)时，T 导通，D 端输出为低电平 0；Q=1($\overline{Q}$=0)时，T 截止，D 端输出为高电平 1。可见，D 端的逻辑状态与输出端 OUT 的状态相同。

⑤ 输出缓冲器。输出缓冲器 G_3的作用是提高负载能力，并隔离负载对定时器的影响。

(2) 电路功能

根据电路结构和工作原理，可归纳出 5G555 的功能表，如表 7.20 所示。

表 7.20 5G555 的功能表

输 入			比较器输出		输 出	
v_{TH}	$v_{\overline{TR}}$	$\overline{R}_D$	R(C_1)	S(C_2)	OUT	放电三极管 T
d	d	0	d	d	0	导通
$<V_{R1}$	$<V_{R2}$	1	1	0	1	截止
$<V_{R1}$	$>V_{R2}$	1	1	1	不变	不变
$>V_{R1}$	$>V_{R2}$	1	0	1	0	导通

当 CO 端不外接控制电压时，5G555 的功能表如表 7.21 所示。

表 7.21 5G555 不外接控制电压时的功能表

输 入			比较器输出		输 出	
v_{TH}	$v_{\overline{TR}}$	$\overline{R}_D$	R(C_1)	S(C_2)	OUT	放电三极管 T
d	d	0	d	d	0	导通
$<\frac{2}{3}V_{CC}$	$<\frac{1}{3}V_{CC}$	1	1	0	1	截止
$<\frac{2}{3}V_{CC}$	$>\frac{1}{3}V_{CC}$	1	1	1	不变	不变
$>\frac{2}{3}V_{CC}$	$>\frac{1}{3}V_{CC}$	1	0	1	0	导通

2. 5G555 的应用

由于 5G555 具有电源范围宽、定时精度高、使用方法灵活、带负载能力强等特点，所以应用非常广泛。下面介绍它在脉冲信号产生、定时与整形方面的基本应用。

(1) 用 5G555 构成多谐振荡器

多谐振荡器又称矩形波发生器，它有两个暂稳态，电路一旦起振，两个暂稳态就交替变化，输出矩形脉冲信号。

① 电路构成及工作原理。用 5G555 构成的多谐振荡器如图 7.38(a)所示，图 7.38(b)所示为电路的工作波形。

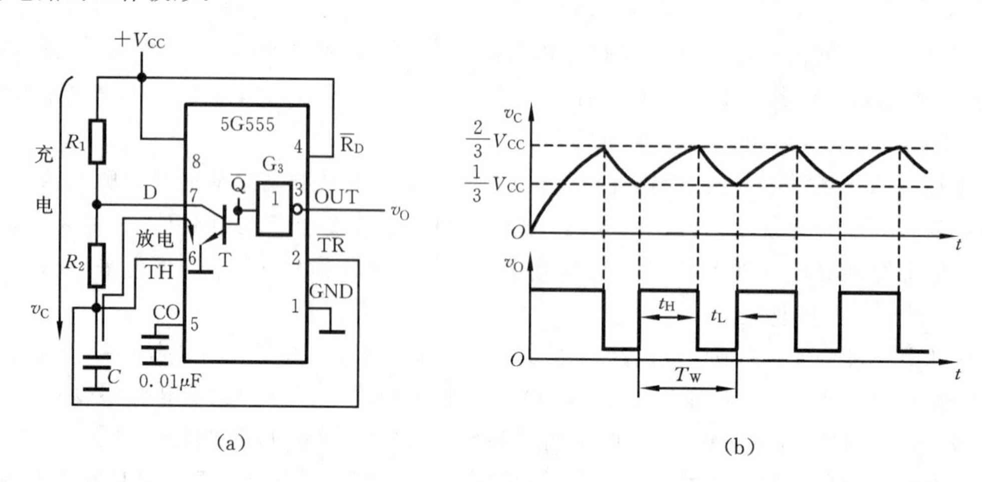

图 7.38　用 5G555 构成的多谐振荡器电路及其工作波形图

从图 7.38(a)可知，电路由 5G555 外加两个电阻和一个电容组成。5G555 的 D 端(即放电三极管 T 的集电极)经 R_1 接至电源 V_{CC}，构成一个反相器。电阻 R_2 和电容 C 构成积分电路。积分电路的电容电压 v_C 作为电路输入接至输入端 TH 和 $\overline{TR}$。

电路的工作原理如下。

接通电源 V_{CC} 的瞬间，电容 C 上的电压 v_C 不能突变，故 TH 端的电压小于 $\frac{2}{3}V_{CC}$，$\overline{TR}$ 端的电压小于 $\frac{1}{3}V_{CC}$，输出端 OUT 的状态为 1，此时 $\overline{Q}=0$，放电三极管 T 截止，电源 V_{CC} 经过 R_1、R_2 对电容 C 充电，v_C 逐渐上升，电路处在第一个暂稳态。

当电容上的电压 v_C 逐渐升高到 $\frac{2}{3}V_{CC}$ 时，由于 TH 端和 $\overline{TR}$ 端的电压为 $\frac{2}{3}V_{CC}$，使输出端 OUT 的状态变为 0，此时 $\overline{Q}=1$，放电三极管 T 导通，电容 C 经 R_2 和 T 放电，v_C 逐渐下降，电路处在第二个暂稳态。

当电容 C 上的电压 v_C 下降到 $\frac{1}{3}V_{CC}$ 时，使输出 OUT 又从低电平 0 变为高电平 1，放电三极管 T 截止，电源 V_{CC} 再经 R_1、R_2 向 C 充电，电路返回到第一个暂稳态。

如此周而复始地在两个暂稳态之间交替变换，便产生了如图 7.39(b)所示的矩形脉冲信号输出。

② 输出脉冲信号参数的计算。输出高电平的持续时间 t_H 是电容电压 v_C 从 $\frac{1}{3}V_{CC}$ 上升到

$\frac{2}{3}V_{CC}$所需的时间，它与充电回路的时间常数$(R_1+R_2)C$相关，近似计算公式为

$$t_H \approx 0.7(R_1+R_2)C$$

输出低电平的持续时间t_L是电容电压v_C从$\frac{2}{3}V_{CC}$下降到$\frac{1}{3}V_{CC}$所需的时间，它与放电回路的时间常数R_2C相关，近似计算公式为

$$t_L \approx 0.7R_2C$$

矩形波振荡周期T_W的近似计算公式为

$$T_W \approx t_H + t_L \approx 0.7(R_1+2R_2)C$$

矩形波振荡频率f的近似计算公式为

$$f = \frac{1}{T_W} \approx \frac{1}{0.7(R_1+2R_2)C} \approx \frac{1.43}{(R_1+2R_2)C}$$

矩形波的占空比Q的近似计算公式为

$$Q = \frac{t_H}{T_W} \approx \frac{0.7(R_1+R_2)C}{0.7(R_1+2R_2)C} \approx \frac{R_1+R_2}{R_1+2R_2}$$

③ 占空比可调的多谐振荡器。在图7.38(a)所示电路中，一旦选定电阻R_1和R_2，输出信号的占空比Q便固定下来。如果对该电路稍加改进，在原有基础上增加一个可调电阻R_W，并利用二极管的单向导电性，用D_1、D_2两个二极管将充电回路和放电回路隔离开，便可构成占空比可调的多谐振荡器。改进后的电路如图7.39所示，调节电阻R_W的阻值就可改变输出矩形波的占空比Q。

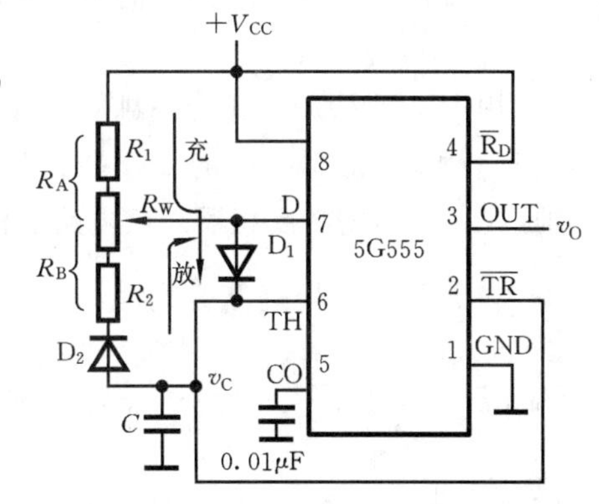

图7.39 占空比可调的多谐振荡器

在图7.39所示振荡器中，R_W分成可变的两部分，靠近R_1一侧的部分和R_1一起构成R_A，靠近R_2一侧的部分和R_2一起构成R_B。电源V_{CC}通过R_A、D_1向电容C充电；电容C通过D_2、R_B及5G555内部的放电三极管T放电。充、放电回路的时间常数决定输出信号高、低电平的持续时间，它们分别为

$$t_H \approx 0.7R_AC \qquad t_L \approx 0.7R_BC$$

占空比Q为

$$Q = \frac{t_H}{t_H+t_L} \approx \frac{0.7R_AC}{0.7(R_A+R_B)C} \approx \frac{R_A}{R_A+R_B}$$

调节可变电阻R_W，便可改变R_A和R_B的阻值，进而改变输出矩形波的占空比。

(2) 用5G555构成施密特触发器

施密特触发器是一种特殊的双稳态时序电路，与一般的双稳态触发器相比，它具有两个特点。第一，施密特触发器属于电平触发，对于缓慢变化的信号同样适用。只要输入信号电平达到相应的触发电平，输出信号就会发生突变，从一个稳态翻转到另一个稳态，并且稳态的维持依赖于外加触发输入信号。第二，对于正向和负向增长的输入信号，电路有不同的阈值电平。这一特性称为滞后特性或回差特性。

图7.40(a)、(b)分别给出了一种常用施密特触发器的逻辑符号和电压传输特性，该器件实际上是一个具有滞后特性的反相器。

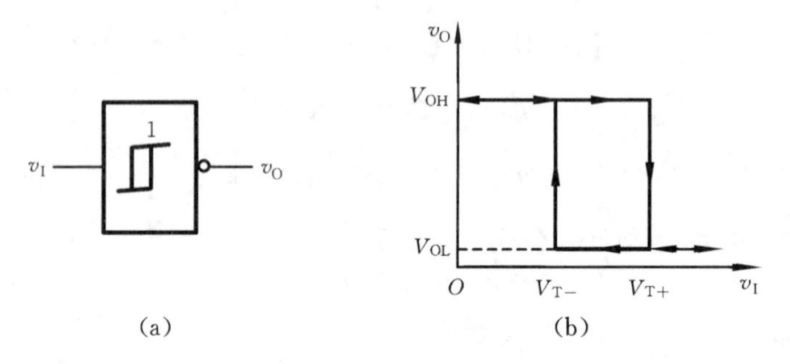

图 7.40 施密特触发器

图中，v_I上升时的阈值电压 V_{T+} 称为**正向阈值电平或上限触发电平**；下降时的阈值电压 V_{T-} 称为**负向阈值电平或下限触发电平**。它们之间的差值称为**回差电压**(或滞后电压)，用 ΔV_T表示，即

$$\Delta V_T = V_{T+} - V_{T-}$$

下面介绍用 5G555 构成的施密特触发器及其应用。

1) 工作原理

用 5G555 构成的施密特触发器原理图及其传输特性分别如图 7.41(a)、(b)所示。按图 7.41(a)所示，将 5G555 的 TH 端和$\overline{TR}$端连接在一起作为信号输入端，OUT 作为输出端，便构成了一个施密特反相器。该电路工作原理如下。

当 v_I从 0 开始逐渐升高时，若 $v_I < \frac{1}{3}V_{CC}$，则 $v_{TH} = v_{\overline{TR}} < \frac{1}{3}V_{CC}$，电路输出$v_O$为高电平 V_{OH}；若 v_I处于$\frac{1}{3}V_{CC} < v_I < \frac{2}{3}V_{CC}$，则 $v_{TH} < \frac{2}{3}V_{CC}$，而 $v_{\overline{TR}} > \frac{1}{3}V_{CC}$，电路输出保持高电平不变；若 v_I上升到 $v_I \geqslant \frac{2}{3}V_{CC}$时，则 $v_{TH} = v_{\overline{TR}} \geqslant \frac{2}{3}V_{CC}$，电路输出变为低电平 V_{OL}。可见，电路正向阈值电压 $V_{T+} = \frac{2}{3}V_{CC}$。传输特性如图 7.41(b)中的 a→b→c→d。

当 v_I从高于$\frac{2}{3}V_{CC}$逐渐下降时，若 v_I处于$\frac{1}{3}V_{CC} < v_I < \frac{2}{3}V_{CC}$，则因为 $v_{TH} < \frac{2}{3}V_{CC}$，$v_{\overline{TR}} >$

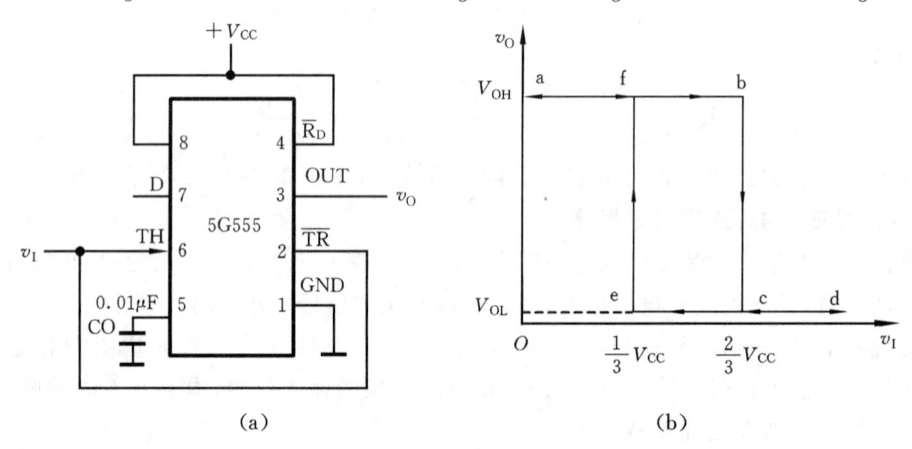

图 7.41 5G555 构成的施密特触发器

$\frac{1}{3}V_{CC}$，电路输出保持低电平不变；若 v_I 下降到 $v_I \leqslant \frac{1}{3}V_{CC}$，则由于 $v_{TH}=v_{\overline{TR}} \leqslant \frac{1}{3}V_{CC}$，故电路输出变为高电平 V_{OH}。可见，电路的负向阈值电压 $V_{T-}=\frac{1}{3}V_{CC}$。传输特性如图 7.41(b)中的 d→e→f→a。

由以上分析可知，该电路的回差电压

$$\Delta V_T = V_{T+} - V_{T-} = \frac{1}{3}V_{CC}$$

如果将图 7.41(a)中的电压控制端 CO(5 脚)接控制电压 v_{CO}，则随着参考电压的改变，将使 V_{T+}、V_{T-} 和 ΔV_T 发生相应变化。

2）典型应用

施密特触发器的应用广泛，其典型应用有波形变换、脉冲整形、幅值鉴别等。

波形变换：施密特触发器能将正弦波、三角波或任意形状的模拟信号波形变换成矩形波。图 7.42(a)所示的是将正弦波变换成矩形波。

脉冲整形：经传输后的矩形脉冲往往由于干扰及传输线路的分布电容等因素而使信号发生畸变，出现前、后沿变坏或信号电平波形上叠加脉动干扰波等现象。用施密特触发器，选择适当的回差电压 ΔV_T，即可对输入信号整形后输出。图 7.42(b)所示的就是将干扰后的不规则波形，经整形后变成规则波形。

幅值鉴别：施密特触发器能在一系列幅值各异的脉冲信号中鉴别出幅值大于 V_{T+} 的脉冲，并产生对应的输出信号。如图 7.42(c)所示，输入信号经鉴幅后，仅幅值大于 V_{T+} 的脉冲会产生相应输出信号。

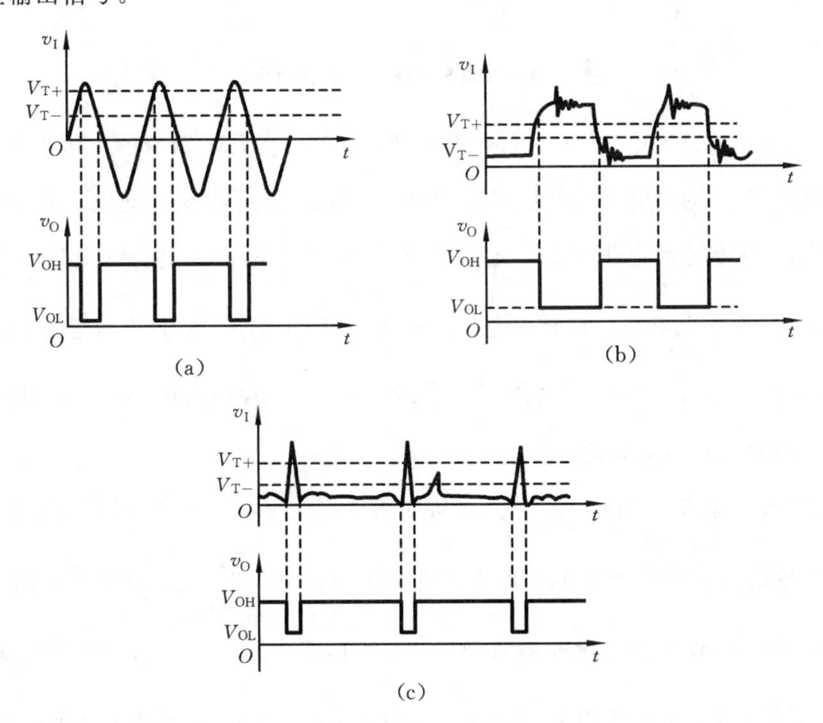

图 7.42　施密特触发器的典型应用

(3) 用 5G555 构成单稳态触发器

单稳态触发器只有一个稳态。在外来触发脉冲的作用下,电路由稳态翻转到暂稳态,暂稳态是一个不能长久保持的状态,维持一段时间后,电路会自动返回到稳态。暂稳态持续时间的长短取决于电路本身的参数。

单稳态触发器的种类很多,有不同型号的集成单稳态触发器供选用。下面介绍用 5G555 构成的单稳态触发器。

1) 工作原理

用 5G555 构成的单稳态触发器电路原理图和工作波形图分别如图 7.43(a)、(b)所示。在图 7.43(a)所示电路中,R 和 C 是定时元件,触发信号 v_I从$\overline{TR}$端输入,输出信号 v_O从 OUT 端输出,电压控制端 CO 经过一个 0.01 μF 的电容接地。D 端(即放电三极管 T 的集电极)和输入端 TH 相连接,一端经电阻 R 接至电源,另一端经电容 C 接地。电路工作原理如下。

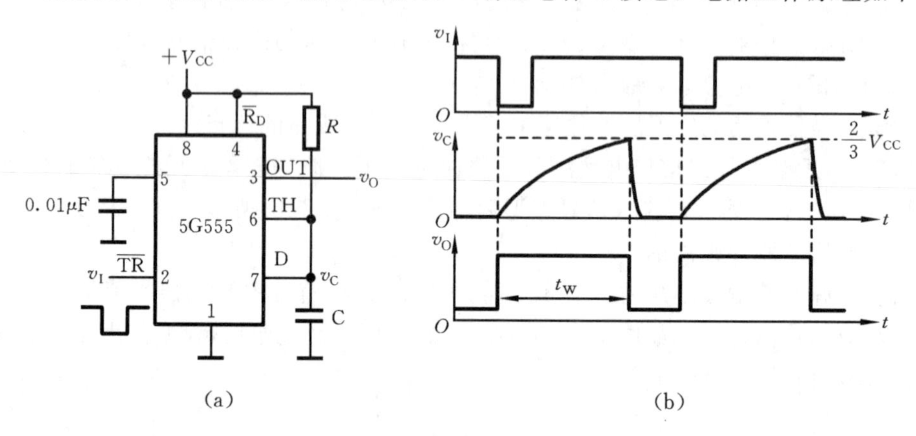

图 7.43　5G555 构成的单稳态触发器

稳态:当未加触发脉冲时,输入 v_I保持高电平($>\frac{1}{3}V_{CC}$),即$\overline{TR}$端的电压大于$\frac{1}{3}V_{CC}$。设刚接通电源时输出 v_O为高电平,放电三极管截止,电源经 R 向电容 C 充电。开始时 v_C很小,即 $v_{TH}<\frac{2}{3}V_{CC}$,v_O维持高电平,当 v_C逐渐上升到 $v_C\geqslant\frac{2}{3}V_{CC}$时,由于 $v_{\overline{TR}}>\frac{1}{3}V_{CC}$,$v_{TH}>\frac{2}{3}V_{CC}$,使输出 v_O变为低电平。这时放电三极管 T 导通,电容 C 通过 T 迅速放电,v_C下降,直至$v_C\approx0$。由于此时 $v_{TH}<\frac{2}{3}V_{CC}$,$v_{\overline{TR}}>\frac{1}{3}V_{CC}$,所以输出 v_O保持低电平不变,即输出稳定在 0 状态,可见,稳态时$v_O=0$,T 导通。

暂稳态:当从 v_I输入一个触发脉冲时,v_I从 1 到 0 的跳变,使 $v_{\overline{TR}}<\frac{1}{3}V_{CC}$,此时 TH 端仍为低($<\frac{2}{3}V_{CC}$),故输出 v_O由 0 变为 1,电路进入暂稳态:$v_O=1$,T 管截止,电源经 R 向 C 充电。

在暂稳态期间,v_I端的触发脉冲撤消,使 v_I变为 1,即 $v_{\overline{TR}}>\frac{1}{3}V_{CC}$,且随着电源对 C 的充电,$v_C$按指数规律上升,待 v_C上升到 $v_C\geqslant\frac{2}{3}V_{CC}$时,$v_O$由 1 变为 0,暂稳态结束。此时 T 管导通,电容 C 迅速放电直至 $v_C\approx0$,电路自动返回到稳态。

至此,单稳态电路在触发信号作用下完成了一个从稳态到暂稳态,然后自动返回稳态的工作周期。以后重复上述过程，工作波形如图 7.43(b)所示。

2）脉冲宽度的计算和调整

由图 7.43(b)可知，单稳态电路的暂稳态持续时间也就是输出脉冲宽度 t_W，是由充电回路的时间常数 RC 决定的，近似计算公式为

$$t_W \approx 1.1RC$$

由此可见，调节定时元件 R、C 的参数，即可改变输出脉冲的宽度 t_W。在工程应用中，通常 R 的取值范围是几百欧姆到几兆欧姆，C 的取值范围是几百皮法到几百微法，对应的脉冲宽度可以从几微秒到几分钟。

单稳态触发器在数字系统中通常用于脉冲的整形、定时和延迟等。

7.3.2　集成 D/A 转换器

数字系统只能处理数字信号，但在工业过程控制、智能化仪器仪表和数字通信等领域，数字系统处理的对象往往是模拟信号。例如，图 7.44 是一个数字控制系统输入/输出信号关系示意图。在生产过程控制中对温度、压力、流量等物理量进行控制时，经过传感器获取的电信号都是模拟信号。这些模拟信号必须变换成数字信号才能由数字系统加工、运算。另一方面，数字系统输出的数字信号，有时又必须变换成模拟信号才能去控制执行单元，通过执行单元对被控对象进行调节。因此，在实际应用中，必须解决模拟信号与数字信号之间的转换问题。

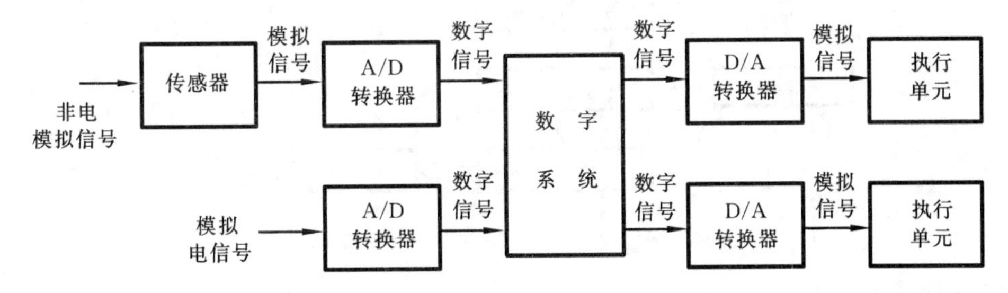

图 7.44　数字控制系统信号关系示意图

把数字信号转换成模拟信号的器件称为数/模转换器，简称 D/A 转换器或 DAC(Digital to Analog Converter)；把模拟信号转换成数字信号的器件称为模/数转换器，简称 A/D 转换器或 ADC(Analog to Digital Converter)。

下面分别对 D/A 转换器和 A/D 转换器的基本概念、工作原理、外部特性、典型集成芯片及其应用进行介绍。

1. D/A 转换器的类型

目前，集成 D/A 转换器有各种类型和不同的分类方法。从电路结构来看，各类集成 D/A 转换器至少都包括电阻解码网络和电子开关两个基本组成部分。

根据电阻解码网络结构的不同，D/A 转换器可分成权电阻网络 D/A 转换器、R-$2R$ 正 T 形电阻网络 D/A 转换器和 R-$2R$ 倒 T 形电阻网络 D/A 转换器等类型。

根据电子开关的不同，D/A 转换器又可分成 CMOS 电子开关 D/A 转换器和双极型电子开关 D/A 转换器。通常双极型电子开关比 CMOS 电子开关的开关速度高。

根据输出模拟信号的类型，D/A 转换器可分为电流型和电压型两种。常用的 D/A 转换

器大部分是电流型的，当需要将模拟电流转换成模拟电压时，通常在输出端外加运算放大器。

随着集成电路技术的发展，D/A 转换器在电路结构、性能等方面都在不断改进。从只能实现数字量到模拟电流转换的 D/A 转换器，发展到能与微处理器完全兼容、具有输入数据锁存功能的 D/A 转换器，进一步又出现了带有参考电压源和输出放大器的 D/A 转换器等，从而大大提高了 D/A 转换器的综合性能。目前，已有不同性能指标的系列产品供用户选用。

2. D/A 转换的工作原理与特性

(1) 一般结构

众所周知，数字量是由数字字符按位组合形成的一组代码，每位字符有一定的“权”。将数字量转换成模拟量的基本思想是：首先把数字量的每一位代码按其权的大小依次转换成相应的模拟量，然后将代表各位数字量的模拟量相加，便可得到与数字量对应的模拟量。

D/A 转换器主要由数字寄存器、模拟电子开关、解码网络、求和电路和基准电压源组成，图 7.45 是一个 n 位 D/A 转换器的一般结构框图。图中，数字寄存器用于存放 n 位数字量，寄存器输出的每位数码分别控制对应位的模拟电子开关，使之在解码网络中获得与该位数码权值对应的模拟量送至求和电路，求和电路将各位权值对应的模拟量相加，便可得到与 n 位数字量对应的模拟量。

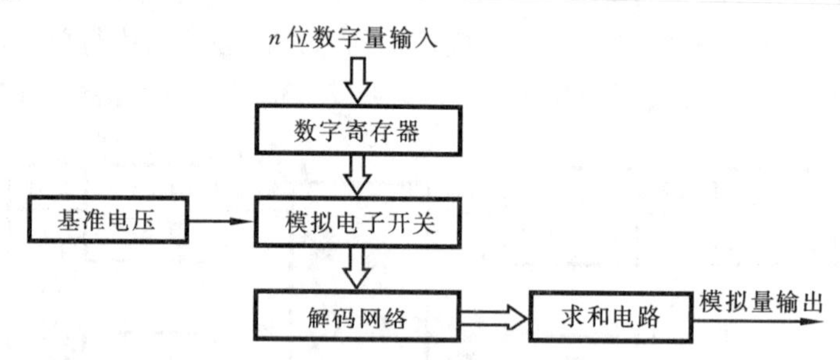

图 7.45 n 位 D/A 转换器的结构框图

(2) 转换原理

在单片集成 D/A 转换器中，使用最多的是倒 T 形电阻网络 D/A 转换器。下面以 4 位倒 T 形电阻网络 D/A 转换器为例介绍其工作原理。

图 7.46 是 4 位电流型 R-$2R$ 倒 T 形电阻网络 D/A 转换器的原理图。图中，$S_3 \sim S_0$ 为模拟开关，R-$2R$ 电阻解码网络呈倒 T 形，运算放大器组成求和电路。模拟开关 S_i 由输入数码 D_i 控制，当 $D_i=1$ 时，S_i 接运算放大器反相端，电流 I_i 流入求和电路；当 $D_i=0$ 时，则 S_i 接地，电流流入地。

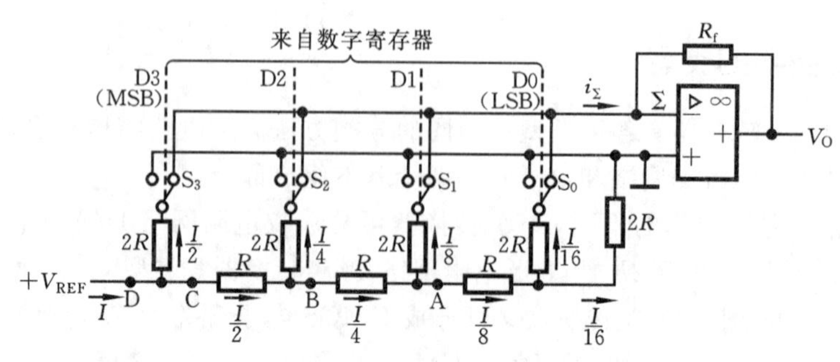

图 7.46 电流型倒 T 形电阻网络

根据运算放大器线性运用时虚拟地的概念可知，运算放大器的求和端Σ为虚地，故不论输入数字量 D_i为何值，也就是不论电子开关 S_i掷向哪一边，对于 R-$2R$ 电阻网络来说，与 S_i相连的 $2R$ 电阻均将接“地”(地或虚地)。所以，流经 $2R$ 电阻的电流与开关状态无关，为确定值。分析 R-$2R$ 电阻网络可知，从每个节点向右看的二端网络等效电阻均为 R，即从电阻网络的 A、B、C 点分别向右看的对地电阻都为 $2R$，故流经每个 $2R$ 电阻的电流从高位到低位按 2 的整数倍递减(即由基准电源 V_{REF}流出的总电流每经过一个 $2R$ 电阻就被分流一半)。设由基准电源 V_{REF}流出的总电流 I，这样从左到右流过 4 个 $2R$ 电阻的电流分别是 $I/2$、$I/4$、$I/8$、$I/16$。这 4 个电流是流入地，还是流向运算放大器的求和端Σ，由输入数字量 D_i所控制的电子开关S_i的状态决定。因此，流向运算放大器的总电流

$$i_{\Sigma}=\frac{I}{2}D_3+\frac{I}{4}D_2+\frac{I}{8}D_1+\frac{I}{16}D_0=\frac{I}{2^4}(2^3D_3+2^2D_2+2^1D_1+2^0D_0) \tag{7-1}$$

式中，D_i为二进制代码，其值为 0 或为 1。

又因为从 D 点向右看的对地电阻为 R，所以总电流

$$I=\frac{V_{REF}}{R}$$

代入式(7-1)，得

$$i_{\Sigma}=\frac{V_{REF}}{2^4R}(2^3D_3+2^2D_2+2^1D_1+2^0D_0)=\frac{V_{REF}}{2^4R}\sum_{i=0}^{3}D_i\times 2^i \tag{7-2}$$

输出电压

$$v_O=-i_{\Sigma}R_f=-\frac{V_{REF}R_f}{2^4R}\sum_{i=0}^{3}D_i\times 2^i \tag{7-3}$$

当 R-$2R$ 倒 T 形电阻网络 D/A 转换器为 n 位时，其输出电压

$$v_O=-\frac{V_{REF}R_f}{2^nR}\sum_{i=0}^{n-1}D_i\times 2^i \tag{7-4}$$

式(7-4)表明，输出模拟量 v_O与输入数字量(n 位二进制数)成正比，转换比例系数 $K=-\frac{V_{REF}R_f}{2^nR}$。输出电压的变化范围可以用 V_{REF}和 R_f来调节。

一般 R-$2R$ 倒 T 形电阻网络 D/A 转换器的集成芯片都使 $R_f=R$，因此式(7-4)可简化为

$$v_O=-\frac{V_{REF}}{2^n}\sum_{i=0}^{n-1}D_i\times 2^i \tag{7-5}$$

由于 R-$2R$ 倒 T 形电阻网络 D/A 转换器在模拟电子开关 S_i状态改变时，与 S_i相连的 $2R$ 电阻总是接地或接虚地，即 $2R$ 电阻两端的电压及流过它的电流都不随开关掷向的变化而改变，故不存在对网络中寄生电容的充、放电现象，而且流过各 $2R$ 电阻的电流都是直接流入运算放大器输入端，所以工作速度快。因而，此类 D/A 转换器的应用较广泛。常用的集成芯片有 AD7524、DAC0832 等。

(3) 转换特性

D/A 转换器输入数字量与输出模拟量之间的对应关系称为转换特性。理想的 D/A 转换器应使输出模拟量与输入数字量成正比。设输入数字量 $D=D_{n-1}\cdots D_1D_0$，输出模拟量用 A 表示，则输出与输入之间的关系为

$$A=K\cdot D=K\cdot\sum_{i=0}^{n-1}D_i\times 2^i$$

式中,K 为转换比例系数。

图 7.47(a)是一个 4 位 D/A 转换器的示意框图,其转换特性曲线如图 7.47(b)所示。图中,设输出模拟量的满刻度值为 Am,则当数字量为 0001,即只有最低有效位(LSB)为 1,其余各位为 0 时,电路输出最小模拟量 $A_{LSB}=\frac{1}{15}A_m$。推广到一般情况,n 位输入的 D/A 转换器所能转换输出的最小模拟量 $A_{LSB}=\frac{1}{2^n-1}A_m$。

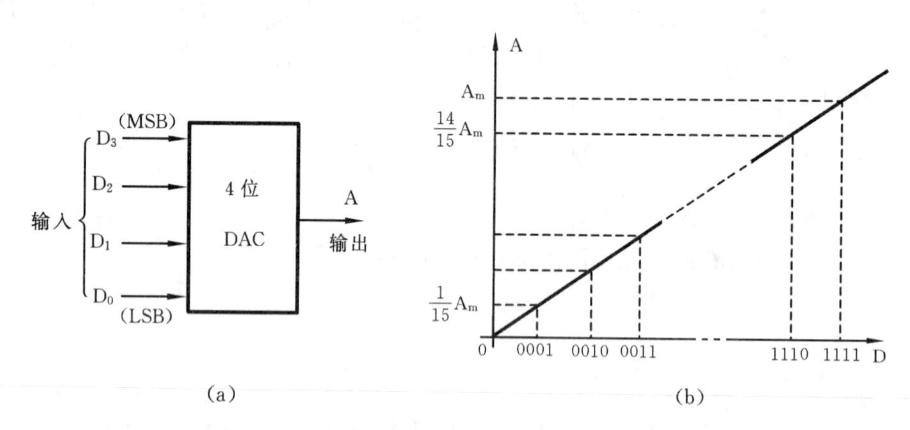

图 7.47　4 位 D/A 转换器框图和转换特性曲线

(4) 主要参数

衡量 D/A 转换器性能的主要参数有分辨率、非线性误差、绝对精度和建立时间。

① 分辨率。分辨率是指最小模拟量输出与最大模拟量输出之比。一个 n 位 D/A 转换器的分辨率公式为

$$分辨率=\frac{A_{LSB}}{A_m}=\frac{A_m/2^n-1}{A_m}=\frac{1}{2^n-1}$$

由于该参数取决于数字量的位数,所以有时也用输入数字量的位数表示,如 8 位、10 位等。显然,位数越多越能反映出模拟量输出的细微变化,分辨率越高。

② 非线性误差。具有理想转换特性的 D/A 转换器,每两个相邻数字量对应的模拟量之差都为 A_{LSB}。在满刻度范围内偏离理想转换特性的最大值,称为非线性误差。

③ 绝对精度。绝对精度是指在输入端加对应满刻度数字量时,输出的实际值与理想值之差。一般该值应低于 A_{LSB}。

④ 建立时间。建立时间是指从送入数字信号起,到输出模拟量达到稳定值为止所需要的时间。建立时间反映了电路的转换速度。

在选用 D/A 转换器时,除考虑以上主要参数外,还应了解电源电压、输出方式、输入逻辑电平等。

3. 典型芯片

常用的 D/A 转换器有 8 位、10 位、12 位、16 位等种类,每种又有不同的型号。下面以集成 D/A 转换器 DAC0832 为例,对 D/A 转换器的结构与功能予以介绍。

DAC0832 是采用 CMOS 工艺制作的 8 位 D/A 转换器,采用 20 引脚双列直插式封装,该芯片与微处理器完全兼容。

(1) 引脚功能

DAC0832的引脚排列图如图7.48所示。DAC0832共有20条引脚，功能如下。

$D_7 \sim D_0$：数字信号输入端，D_7为最高位，D_0为最低位。

$\overline{CS}$、ILE、$\overline{WR_1}$、$\overline{WR_2}$、$\overline{XFER}$：控制信号输入端。

V_R：参考电压输入端，电压值可在+10V～−10V范围内选择。

V_{CC}：电源电压输入端，电压值可在+5V～+15V范围内选择，最佳工作状态为+15V。

I_{OUT1}、I_{OUT2}：电流输出端，因芯片内部不包含运算放大器，所以，I_{OUT1}和I_{OUT2}应分别和外接运算放大器的反相输入端和同相输入端相连接。

R_{fb}：反馈电阻引出端，因R_{fb}与I_{OUT1}间有内部反馈电阻，故运算放大器的输出端可直接接到R_{fb}端。

AGND：模拟信号接地端。

DGND：数字信号接地端。

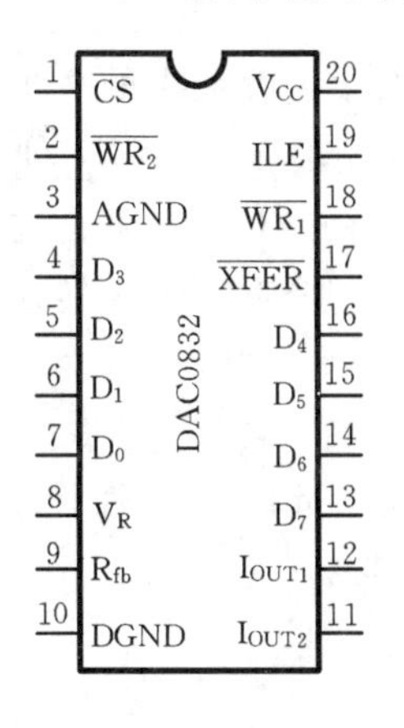

图7.48　DAC0832的引脚排列图

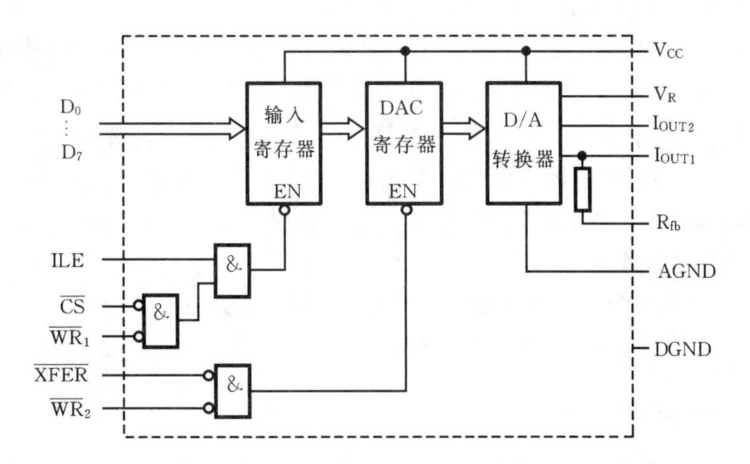

图7.49　DAC0832的内部结构图

(2) 电路结构

DAC0832内部包括两个8位数据缓冲寄存器，1个由T形电阻网络和电子开关构成的8位D/A转换器，以及3个控制逻辑门。两个8位寄存器均带有使能控制端EN，当EN=1(高电平)时，寄存器输出随输入数据变化而变化；当EN=0(低电平)时，输入数据被锁存到寄存器中，寄存器输出不再受输入数据变化的影响。图7.49为DAC0832的内部结构图。

该芯片有5个控制信号：片选($\overline{CS}$)，写入1($\overline{WR_1}$)，写入2($\overline{WR_2}$)，允许输入锁存(ILE)和传递控制($\overline{XFER}$)。除ILE是高电平有效外，其余都是低电平有效。5个控制信号分成两组，第一组由$\overline{CS}$、ILE和$\overline{WR_1}$组合，控制输入寄存器，实现输入数据的第一级缓冲；第二组由$\overline{XFER}$和$\overline{WR_2}$组合，控制DAC寄存器，实现数据的第二级缓冲。D/A转换器产生的模拟量输出由DAC寄存器输出的数字量决定。具体功能实现时对控制信号的要求如表7.22所示。

(3) 电路工作方式

通过对控制信号输入端作不同的连接，可使DAC0832工作在3种不同工作方式。

表 7.22　DAC0832 芯片对控制信号的要求

功能	控制条件					说明
	$\overline{CS}$	ILE	$\overline{WR_1}$	$\overline{XFER}$	$\overline{WR_2}$	
数据 $D_7 \sim D_0$ 锁存到输入寄存器	0	1	⊔			$\overline{WR_1}=0$ 接收数据 $\overline{WR_1}=1$ 锁定
数据由输入寄存器转存到 DAC 寄存器				0	⊔	$\overline{WR_2}=0$ 接收数据 $\overline{WR_2}=1$ 锁定
从输出端取模拟量						不受控制，随时可取

① 双缓冲方式。输入数字量进行两级缓冲。首先在 $\overline{CS}$、ILE 和 $\overline{WR_1}$ 控制下，将输入数据锁存到输入寄存器，然后在 $\overline{XFER}$ 和 $\overline{WR_2}$ 控制下将输入寄存器中的数据锁存到 DAC 寄存器。当数据从输入寄存器转存到 DAC 寄存器后，在 D/A 转换器进行 D/A 转换的同时，输入寄存器可以接收新的数据而不影响模拟量输出。

② 单缓冲方式。输入数字量只进行一级缓冲。具体实现时可令两个寄存器中的一个处于受控状态，另一个处于直通状态。例如，将 $\overline{CS}$、ILE 和 $\overline{WR_1}$ 接相应控制信号，而将 $\overline{XFER}$ 和 $\overline{WR_2}$ 接地，这时输入寄存器在控制信号作用下实现对输入数据的锁存，而 DAC 寄存器处在直通状态，即输出随输入变化而变化。显然，此时输入寄存器的输出直接施加到了 D/A 转换器的输入端。同样，也可令输入寄存器处在直通状态，而 DAC 寄存器处于受控状态，从而实现了对输入数据的一级缓冲。

③ 直通方式。输入数字量不进行缓冲，直接作用到 D/A 转换器上。此时可令两个寄存器均处于直通状态，即除 ILE 接高电平 1 外，其余 4 个控制信号均接低电平 0。

4. 应用举例

D/A 转换器的典型应用是将数字信号转换成模拟信号，下面举例说明。

例 7.18　采用 DAC0832 作为波形发生器，产生 n 个三角波信号。

解　芯片 DAC0832 可与 PC 总线直接相连，在应用方面具有较大的灵活性。假定采用单缓冲工作方式，其端口地址为 PORT。硬件连接如图 7.50 所示。

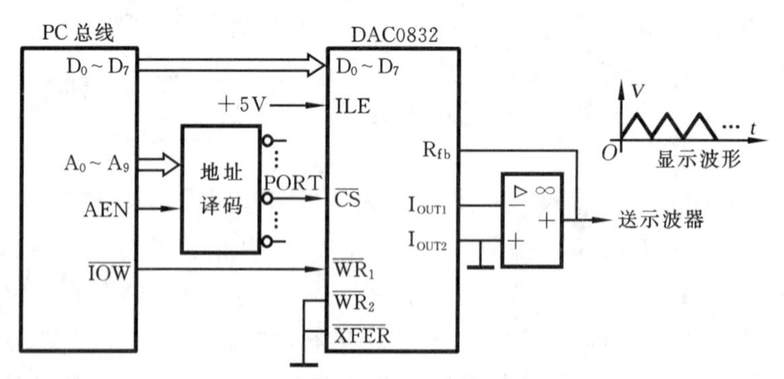

图 7.50　三角波信号发生器硬件连接图

产生 n 个三角波的汇编语言源程序如下：

```
TRIANGULARWAVE  PROC  FAR
                MOV   AX, DATA
```

```
            MOV   DS, AX          ;初始化 DS
            MOV   DX, PORT        ; 置端口地址为 PORT
            MOV   CX, n           ; 置循环次数 CX=n
            MOV   AL, 00H         ; 置数字量初值 AL=00H
L1:         OUT   DX, AL          ; 输出 AL 到 DAC0832
            INC   AL              ; AL 加 1
            JNZ   L1              ; 不为 0，继续输出
            MOV   AL, FEH         ; 为 0，重新置 AL=FEH
L2:         OUT   DX, AL          ; 输出 AL 到 DAC0832
            DEC   AL              ; AL 减 1
            JNZ   L2              ; 不为 0，继续输出
            DEC   CX              ; 为 0，将循环次数减 1
            JNZ   L1              ; 循环次数不为 0，继续生成下一个三角波
TRIANGULARWAVE   ENDP
```

7.3.3　集成 A/D 转换器

因为模拟信号在时间上是连续的，所以在将模拟信号转换成数字信号时，必须先在选定的一系列时间点上对输入的模拟信号进行采样，然后将这些采样值转换成数字量输出。通常A/D转换的过程包括采样、保持和量化、编码两大步骤。

所谓采样是指周期地获取模拟信号的瞬时值，从而得到一系列时间上离散的脉冲采样值。而保持是指在两次采样之间将前一次采样值保存下来，使其在量化编码期间不发生变化。采样保持电路一般由采样模拟开关、保持电容和运算放大器等几个部分组成。

经采样保持得到的信号值依然是模拟量，而不是数字量。任何一个数字量，都是以某个最小数字量单位的整数倍来表示的，用数字量表示采样保持电路输出的模拟电压也是如此，即必须把这个电压转化为最小数值单位的整数倍，这个转化过程称为量化，所取的最小数量单位叫做量化单位，其大小等于数字量的最低有效位所代表的模拟电压大小，记作 V_{LSB}。

把量化的结果用代码(如二进制数码、BCD 码等)表示出来，称为编码。

A/D 转换过程中的量化和编码是由 A/D 转换器实现的。下面对集成 A/D 转换器的常见类型、主要参数和典型芯片予以介绍。

1. A/D 转换器的类型

A/D 转换器的类型很多，根据工作原理的不同，可分为直接转换型 A/D 转换器和间接转换型 A/D 转换器两大类。

(1) 直接转换型 A/D 转换器

直接转换型 A/D 转换器可以直接将采样保持电路输出的模拟信号转换成数字信号。这类 A/D 转换器最大的特点是转换速度快，广泛用于控制系统。根据转换方法的不同，最典型的直接 A/D 转换器有并行比较型 A/D 转换器和逐次比较型 A/D 转换器。

并行比较型 A/D 转换器：由电阻分压器、电压比较器、数码寄存器及编码器 4 个部分组成。由于转换是并行的，所以，这种 A/D 转换器最大的优点是转换速度快，其转换时间只受电路传输延迟时间的限制，能达到低于 20ns；缺点是随着输出二进制位数的增加，器件数目按几

何级数增加。一个 n 位的转换器,需要 2^n-1 个比较器。例如,$n=8$ 时,需要 $2^8-1=255$ 个比较器。因此,制造高分辨率的集成并行 A/D 转换器受到一定限制。显然,这种类型的 A/D 转换器适用于要求转换速度高但分辨率较低的场合。

逐次比较型 A/D 转换器:由电压比较器、逻辑控制器、D/A 转换器及数码寄存器组成。逐次比较型 A/D 转换器的特点是转换速度较快,且输出代码的位数多,精度高。这类 A/D 转换器是集成 A/D 转换芯片中使用最广泛的一种类型。

(2) 间接转换型 A/D 转换器

间接转换型 A/D 转换器是先将采样保持电路输出的模拟信号转换成时间或频率,然后将时间或频率转换成数字量输出。这类 A/D 转换器的特点是转换速度较低,但转换精度较高。最典型的间接 A/D 转换器有双积分型 A/D 转换器。

双积分型 A/D 转换器:把输入的模拟电压转换成一个与之成正比的时间宽度信号,然后在这个时间宽度里对固定频率的时钟脉冲进行计数,其结果就是正比于输入模拟信号的数字量输出。它由积分器、检零比较器、时钟控制门和计数器等几部分组成。双积分型 A/D 转换器的优点是精度高、抗干扰能力强;缺点是速度较慢。在对速度要求不高的数字化仪表中得到广泛使用。

2. A/D 转换器的工作原理

实现 A/D 转换的方案很多,不同方案所对应的电路形式及其工作原理各不相同。下面以广泛使用的逐次比较型 A/D 转换器为例,对 A/D 转换器的工作原理作简单介绍。

逐次比较型 A/D 转换器是通过逐个产生比较电压,依次与输入电压进行比较,以逐渐逼近的方式进行 A/D 转换的,故又称为逐次逼近型 A/D 转换器。用逐渐逼近方式进行 A/D 转换的过程与用天平称重物的过程十分类似。天平称重物的过程是,从最重的砝码开始试放,与被称物体重量进行比较,若砝码重于物体,则去除该砝码,否则保留;再加上第二个次重砝码,同样根据砝码的重量是否大于物体的重量,决定第二个砝码是被去除还是留下;以此类推,一直加到最小的一个砝码为止。将所有留下的砝码重量相加,即可得到物体重量。按此思想,逐次比较型 A/D 转换器就是将输入模拟信号与不同的比较电压进行多次比较,使转换所得的数字量在数值上逐渐逼近输入模拟量的对应值。

逐次比较型 A/D 转换器的结构如图 7.51 所示。它由控制与时序电路、逐次逼近寄存器、D/A 转换器、电压比较器以及输出数据寄存器等主要部分组成。

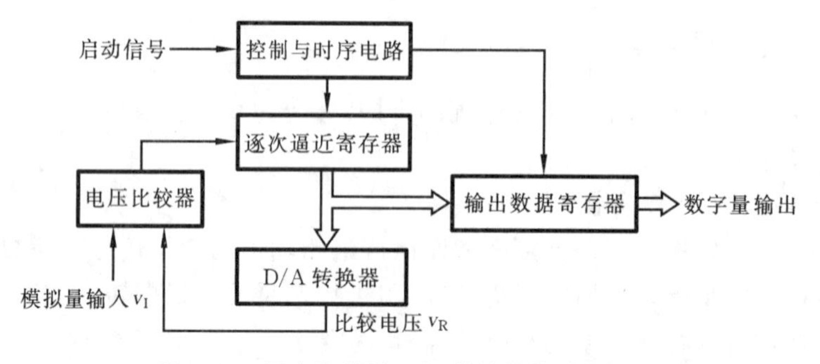

图 7.51 逐次比较型 A/D 转换器的结构框图

各部分功能如下。

- 控制与时序电路:产生 A/D 转换器工作过程中所需要的控制信号和时钟信号。

- 逐次逼近寄存器：在控制信号作用下，记忆每次比较结果，并向 D/A 转换器提供输入数据。
- D/A 转换器：产生与逐次逼近寄存器中数据对应的比较电压 v_R。
- 电压比较器：将模拟量输入信号 v_I 与比较电压 v_R 进行比较，当 $v_I \geq v_R$ 时，比较器输出为 1，否则，比较器输出为 0。
- 输出数据寄存器：存放最后的转换结果，并行输出二进制代码。

图 7.51 所示逐次比较型 A/D 转换器的工作原理如下：

电路由启动信号启动后，在控制与时序电路作用下，首先将逐次逼近寄存器的最高位置 1，其他位置 0。逐次逼近寄存器的输出送至 D/A 转换器，由 D/A 转换器产生相应的比较电压 v_R 送至电压比较器，与模拟量输入信号 v_I 进行比较。当 $v_I \geq v_R$ 时，比较器输出为 1，否则，比较器输出为 0，比较结果被存入逐次逼近寄存器的最高位。然后，在控制与时序电路作用下，将逐次逼近寄存器的次高位置 1，其余低位置 0，由 D/A 转换器产生与逐次逼近寄存器中数据对应的比较电压 v_R 送至电压比较器，与模拟量输入信号 v_I 进行比较，并将比较结果存入逐次逼近寄存器的次高位置。以此类推，直至确定出逐次逼近寄存器最低位的值为止，即可得到与输入模拟量对应的数字量。该数字量在控制与时序电路作用下，被存入输出数据寄存器。

3. A/D 转换器的主要技术参数

(1) 分辨率

分辨率是指输出数字量变化一个最小单位(最低位的变化)，对应输入模拟量需要变化的量。输出位数越多，分辨率越高。通常以输出二进制码的位数表示分辨率。

(2) 相对精度

相对精度是指实际转换值偏离理想特性的误差。通常以数字量最低位所代表的模拟输入值来衡量，如相对精度不超过 $\pm\frac{1}{2}$LSB。

(3) 转换时间

转换时间是指 A/D 转换器从接到转换命令起到输出稳定的数字量为止所需要的时间。它反映了 A/D 转换器的转换速度。

此外，还有输入电压范围、功率损耗等。

4. 典型芯片

常用的集成 A/D 转换器有 8 位、10 位、12 位、16 位等，每种又可分为不同的型号。下面以 ADC0809 为例，介绍集成 A/D 转换器的内部结构与外部特性。

(1) ADC0809 的电路结构

ADC0809 是采用 CMOS 工艺制成的逐次比较型 A/D 转换器，采用 28 引脚双列直插式封装。其分辨率为 8 位，转换时间为 100μs，相对精度为 ±1LSB，采用单电源供电，电源电压为 +5V，功耗为 15mW。该芯片的原理框图和管脚排列图分别如图 7.52(a)和(b)所示。

由图 7.52(a)可知，该芯片内部由 8 位模拟开关、地址锁存与译码器、比较器、电阻网络、树状电子开关、逐次逼近寄存器、控制与时序电路、三态输出锁存器等组成。虚线框中为芯片核心部分。各部分功能大致如下。

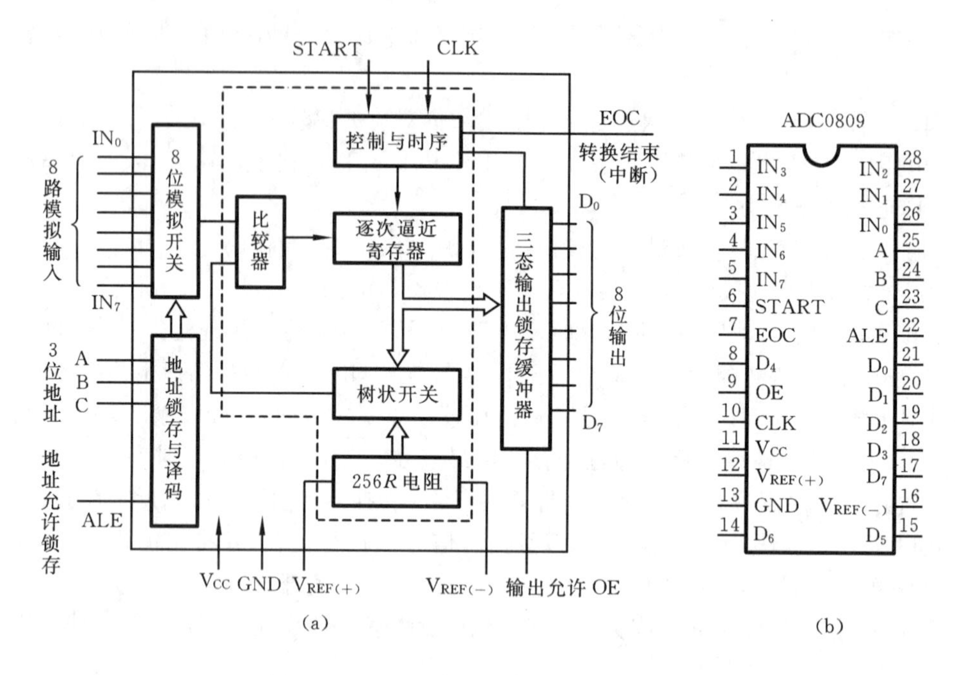

图 7.52 ADC0809 原理框图和管脚排列图

地址锁存与译码器控制 8 位模拟开关,实现对 8 路模拟信号的选择。8 个模拟输入端可接收 8 路模拟信号,但某一时刻只能选择其中的一路进行转换。树状开关与 256*R* 电阻网络一起构成 D/A 转换电路,产生与逐次逼近寄存器中二进制数字量对应的反馈模拟电压,送至比较器,与输入模拟电压进行比较。比较器的输出结果和控制与时序电路的输出一起控制逐次逼近寄存器中的数据从高位至低位变化,依次确定各位的值,直至最低位被确定为止。在转换完成后,转换结果送到三态输出缓冲器。当输出允许信号 OE 有效时,选通输出缓冲器,输出转换结果。

(2) 引脚功能

如图 7.52(b)所示,ADC0809 共有 28 个引脚,各引脚功能如下。

IN_0~IN_7:8 路模拟电压输入端。

A,B,C:模拟输入通道的地址选择线。当 CBA=000 时,选中 IN_0;CBA=001 时,选中 IN_1……当 CBA=111 时,选中 IN_7。

ALE:地址锁存允许信号输入端。该端接高电平时有效,仅当该信号有效时,才能将地址信号锁存,经译码后选中一个通道。

START:启动转换脉冲输入端。该端所加信号的上升沿将所有内部寄存器清 0,下降沿开始进行模数转换。

CLK:时钟脉冲输入端。

D_7~D_0:数据输出端,D_7 为高位。

OE:输出允许端,高电平有效。该端为高电平时,打开三态输出缓冲器,输出转换结果。

$V_{REF(+)}$ 和 $V_{REF(-)}$:参考电压正端和负端。

ADC0809 可直接与微机系统相连接。

有关 A/D 转换器和 D/A 转换器的应用,将在“微机接口技术”课程中作详细介绍。

习　题　七

7.1　用 4 位二进制并行加法器设计一个实现 8421 码对 9 求补的逻辑电路。

7.2　用两个 4 位二进制并行加法器实现 2 位十进制数 8421 码到二进制码的转换。

7.3　用 4 位二进制并行加法器设计一个用 8421 码表示的 1 位十进制加法器。

7.4　用一片 3-8 线译码器和必要的逻辑门实现下列逻辑函数表达式：

$$F_1 = \overline{A}\,\overline{C} + AB\overline{C}$$

$$F_2 = \overline{A} + B$$

$$F_3 = AB + \overline{A}\,\overline{B}$$

7.5　用一片 4-16 线译码器和适当的逻辑门设计一个 1 位十进制数 2421 码的奇偶位产生电路(假定采用奇检验)。

7.6　当优先编码器 74LS148 的$\overline{I}_s$接 0，输入$\overline{I}_7\,\overline{I}_6\,\overline{I}_5\,\overline{I}_4\,\overline{I}_3\,\overline{I}_2\,\overline{I}_1\,\overline{I}_0 = 11010001$时，输出状态为何值？

7.7　试用 4 路数据选择器实现余 3 码到 8421 码的转换。

7.8　当 4 路选择器的选择控制变量 A_1、A_0 接变量 A、B，数据输入端 D_0、D_1、D_2、D_3 依次接 $\overline{C}$、0、0、C 时，电路实现何功能？

7.9　用 4 位同步可逆计数器 74193 和必要的逻辑门实现模 12 加法计数器。

7.10　用 74194 双向移位寄存器和必要的逻辑门设计一个 00011101 序列信号发生器。

7.11　在图 7.38(a)所示电路中，若取 $R_1 = 2R_2$，请问输出矩形波的占空比为多少？

7.12　分析图 7.53 所示由定时器 5G555 构成的多谐振荡器。

(1) 计算其振荡周期；

(2) 若要产生占空比为 50%的方波，R_1和 R_2的取值关系如何？

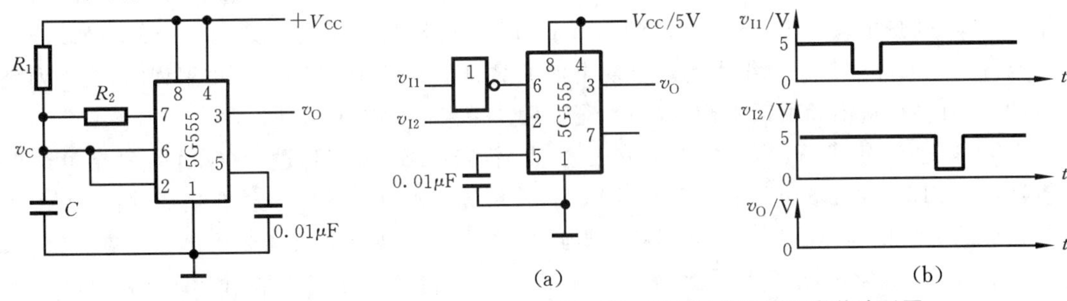

图 7.53　多谐振荡器　　　图 7.54　5G555 连线图和有关波形图

7.13　将 5G555 定时器按图 7.54(a)所示连接，输入波形如图 7.54(b)所示。请画出定时器输出波形，并说明该电路相当于什么器件。

7.14　D/A 转换器有哪些主要参数？通常用什么参数来衡量转换精度？

7.15　DAC1210 是 12 位 D/A 转换芯片，请问其分辨率为多少？(用百分数表示)

7.16　DAC0832 由哪几部分组成？可以构成哪几种工作方式？每种方式如何控制？

7.17　常见集成 A/D 转换器按转换方法的不同可分成哪几种类型？各有何特点？

7.18　ADC0809 如何实现对 8 路模拟量输入的选择？当它与微机连接时是否要外加三态缓冲器？

第8章　可编程逻辑器件

可编程逻辑器件(Programmable Logic Device,简称 PLD)属于大规模集成电路 LSI 中的半用户定制电路,是构成数字系统的理想器件。PLD 具有性能优越、设计简单、功能变化灵活等特点,在不同应用领域中受到广泛重视。

本章介绍了几种常用的低密度可编程逻辑器件,重点讨论了目前广泛使用的高密度可编程器件现场可编程门阵列 FPGA 的工作原理及设计流程,并对 Vivado 开发环境及设计流程进行了简要说明。

8.1　PLD 概述

8.1.1　PLD 的发展

PLD 是 20 世纪 70 年代开始发展起来的一种新型大规模集成电路。一片 PLD 所容纳的逻辑门可达数百、数千甚至更多,其逻辑功能可由用户编程指定,特别适用于构造小批量生产的系统,或者在系统开发研制过程中使用。

20 世纪 70 年代推出的 PLD 主要有可编程只读存储器(PROM)、可编程逻辑阵列(PLA)和可编程阵列逻辑(PAL)。初期推出的 PROM 由一个与阵列和一个或阵列组成,与阵列是固定的,或阵列是可编程的。中期出现了 PLA。PLA 同样由一个与阵列和一个或阵列组成,但其与阵列和或阵列都是可编程的。末期出现了 PAL。PAL 的与阵列是可编程的,或阵列是固定的,它有多种输出和反馈结构,因而给逻辑设计带来极大的灵活性。

20 世纪 80 年代,PLD 的发展十分迅速,先后出现了通用阵列逻辑(GAL)、复杂可编程逻辑器件(CPLD)和现场可编程门阵列(FPGA)等可编程器件。这些器件在集成规模、工作速度及设计的灵活性等方面都有显著提高。与此同时,相应的支持软件得到了迅速发展。

20 世纪 90 年代,出现了在系统编程(ISP)技术。在系统编程是指用户具有在自己设计的目标系统中或线路板上为重构逻辑而对逻辑器件进行编程和反复改写的能力。ISP 器件为用户提供了传统 PLD 技术无法达到的灵活性,带来了极大的时间效益和经济效益,使可编程逻辑技术产生了质的飞跃。

PLD 有多种结构形式和制造工艺,产品种类繁多,存在不同的分类方法。根据集成度,通常将 PLD 分为低密度可编程逻辑器件(LDPLD)和高密度可编程逻辑器件(HDPLD)两大类。

低密度可编程逻辑器件是指集成度小于 1000 门的可编程逻辑器件。其基本结构是由与阵列和或阵列组成。例如,PROM、PLA、PAL 和 GAL 等,都属于低密度可编程逻辑器件。

高密度可编程逻辑器件是指集成度达到 1000 门以上的可编程逻辑器件。例如,CPLD 和 FPGA 等,都属于高密度可编程逻辑器件,后面将重点介绍 FPGA。

8.1.2　PLD 的一般结构

任何一个组合逻辑电路都可以用与-或逻辑表达式描述，而任何一个时序逻辑电路总可以用组合逻辑电路、触发器或加上必要的反馈信号来实现。因此，如果 PLD 包含了与门阵列（简称与阵列）、或门阵列（简称或阵列）、触发器和反馈机制，就可以实现任意逻辑电路功能。PLD 的一般结构如图 8.1 所示，它由输入电路、与阵列、或阵列和输出电路所组成。

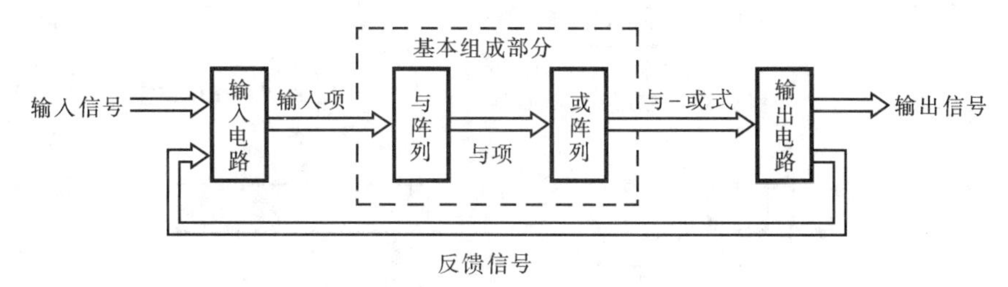

图 8.1　PLD 的一般结构

其中，输入电路起缓冲作用，并形成互补的输入信号送到与阵列；与阵列接收互补的输入信号，并将它们按一定规律连接到各个与门的输入端，产生所需的与项作为或阵列的输入；或阵列将接收的与项按照一定的要求连接到相应或门的输入端，产生输入变量的与-或函数表达式；输出电路既有缓冲作用，又提供不同的输出结构，如输出寄存器、内部反馈、输出宏单元等。其中，与阵列和或阵列是 PLD 的基本组成部分，各种不同的 PLD 都是在与阵列和或阵列的基础上，附加适当的输入电路和输出电路构成的。

8.1.3　PLD 电路表示法

由于 PLD 的阵列 规模大，用逻辑电路的一般表示法很难描述其内部结构。为了在芯片的内部配置和逻辑图之间建立一一对应关系，构成一种紧凑而易于识读的描述形式，对描述 PLD 基本结构的有关逻辑符号和规则作出了某些约定。

组成 PLD 的基本器件是与门和或门。图 8.2 给出了 3 输入与门的两种表示方法。传统表示法（见图 8.2(a)）中，与门的三个输入 A、B、C 在 PLD 表示法中（见图 8.2(b)）称为三个输入项，而输出 D 称为与项。同样，或门也采用类似方法标识。

图 8.3 所示为 PLD 的典型输入缓冲器。他的两个输出 B、C 是其输入 A 的原和反，如图中真值表所示，$B=A$, $C=\overline{A}$ 。

图 8.4(a)给出了 PLD 阵列交叉点上的 3 中连接方式。实点“•”表示硬线连接，即固定连接；“×”表示可编程连接；没有“•”和“×”表示两线不连接。图 8.4(b)中所示的输出 $F=A\cdot C$ 。

图 8.5 列出了 PLD 不执行任何功能的连接表示法。图中，输出位 D 的与门连接了所有的输入下，其输出方程为

$$F=\overline{A}\cdot A\cdot \overline{B}\cdot B=0$$

它表示当输入缓冲器的互补输出全部连接到同一与项时，该与项的输出总为逻辑“0”，这种状态成为与门的缺省状态。为了方便起见，用“×”标记的与门输出来表示所有输入缓冲器

输出全部连接到某一与项的情况,如图 8.5 中的输出 E。相反,输出 F 则表示无任何输入项与其相连,因此,该与项总是处于“浮动”的逻辑“1”。

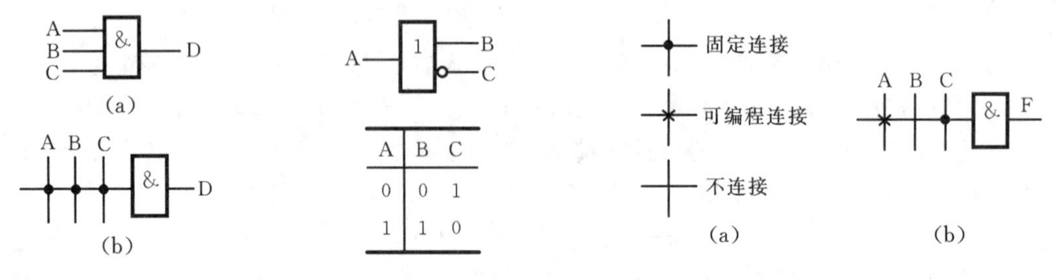

A	B	C
0	0	1
1	1	0

图 8.2 与门表示法　　图 8.3 PLD 输入缓冲器　　图 8.4 PLD 连接方式的表示

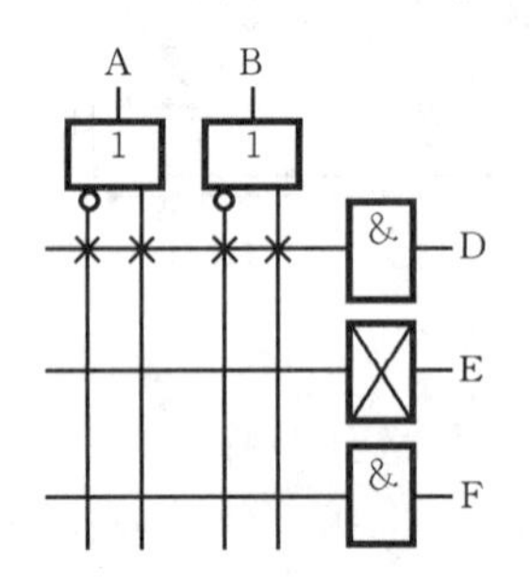

A	B	D	E	F
0	0	0	0	1
0	1	0	0	1
1	0	0	0	1
1	1	0	0	1

图 8.5 PLD 与门的缺省状态表示

从逻辑器件的角度理解,PROM 由一个固定连接的与阵列和一个可编程连接的或阵列组成。用上述 PLD 器件的逻辑电路图符构成的一个 8×3(8 与门×3 或门)的 PROM 阵列图如图 8.6 所示。其中,上半部分的与阵列构成了一个 3 变量的全译码器,下半部分的或阵列是由 3 个或门组成的一个或门网络。8 个与门用来产生 3 变量的 8 个最小项,3 个或门用来将对应的最小项相“或”构成 3 个指定的逻辑函数。

为了设计方便,常将图 8.6(a)所示的逻辑结构图进一步简化为图 8.6(b)所示的形式,称为阵列逻辑图,简称阵列图。画阵列图时,将 PROM 中的每个与门和或门都简化成一根线。在图 8.6(b)所示中,虚线上面 6 根水平线分别表示输入线 A、B 和 C 的原和反。与阵列的 8 根垂直线代表 8 个与门,或阵列中标有 D_2 、D_1 、D_0 的三根水平线表示 3 个或门。

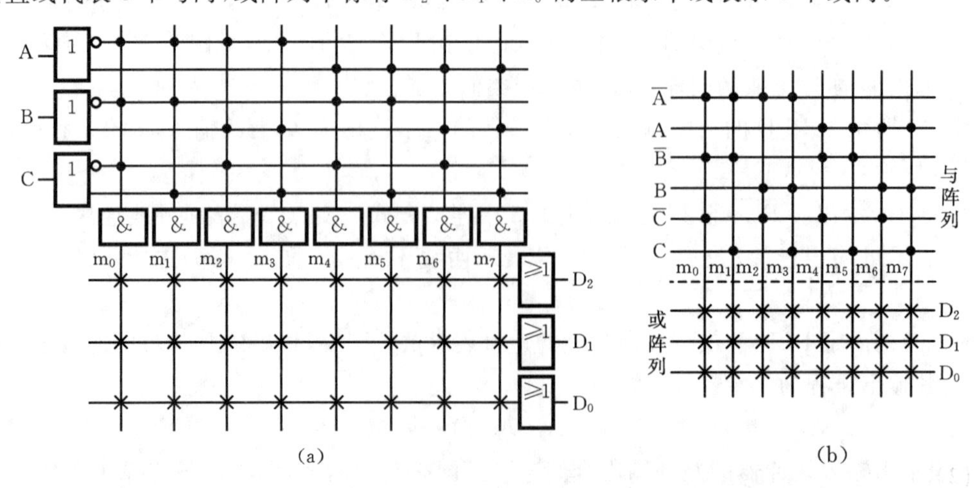

图 8.6 8×3PROM 的逻辑结构和阵列逻辑图

8.2 低密度可编程逻辑器件

根据PLD中与、或阵列的编程特点和输出结构的不同，低密度可编程器件分为可编程只读存储器、可编程逻辑阵列、可编程阵列逻辑和通用阵列逻辑四种。下面对这四类器件进行简单介绍。

1. 可编程只读存储器

半导体存储器(Semi-conductor Memory)广泛应用于各类数字系统中，是一种以半导体电路作为存储媒体、用于存放信息的重要部件。按其功能可分为：随机存取存储器RAM(Random Access Memory)和只读存储器ROM(Read Only Memory)。

随机存取存储器RAM是一种既可读又可写的存储器，故又称为读/写存储器。其优点是读/写方便，使用灵活；其缺点是一旦断电，所存储的信息便会丢失，属于易失性存储器。

只读存储器ROM是一种在正常工作时只能读出、不能写入的存储器。通常用来存放固定不变的信息。只读存储器ROM存入数据的过程称为编程。只读存储器属于非易失性存储器，即使切断电源，ROM中的信息也不会丢失。

RAM和ROM是计算机和其他数字系统中不可或缺的重要组成部分，有关他们的内部电路及工作原理在计算机组成原理、危机原理等有关书籍中将进行详细介绍。这里只简单介绍ROM的基本结构和分类。

(1) 可编程ROM的结构

可编程ROM结构如图8.7(a)所示，它主要由地址译码器和存储体两大部分组成。图中，$A_0 \sim A_{n-1}$ 为地址输入线；$W_0 \sim W_{2^n-1}$ 为地址译码输出线，一般称为字线；$D_0 \sim D_{m-1}$ 为数据输出线，一般称为位线。地址译码器根据输入地址译码出相应字线，使之有选择地去驱动相应存储单元，并通过输出端 $D_0 \sim D_{m-1}$ 读出该单元中存放的 m 位代码。通常，一个 n 位地址输入和 m 位数据输出的可编程ROM，其存储容量表示为 $2^n \times m$（位），意味着存储体中有 $2^n \times m$ 个存储元，每个存储元的状态代表一位二进制代码。图8.7(b)为存储体的结构示意图。

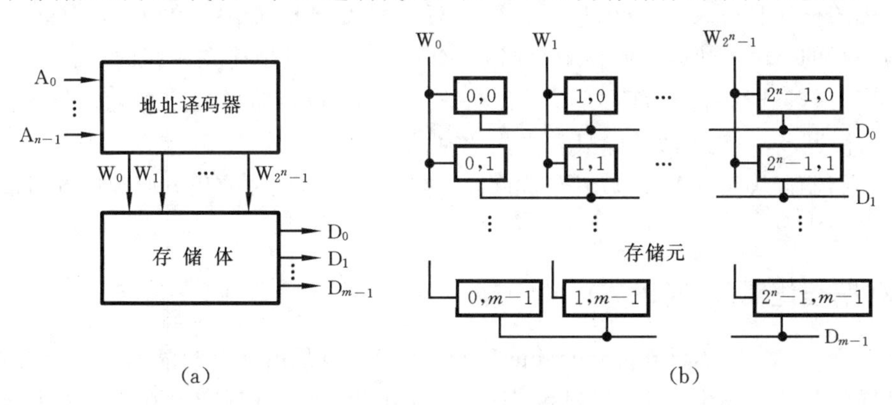

图8.7 可编程ROM的结构图和存储体的结构示意图

(2) 可编程ROM的类型

根据存储体中存储元电路构造的不同和编程方法的不同，目前使用的PROM大致分为4

种不同类型。

1）一次编程 ROM

一次编程 ROM(Programmable Read Only Memory,简称 PROM)产品在出厂时,所有存储元都被加工成同一状态“0”(或者“1”),用户可根据需要通过编程将某些存储元的状态改变成另一状态“1”(或者“0”)。但这种编程只能进行一次,一旦编程完毕,其内容便不能再改变。

2）可抹可编程 ROM

可抹可编程 ROM(Erasable Programmable Read Only Memory,简称 EPROM)是采用浮栅技术生产的可编程 ROM,其存储通常采用 N 沟道叠栅注入 MOS 管,又称 SIMOS 管。SIMOS 产品在出厂时,所有 SIMOS 浮栅均不带电荷,即存储元全部为“1”。用户编程时,通过在 SIMOS 管的漏极和源极加载足够高的电压,使得 SIMOS 浮栅带上负电荷,使得存储元变为“0”。用户数据写入 EPROM 后,可用紫光照射芯片上的石英玻璃窗,可将原存储内容抹去。

EPROM 不仅可由用户编程写入指定信息,而且可将原存储内容擦除,再写入新的内容。但其编程和抹去均比较麻烦,且不能对存储元一个个擦写,只能整体擦除。

3）电可抹可编程 ROM

电可抹可编程 ROM(Electrically Erasable Programmable Read Only Memory,简称 EEPROM)也是采用浮栅技术生产的可编程 ROM,其采用浮栅隧道氧化层 MOS 管(简称 Flotox 管)作为存储元。EEPROM 利用 Flotox 管的隧道效应来使 Flotox 管的浮栅带负电荷或者擦除浮栅上的电子电荷,从而实现“0”或“1”的存储。

EEPROM 的编程和擦除都是通过加电完成的,而且是以字为单位进行的。因此,它既具有 ROM 的非易失性,又具有类似 RAM 的功能,可以随时改写。一般 EEPROM 芯片可以重复擦写 1 万次以上,数据保存可达 10 年,而且擦写速度快。

4）快闪存储器

快闪存储器(Flash Memory)是新一代电可擦可编程 ROM,它既吸收了 EPROM 结构简单、编程可靠的优点,又具有 EEPROM 用隧道快速擦除的快速性,而且集成度很高。快闪存储器中数据的擦除和写入是分开进行的,数据写入方式与 EPROM 的相同,擦除方式是利用隧道效应进行的。由于快闪存储器中存储元 MOS 管的源极是连在一起的,因此擦除时是类似 EPROM 一样同时擦除全部存储元,而不是像 EEPROm 那样按字擦除。但擦除速度比 EPROM 的快得多,一般整片擦除只需要几秒钟。

快闪存储器自从问世以来,以其集成度高、容量大、成本低和使用方便等优点而备受欢迎,其应用越来越广泛。

2. 可编程逻辑阵列(PLA)

和 PROM 类似,PLA(Programmable Logic Array)也是由一个与阵列和一个或阵列组成的。所不同的是,PLA 器件的与阵列和或阵列均可编程,由与阵列产生所需的 p 个与项,每个与项与哪些变量相关可由编程决定,或阵列通过编程可选择需要的与项相或,形成逻辑函数的与-或表达式。由 PLA 器件实现的与-或表达式一般是函数的最简与-或表达式。

PLA 器件的存储容量用输入变量数(n)、与项数(p)、输出端数(m)来表示。实际使用的

PLA 器件的容量有 16—48—8 和 14—96—8 等。

3. 可编程阵列逻辑(PAL)

PAL(Programmable Array Logic)是在 PROM 和 PLA 的基础上发展起来的一种可编程逻辑器件,它由一个可编程的与阵列和一个固定连接的或阵列组成,其每个输出包含的与项数目是由固定连接的或阵列提供的。在典型逻辑设计中,一般函数包含 3～4 个与项,而一般 PAL 器件可以提供 8 个左右与项,因此,使用这种器件能很好地完成各种电路设计。

相对于 PROM 而言,PAL 使用更灵活,且易于完成多种逻辑功能,同时又比 PLA 工艺简单。

4. 通用阵列逻辑(GAL)

GAL(Generic Array Logic)器件是 1985 年由美国 LATTICE 公司开发并商品化的一种新的 PLD 器件。和 PAL 类似,GAL 由一个可编程的与阵列去驱动一个固定连接的或阵列,但 GAL 在每一个输出端都集成一个输出逻辑宏单元 OLMC(Output Logic Macro Cell),允许使用者定义每个输出的结构和功能。

GAL 器件具有 PAL 器件所没有的可擦除、可重新编程及其结构可组态的特点,这些特点形成了器件的可测试性和高可靠性,且具有更大的灵活性。

8.3 复杂可编程逻辑器件(CPLD)

8.3.1 CPLD 简介

随着微电子技术的迅速发展、集成工艺的日益完善和用户对器件集成度的要求不断提高,PLD 的集成度越来越高。复杂可编程逻辑器件(Complex Programmable Logic Device,CPLD)是 20 世纪末期问世的一种高密度 PLD 器件,初期产品是在 EPROM 和 GAL 的基础上推出的可擦可编程逻辑器件 EPLD(Erasable PLD),其基本结构与 PAL/GAL 的类似,但集成度更高。随着器件集成度的不断提高和功能的增强,许多厂家将其改称为 CPLD。

复杂 PLD 与简单 PLD 相比,除了集成度高得多之外,另一个主要区别在于它是对逻辑板块进行编程(包括逻辑宏单元、与或阵列、输入/输出单元、连线等)的。CPLD 一般采用 CMOS 工艺和 E2PROM、Flash Memory 编程等先进技术,从而具有高密度、高速度、低功耗和使用简单、保密性好等特征。采用 CPLD 设计数字系统,可以使系统的性能更优越。因此,CPLD 已成为数字设计中最具活力的器件之一。

目前,市场上的 CPLD 产品种类繁多。尽管各公司提供的器件互不相同,各具特色,但其构成思想基本相同。CPLD 大都采用分区阵列结构,即将整个器件分成若干个逻辑块,这些逻辑块构成矩阵,经内部的可编程连线实现互联。各逻辑块内的电路丰富多样,相当于一个个简单的 PLD。因此,一个 CPLD 可以理解为集成在单块芯片上的许多简单的 PLD 构成的集合,这些简单的 PLD 可以通过内部连线实现互联。

图 8.8 给出了常见的 CPLD 的结构示意图。它们一般由逻辑块、可编程内部连线区和I/O单元组成。

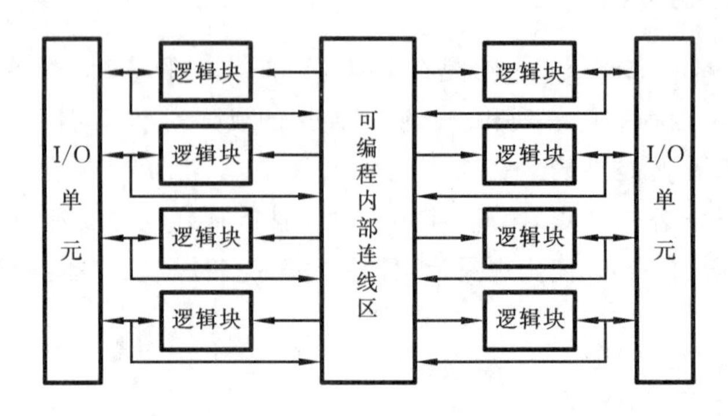

图 8.8 CPLD 的结构示意图

8.3.2 CPLD 典型器件

常用的 CPLD 有 Altera 公司生产的 FLEX 10K 系列器件。FLEX 10K 是一种嵌入式的PLD,它采用灵活逻辑单元阵列(Flexible Logic Element Matrix,简称 FLEX)结构和重复可构造的 CMOS SRAM 工艺,具有高密度、低成本、低功率等特点。

FLEX 10K 系列器件的结构如图 8.9 所示。它主要由逻辑阵列块、嵌入式阵列块、I/O 单元 (I/O Element,简称 IOE)和行列快速互连通道构成。

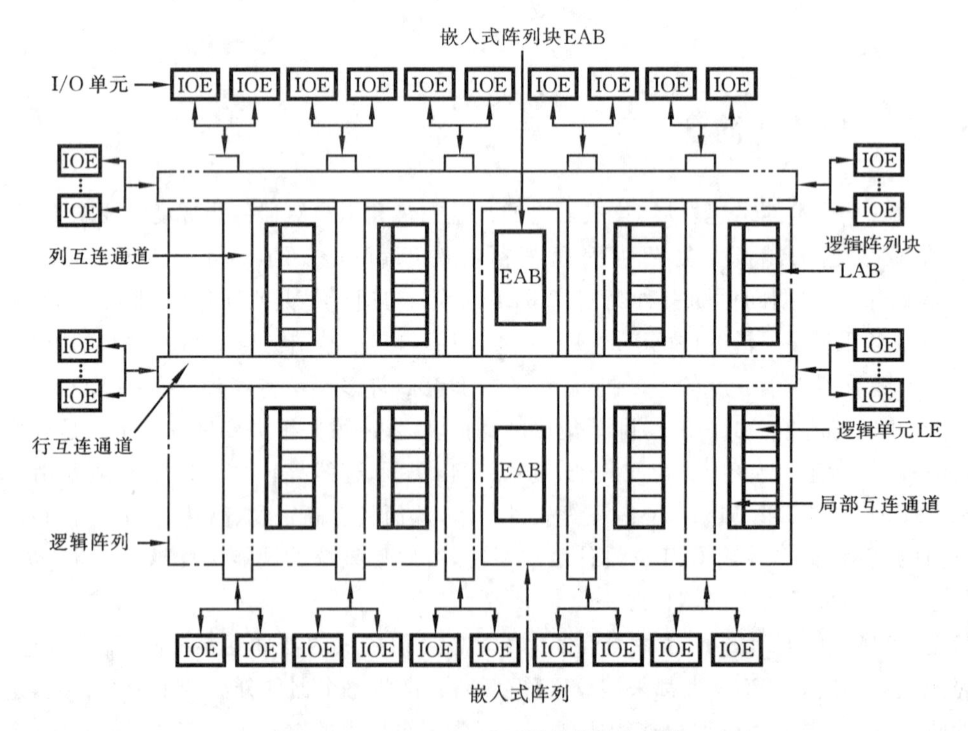

图 8.9 FLEX 10K 系列器件的结构框图

表 8.1 列出了常见 FLEX 10K 系列器件的主要特征。

表 8.1 常见 FLEX 10K 系列器件的主要特征

器件型号	主要特征						
	典型门(门)	逻辑单元(个)	逻辑阵列块(个)	嵌入阵列块(个)	总 RAM(位)	器件引脚(个)	I/O 引脚(个)
EPF10K10	10 000	576	72	3	6 144	84(PLCC) 144(TQFP) 208(PQFP)	59 102 150
EPF10K20	20 000	1 152	144	6	12 288	144(TQFP) 208(RQFP) 240(RQFP)	102 147 189
EPF10K30	30 000	1 728	216	6	12 288	208(RQFP) 240(RQFP) 356(BGA)	147 189 246
EPF10K40	40 000	2 304	288	8	16 384	208(RQFP) 240(RQFP)	147 189
EPF10K50	50 000	2 880	360	10	20 480	240(RQFP) 356(BGA) 403(PGA)	189 274 310
EPF10K70	70 000	3 744	468	9	18 432	240(RQFP) 503(PGA)	189 358
EPF10K100	100 000	4 992	624	12	24 576	503(PGA)	406
EPF10K130V	130 000	6 656	832	16	32 768	599(PGA) 600(BGA)	470
EPF10K200E	200 000	9 984	1 248	24	98 304	599(PGA) 600(BGA) 672(BGA)	470
EPF10K250A	250 000	12 160	1 520	20	40 960	599(PGA) 600(BGA)	470

注：PLCC—磁性；J—导线芯片载波器；TQFP—薄方形扁平组件；PQFP—磁性方形扁平组件；
RQFP—电源方形扁平组件；BGA—球状栅格阵列；PGA—引脚栅格阵列。

下面以 EPF10K20 器件为例，对 CPLD 的结构及其工作原理进行介绍。

EPF10K20 器件带有 6 个嵌入式阵列块(EAB)，共计可提供 12288 位存储器；144 个逻辑阵列块(LAB)和 1152 个逻辑单元(LE)；最大 I/O 引脚数目为 189。此外，EPF10K20 还包含 6 个专用输入与全局信号。

1. 嵌入式阵列块

嵌入式阵列块(EAB)是由在输入、输出端带有寄存器的 RAM /ROM 构成的，利用它可以非常方便地实现逻辑功能和存储功能。EAB 的结构如图 8.10 所示。

实现逻辑功能时，EAB 相当于一个大规模的查找表(LUT)。逻辑功能通过配置过程中对 EAB 编程来产生一个 LUT。有了 LUT，组合功能就可以通过查表来实现，而不是通过计算，

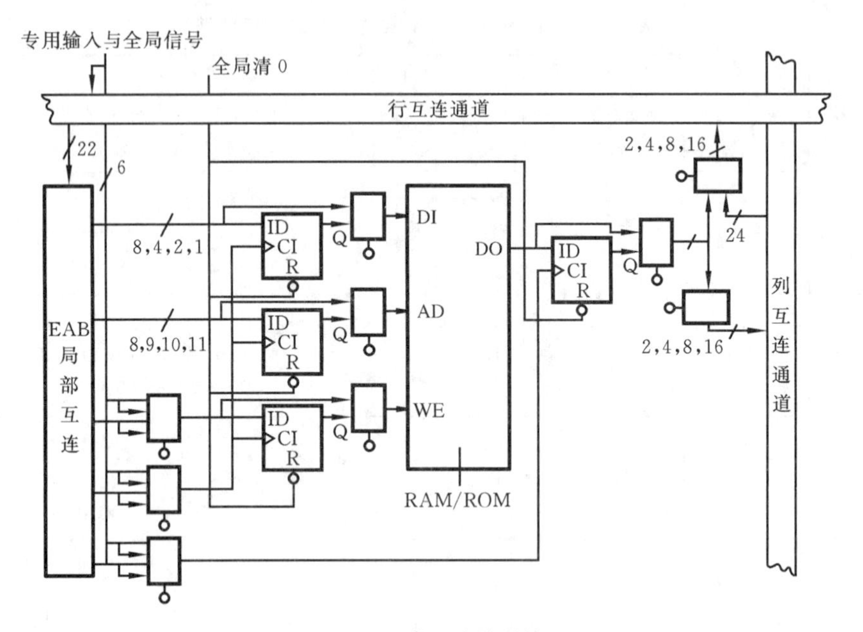

图 8.10　嵌入式阵列块

比一般逻辑功能的实现方法更快,且这一特点因 EAB 的快速存取时间得到进一步增强。EAB 的大容量特征允许设计者在一个逻辑级上实现复杂的逻辑功能,减少了增加逻辑单元带来的路径延时。

EAB 可以用来实现同步 RAM 和异步 RAM,相对而言,同步 RAM 比异步 RAM 更容易实现。当 EAB 用于异步 RAM 电路时,必须产生 RAM 的写使能(WE)信号,以保证数据和地址信号满足其时序要求,即确保与写使能信号相关的数据和地址信号符合建立和保持时间要求。而当 EAB 用作同步 RAM 时,它可以产生相对全局时钟信号的 WE 信号,并且根据全局时钟关系进行自定时。使用 EAB 自定时的 RAM 只需要符合全局时钟建立和保持时间要求即可。EAB 包含用于同步设计的数据输入寄存器、数据输出寄存器和地址寄存器,EAB 的输出可以是寄存器输出,也可以是组合输出。

每个 EAB 提供 2048 位存储器,用作 RAM 时其大小配置十分灵活。通过对数据线和地址线的不同设置,可以配置成 256×8 位、512×4 位、1024×2 位或者 2048×1 位。较大的 RAM 块可以由多个 EAB 连接产生,必要时一个器件里的所有 EAB 可级联形成一个 RAM 块。例如,EPF10K20 器件带有 6 个 EAB,共计可提供 12288 位存储器,可以配置成 256×16 位、512×8 位、1024×4 位等不同规模的 RAM。图 8.11 为用两个 256×8 位 RAM 组成 256×16 位 RAM 和用两个 512×4 位 RAM 组成 512×8 位 RAM 的示意图。

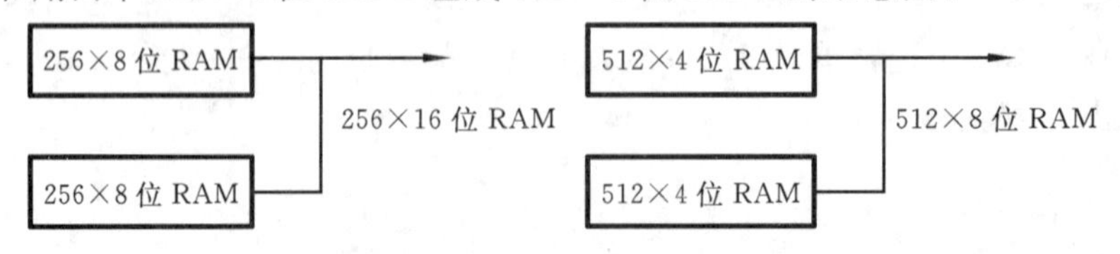

图 8.11　EAB 配置 RAM 的示意图

EAB 提供了灵活的驱动控制和时钟信号选择,其输入(数据线,地址线和写控制线)和输出的时钟信号可以由全局信号、专用时钟信号或来自 EAB 局部互连的内部信号驱动。写使能信号可以由全局信号或 EAB 的局部互连驱动。寄存器可以独立地运用在数据输入、地址输入、EAB输出或写使能信号上。

每个EAB的输入与行互连通道相连,其输出可以驱动行互连通道或列互连通道。每个EAB输出最多驱动两个行通道和两个列通道,没有用到的行通道可由其他逻辑单元驱动,这一特性为EAB输出增加了可用的布线资源。

2. 逻辑单元

逻辑单元LE是EPF10K20器件结构中最小的逻辑单位。每个LE包含一个4输入的查找表LUT、一个可编程的具有同步使能的触发器、进位链、级联链和置位/复位逻辑,输出可以驱动局部互连通道和快速互连通道。其结构如图8.12所示。

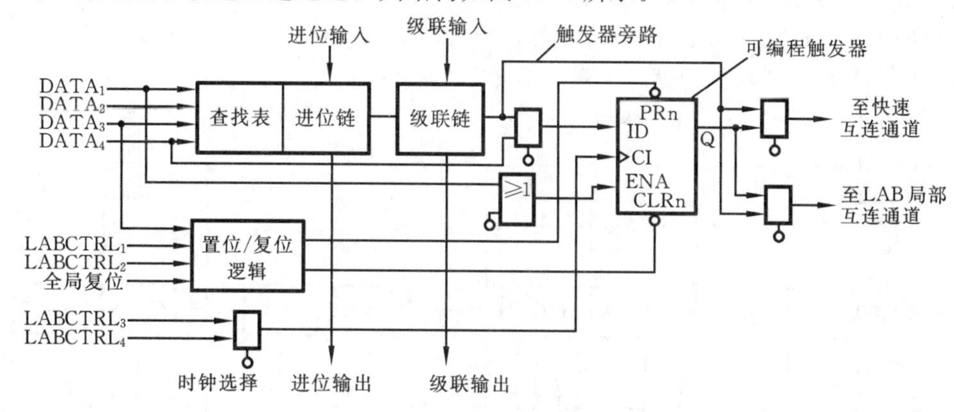

图8.12 逻辑单元LE

(1) 查找表

查找表LUT是一种函数发生器,它能快速产生4个变量的任意逻辑函数。LUT的工作原理类似于用ROM实现组合逻辑函数,其输入等效于ROM的地址码,通过查找地址码表,可得到对应的逻辑函数输出。

(2) 可编程触发器

LE中的可编程触发器可设置成D、T、JK或RS触发器。该触发器的时钟、复位和置位控制信号可由专用输入信号、通用I/O引脚、LAB控制信号($LABCTRL_1 \sim LABCTRL_4$)或来自LAB局部互连的内部信号等驱动。对于纯组合逻辑,可将该触发器旁路,LUT的输出直接驱动LE的输出。

(3) 输出信号

LE有两个驱动互连通道的输出信号。一个驱动局部互连通道,另外一个驱动行或列快速互连通道。这两个输出可被独立控制,例如,可以由LUT驱动一个输出,寄存器驱动另一输出,这一特征被称为寄存器填充。因为寄存器和LUT可被用于不同的逻辑功能,所以能提高LE利用率。

(4) 进位链和级联链

EPF10K20器件提供两条专用高速通路,即进位链和级联链,它们连接相邻的LE但不占用通用互连通路。进位链支持高速计数器和加法器,级联链可在最小延时的情况下实现多输入逻辑函数。级联链和进位链可以连接同一个LAB中的所有LE和同一行中的所有LAB。因为大量使用进位链和级联链会限制其他逻辑的布局与布线,所以建议只在对速度有较高要求的情况时使用。

进位链提供 LE 之间非常快(0.2ns)的进位功能。来自低位的进位信号同时送到本位的 LUT 和进位链,并经进位链送到高 1 位。这一特点使 EPF10K20 能够用来实现高速计数器、多位加法器和比较器。进位链逻辑能够在设计处理期间借助编译器自动建立,也可以由设计者在设计输入过程中手工插入。超过 8 个 LE 的进位链通过 LAB 的连接而自动实现。

例 8.1 采用 EPF10K20 器件的进位链,实现 n 位加法器功能。

解 借助 EPF10K20 器件的进位链实现 n 位加法器功能时,共需用 $n+1$ 个 LE。前 n 个 LE 的查找表产生两个输入信号 A_i 和 B_i 及进位信号的"和",并将"和"送到 LE 的输出。对于简单加法器,一般将寄存器旁路,但若实现累加功能则要用到寄存器。同时,LE 的进位链产生进位输出信号,直接送到高一位的进位信号输入端。最后的进位信号接到第 $n+1$ 个 LE,产生一个 n 位加法器的进位输出信号,该信号可以作为一个通用信号使用。用 EPF10K20 器件的进位链实现 n 位加法器功能的逻辑关系如图 8.13 所示。

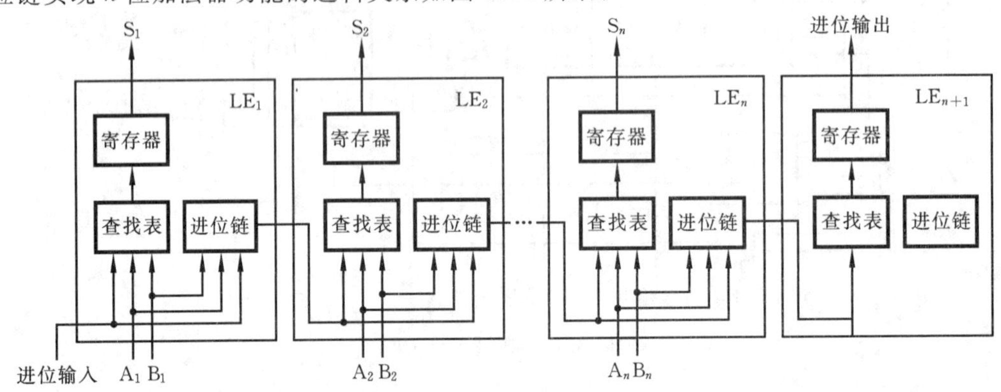

图 8.13 用进位链实现 n 位加法器

利用级联链,EPF10K20 可以很方便地实现多输入逻辑函数运算。相邻的查找表用来并行地计算函数各个部分,级联链把中间结果串接起来。级联链可以使用逻辑"与"或者逻辑"或"(借助狄摩根的反演定律)来连接相邻 LE 的输出。每增加一个 LE,函数的有效输入个数就增加 4 个,其延时大约增加 0.7ns。级联链逻辑能够在设计处理期间借助编译器自动建立,也可以由设计者在设计输入过程中手工插入。用 n 个 LE 实现 $4n$ 变量函数的逻辑关系如图 8.14 所示。

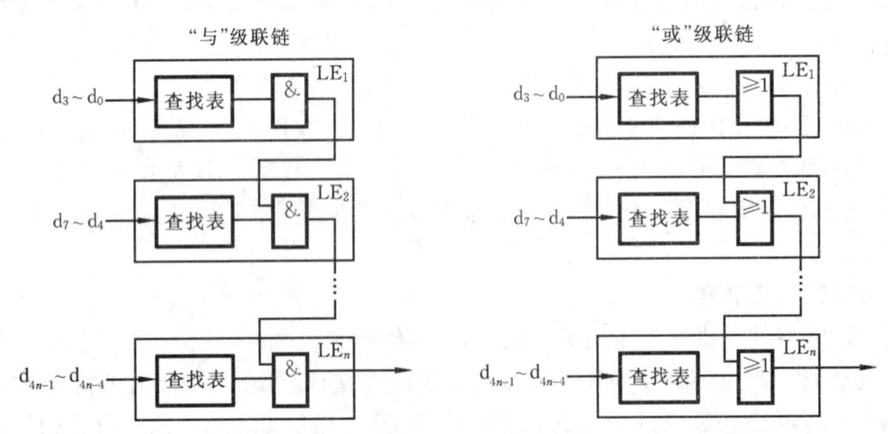

图 8.14 用 n 个 LE 实现 $4n$ 变量函数

(5) 工作模式

LE 可工作于 4 种模式，即标准模式、运算模式、加/减计数模式和可清除的计数模式，不同工作模式对 LE 资源的使用不同。

每种模式中，有 7 个可能的输入信号(4 个来自 LAB 本地互连的数据输入信号，1 个来自可编程寄存器的反馈信号，1 个来自前一级 LE 的进位信号和 1 个来自前一级 LE 的级联输入信号)，它们被送到不同的位置以实现要求的逻辑功能。有 3 个输入到 LE 的信号为寄存器提供时钟、清除和预置控制。Altera 软件可以自动为计数器、加法器和乘法器等常用功能选择合适的模式。在必要的时候，设计者还可以创建一些专用函数，以便采用特殊 LE 工作模式来实现性能优化。

3. 逻辑阵列块

逻辑阵列块 LAB 包括 8 个 LE、与相邻 LAB 相连的进位链和级联链、LAB 控制信号以及 LAB 局部互连通道，LAB 的结构如图 8.15 所示。

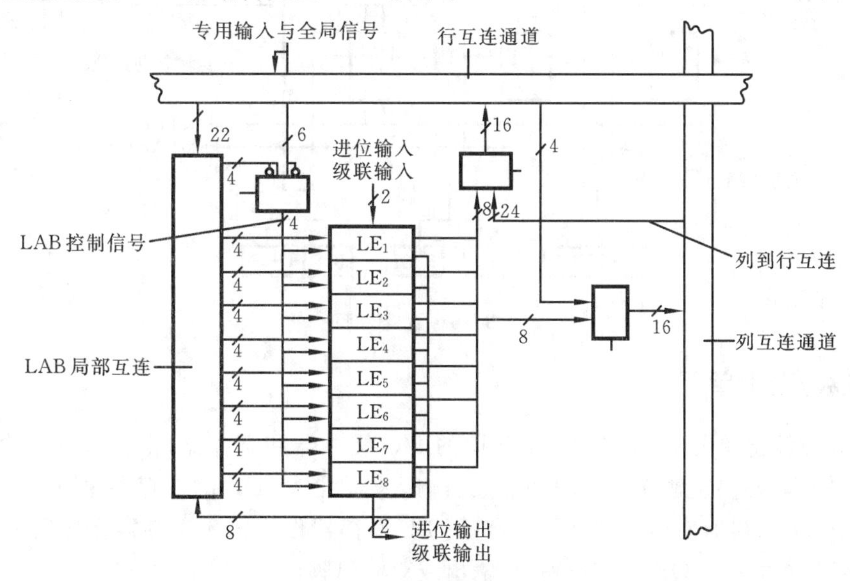

图 8.15 逻辑阵列块 LAB

每个 LAB 提供 4 个可供块内所有 8 个 LE 使用的控制信号，其中 2 个可用作时钟信号，另外 2 个用作置位/复位控制。LAB 的时钟可由专用时钟输入、全局信号、I/O 端的输入或来自 LAB 局部互连的内部信号驱动。LAB 的置位/复位控制信号可由全局信号、I/O 端的输入或来自 LAB 局部互连的内部信号驱动。全局控制信号一般用作公共时钟、置位或复位信号。

4. 快速互连通道

在 EPF10K20 结构中，快速互连通道提供 LE 和 I/O 引脚的连接，是一系列贯穿整个器件的水平或垂直布线通道。

快速互连通道由跨越整个器件的行、列互连通道构成。LAB 的每一行由一个专用行互连通道传递。行互连能驱动 I/O 引脚，反馈给器件中的其他 LAB。列互连通道连接行与行之间的信号，并驱动 I/O 引脚。LAB 的每列由专用列互连通道服务，一个来自列互连的信号可以是 LE 的输出信号，或者是 I/O 引脚的输入，它必须在进入 EAB 或 LAB 之前传送给行互连通道。每个由 IOE 或 EAB 驱动的行通道可以驱动一个专用列通道。

为了提高布通率,行互连通道有全长通道和半长通道。全长通道连接一行中的所有 LAB,半长通道连接半行中的 LAB。这种结构增加了布线资源。

图 8.16 表示了相邻 LAB 和 EAB 的互连资源。其中,每个 LAB 根据位置标号表示其所在位置。位置标号由表示行的字母和列的数字组成,如 LAB B_3位于 B 行 3 列。

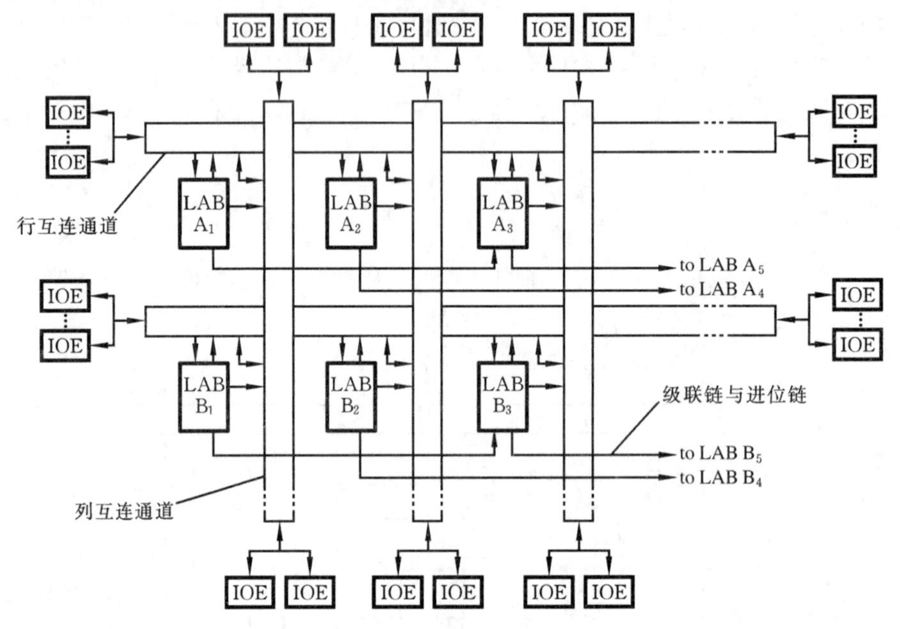

图 8.16 互连资源

5. 输入/输出单元

一个输入/输出单元 IOE 包含一个双向的 I/O 缓冲器和寄存器,寄存器可作输入寄存器使用,这是一种需要快速建立时间的外部数据输入寄存器。IOE 的寄存器也可当作需要快速输出的数据输出寄存器使用。在有些场合,用 LE 寄存器作为输入寄存器会比用 IOE 寄存器产生更短的建立时间。IOE 可用作输入、输出或双向引脚。

有关 EPF10K20 以及 FLEX 10K 系列其他器件的更详细介绍可查阅相应器件手册。目前,CPLD 的逻辑资源十分丰富,许多功能更加强大、速度更快、集成度更高的芯片也在不断问世。

综上所述,CPLD 与前面所介绍的低密度可编程逻辑器件相比,主要有如下特点:

① 逻辑结构灵活多样,不仅可满足各种数字系统设计需求,而且逻辑设计十分方便。

② 采用 CMOS EPROM、E^2PROM、快闪存储器和 SRAM 等编程技术,使器件具有密度高、速度快、功耗低和可靠性高等优点。

③ 内部时间延迟与器件结构和连接等无关,各模块之间提供了具有固定延时的快速互连通道,使延时可预测,因此容易消除竞争和险象。

④ 器件包含了大量的逻辑门和触发器数,且提供的 I/O 端数可多达数百个,其集成度远远高于低密度可编程逻辑器件。

目前,CPLD 的逻辑资源十分丰富,许多功能更加强大、速度更快、集成度更高的芯片也在不断地问世。

8.4　现场可编程门阵列(FPGA)

8.4.1　FPGA简介

现场可编程门阵列FPGA(Field Programmable Gate Array)是20世纪80年代中后期发展起来的一种高密度可编程器件，它由世界著名的可编程逻辑器件供应商Xilinx公司于1985年率先推出。自第一片FPGA器件问世至今，现场可编程技术得到了惊人的发展。FPGA器件从最初的1200个可利用的门，发展到Intel Core i7处理器的芯片集成度达到了14亿个晶体管，进而发展到了现有的7纳米设计水平。新一代FPGA不但将集成度提高到了一个新的水平，而且增加了各种满足系统设计要求的新性能。由于Xilinx一直在FPGA开发领域方面拥有领先优势和最大份额，故本书主要介绍Xilinx公司的FPGA产品。

FPGA的基本结构是一个由若干逻辑块构成的阵列，一般由可编程配置逻辑块(Configurable Logic Block，简称CLB)、可编程输入/输出块(Input/Output Block，简称IOB)和可编程互联资源(Interconnect Resource，简称IR)组成，图8.17为一般FPGA的结构示意图。一个FPGA器件包含丰富的逻辑门、寄存器和I/O资源。在FPGA的布线资源中有快速可编程内部连线，用户可以通过这些内部连线将排列成阵列结构的CLB连接在一起，实现各种逻辑功能，乃至将这些模块连接成所需要实现的数字系统。

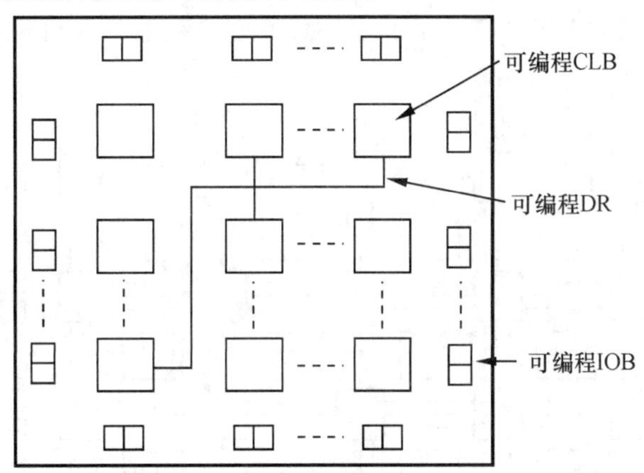

图8.17　FPGA的结构示意图

CLB是FPGA内的基本逻辑单元。CLB的实际数量和特性会依器件的不同而不同，但是每个CLB都包含一个可配置开关矩阵。开关矩阵是高度灵活的，可以对其进行配置以便处理组合逻辑、移位寄存器或RAM。在Xilinx公司的FPGA器件中，CLB由多个(一般为4个或2个)相同的Slice和附加逻辑构成。每个CLB模块不仅可以用于实现组合逻辑、时序逻辑，还可以配置为分布式RAM和分布式ROM。

根据可编程配置逻辑块CLB结构的不同，常见的FPGA可分为查找表结构、多路开关结构和多级与非门3种不同类型。查找表类型的CLB有由查找表构成的函数发生器，通过查找表来实现逻辑函数，函数功能非常强大；多路开关类型的CLB采用可配置的多路开关，利用多路开关的特性对多路开关的输入和选择信号进行配置(接到固定电平或输入信号上)，从而实现不同的逻辑功能;多级与非门类型的 CLB 则利用多级与非门构成逻辑函数。

近年来,FPGA 主要在两方面进行了改进,一是进一步提高 FPGA 器件的密度和运行速度,二是改进器件的内部结构,增加可使用的 I/O 端口,更好地满足各种设计需求。FPGA 器件之所以具有巨大的市场吸引力,是因为 FPGA 不仅可以解决电子系统小型化、低功耗、高可靠性等问题,而且具有开发周期短、开发软件投入少、使用方便等优势,致使 FPGA 越来越多地取代了 ASIC 的市场,尤其是对于那些小批量、多品种的产品需求,FPGA 器件几乎已成为首选。

Xilinx FPGA 可编程逻辑解决方案缩短了电子设备制造商开发产品的时间并加快了产品面市的速度,从而减小了制造商的风险。与采用传统方法如固定逻辑门阵列相比,利用 Xilinx FPGA 可编程器件,客户可以更快地设计和验证他们的电路。而且,由于 Xilinx FPGA 器件是只需要进行编程的标准器件,客户不需要象采用固定逻辑芯片那样等待样品或者付出巨额成本。Xilinx FPGA 产品已经被广泛应用于从无线电话基站到 DVD 播放机的数字电子应用技术中。传统的半导体公司只有几百个客户,而 Xilinx FPGA 在全世界有 7 500 多家客户及 50 000 多个设计开端。

8.4.2 Xilinx FPGA 典型器件

Xilinx FPGA 芯片主要分为两大类,一类侧重低成本应用,容量中等,性能可以满足一般的逻辑设计要求,如 Spartan 系列;另一类侧重于高性能应用,容量大,性能能满足各类高端应用,如 Virtex 系列,其系统门数从 5 万门到 100 万门,提供给用户 I/O 引脚数最多超过 500 个,突破了传统 FPGA 密度和性能限制,使 FPGA 不仅仅是逻辑模块,而成为一种系统元件。

下面以 Xilinx 公司的 FPFA 第三代产品 XC4000 系列器件为例进行介绍。XC4000 系列 FPGA 器件的结构如图 8.18 所示。

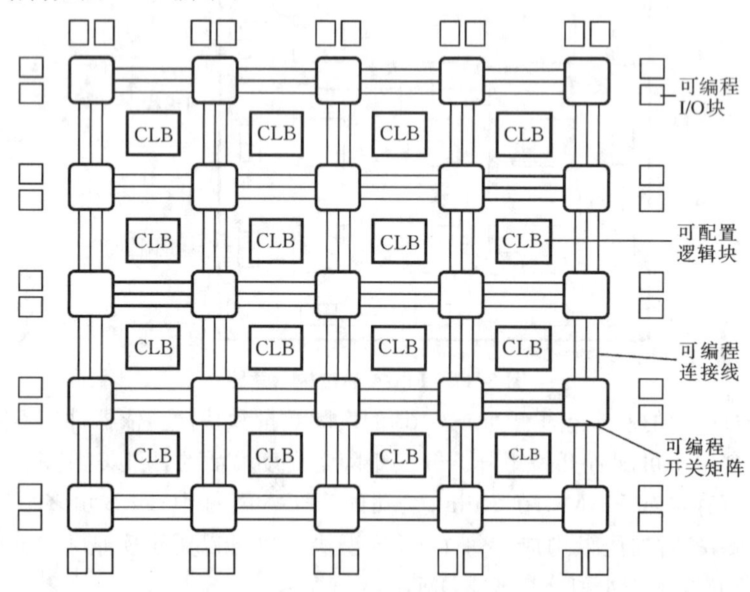

图 8.18 XC4000 系列 FPGA 的结构示意图

XC4000 系列的 FPGA 主要由可编程配置逻辑块 CLB、可编程输入/输出块 IOB 和可编程互连资源 IR 组成。其中,由多个 CLB 组成的二维阵列构成 FPGA 的核心,用于实现设计者所需的逻辑功能;IOB 位于器件的四周,提供内部逻辑阵列与外部引出线之间的可编程接口;IR位于器件内部的逻辑块之间,主要有可编程开关矩阵SM(Switch Matrix)和可编程连接线CL(Connecting Line),经编程实现CLB与CLB以及CLB与IOB之间的互连。此外,XC4000系列的FPGA器件采用了SRAM编程技术,FPGA器件内有一个用于存放编程数据的可配置的静态存储器(SRAM),其加电后所存放的数据决定了整个芯片的逻辑功能。表8.2列出了XC4000系列部分FPGA器件的主要特征。

表8.2 XC4000系列部分FPGA器件的主要特征

器件型号	主要特征					
	CLB矩阵	CLB数/个	逻辑门数/个	触发器数/个	最大用户I/O/个	最大RAM位数/位
XC4002XL	8×8	64	1600	256	64	2048
XC4003E	10×10	100	3000	360	80	3200
XC4006E	16×16	256	6000	768	128	8192
XC4010E	20×20	400	10000	1120	160	12800
XC4025E	32×32	1024	25000	2560	256	32768
XC4036EX	36×36	1296	36000	3168	288	41472
XC4044XL	40×40	1600	44000	3840	320	51200
XC4062XL	48×48	2304	62000	5376	384	73728
XC4085XL	56×56	3136	85000	7168	448	100352

现以Xilinx公司的XC4062XL器件为例,介绍FPGA的内部结构及工作原理。

XC4062XL器件包含2304个CLB(构成48×48 CLB矩阵)、62000个逻辑门、5376个触发器、最大用户I/O达384个、最大RAM位数达73728位。下面分别对其主要组成部分——可编程配置逻辑块CLB、可编程输入/输出块IOB和可编程互连资源IR予以介绍。

1. 可编程配置逻辑块

可编程配置逻辑块CLB是FPGA实现各种逻辑功能的基本单元。在XC4000系列器件中,多个可配置逻辑块CLB以二维阵列的形式分布在器件中部,构成FPGA的重要组成部分。简化的CLB结构框图如图8.19所示。

由图8.19可知,CLB主要由3个逻辑函数发生器、2个D触发器、多个可编程数据选择器以及其他控制电路组成。CLB共有13个输入和4个输出。在13个输入中,$G_1 \sim G_4$、$F_1 \sim F_4$为8个组合逻辑输入信号,CLK为时钟信号,$C_1 \sim C_4$是4个控制信号,它们通过可编程控制电路提供的信号H_1/WE、DIN/H_2、SR/H_0及EC,作为直接输入信号、存储器写控制信号、触发器时钟使能控制信号、触发器置位/复位信号、数据输入信号、地址信号;在4个输出中,X、Y为组合输出,X_Q、Y_Q为寄存器/控制信号输出。如图8.20所示,这些输入、输出可与CLB周围的互连资源相连接。

(1) 逻辑函数发生器

逻辑函数发生器F、G和H是CLB中最重要的可编程逻辑部件,均为查找表结构,通过查找地址码表,可得到对应的逻辑函数输出。这里的所谓逻辑函数发生器,在物理结构上实际就是一个RAM,因为一个$2^n \times 1$位的RAM可以实现任何一个n变量的逻辑函数。具体说,只要将n个输入变量作为RAM的地址,把2^n种变量取值下的函数值存放到对应的2^n个存储单元中,RAM的输出就是相应逻辑函数。因此,逻辑函数发生器F和G实际上是非常紧凑、快速的

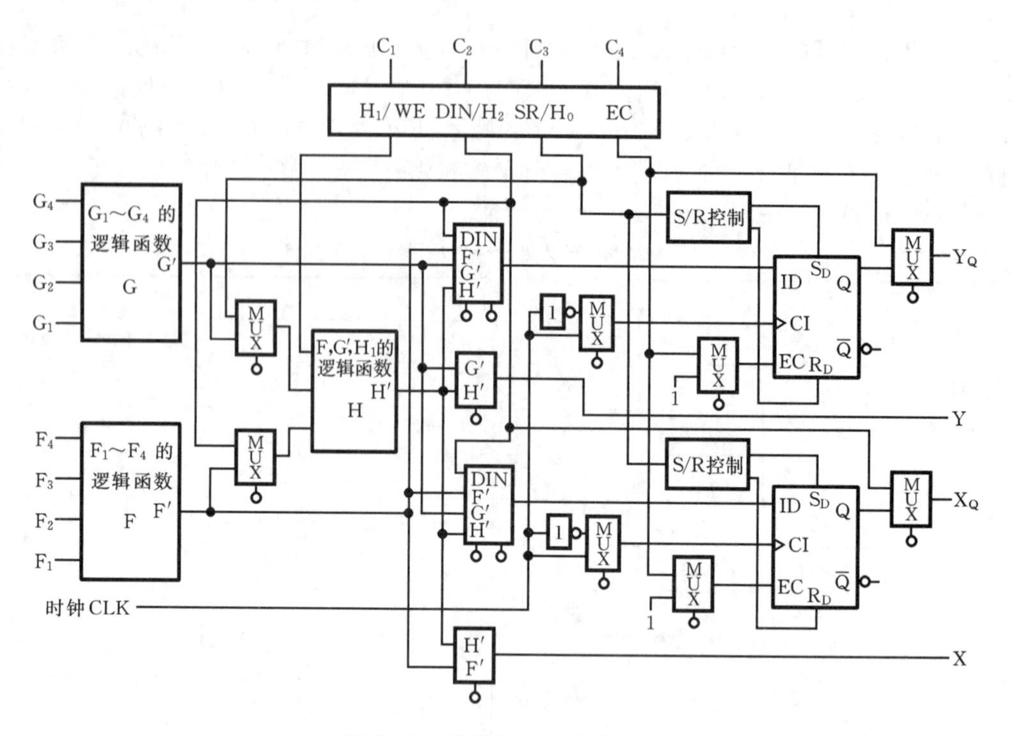

图 8.19　简化的 CLB 结构框图

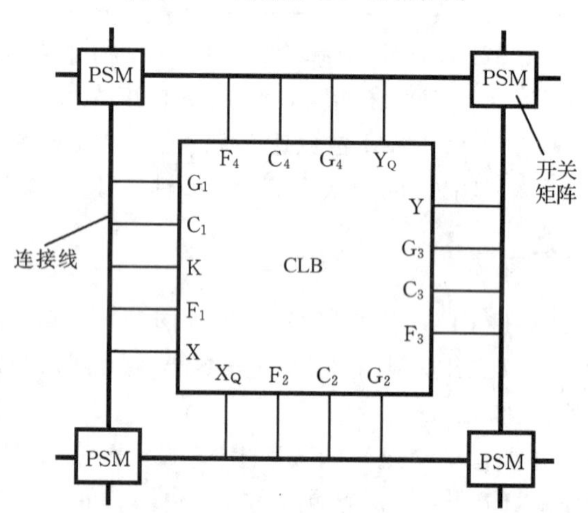

图 8.20　CLB 与互连资源的连接关系框图

16×1 位 RAM,而 H 是一个 8×1 位 RAM。通过对工作方式字编程设置,可以将逻辑函数发生器用于实现组合逻辑函数功能或者作为高速可读/写存储器使用。此外,通过对多路选择器的恰当编程,可以将函数发生器的输出直接作为 CLB 的输出 X 和 Y,或者作为 CLB 中触发器的输入。

(2) 触发器

CLB 中有两个边沿触发的 D 触发器,它们与逻辑函数发生器配合可以实现各种时序逻辑电路功能。两个触发器有公共的时钟和时钟使能输入端,每个触发器都可以配置成上升沿或下降沿触发,并可以单独选择时钟使能为 EC 或 1(即永久时钟使能)。此外,R/S 控制电路可以分别对两个触发器异步复位和置位。触发器的激励信号可以通过可编程数据选择器从 DIN/H_2、G′、F′和 H′中选择,触发器的状态从 X_Q 和 Y_Q 端输出。

此外,为了提高 FPGA 的运算速度,在 CLB 的两个逻辑函数发生器 G 和 F 之前还设计了快速进位逻辑电路,只需将多个 CLB 串接起来,便可完成多位二进制数的快速加法运算。有关具体电路及实现方法在此不作详细介绍。

2. 可编程输入/输出模块

分布在 FPGA 四周的可编程输入/输出模块 IOB 提供了器件内部逻辑与外部引出端之间可编程互连资源的连接,其结构如图 8.21 所示。IOB 中有输入、输出两条通路,主要由输入缓冲器、输入触发器、输出触发器、输出缓冲器和若干数据选择器组成。每个 IOB 控制一个外部引出端,可以通过编程实现输入、输出或双向输入/输出功能。

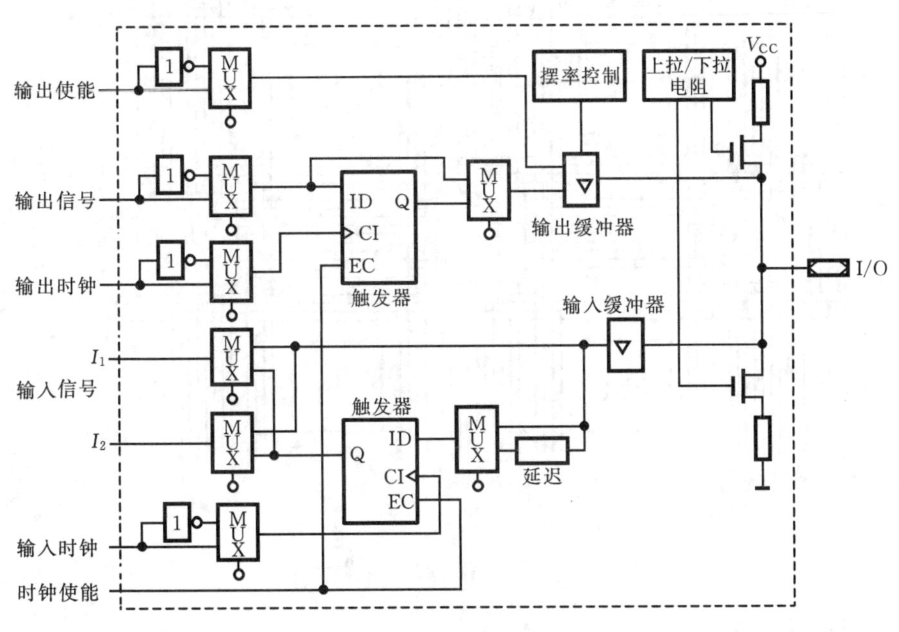

图 8.21　IOB 结构框图

当该外部引出端用作输入时,外部引脚上的信号经过输入缓冲器,可以直接由 I_1 或 I_2 进入内部逻辑,也可以经过触发器后再进入内部逻辑;当该外部引出端用作输出时,来自器件内部的输出信号可以先经过触发器,再由输出三态缓冲器送到外部引脚上,也可以直接通过输出缓冲器输出。输出缓冲器可编程为三态输出或直接输出,并且输出信号的极性也可以通过编程选择为高电平有效或者低电平有效。输入通路中的触发器和输出通路的触发器共用一个时钟使能信号,但它们的时钟信号是独立的,并且都可以通过编程选择上升沿触发或者下降沿触发。

IOB 还可以通过编程选择电压的摆率(电压变化的速率)为快速或慢速。快速方式能使电路传输延时短、工作速度高,但同时会使系统噪声较大,适合于频率较高的信号输出;慢速方式则有利于减小噪声、降低功耗。一般对系统中速度起关键作用的输出选用较快的电压摆率,而对于噪声要求较严的系统则选择较慢的电压摆率。通常应在抑制系统噪声和提高系统速度之间折中考虑,选择适当的电压摆率。此外,还可通过编程使未用的 I/O 引脚通过上拉电阻接电源或通过下拉电阻接地,从而避免引脚浮空受到其他信号的干扰。

3. 可编程互连资源

可编程互连资源 IR 遍布于器件内的 CLB 和 IOB 之间,主要由纵横分布在 CLB 阵列之间的通用可编程连接线和位于纵横交叉点上的可编程开关矩阵 PSM 组成,图 8.22 给出了 IR 的结构示意图。在 XC4000E 系列的 FPGA 中,IR 除了通用可编程连接线和 SM 外,还包含可编程开关点和全局信号线(图 8.22 中未标出)。多种不同长度的金属线通过可编程开关接点或 SM,可将器件内部任意两点连接起来,构成所需要的信号通路,从而将 CLB 和 IOB 连接成各种复杂的系统。

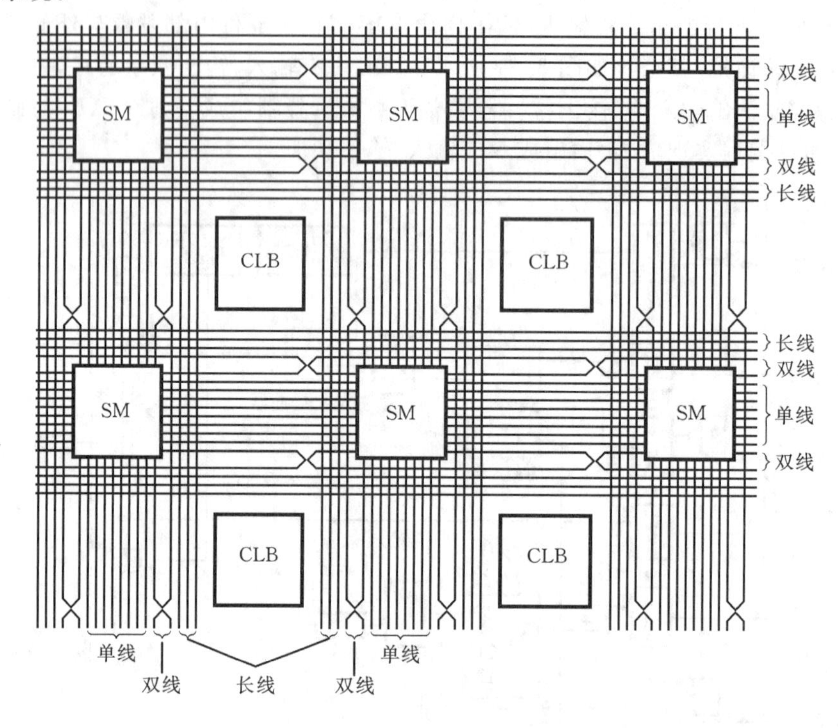

图 8.22 IR 结构示意图

(1) 通用可编程连接线

通用可编程连接线可以分为单线、双线和长线三种类型。

① 单线。单线是指相邻 SM 之间的垂直或水平连接线,其长度为两个相邻 SM 之间的距离,它们在 SM 中实现互连。单线通常用来在局部区域内传输信号,这种连接线可以提供最大的互连灵活性和相邻功能块之间的快速布线。但由于信号每通过一个开关矩阵都会增加一次时延,所以单线不适合需要长距离传输的信号。

② 双线。双线以两根为一组,其长度是单线的两倍,要经过两个 CLB 后才进入 SM。双线可以在不降低互连灵活性的前提下,实现两个非相邻 CLB 之间的连接。

③ 长线。长线是指在垂直或水平方向上穿越整个阵列的连接线。长线不经过任何开关矩阵,信号的时延小,且在中点处有一个可编程的分离开关,能将一根长线一分为二为两个独立的布线通路。长线通常用于长距离或者多分支信号的传输。

(2) 可编程开关矩阵和可编程开关点

垂直和水平方向上的连接线可以在可编程开关矩阵 SM 中或可编程开关点上实现连接。

① 可编程开关矩阵 SM。图 8.23 给出了 SM 的组成与连接方式。如图 8.23(a)所示,SM 由多个垂直与水平方向上的单线和双线的交叉点组成。每个交叉点上有一个可编程开关元件(Switch Element,简称 SE),如图 8.23(b)所示。每个 SE 有 6 个选通晶体管,进入 SM 的信号

可与任何方向的单线或双线互连，即除了直通外，可以允许信号“转弯”。例如，一个从开关矩阵某侧输入的信号可以被连接到另外3个方向中的任何一个或多个方向输出。正因为如此，可使器件中的任何一个CLB能够与不同行或不同列的其他CLB实现互连。图8.23(c)给出了几种不同的连接方式。

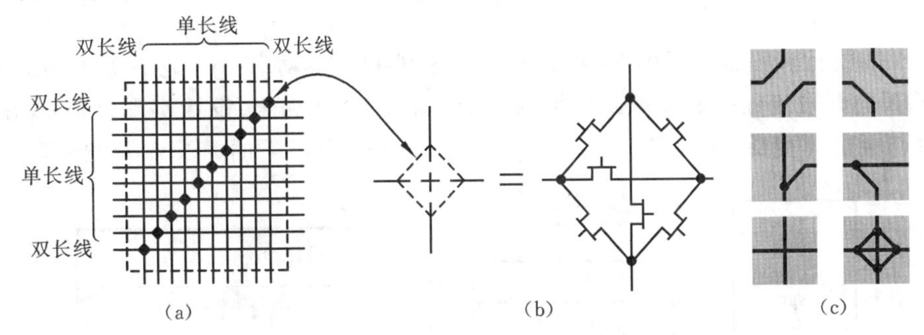

图8.23 SM的组成与连接方式

② 可编程开关点。可编程开关点就是一个通过编程可以控制其通断的开关晶体管，水平导线是否与垂直导线相连，取决于该开关晶体管的编程状态。

(3) 全局信号线

除了上述可编程连接线外，IR中还有一些专用的全局信号线(Global Lines)。这些专用的全局信号线在结构上与长线类似，可到达每个CLB。所不同的是，它们都是垂直方向的。全局信号线主要用于传送某些公共信号，如全局时钟信号、公用控制信号。

图8.24为CLB和IR之间的详细连接关系图。图中，虚线框中的部分为SM。由图可以看出，CLB的输入、输出连到其周围的长线、单线、双线或全局信号线上。

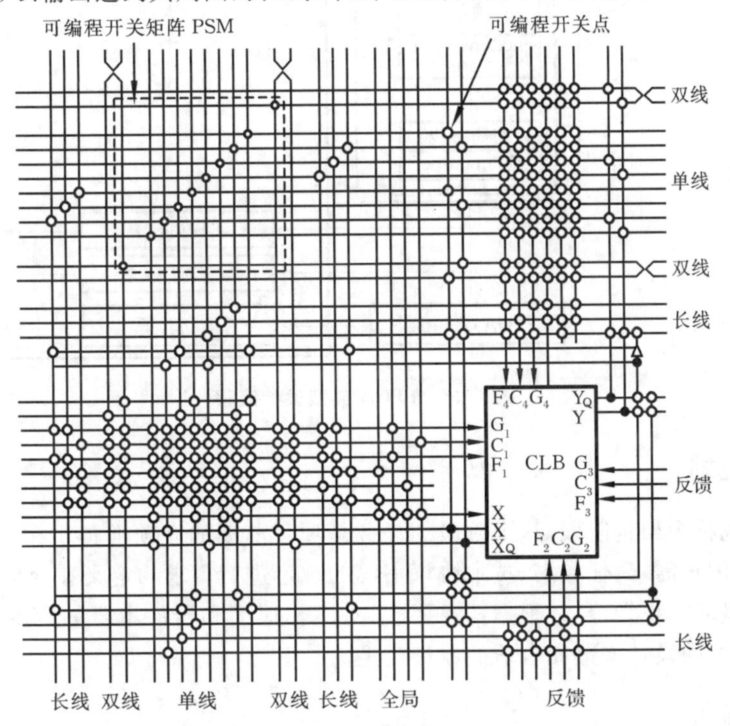

图8.24 CLB和IR的连接关系详图

目前,FPGA 产品繁多,在实际应用中,用户可以根据自己实际应用要求进行选择,一般在性能可以满足的情况下,优先选择低成本器件。

8.4.3 FPGA 设计流程

FPGA 的设计流程就是利用 EDA 开发软件和编程工具对 FPGA 芯片进行开发的过程。典型 FPGA 的开发流程一般包括设计规划、设计输入、设计综合、设计实现、FPGA 配置以及芯片编程与调试等主要步骤。图 8.25 所示为 Xilinx ISE 环境下的 FPGA 开发流程。

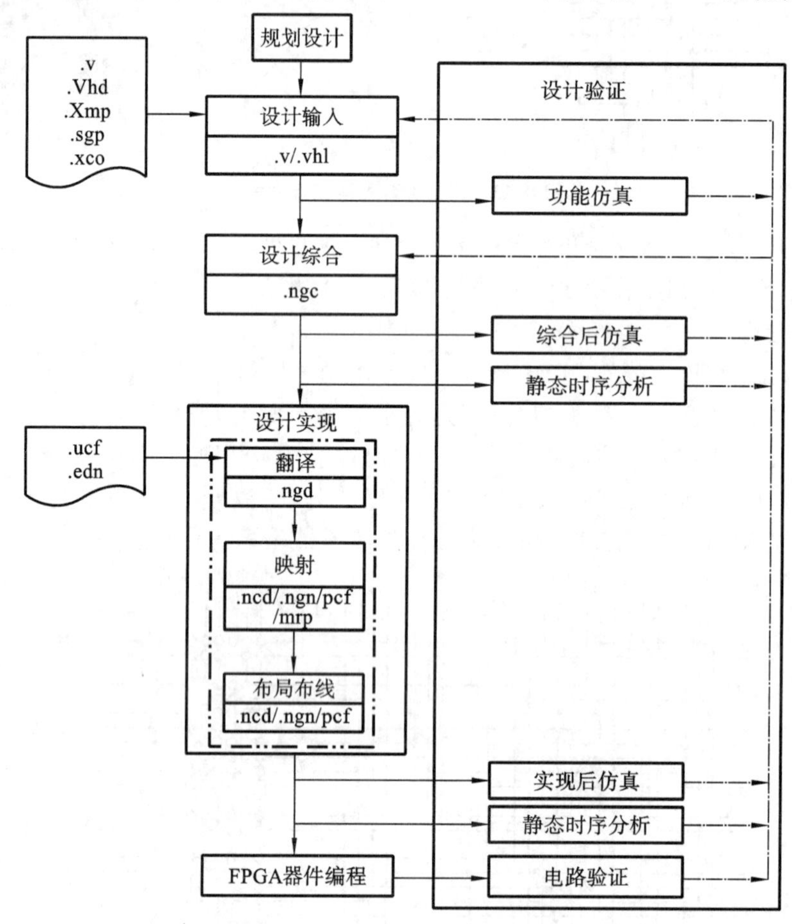

图 8.25 FPGA 典型设计流程

1. 设计规划

设计规划也称为架构阶段,这个阶段的任务是项目前期的立项准备。在 FPGA 设计项目开始之前,针对用户需求、任务书、技术协议书等的规定进行需求的定义和分析,确定要实现的系统功能和大概的模块划分,并根据任务要求,对工作速度和器件本身的资源、成本等方面进行权衡,选择合适的设计方案和合适的器件类型。

2. 设计输入

设计输入是指利用 EDA 工具将概念设计转化为硬件描述的过程。在设计输入阶段,设计者需要创建FPGA工程，并创建或添加设计源文件、约束文件等到工程中。源文件定义了系统最终要实现的功能，约束文件定义了系统对时序、布局布线或其他的设计要求。

概念设计转化常用的方法有硬件描述语言(HDL)和原理图输入方法等。原理图输入方式是将所需的器件从元件库中调出来画成原理图，适合设计简单的逻辑电路。这种方法直观并易于仿真，但效率低，不易维护，不利于模块构造和重用，可移植性差。目前，比较流行的设计输入方法是HDL语言输入法，适用于复杂的数字系统设计。其主流语言是Verilog HDL和VHDL(Very High Speed Integrated Circuit Hardware Description Language)。这两种语言都是美国电气与电子工程师协会(IEEE)的标准，语言与芯片工艺无关，利于自顶向下设计，便于模块的划分与移植，可移植性好，具有很强的逻辑描述和仿真功能，输入效率很高。设计者还可以输入EDK Platform Studio、System Generator或CORE Generator等设计结果。

3. 设计综合

设计综合(Synthesis)是指将硬件语言或原理图等设计输入转换成由基本门电路、RAM和触发器等基本逻辑单元组成的逻辑连接网表的过程。在该过程中，针对输入设计以及约束条件，按照一定的优化算法进行优化处理，将RTL级推演的网表文件映射到FPGA器件原语(也称为技术映射)，生成综合的网表文件。网表文件是对创建的设计项目进行的完整描述。就目前的层次来看，综合优化生成的逻辑连接网表并非真实的门级电路，真实的门级电路需要利用FPGA制造商的布局布线工具，根据综合后生成的标准门级结构网表来产生。综合优化包括两方面内容：一是对硬件语言源代码输入进行翻译与逻辑层次上的优化；二是对翻译结果进行逻辑映射与结构层次上的优化。

4. 设计实现

设计实现是通过翻译(Translate)、映射(Map)、布局布线(Place & Route)等过程来将逻辑设计进一步转译为可以下载烧录到目标FPGA器件中特定物理文件格式的过程，其实现流程如图8.25中实现部分的虚线框所示。

翻译是设计实现的第一步，其主要作用是将综合输出的网表(Netlist)文件翻译为指定型号的FPGA器件的底层结构和硬件原语，完成时序规范及逻辑设计规则的检查校验，并根据用户的约束文件，将约束加入到综合网表中。翻译所用到的约束文件为UCF文件、第三方网表文件EDN等。翻译将多个设计文件和约束文件合并生成一个包含了当前设计的全部逻辑描述的NGD文件。

映射则是找到对应的硬件关系，将由翻译产生的NGD文件所描述的设计映射到指定的FPGA器件结构上。在映射过程中，当前设计的NGD文件将被映射为目标器件的特定物理单元(如CLB、IOB)，并保存在NCD文件中。映射的输出文件包括NCD、PCF、NGM和MRP文件。其中，MFP文件是布局约束文件，NCD文件包含当前设计的物理映射信息，PCF文件包含当前设计的物理约束信息，NGM文件与当前设计的静态时序分析有关，MRP文件是映射的运行报告，主要包括映射的命令参数、目标设计占用的逻辑资源、映射过程中出现的错误和警告、优化过程中删除的逻辑、目标设计中占用的IOB资源内容等。

布局布线是调用布局布线器，根据用户约束和物理约束，把逻辑映射到目标器件结构的资源中，决定逻辑的最佳布局，并根据设计连接，对布局后的模块进行布线，产生相应文件(如配置文件与相关报告)，达到利用选定器件实现设计的目的。布局可以理解为挑选可实现设计网表的最优的资源组合,而布线就是将这些查找表和寄存器资源以最优方式连接起来。布线根据布局的拓扑结构,利用芯片内部的各种连线资源,合理正确地连接各个元件。布局布线的输入文件包括 NCD、PCF 和 NCD(可选)模版文件,输出文件包括 NCD、DLY、PAD 和 PAR 文件。在布局布线的输出文件中,NCD 文件包含当前设计的全部物理实现信息,DLY 文件包含当前设计的网络时延信息,PAD 文件包含当前设计的 I/O 管脚配置信息,PAR 文件是布局布线的运行报告,主要包括布局布线的命令行参数、布局布线中出现的错误和警告、目标设计占用的资源、为布线网络、网络时序信息等内容。

目前,FPGA 的结构非常复杂,特别是在有时序约束条件时,需要利用时序驱动的引擎进行布局布线。布线结束后,软件工具会自动生成报告,提供有关设计中各部分资源的使用情况。由于只有 FPGA 芯片生产商对芯片结构最为了解,所以布局布线必须选择芯片开发商提供的工具。

5. FPGA 配置

设计的最后一步就是 FPGA 配置,进行芯片编程和调试。芯片编程是指生成位数据流文件,并将编程数据下载到 FPGA 芯片中。其中,芯片编程需要满足一定的条件,如编程电压、编程时序和编程算法等方面。逻辑分析仪(Logic Analyzer,LA)是 FPGA 设计的主要调试工具,但需要引出大量的测试管脚,且 LA 价格昂贵。目前,主流的 FPGA 芯片生产商都提供了内嵌的在线逻辑分析仪来解决上述矛盾,它们只需要占用芯片少量的逻辑资源,具有很高的实用价值。

6. 下载验证

下载是在功能仿真与时序仿真正确的前提下,将综合后形成的位流下载到具体的 FPGA 芯片中,也叫芯片配置。FPGA 设计有两种配置形式:直接由计算机经过专用下载电缆进行配置;由外围配置芯片进行上电时自动配置。由于 FPGA 具有掉电信息丢失的性质,因此可在验证初期使用电缆直接下载位流,如有必要再将烧录配置芯片中(如 Xilinx 的 XC18V 系列,Altera 的 EPC2 系列)。使用电缆下载时有多种直载方式,如对 Xilinx 公司的 FPGA 下载可以使用 JTAG Programmer、Hardware Programmer、PROM Programmer 三种方式,而对 Altera 公司的 FPGA 下载可以选择 JTAG 方式或 Passive Serial 方式。因 FPGA 大多支持 IEEE 的 JTAG 标准,所以使用芯片上的 JTAG 口是常用下载方式。将位流文件下载到 FPGA 器件内部后进行实际器件的物理测试即为电路验证,当得到正确的验证结果后就证明了设计的正确性。电路验证对 FPGA 投片生产具有较大意义。

7. 设计验证

除了以上几步以外,FPGA 开发流程中最重要的内容是设计验证。设计验证贯穿于 FPGA 设计的整个过程。在 FPGA 的开发流程的任意时刻,设计者都可以使用仿真工具对 FPGA 工程进行功能验证。设计验证的方法有仿真、静态时序分析和电路验证。

仿真是指使用设计软件包对已实现的设计进行完整测试,模拟实际物理环境下的工作情况。根据在 FPGA 开发流程中不同的切入点,仿真可分为行为仿真、综合后仿真和实现后仿真。

行为仿真又称功能仿真、RTL 级仿真,是在编译之前对用户所设计的电路进行逻辑功能验证。此时的仿真可以用来检查代码中的语法错误，判断代码行为的正确性，但不包括延时信息，仅对初步的功能进行检测。仿真时要在测试文件中调用设计源文件 RTL、测试数据以及器件模型，仿真结果将会生成报告文件和输出信号波形。行为仿真速度快，可以根据需要观察电路输入输出端口和电路内部任一节点信号的变化。如果发现错误，则返回设计修改逻辑设计。如果没有实例化一些与器件相关的特殊底层元件，这个阶段的仿真也可以做到与器件无关。因此在设计的初期阶段不使用特殊底层元件可以提高代码的可读性、可维护性，又可以提高仿真效率，容易被重用。

综合后仿真又称为门级仿真，目的在于检查综合结果是否和原设计一致。综合后仿真通过把综合生成的标准延时文件反标注到综合仿真模型中去，可估计门延时带来的影响，但不能估计走线延时，因此和布线后的实际情况还有一定的差距，并不十分准确。本阶段综合工具给出的仿真网表和生产厂家的器件的底层元件模型相对应，所以在仿真过程中必须加入厂家的器件库，对仿真器进行一些必要的配置，不然仿真器并不认识其中的底层元件，无法进行仿真。

实现后仿真又称为时序仿真，其目的和综合后仿真一致，但实现后的时序仿真加入了走线延时信息，使得仿真与 FPGA 本身运行状态一致。时序仿真通过将布局布线的延时信息反标注到设计网表中来检测有无时序违规(即不满足时序约束条件或器件固有的时序规则，如建立时间、保持时间等)现象，其包含的延迟信息最全，也最精确，能较好地反映芯片的实际工作情况。由于不同芯片的内部延时不一样，不同的布局布线方案也给延时带来不同的影响。因此在布局布线后，通过对系统和各个模块进行时序仿真，分析其时序关系，估计系统性能，以及检查和消除竞争冒险是非常有必要的。在功能仿真中介绍的软件工具一般都支持综合后仿真。如果在布局布线后发现电路结构和设计意图不符，则需要回溯到综合后仿真来确认问题之所在。

常用的仿真工具有 Xilinx 公司的 ISE Simulator、Model Tech 公司的 ModelSim、Sysnopsys 公司的 VCS 和 Cadence 公司的 NC-Verilog 以及 NC-VHDL 等软件。如果仿真的结果不正确，就得对逻辑设计进行修改。

静态时序分析是在综合设计或布局布线之后，对设计进行快速时序检查的方法，用于验证设计是否满足时序约束，并列举输入约束冲突，以分析部分或全部的布局布线设计。其中时序信息取决于设计输入的布局和布线，也允许设计者在设计中确定路径延迟。在基于 ISE 的设计流程中，输入的约束文件为 UCF，而且该文件在翻译这一步才开始生效，因此综合后的时序报告没有多大的参考价值。随着时钟频率和数字系统复杂度的提高，留给数据传输的有效读/写窗口越来越小，要想在很短的时间限制里让数据信号从驱动端完整地传送到接收端，就必须对设计进行时序分析。可以使用时序报告程序和电路评估器(TRACE)命令行程序来运行静态时需分析，也可以用时序分析图形化工具来执行这一功能。

此外，完成设计实现后，必须对设计约束、器件资源占有率、实现结果以及功耗等设计性能进行分析。基于对设计结果的分析，设计者可以对设计源文件、变异属性或者设计约束进行修改，然后重新综合、实现以达到设计最优化

电路验证作为最后的测试，可以验证设计在目标应用中的表现。在典型的运行条件下，通过电路验证来验证测试电路。为了在电路上验证设计，可用 Xilinx 提供的下载电缆将设计比特流下载到芯片。

从大的方面来看，FPGA 的开发流程可分为架构、设计实现以及 FPGA 器件编程三个阶段。第一阶段是概念阶段，是项目前期的立项准备，如需求的定义和分析、各个设计模块的划

分;第二个阶段是详细设计阶段,主要任务包括编写RTL代码并对其进行初步的功能验证、逻辑综合和布局布线、时序验证;第三个阶段的主要任务是器件烧录和板级调试。除此之外,还包括第二阶段的布局布线和时序验证,因为这两个步骤都是和FPGA器件紧密相关的。从这种阶段划分中可以看出FPGA设计的各个环节是紧密衔接、互相影响的。总的来说,FPGA的设计是一个反复迭代的过程,通过反复的仿真和时序分析来发现问题,并反过来修改实现策略,甚至优化HDL代码,重新综合和实现。

8.5 FPGA和CPLD对比

FPGA和CPLD属于半定制大规模集成电路的两个重要分支。在发展过程中,两类芯片互相竞争、互相促进,不断推出性能更优越的产品,获得了广泛的应用。尽管FPGA和CPLD都是可编程ASIC器件,具有逻辑结构灵活多样、功能强大、设计方便等很多共同特点,但由于CPLD和FPGA结构上的差异,具有各自的特点。

CPLD是逻辑块级编程,并且其逻辑块之间的互连是集总式的,其连续式布线结构决定了它的内部延迟与器件结构和连接等无关,各模块之间提供了具有固定延时的快速互连通道,使得延迟是均匀且预测的,因此容易消除竞争和险象。而FPGA是门级编程,逻辑资源和布线资源在结构上分开,其CLB之间采用分布式互连,布线相当灵活,但这种分布式布线结构决定了其速度慢、延迟不可预测。

在编程上FPGA比CPLD具有更大的灵活性。FPGA大部分是基于SRAM编程,编程信息在系统断电时丢失,每次上电时,需从器件外部将编程数据重新写入SRAM中,可以无限次编程,从而实现板级和系统级的动态配置。但由于FPGA的编程信息需存放在外部存储器(如EPROM)上,使用方法复杂。CPLD编程采用CMOS EPROM、E2PROM、FASTFLASH和SRAM等编程技术,通过修改具有固定内连电路的逻辑功能来编程,无需外部存储器芯片,使用简单,其器件具有密度高、速度快、功耗低和可靠性高等优点。编程次数可达1万次,系统断电时编程信息也不丢失。因此,CPLD的保密性好,FPGA的保密性差。

CPLD的功耗要比FPGA的大,且集成度越高越明显,适合完成各种算法和组合逻辑,即适合于触发器有限而乘积项丰富的结构。而FPGA的功耗低,集成度高,容量大,性价比更高,具有更复杂的布线结构和逻辑实现,灵活性高,更适合完成时序逻辑。

总体来说,CPLD的速度快、保密性好、使用方便。FPGA的集成度高、功耗低、编程灵活度大。

8.6 Vivado开发环境及设计流程

8.6.1 Vivado设计套件简介

针对7系列以及后续FPGA产品,Xilinx公司于2012年推出了一种以知识产权核(Intellectual Property core,IP核)和系统为中心的、领先一代的全新SoC(System on Chip)增强型综合开发环境 Vivado 设计套件，该设计套件基于 AMBA AXI4 互联规范、IP-XACT IP 封装元数据、工具命令语言(TCL)、Synopsys 系统约束(SDC) 以及其他有助于根据客户需求量身定制设计流程并符合业界标准的开放式环境，可解决用户在系统级集成和实现过程中常见的生产力瓶颈问题，可以让用户更快的实现设计收敛。

和 Xilinx 公司的上一代开发环境 ISE 相比，Vivado 设计套件具有以下特点。

①Vivado 设计套件改变了传统的设计环节和设计方法，打造了一个最先进的设计实现流程，能显著增加 Xilinx 的 28nm 工艺的可编程逻辑器件的设计、综合与实现效率。

②Vivado 设计套件不仅包含传统上的寄存器传输级(RTL)到比特流的 FPGA 设计流程，还包括高度集成的设计环境和新一代从系统到 IC 级的工具，能够扩展多达 1 亿个等效 ASIC 门的设计。

③Vivado 设计套件集成了 ISE、ISim、XPS、PlanAhead、ChipScope 和 iMPACT 等多个独立的套件，实现了 FPGA 的综合、实现、仿真、下载、调试等功能，界面清爽，流程清晰，项目的开发、仿真、调试都在一个开发环境下进行，节省了大量的调用新程序、打开、保存再关闭返回的时间，集成度更高，更适合系统开发，尤其是带核的系统开发。

④Vivado 设计套件提供了以 IP 为核心的设计理念，包括 IP 封装器、IP 集成器和可扩展 IP 目录三种全新的 IP 功能，可以配置、实现、验证和集成 IP，以实现最大化的设计复用。

IP 封装器可以在设计流程的任何阶段将部分或全部设计转换成可以重复使用的内核，这些设计可以是 RTL、网表、布局或布线后的网表。

IP 集成器采用即插即用型 IP 集成设计环境，使得设计者可以将不同的 IP 轻松组合在一起并封装成单个的设计源，在单个或多个工程之间进行共享，从而解决了 RTL 设计生产力问题，加速复杂系统的组装，加快系统实现。

可扩展 IP 目录允许设计者使用自己创建的 IP 以及 Xilinx 和第三方厂商提供的 IP 创建自己的标准 IP 库，从而让设计者更好地管理和组织 IP，以实现最大程度的共享。

⑤Vivado 中采用统一的数据模型，综合和实现后的网表文件均为. dcp。而在 ISE 中，综合后的网表文件为. ngc，Translate 之后的网表文件为. ngd，布局布线后的网表文件为. ncd。

⑥Viviado 设计套件采用基于业界标准的 Synopsys 设计约束格式，并增加了 Xilinx 专有的对 FPGA 的 I/O 引脚分配，构成了标准化 XDC(Xilinx Design Constrains)约束文件。ISE 采用的 UCF 约束文件在翻译时才开始生效，因此综合后的时序报告没有多大的参考价值。而 Vivado 中的约束文件在综合和实现阶段均有效。XDC 使得 Vivado 对于约束的管理更为灵活，可以在设计流程的不同阶段添加 XDC 约束，既可以在设计综合之前加入约束，也可以在设计综合后加入约束，此外，还可以设定约束的作用域和作用阶段。设计者可以将约束保存在一个或多个 XDC 文件中，也可以通过 Tcl 脚本生成 XDC 约束。

⑦Vivado 设计套件采用工程命令语言 (Tool Command Language)。Tcl 不仅能对设计项目进行约束，还支持设计分析、工具控制和模块构建。此外，利用 Tcl 指令可以运行设计程序、生成时序报告和查询设计网表等操作。在 Vivado 设计套件中，几乎所有的菜单操作都有相应的 Tcl 命令，而且 Tcl 可以实现菜单无法完成的工作，如编辑综合后的网表文件。用户还可以编辑 Tcl 命令加入到 Vivado 中。Vivado 提供了 Tcl 控制台和 Tcl shell 来运行 Tcl 脚本。在 ISE 中，流程由一系列程序组成，利用多个文件运行和通信；而在 Vivado 中，流程是一系列 Tcl 指令，运行在单个存储器中的数据库上，灵活性和交互性更大。

⑧Vivado 设计套件中集成了高级综合工具 Vivado HLS，使得设计者可以使用高级编程

语言C,C++ 以及 System C 语言规范对 FPGA 进行建模,并通过高级综合工具 HLS 将设计模型自动转换成 RTL 级的描述,作为 Vivado 设计套件的 RTL 源文件,从而可加速 IP 创建。此外,Vivado HLS 可以把现有的 C/C++/System C 语言代码,在一些特定的规范下直接快速转换为可以综合的 RTL,这也将极大地提高实现和移植现有算法的速度,大大提升开发效率,缩短产品的上市时间。

⑨Vivado 设计套件集成了 Xilinx Model Composer,其可在 Simulink 中为设计实现更高层次的抽象并实现对 Xilinx 针对其他应用优化的软件库的访问、更快的仿真速度以及与 Vivado HLS 及 Sdx 环境更紧密的集成。此外,Vivado 设计套件还集成了 System Generator,使得设计者可以定义、测试并实现高性能 DSP 设计。

⑩和 ISE 相比,Vivado 的设计实现环节多了各种优化功能,如设计优化、功耗优化、布局后的功耗优化和物理优化,以及布线后的物理优化。Vivado 设计套件利用最新共享的可扩展数据模型,估算设计流程各个阶段的功耗、时序和占用面积,从而达到预先分析,进而对综合后的网表进行优化,去除无负载的逻辑电路,优化 BRAM 功耗,改善设计时序以及降低动态功耗。

⑪Vivado 设计套机可以在设计流程的任意一个阶段对设计进行分析和验证。对设计进行分析,包括逻辑仿真、I/O 和时钟规划、功耗分析、时序分析、设计规则检查(DRC)、设计逻辑的可视化、实现结果的分析和修改以及编程和调试。

⑫Vivado 设计套件为设计者提供了工程模式(Project)和非工程模式(Non-Project)两种运行模式。

工程模式是指设计者以图形界面的方式进行设计,使用基于工程的方法自动管理综合和实现过程,跟踪运行状态,并自动生成相应的网表文件。工程模式下,Vivado 设计套件自动跟踪设计历史,保存相关的设计信息,设计者很少能控制处理的过程。

非工程模式是指全部采用 Tcl 脚本来管理源文件和设计流程,系统不会自动生成文件或者报告,设计者必须定义所有的源文件,设置所有工具和设计配置的参数,启动所有的实现命令,以及制定所需要生成的报告文件,才能对设计进行编译。非工程模式下需要手动生成各个步骤的网表文件(DCP)和报告(时序报告、资源利用报告等)。在非工程模式下,设计者自己可以管理源文件和设计流程。

在工程模式下,设计者也可以采用 Tcl 脚本的方式在 VivadoTcl Shell 中运行。但和非工程模式中用到的 Tcl 命令是不一致的,不可混用。工程模式的优势在于可以设定多个 runs 以比较不同综合策略或实现策略对设计结果的影响;而非工程模式的优势在于设计源文件、设计流程和生成文件可全部定制,相比于工程模式有更短的运行时间。

⑬Xilinx 提出的 UltraFast 设计方法学的宗旨在于尽可能在设计初期解决掉各种问题,帮助我们预估设计的可行性和控制成本,在设计中减少迭代次数,从而更快地将产品推向市场。Vivado 设计套件自动化了部分 UltraFast 设计方法,例如提供了良好的代码风格的模板、时序约束和物理约束的模板、在 RTL 设计分析阶段就可以进行设计检查等,从而指引用户最大限度地利用现有资源,提升系统性能,降低风险,有利于客户完成最优的 FPGA 设计。

⑭和 ISE 相比,Vivado 在各方面的性能都有了明显的提升。Vivado 高层次综合可以实现直接使用 C,C++以及 System C 语言规范对 Xilinx 可编程器件进行编程,无需手动创建 RTL,从而可加速 IP 创建,支持在 VHDL 和 Verilog 中直接运用高级 IP 核规范,加速 IP 核验证速度。通过利用 Vivado IP 集成器和高层次综合的完美组合,客户能将开发成本相对于采

用 RTL 方式而言只有 1/15,IP 核验证速度提高 100 倍以上,同时将 RTL 创建速率提高 4 倍,Vivado 加速验证超过 100 倍,设计实现时间缩短 4 倍,设计密度提升 20%,在低端 & 中档产品中实现高达 3 速度级性能优势,在高端产品中实现 35%功耗优势。

8.6.2 Vivado 设计套件中的 FPGA 设计流程

在 Vivado 设计套件中,传统上的寄存器传输级(RTL)到比特流的 FPGA 设计流程和 ISE 集成环境下的设计流程基本相同,都可大体上分为设计规划、设计输入、设计综合、设计实现和 FPGA 配置几个方面,但具体而言,仍有许多不同的地方。Vivado 下 FPGA 的设计流程如图 8.26 所示。下面只对二者不同的方面进行分析。

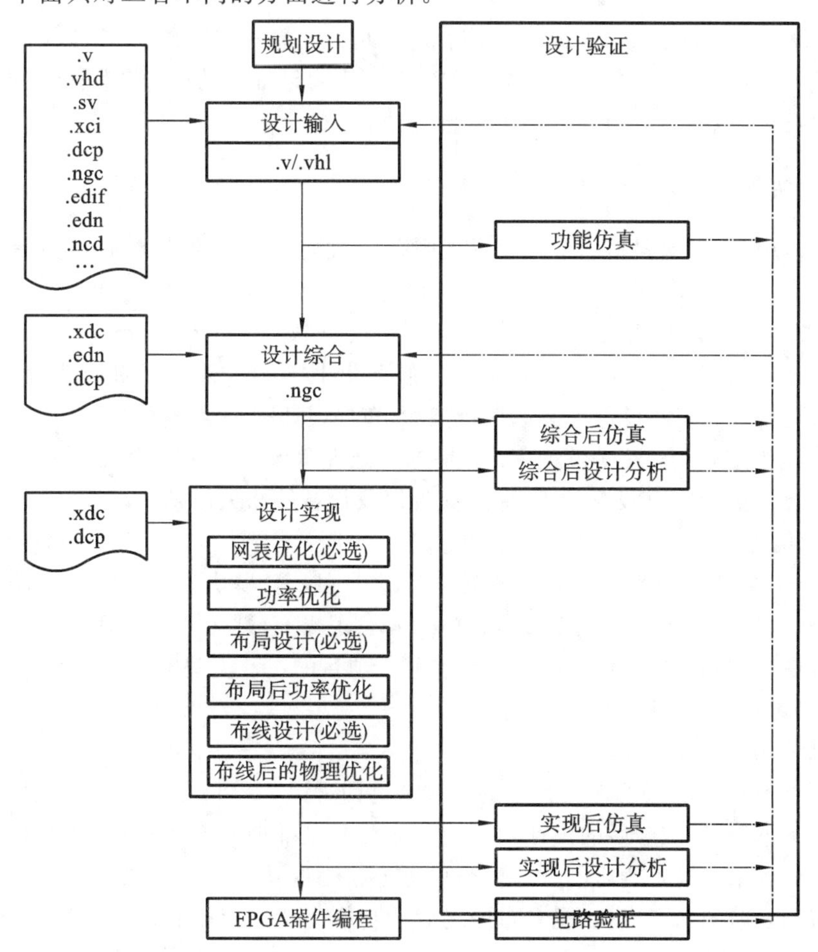

图 8.26 Vivado 下的 FPGA 设计流程

1. 设计输入

Vivado 的设计输入可以是可综合的 HDL 代码、测试文件、IP 以及网表文件。可综合的 HDL 代码和测试文件可以是 Verilog、VHDL 或者 System Verilog 代码。如前所述,Vivado 集成了 IP 封装器、IP 集成器和可扩展 IP 目录,设计者可以直接使用 Xilinx 或者第三方厂商授权的 IP,也可以在设计流程的任何阶段将部分或全部设计转换成可以重复使用的内核放入

IP 目录中，还也可以利用 HLS、Systerm Generator 封装新的 IP 放入 IP 目录中。网表文件可以是 Vivado 生成的网表文件，也可以是第三方网表文件 EDIF

2. 设计综合

Vivado 集成环境综合是基于时间驱动的，对存储器的利用率和性能进行了优化。综合时可以加入第三方网表文件 EDIF 以及约束文件。Vivado 不支持 UCF 约束文件，其约束文件为 XDC 文件。XDC 文件采用了业界标准的 SDC，且在综合和实现阶段均有效，可以作为一个源文件放在工程里，在综合和布局布线中调用，也可以在 tcl console 中输入，立即执行。相比于 ISE，Vivado 综合之后的时序分析更有意义。因此，综合后就要查看并分析设计时序，如果时序未收敛，不建议执行下一步。

Vivado 设计套件内置 Synthesis 综合功能，也可以支持第三方综合工具，如 Synplicity 公司的 Synplify/Synplify Pro 软件以及各个 FPGA 厂家自己推出的综合开发工具。综合工具支持 System Verilog 以及 VHDL 和 Verilog 混合语言。

3. 设计实现

在 Vivado 中，实现流程是一系列运行于内存的数据库之上的 Tcl 命令，具有更大的灵活性和互动性。

Vivado 的实现阶段包括网表优化(opt_design)、功率优化(power_opt_design)、布局设计(place_design)、物理优化(phys_opt_design)、布线设计(route_design)和物理优化等子步骤。网表优化、布局设计和布线设计为必选执行步骤，布局设计和布线设计之后的物理优化是可选的。Vivado 采用了统一的数据模型，无论是综合还是实现，Vivado 生成的都是 DCP 文件。DCP 文件集合了物理约束、设备约束、网表文件以及设备等相关信息。

(1) 网表优化

网表优化为布局提供优化的网表，对综合后的 RTL、IP 模块整合后的网表进行深度的逻辑优化，如逻辑整理(Retarget)、移除不必要的静态逻辑、合并 LUT、清理无负载的逻辑单元等，使其更容易适配到目标器件。网表优化在基于项目的设计流程中会自动执行，在非项目批作业流程中是可选的，但推荐使用。

(2) 功率优化

资源、速度和功耗是 FPGA 设计中的三大关键因素。Vivado 中提供了功耗估计和功率优化。在 Vivado 下，利用综合后的设计到布局布线后的设计期间产生的任何 DCP 文件都可进行功耗估计，而利用布局布线后的设计可获得更为精确的功耗估计结果。在实现阶段进行功率优化，有布局之前的功率优化，也有布局之后的功率优化。相比而言，布局之前的功率优化对功耗的优化更彻底、更全面。

功率优化的目的是最大限度地降低 FPGA 功耗同时最小限度地避免其对时序的影响，包含对高精度门控时钟的调整，可以减低动态功耗带 30%，这种优化不会改变现有的逻辑和时钟。功率优化在设计之初就应考虑，设计中应遵循好的 RTL 代码风格，适时地选择布局前的功率优化和布局后的功率优化，并根据功率优化对设计时序的影响来管理优化对象。

功率优化在基于项目的设计流程中和在非项目批作业流程中都是可选的。

(3) 布局设计

一个完整的布局包括布局前的 DRC 检查、布局、细节布局和提交后的优化几个阶段。布局前的 DRC 检查用于检查设计中不可布线的连接、有效的物理约束、有无超出器件容量等；布局进行 I/O、时钟、宏单元和原语组件布局，采用时序驱动和线长驱动以及拥塞判别策略；细节布局用来改善小的“形态”、触发器和 LUT 的位置，提交到位置点等。

布局不知道时钟偏移，时序包括时钟偏移，但是布局不针对因偏移太大而优化布局以减少时钟偏移，布局期间的时序信息确实包含时钟偏移。布局工具花费更多时间试图满足保持要求，因为如果有保持时间不合格，设计将不运行。

(4) 物理优化

物理优化在布局设计和布线设计之后使用，可进一步改善设计时序，是布局后时序驱动的优化。物理优化在基于项目和非项目批作业流程中都是可用的，可以在 GUI 的设置界面中关闭。

(5) 布线设计

布线设计用于控制布线过程。基于项目的设计流程中布线包含在实现的阶段，非项目批作业流程是执行此 Tcl 指令。利用 report_route_status 指令产生布线器报告，校验单个网线的布线状态，完整地列出布线资源或失败的布线。

4. FPGA 配置和下载验证

完成设计实现后，要进行 FPGA 配置，进行芯片编程和调试，并对设计约束、器件资源占有率、实现结果以及功耗等设计性能进行分析。在 Vivado 设计套件中，既可以查看静态报告，也可以使用 Vivado 中内置的工具动态地查看设计综合实现的结果。在 Vivado 内置工具中可以查看时序结果和功耗结果。此外，在系统调试时也可以使用在线逻辑分析仪 ILA。

除了传统上的寄存器传输级(RTL)到比特流的 FPGA 设计流程外，Vivado 还提供了基于 C 和 IP 核的系统级集成设计流程。系统级集成设计流程加速了集成时间，提高了设计效率，降低了集成风险。其流程如 8.27 所示。

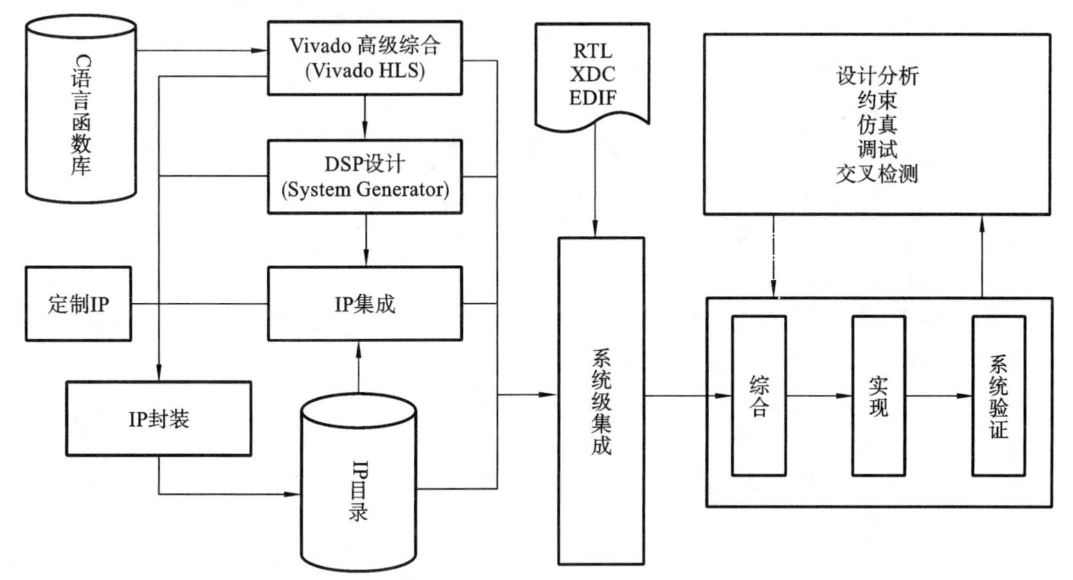

图 8.27　Vivado 下基于 C 和 IP 核的系统级集成设计流程

从图 8.27 可以看出，基于 C 和 IP 核的系统级集成设计输入的可以是 RTL 文件、约束文件、网表文件以及 IP 目录中的 IP。RTL 代码可以由设计者自行编写，也可以来自 Vivado 高级综合、System Generator 或 IP 集成器。Vivado 可扩展 IP 目录允许设计者使用自己创建的 IP、Xilinx IP 以及第三方厂商许可的 IP 组建自己的标准 IP 库。设计者可以使用 Vivado HLS、System Generator 或 Vivado 提供的 IP 封装器将自身设计封装为新的 IP 嵌入到 Vivado IP 目录中。通过 Vivado 提供的 IP 目录，就可以快速地对 Xilinx IP、第三方 IP 和用户 IP 进行例化和配置，以实现更快速的系统级集成。

基于 C 语言和 IP 的设计可缩短验证、实现和设计收敛的开发周期，使设计人员能够集中精力开发差异化逻辑。Vivado 设计套件结合最新 UltraFast 级生产力设计方法指南，相比采用传统方法而言，用户可将生产力提升 10～15 倍。

习　题　八

8.1　可编程逻辑器件有哪些主要特点？

8.2　低密度 PLD 器件有哪几种主要类型？

8.3　试述 PROM\EPROM 和 E^2PROM 的特点。

8.4　容量为 1024×8 的 PROM 芯片，地址线的位数为多少？数据线的位数为多少？含存储元的数目为多少？

8.5　可编程阵列逻辑(PAL)和可编程逻辑阵列(PLA)在结构上的主要区别是什么？

8.6　高密度 PLD 器件有哪几种常见类型？

8.7　常见 CPLD 一般采用何种结构？它们一般由哪几部分组成？

8.8　常见 FPGA 一般由哪几部分组成？

8.9　根据可编程配置逻辑块 CLB 结构的不同，常见 FPGA 可分为哪几种不同类型？

8.10　Xilinx 公司生产的 XC4000 系列 FPGA 器件主要由哪几部分组成？

8.11　Xilinx FPGA 芯片主要分为哪两类？各有什么特点？

8.12　Xilinx ISE 环境下的 FPGA 开发流程包括那些步骤？

8.13　在 FPGA 的开发中，设计综合的主要任务是什么？

8.14　在 FPGA 的开发中，设计实现的主要任务是什么？

8.15　根据在 FPGA 的开发流程中的切入点的不同，仿真可分为哪几种类型？

8.16　在 FPGA 的开发中，什么是静态时序分析？

8.17　FPGA 与 CPLD 相比，各有何特点？

8.18　和 Xilinx 公司的上一代开发环境 ISE 相比，Vivado 设计套件具有哪些特点？

8.19　Vivado 具有哪些可能的设计输入？

8.20　Vivado 设计套件中，设计综合有何特点？

8.21　Vivado 设计套件中，设计实现具有哪些步骤？

8.22　和 Xilinx ISE 环境下的 FPGA 开发流程相比，Vivado 设计套件中，FPGA 配置和下载验证有何不同？

第9章　综合应用举例

前面分别对有关数字系统逻辑设计的基本知识、基本理论、常用器件，以及逻辑电路分析与设计的基本方法进行了系统的介绍。本章将结合实际应用需求，介绍6个逻辑设计实例。通过实例的设计，以进一步提高综合运用所学知识解决实际问题的能力。

9.1　简单运算器设计

9.1.1　设计要求

设计一个能实现两种算术运算和两种逻辑运算的4位运算器。参加运算的4位二进制代码分别存放在4个寄存器A、B、C、D中，要求在选择变量控制下完成如下4种基本运算：

① 实现A加B，显示运算结果并将结果送寄存器A；

② 实现A减B，显示运算结果并将结果送寄存器B；

③ 实现A与C，显示运算结果并将结果送寄存器C；

④ 实现A异或D，显示运算结果并将结果送寄存器D。

9.1.2　功能描述

根据设计要求，为了区分4种不同的运算，需设置2个运算控制变量。设运算控制变量为S_1和S_0，可列出运算器的功能，如表9.1所示。根据功能描述可得出运算器的结构框图，如图9.1所示。整个电路可由传输控制电路、运算电路、显示电路3部分组成。

表9.1　运算器的功能

S_1S_0	功　能	说　明
0 0	$A+B \rightarrow A$	A加B，结果送至A
0 1	$A-B \rightarrow B$	A减B，结果送至B
1 0	$A \cdot C \rightarrow C$	A与C，结果送至C
1 1	$A \oplus D \rightarrow D$	A异或D，结果送至D

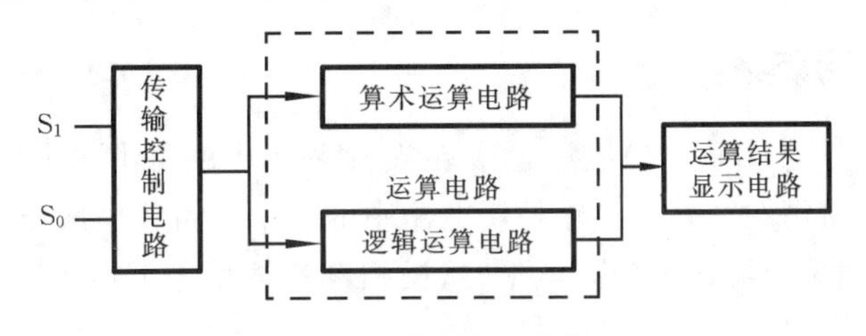

图9.1　运算器的结构框图

9.1.3 电路设计

1. 运算电路

运算电路的功能是实现指定的两种算术运算和两种逻辑运算。假定选择 4 位并行加法器实现加、减运算,由第 7 章有关内容可知,用 1 片 74LS283 和 4 个异或门可构成相应电路。两种逻辑运算可由 4 个与门和 4 个异或门实现。据此,可画出运算电路的逻辑电路,如图 9.2 所示。

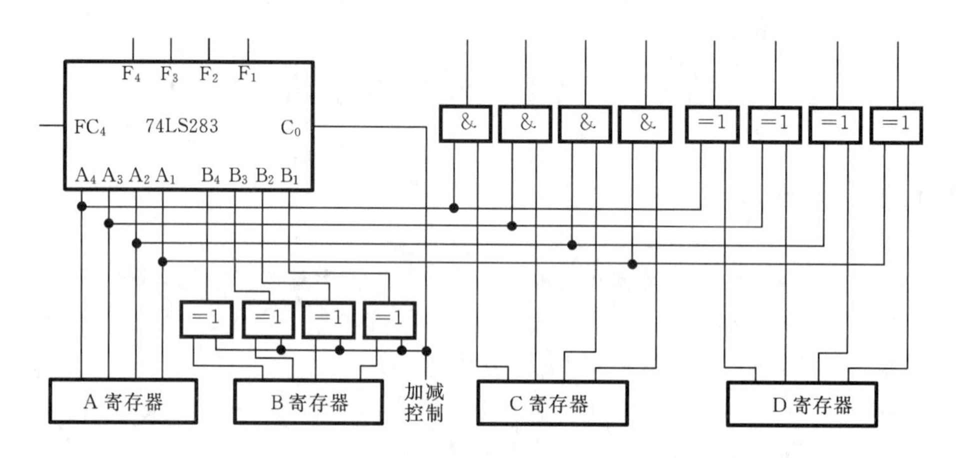

图 9.2 运算电路的逻辑电路

2. 传输控制电路

传输控制电路的功能是根据运算控制变量的取值,从运算电路输出的 4 种不同运算结果中选出一种结果,一方面送至输出端显示,另一方面送至目的寄存器保存。

① 运算结果的选择可采用 2 片双 4 路数据选择器 74LS153 实现,用运算控制变量 S_1 和 S_0 作为数据选择器 74LS153 的选择变量,即可实现对 4 种不同运算结果的选择。

② 假定 4 个寄存器 A、B、C、D 均采用 4 位双向移位寄存器 74LS194,则传输控制电路应实现对寄存器工作方式和工作脉冲的控制,即在运算控制变量 S_1 和 S_0 的不同取值下,令相应目的寄存器处在并行数据输入方式($S_1S_0=11$)且工作脉冲(CP)有效。此外,还需形成加、减运算的控制信号。为了区分 4 个不同的目的寄存器,可用 2-4 线二进制译码器 74LS139 对控制变量 S_1 和 S_0 进行译码后形成相应的传送控制信号。传输控制电路的逻辑电路如图 9.3 所示。

3. 运算结果显示电路

假定采用发光二极管(BT-204)显示运算结果,则显示电路可由 4 个发光二极管、4 个电阻和 4 个反相器组成。将图 9.3 所示传输控制电路中的 4 个 4 路数据选择器输出接至 4 个反相器的输入,当 4 路数据选择器输出为高电平时,反相器的输出为低电平,相应发光二极管被点亮。

该运算电路的完整逻辑电路如图 9.4 所示。

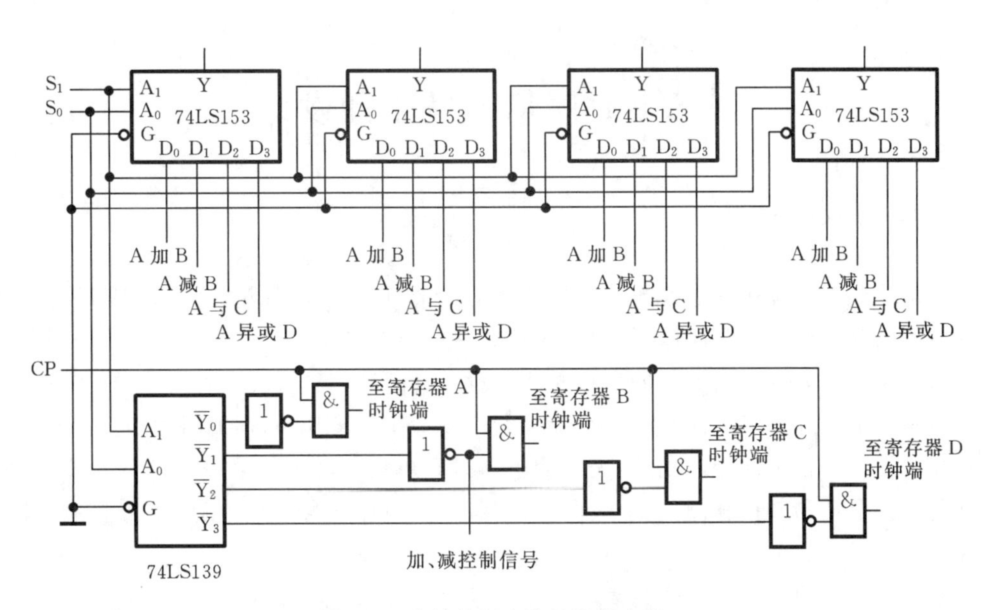

图 9.3　传输控制电路的逻辑电路

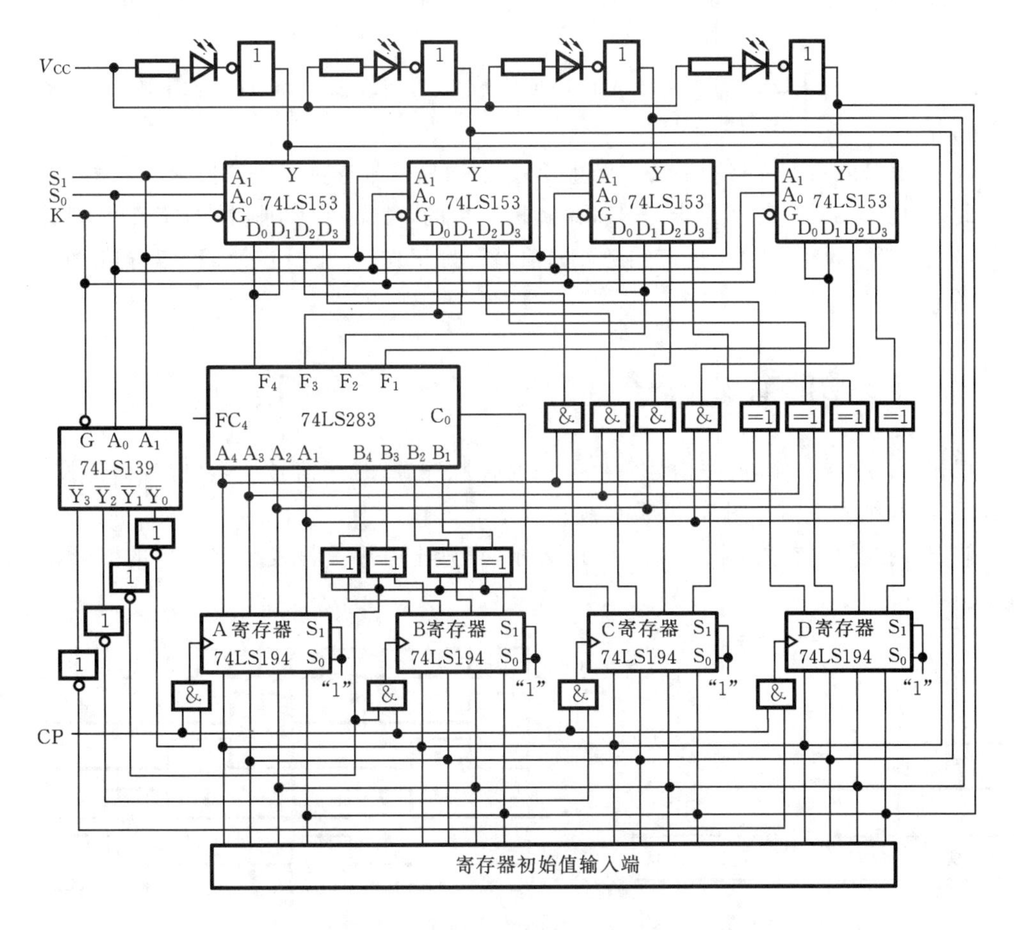

图 9.4　运算电路的完整逻辑电路

9.2 时序信号发生器设计

9.2.1 设计要求

时序信号是使计算机能够准确、迅速、有条不紊地工作的时间基准。CPU 每取出并执行一条指令所需要的时间通常叫做一个指令周期,一个指令周期一般由若干个 CPU 周期(通常定义为从内存中读取一个指令字的最短时间,又称为机器周期)组成。时序信号的最简单体制是节拍电位－节拍脉冲二级体制。一个节拍电位表示一个 CPU 周期的时间,在一个节拍电位中又包含若干个节拍脉冲,节拍脉冲表示较小的时间单位。时序信号发生器的功能就是产生一系列的节拍电位和节拍脉冲,它一般由时钟脉冲源、时序信号产生电路、启停控制电路等部分组成。

要求设计一个用于实验系统的简单时序信号发生器,具体功能如下:

① 由时钟脉冲源提供频率稳定的方波信号作为系统的主频信号(即时序发生器的输入信号),要求系统的主频信号可以在 2MHz、1MHz、500kHz、250kHz 等 4 种不同频率间进行选择。

② 规定一个 CPU 周期由 4 个时钟周期组成,即要求在一个 CPU 周期中产生 4 个等间隔的节拍脉冲。

③ 为了保证系统可靠地启动和停止,必须对时序信号进行有效的控制。

此外,由于启动信号和停止信号都是随机产生的,考虑到节拍脉冲的完整性,所以要求时序信号发生器启动时从第一个节拍脉冲的前沿开始工作,停止时在第四个节拍脉冲的后沿关闭。

9.2.2 功能描述

根据设计要求可知,时序信号发生器由时钟脉冲源、时序信号产生电路、启停控制电路 3 部分组成,其结构框图如图 9.5 所示。

假定节拍脉冲信号用T_1、T_2、T_3、T_4表示,可画出时序信号发生器产生的波形,如图 9.6 所示。

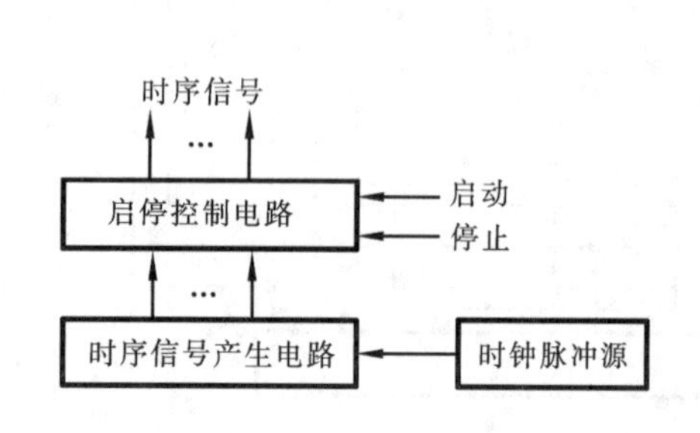

图 9.5 时序信号发生器结构框图

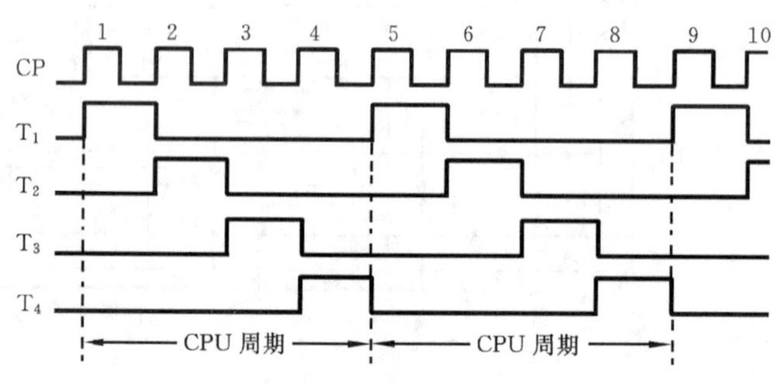

图 9.6 时序信号的波形

9.2.3 电路设计

1. 时钟电路(时钟源)

由于要求时序发生器的输入信号能在2MHz、1MHz、500kHz、250kHz这4种不同频率的方波信号之间进行选择,所以时钟电路应由信号源和分频电路两部分组成。为保证频率的稳定度和精度,信号源可选用石英晶体振荡器,而分频电路可用计数器实现。假定信号源用特定频率为4MHz的石英晶体,分频电路采用4位二进制同步计数器74LS161,可设计出时钟电路,如图9.7所示。图中,用信号源产生的4MHz的方波信号作为计数器74LS161的时钟脉冲,计数器输出Q_0、Q_1、Q_2、Q_3可分别提供2MHz、1MHz、500kHz、250kHz这4种不同频率的方波信号。

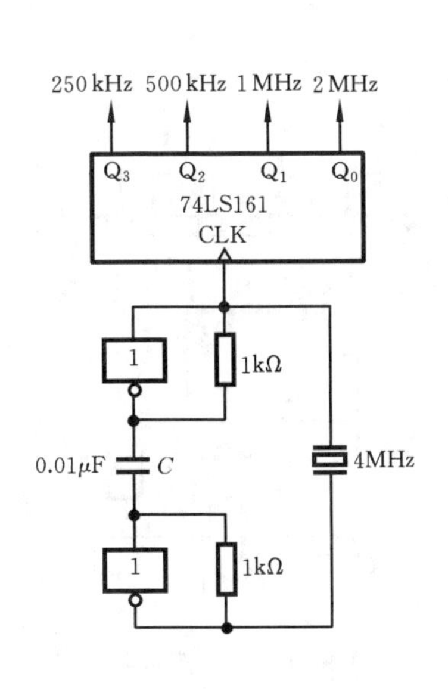

图9.7 时钟电路

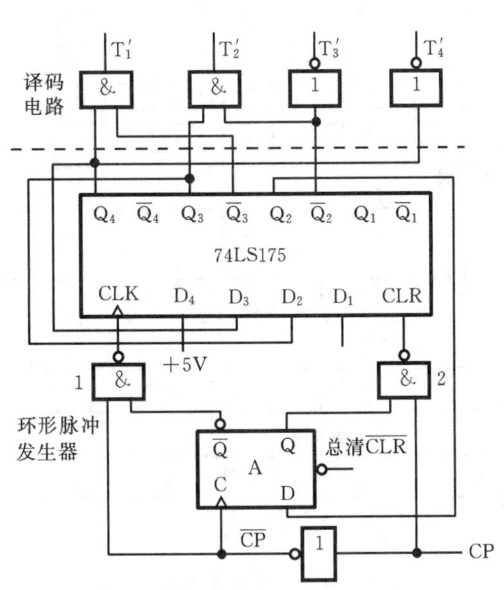

图9.8 时序信号产生电路

2. 时序信号产生电路

时序信号产生电路一般由一个环形脉冲发生器和一个译码逻辑电路组成。环形脉冲发生器通常采用循环移位寄存器的形式,其作用是产生一组间隔和宽度相等或不相等的脉冲序列;译码逻辑电路的作用是通过对环形脉冲发生器的输出信号进行译码,产生所需要的节拍脉冲。假定采用4D触发器74LS175构成循环移位寄存器,一个满足本设计要求的时序信号产生电路如图9.8所示。图中,虚线下方为环形脉冲发生器逻辑电路。该电路的工作过程如下。

当系统发出总清信号($\overline{CLR}$)后,触发器A置为"1"状态,与非门2被打开,系统时钟(CP)的第一个正脉冲通过与非门2使74LS175清"0"。经过半个时钟周期的延迟(CP第一个正脉冲的下降沿,即$\overline{CP}$第一个脉冲的上升沿),触发器A由"1"状态翻转为"0"状态,与非门1被打开,再经过半个时钟周期的延迟,CP的第二个正脉冲作为74LS175的移位脉冲信号(注意:当触发器 A 为“0”状态时，与非门 1 的输出为 CP)，使 74LS175 的 $Q_4Q_3Q_2$变为“100”状态。此后，CP 的第三个、第四个正脉冲连续通过门 1 形成移位脉冲信号，使 $Q_4Q_3Q_2$相继变为“110”、“111”状态。当Q_2变为“1”状态时，触发器 A 的输入端 D 为“1”，因而在 CP 第四个正脉冲的下降沿又将触发器 A 置为“1”状态，与非门 2 再次被打开，CP 的第五个正脉冲通过与非门 2 使 74LS175 再次清零，开始下一轮循环。

图 9.8 中，虚线上方的电路为节拍脉冲译码电路。根据对节拍脉冲信号的设计要求和环形脉冲发生器 $Q_4Q_3Q_2$产生的输出信号，节拍脉冲译码电路的输出T_1'、T_2'、T_3'、T_4'可表示为

$$T_1'=Q_4\cdot\overline{Q}_3$$
$$T_2'=Q_3\cdot\overline{Q}_2$$
$$T_3'=Q_2$$
$$T_4'=\overline{Q}_4$$

时序信号产生电路的波形如图 9.9 所示。

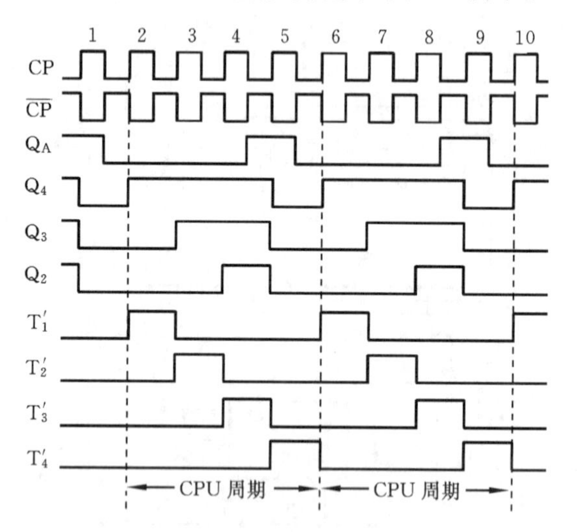

图 9.9　时序信号产生电路的波形

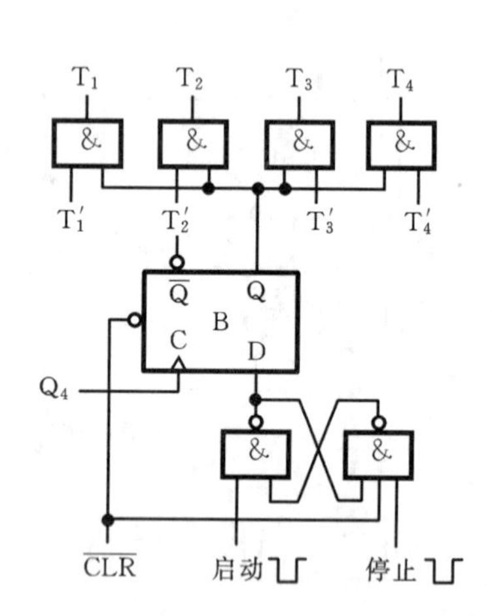

图 9.10　启停控制电路

3. 启停控制电路

系统接通电源并发出总清信号($\overline{CLR}$)后，时序信号产生电路会自动产生节拍脉冲信号 $T_1'\sim T_4'$。但是，仅在启动系统运行的情况下，才允许时序发生器发出系统工作所需的节拍脉冲 $T_1\sim T_4$。为此，需要由启停控制电路控制 $T_1'\sim T_4'$的发送。启停控制电路的核心是一个运行标志触发器，当运行标志触发器为“1”时，允许节拍脉冲 $T_1'\sim T_4'$发出，当运行标志触发器为“0”时，节拍脉冲 $T_1'\sim T_4'$被封锁。根据设计要求可设计出启停控制电路，如图 9.10 所示。

由于启动和停止信号都是随机发生的，因此，为了保证输出节拍脉冲信号的完整性，采用了“维持-阻塞型”电路。图中，在运行标志触发器 B 的下方加上了一个 R-S 触发器，并且用环形脉冲发生器 74LS175 的 Q_4作为运行标志触发器 B 的时钟信号，从而保证了时序信号发生器启动时从第一个节拍脉冲的前沿开始工作，停止时在第四个节拍脉冲的后沿终止工作。

综合上述设计过程，可得到一个满足设计要求的时序信号发生器完整电路，如图9.11所示。

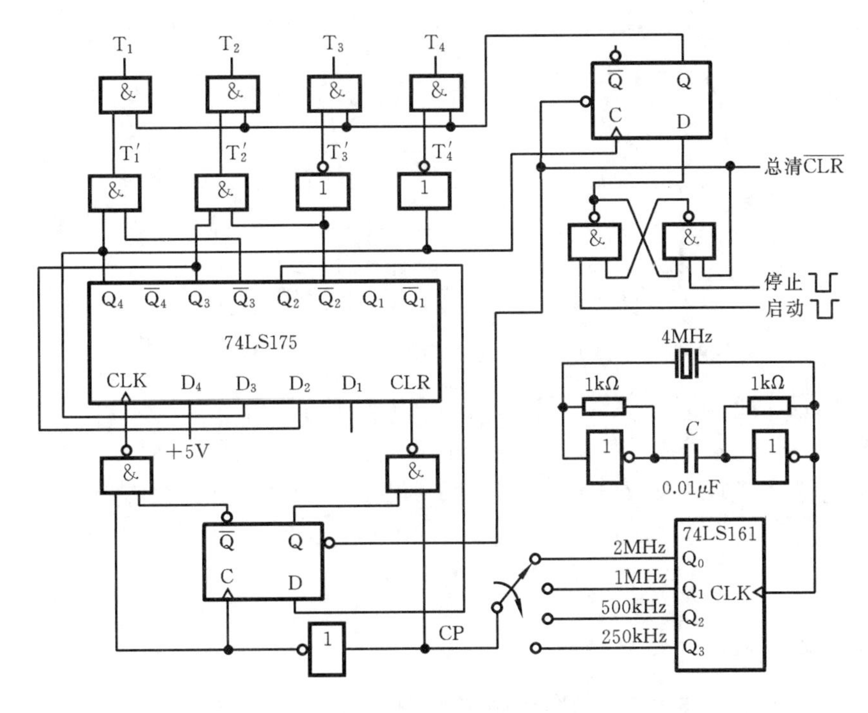

图 9.11　时序信号发生器的完整电路

9.3　弹道计时器设计

9.3.1　设计要求

设计一个用来测量手枪子弹等发射物速度的便携式电池供电计时器，这种计时器可用来测定子弹或其他发射物的速度。竞赛射手通常用这种设备来测定装备的性能。

基本操作要求是：射手在两个分别产生起始测量脉冲和终止测量脉冲的光敏传感器上方射出一个发射物，两个光传感器（本例中假定为阴影传感器）分开放置，两者之间的距离已知。发射物在两个传感器之间的飞行时间直接与发射物的速度成比例。如图 9.12 所示，当子弹等发射物从上方经过起始传感器时产生 ST 信号，经过终止传感器时产生 SP 信号。传感器之间的距离 s 是固定的。通过测量子弹等发射物经过传感器之间的时间 t 即可计算出子弹的速度 v，$v=s/t$。

9.3.2　功能描述

1. 功能分析

弹道计时器的主要功能是测量子弹等发射物穿过起始传感器和终止传感器之间的距离所

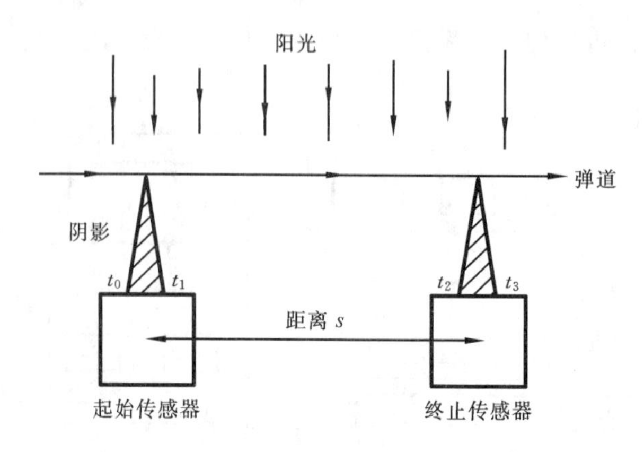

图 9.12　子弹等发射物经过起始、终止传感器的示意图

需要的时间，并将该时间显示出来。因此，该计时器需要由方波信号发生器、控制电路、计数器和译码显示器等几个部分组成。控制电路收到起始传感器产生的信号 ST 后，在一定频率脉冲作用下启动计数器开始计数，收到终止传感器产生的信号 SP 后令计数器停止计数。这样，计数器统计的脉冲数便直接对应子弹等发射物穿过起始传感器和终止传感器之间的距离所需要的时间。

2. 功能描述

根据设计要求，可构造出弹道计时器的结构如图 9.13 所示。

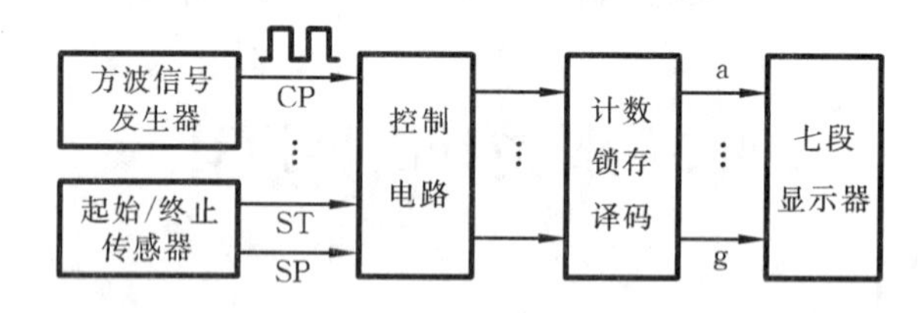

图 9.13　弹道计时器的结构框图

该弹道计时器的工作原理是：由方波信号发生器产生稳定的高频脉冲信号，作为计时基准；控制电路接收方波信号发生器产生的脉冲信号以及来自传感器的起始信号 ST 和终止信号 SP，输出计数、锁存、译码等所需要的控制信号；最后将计数器统计的脉冲数送显示器显示。

9.3.3　电路设计

如图 9.13 所示，整个电路由方波信号发生器，起始/终止传感器，控制电路，计数、锁存、译码电路和显示电路几部分组成。

1. 方波信号发生器设计

由于子弹等发射物的速度很快，因此，要求方波信号发生器能提供稳定的高频脉冲信号作为计数脉冲。为了保证频率的稳定度和精度，可选用石英晶体振荡器。图 9.14 所示为一个频率为 2 MHz 方波信号发生器，它经触发器二分频后产生频率为 1 MHz 方波信号作为计数脉冲，即为计数器提供周期为 1 μs 的计数脉冲。

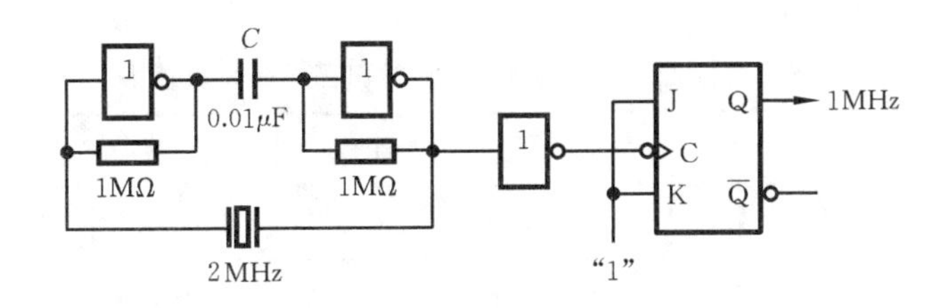

图 9.14　方波信号发生器

2. 控制电路设计

控制电路的功能是接收方波信号发生器产生的脉冲信号以及来自传感器的起始信号 ST 和终止信号 SP，输出计数、锁存、译码电路所需要的控制信号。假定计数、锁存、译码电路采用中规模集成电路 74C925，则控制电路应为 74C925 提供计数器复位信号 CRST、计数使能信号 CEN、计数器锁存信号 CLTCH。

控制电路何时发出复位信号 CRST？何时发出计数使能信号 CEN 和计数器锁存信号 CLTCH？显然取决于来自传感器的起始信号 ST 和终止信号 SP。由图 9.12 给出的示意图可知，在 t_0时刻起始传感器将产生信号 ST，该信号在 t_1时刻消失；在 t_2时刻终止传感器将产生信号 SP，该信号在 t_3时刻消失。因此，设计控制电路时可考虑在收到起始传感器发出的信号 ST 时，控制电路发出计数器复位信号 CRST；在起始信号 ST 消失时，控制电路发出计数器使能信号 CEN，该使能信号 CEN 一直维持到终止传感器产生的信号 SP 消失为止；当终止传感器产生的信号 SP 在 t_3时刻消失时，在停止计数的同时，发出计数器锁存信号 CLTCH。此时，计数器统计的脉冲数便直接对应子弹等发射物穿过起始传感器和终止传感器之间的距离 s 所需要的时间。

根据上述分析，可作出控制器的状态图，如图 9.15(a)所示。图中，假定 A 为初始状态，B 状态对应图 9.12 中的 t_0至 t_1时刻，C 状态对应图 9.12 中的 t_1至 t_2时刻，D 状态对应图 9.12 中的 t_2至 t_3时刻。4 个状态需要 2 个触发器，设状态变量为 Q_2Q_1，并令 Q_2Q_1取值 00 表示 A，01 表示 B，11 表示 C，10 表示 D，可得到控制器的二进制状态图，如图 9.15(b)所示。

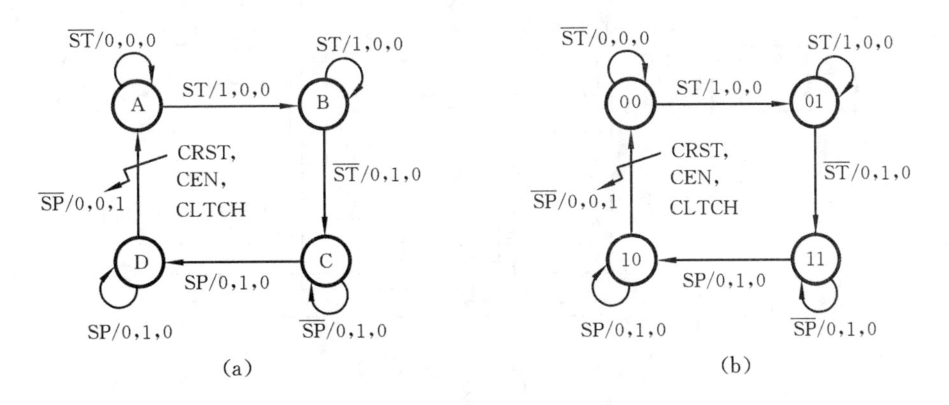

图 9.15　控制电路的状态图

假定采用J-K触发器作为控制电路的存储元件,可作出控制电路的激励函数、输出函数简化真值表,如表9.2所示。

表9.2 控制电路的激励函数、输出函数简化真值表

现 态	输 入	次 态	激励函数	输出函数
Q_2Q_1	ST SP	$Q_2^{n+1}Q_1^{n+1}$	$J_2K_2J_1K_1$	CRST CEN CLTCH
0 0	0 0	0 0	0 d 0 d	0 0 0
	1 0	0 1	0 d 1 d	1 0 0
0 1	1 0	0 1	0 d d 0	1 0 0
	0 0	1 1	1 d d 0	0 1 0
1 1	0 0	1 1	d 0 d 0	0 1 0
	0 1	1 0	d 0 d 1	0 1 0
1 0	0 1	1 0	d 0 0 d	0 1 0
	0 0	0 0	d 1 0 d	0 0 1

确定激励函数和输出函数表达式时,可以将每种状态下不会出现的输入取值作为无关条件考虑,充分利用无关最小项进行函数化简,可得到激励函数和输出函数的最简表达式如下:

$$J_2=\overline{ST}\cdot Q_1 \qquad K_2=\overline{SP}\cdot \overline{Q}_1$$

$$J_1=ST \qquad K_1=SP$$

$$CRST=ST$$

$$CEN=Q_1\overline{ST}+Q_2SP$$

$$CLTCH=Q_2\overline{Q}_1\overline{SP}$$

根据激励函数和输出函数表达式,可画出控制电路的逻辑电路,如图9.16所示。

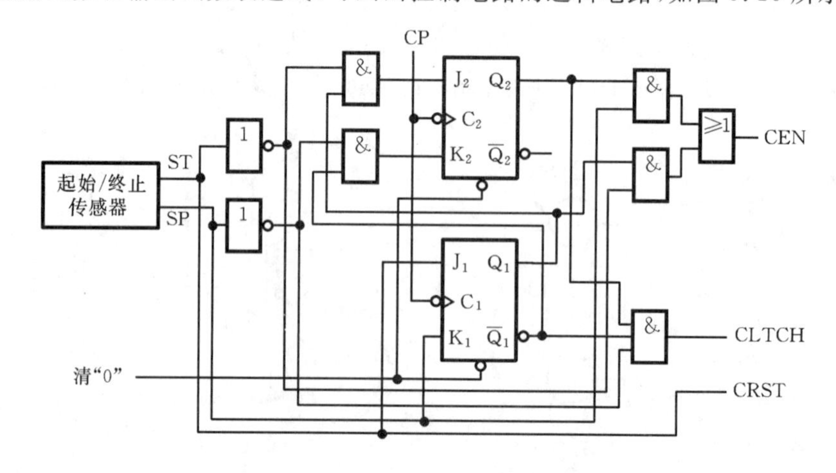

图9.16 控制电路的逻辑电路

3. 计数、锁存、译码电路和显示电路

假定选用中规模集成电路 74C925 完成计数、锁存、译码功能，可将计数结果直接送七段显示器显示。

弹道计时器的完整电路如图 9.17 所示。

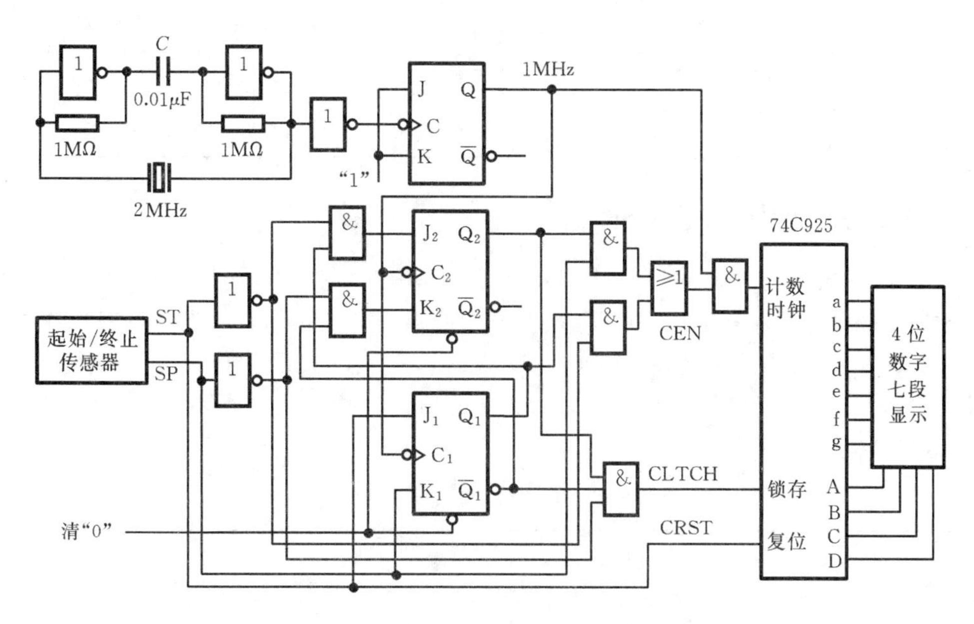

图 9.17 弹道计时器的完整电路

9.4 汽车尾灯控制器设计

9.4.1 设计要求

设计一个汽车尾灯控制器，实现对汽车尾灯显示状态的控制。在汽车尾部左右两侧各有 3 个指示灯(假定采用发光二极管模拟)，根据汽车运行情况，指示灯具有 4 种不同的显示模式：① 汽车正向行驶时，左右两侧的指示灯全部处于熄灭状态；② 汽车右转弯行驶时，右侧的 3 个指示灯按右循环顺序点亮；③ 汽车左转弯行驶时，左侧的 3 个指示灯按左循环顺序点亮；④ 汽车临时刹车时，左右两侧的指示灯同时处于闪烁状态。

9.4.2 功能描述

1. 汽车尾灯显示状态与汽车运行状态的关系

为了区分汽车尾灯的 4 种不同的显示模式，需设置 2 个状态控制变量。假定用开关K_1和K_0进行显示模式控制，可列出汽车尾灯显示状态与汽车运行状态的关系，如表 9.3 所示。

表 9.3 汽车尾灯显示状态与汽车运行状态的关系

控制变量 K_1 K_0	汽车运行状态	左侧的 3 个指示灯 D_{L1} D_{L2} D_{L3}	右侧的 3 个指示灯 D_{R1} D_{R2} D_{R3}
0 0	正向行驶	熄灭状态	熄灭状态
0 1	右转弯行驶	熄灭状态	按 $D_{R1}D_{R2}D_{R3}$ 顺序循环点亮
1 0	左转弯行驶	按 $D_{L3}D_{L2}D_{L1}$ 顺序循环点亮	熄灭状态
1 1	临时刹车	左右两侧的指示灯在时钟脉冲 CP 作用下同时闪烁	

2. 汽车尾灯控制器功能描述

在汽车左、右转弯行驶时，由于 3 个指示灯被循环顺序点亮，所以可用一个三进制计数器的状态控制译码器电路顺序输出高电平，按要求顺序点亮 3 个指示灯。设三进制计数器的状态用 Q_1 和 Q_0 表示，可得出描述指示灯 D_{L3}、D_{L2}、D_{L1}、D_{R3}、D_{R2}、D_{R1} 与开关控制变量 K_1、K_0，计数器的状态 Q_1、Q_0 以及时钟脉冲 CP 之间关系的功能表，如表 9.4 所示(表中指示灯的状态“1”表示点亮，“0”表示熄灭)。

表 9.4 汽车尾灯控制器功能表

控制变量 K_1 K_0	计数器状态 Q_1 Q_0	汽车尾灯	
		$D_{L1}D_{L2}D_{L3}$	$D_{R1}D_{R2}D_{R3}$
0 0	d d	0 0 0	0 0 0
0 1	0 0 0 1 1 0	0 0 0 0 0 0 0 0 0	1 0 0 0 1 0 0 0 1
1 0	0 0 0 1 1 0	0 0 1 0 1 0 1 0 0	0 0 0 0 0 0 0 0 0
1 1	d d	CP CP CP	CP CP CP

根据以上设计分析与功能描述，可得出汽车尾灯控制器的结构框图，如图9.18所示。整个电路可由模式控制电路、三进制计数器、译码与显示驱动电路、尾灯状态显示 4 部分组成。

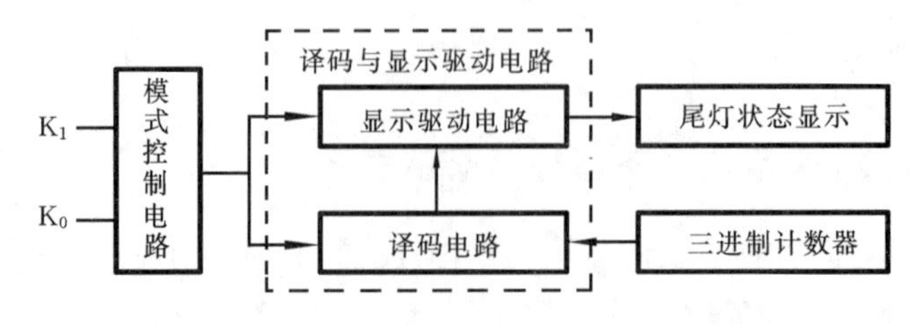

图 9.18 汽车尾灯控制器的结构框图

9.4.3　电路设计

1. 模式控制电路

设译码与显示驱动电路的使能控制信号为G和F,G与译码器74LS138的使能输入端G_1相连接,F与显示驱动电路中与非门的一个输入端相连接。由总体逻辑功能可知,G和F与开关控制变量K_1、K_0,以及时钟脉冲CP之间的关系如表9.5所示。

表9.5　使能控制信号与模式控制变量、时钟脉冲的关系

模式控制 K_1 K_0	时钟脉冲 CP	使能控制信号 G F	电路工作状态
0 0	d	0 1	汽车正向行驶(此时译码器不工作,译码器输出全部为高,显示驱动电路中的与非门输出均为低,反相器输出均为高,尾灯全部熄灭)
0 1	d	1 1	汽车右转弯行驶(此时译码器在计数器控制下工作,显示驱动电路中的与非门输出取决于译码器输出,右侧尾灯D_{R1}、D_{R2}、D_{R3}在译码器输出作用下顺序循环点亮)
1 0	d	1 1	汽车左转弯行驶(此时译码器在计数器控制下工作,显示驱动电路中的与非门输出取决于译码器输出,左侧尾灯D_{L1}、D_{L2}、D_{L3}在译码器输出作用下顺序循环点亮)
1 1	CP	0 CP	汽车临时刹车(此时译码器不工作,译码器输出全部为高,时钟脉冲CP通过显示驱动电路中的与非门作用到反相器输出端,使左右两侧的指示灯在时钟脉冲CP作用下同时闪烁)

根据表9.5所示关系,可求出使能控制信号G和F的逻辑表达式为

$$G=\overline{K}_1K_0+K_1\overline{K}_0=K_1\oplus K_0$$

$$\begin{aligned}F&=\overline{K}_1\overline{K}_0+\overline{K}_1K_0+K_1\overline{K}_0+K_1K_0CP\\&=\overline{K}_1+\overline{K}_0+K_1K_0CP\\&=\overline{K_1K_0}+K_1K_0CP\\&=\overline{K_1K_0}+CP\\&=\overline{K_1K_0\overline{CP}}\end{aligned}$$

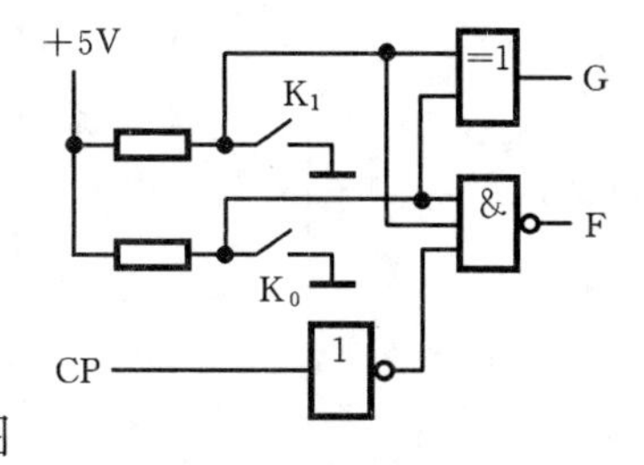

图9.19　模式控制电路

根据G和F的逻辑表达式,可画出模式控制电路,如图9.19所示。

2. 三进制计数器

三进制计数器的状态表如表9.6所示。假定采用J-K触发器作为存储元件,则可设计出逻辑电路,如图9.20所示。

表 9.6 三进制计数器的状态表

现态 Q_1 Q_0	次态 $Q_1^{n+1}Q_0^{n+1}$
0 0	0 1
0 1	1 0
1 0	0 0
1 1	d d

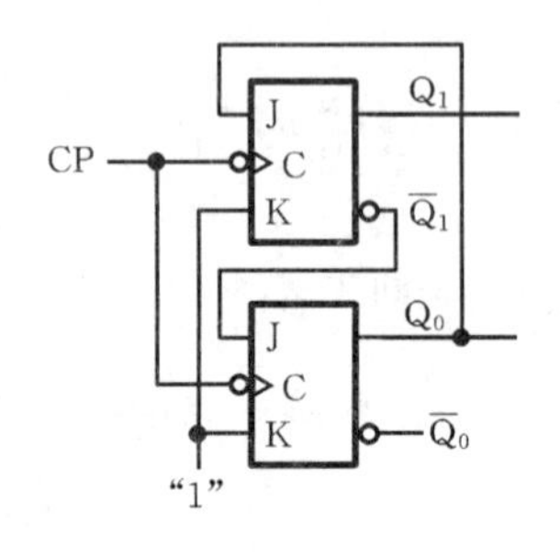

图 9.20 三进制计数器的逻辑电路

3. 译码与显示驱动电路

译码与显示驱动电路的功能是:在模式控制电路输出和三进制计数器状态的作用下,提供6个尾灯控制信号,当译码驱动电路输出的控制信号为低电平时,相应指示灯点亮。因此,译码与显示驱动电路可用3-8线译码器74LS138、6个与非门和6个反相器构成,逻辑电路如图9.21中的(Ⅰ)所示。其中,译码器74LS138的输入端 A_2、A_1、A_0 分别接 K_1、Q_1、Q_0。当 $G=F=1$、$K_1=0$ 时,对应计数器状态 Q_1Q_0 为00、01、10,译码器输出 $\overline{Y}_0$、$\overline{Y}_1$、$\overline{Y}_2$ 依次为0,使得与指示灯 D_{R1}、D_{R2}、D_{R3} 对应的反相器输出依次为低电平,从而使指示灯 $D_{R1}\to D_{R2}\to D_{R3}$ 依次顺序点亮,示意汽车右转弯;当 $G=F=1$、$K_1=1$ 时,对应计数器状态 Q_1Q_0 为00、01、10,译码器输出 $\overline{Y}_4$、$\overline{Y}_5$、$\overline{Y}_6$ 依次为0,使与指示灯 D_{L3}、D_{L2}、D_{L1} 对应的反相器输出依次为低电平,从而使指示灯 $D_{L3}\to D_{L2}\to D_{L1}$ 依次顺序点亮,示意汽车左转弯;当 $G=0$,$F=1$ 时,译码器输出为全1,使所有指示灯对应的反相器输出全部为高电平,指示灯全部熄灭;当 $G=0$,$F=CP$ 时,所有指示灯随CP的频率闪烁。实现了4种不同模式下的尾灯状态显示。

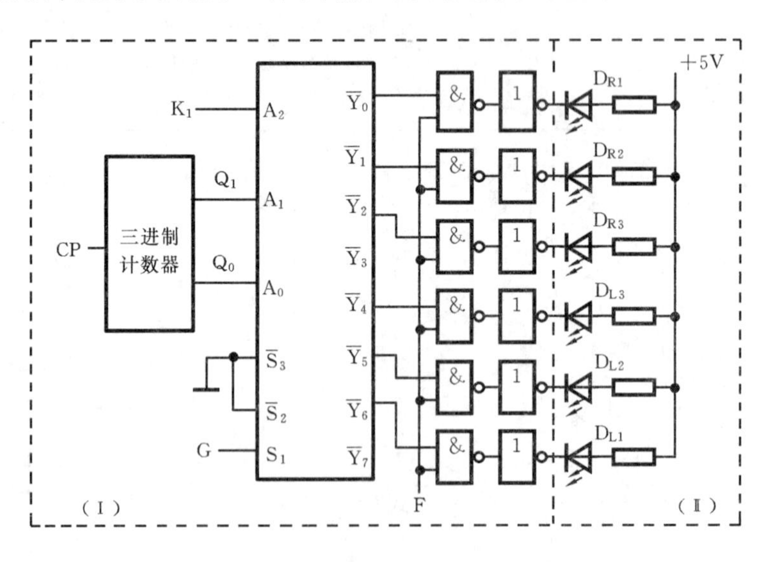

图 9.21 译码及尾灯状态显示、驱动电路

4. 尾灯状态显示电路

尾灯状态显示电路可由6个发光二极管和6个电阻组成,逻辑电路如图9.21中的(Ⅱ)所

示。其中，当 6 个反相器的输出为低电平时，相应发光二极管被点亮。

在完成各个局部电路设计后，可得到汽车尾灯控制器的完整逻辑电路，如图 9.22 所示。

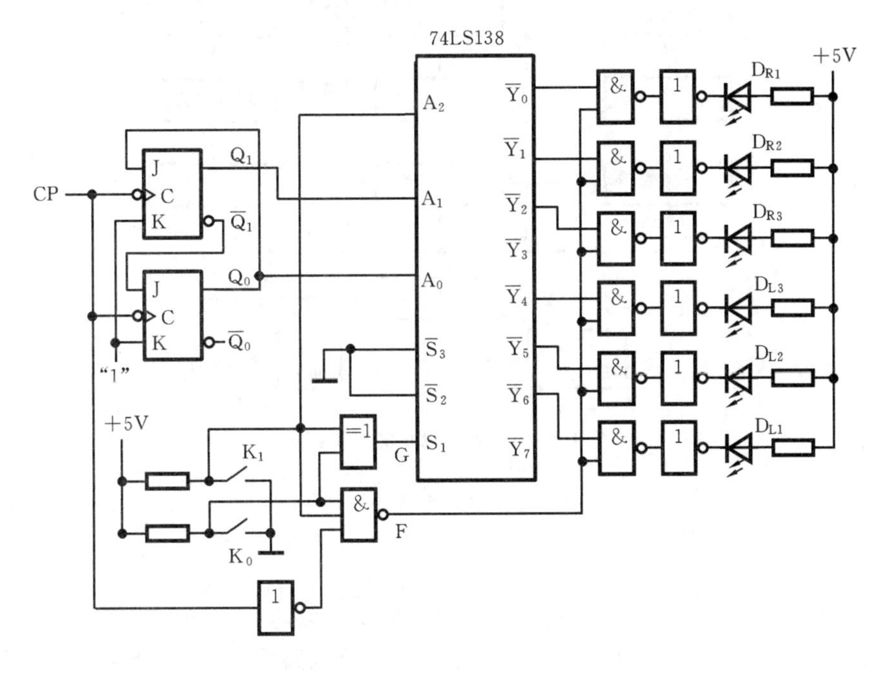

图 9.22　汽车尾灯控制器的逻辑电路

9.5　数字钟设计

9.5.1　设计要求

设计一个数字钟，电路具体要求如下：

① 信号发生器产生稳定的脉冲信号，作为数字钟的计时基准；

② 具有"时""分""秒"的十进制数字显示；

③ 小时计时以一昼夜为一个周期(即 24 进制)，分和秒计时为 60 进制；

④ 具有校时功能，可在任何时候将其调至标准时间或者指定时间。

9.5.2　功能描述

根据设计要求，可构造出数字钟电路的结构框图，如图 9.23 所示。

该数字钟电路的工作原理是：由方波信号发生器产生稳定的高频脉冲信号，经分频电路输出标准的秒脉冲信号，作为秒计时脉冲。秒计数器计满 60 后向分计数器产生进位脉冲，分计数器计满 60 后向时计数器产生进位脉冲，时计数器按照模 24 的规律计数。计数器的输出经显示译码器译码后送显示器显示。当电路计时出现误差时，可以由校时电路分别对"时""分""秒"进行校准。

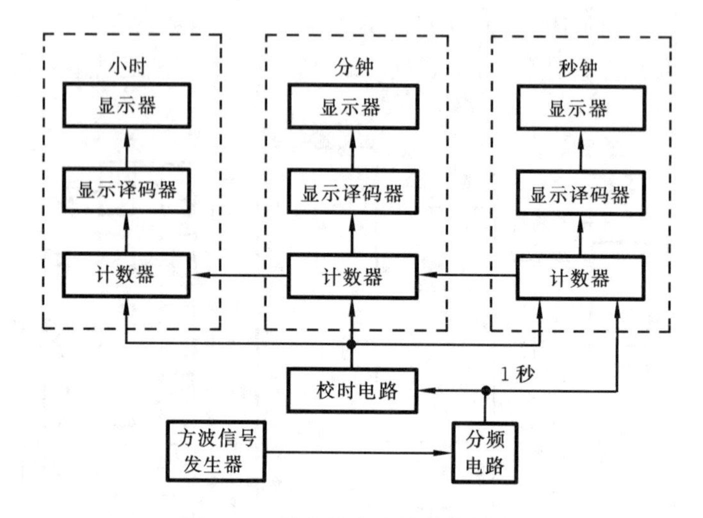

图 9.23　数字钟电路的结构框图

9.5.3　电路设计

由数字钟电路的结构框图可知,整个电路由方波信号发生器、分频电路、计数显示电路和校时电路几部分组成。设计时可以首先分别完成各部分电路设计,然后再将各部分组装成一个整体。

1. 方波信号发生器设计

方波信号发生器是数字钟的一个重要组成部分,其稳定度及频率精度决定了数字钟计时的准确度。一般来说,方波信号发生器的频率越高,计时精度越高。方波信号发生器通常选用石英晶体构成的振荡器或者定时器 555 与 R、C 组成的多谐振荡器。假定选用 555 构成的多谐振荡器,产生频率 $f=1\text{kHz}$ 的方波信号,则可设计出相应电路,如图 9.24 所示。

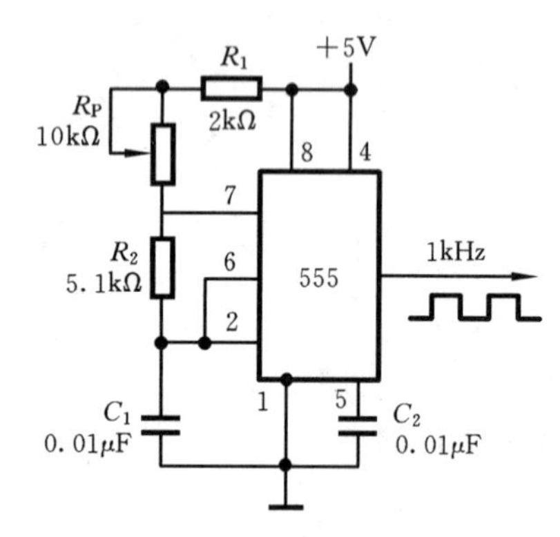

图 9.24　方波信号发生器

2. 分频电路设计

分频电路的功能是对方波信号发生器产生的方波信号进行分频处理,一方面形成计时所需的标准秒脉冲信号(1Hz 的方波信号),另一方面提供数字钟功能扩充时所需的信号,如仿电视台正点报时用的 1kHz 的高音频信号和 500Hz 的低音频信号等。如图 9.25 所示,选用 3 片中规模集成电路 74LS90(十进制计数器)可以构成分频电路产生所需信号。其中,每片为1/10分频,第 1 片的 Q_A端输出频率为 500Hz 的方波信号,Q_D端输出频率为 100Hz 的方波信号;第 2 片的 Q_D端输出频率为 10Hz 的方波信号;第 3 片的 Q_D端输出频率为 1Hz 的方波信号。

3. 时、分、秒计数器设计

数字钟的“分”和“秒”计数器均为模 60 的计数器,其计数规律为 00→01→…→58→59→

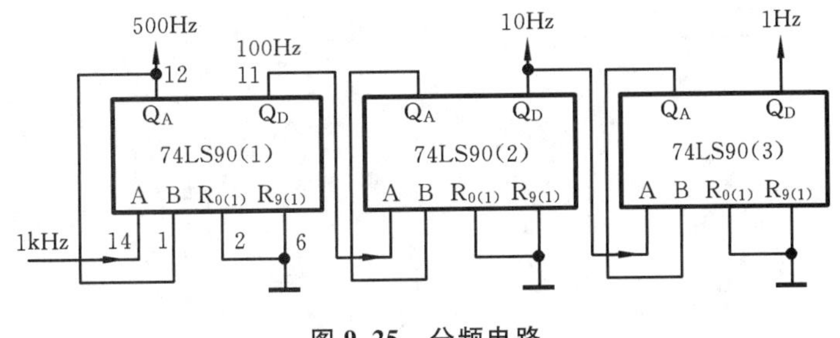

图 9.25　分频电路

00… 可选用 74LS90 作为"分"和"秒"的个位和十位计数器，其中，十位计数器将 74LS90 连接成模 6 计数器。

数字钟的"时"计数器为模 24 的计数器，其计数规律为 00→01→…→22→23→00… 即当数字钟运行到 23 时 59 分 59 秒时，在下一个秒脉冲作用下，数字钟显示 00 时 00 分 00 秒。可选用 2 片 74LS90，将其连接成模 24 计数器作为"时"计数器。

根据分析可构造出时、分、秒计数器的逻辑电路，如图 9.26 所示。

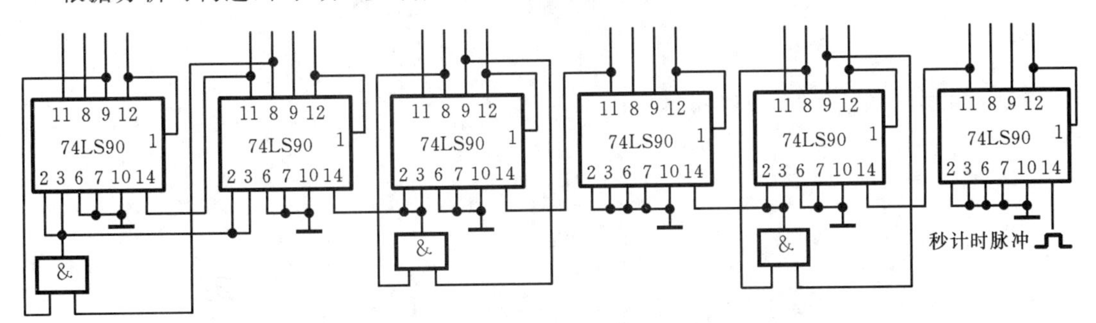

图 9.26　时、分、秒计数器的逻辑电路

4. 校时电路设计

当数字钟计时出现误差时，必须对时间进行校正，通常称为"校时"。校时是数字钟应该具备的基本功能，一般要求能对时、分、秒分别进行校正。

校时电路的设计要求是：在进行"时"校正时，不影响"分"和"秒"的正常计数；在进行"分"校正时，不影响"时"和"秒"的正常计数；在进行"秒"校正时，不影响"时"和"分"的正常计数。为此，可设置 K_3、K_2、K_1 3 个开关分别作为时、分、秒的校时控制开关。

此外，根据时间误差的大小，可考虑两种校时方法：一种方法是采用单脉冲进行手动校时，拨动校时开关后，每按一次单脉冲按钮相应计数器增 1；另一种方法是利用秒计时脉冲进行自动校时，拨动校时开关后，在秒计时脉冲作用下相应计数器自动递增，直至增加到希望的值后再将校时开关拨回初始状态。设计时可设置开关 K_0 区分两种不同的校时方法。

校时开关的功能如表9.7所示。

表 9.7　校时开关功能表

K_3	K_2	K_1	K_0	功　能
0	0	0	d	正常计数

续表

K_3	K_2	K_1	K_0	功　能
0	0	1	0	秒校正(手动)
0	0	1	1	秒校正(自动)
0	1	0	0	分校正(手动)
0	1	0	1	分校正(自动)
1	0	0	0	时校正(手动)
1	0	0	1	时校正(自动)

根据功能表,可写出数字钟“时”“分”“秒”计数器个位计数脉冲信号的表达式如下:

$$F_{时}=\overline{K}_3 \cdot P_{分十位进位脉冲}+K_3\overline{K}_0 \cdot P_{单脉冲}+K_3K_0 \cdot P_{秒计数脉冲}$$

$$F_{分}=\overline{K}_2 \cdot P_{秒十位进位脉冲}+K_2\overline{K}_0 \cdot P_{单脉冲}+K_2K_0 \cdot P_{秒计数脉冲}$$

$$\begin{aligned}F_{秒}&=\overline{K}_1 \cdot P_{秒计数脉冲}+K_1\overline{K}_0 \cdot P_{单脉冲}+K_1K_0 \cdot P_{秒计数脉冲}\\&=(\overline{K}_1+K_0) \cdot P_{秒计数脉冲}+K_1\overline{K}_0 \cdot P_{单脉冲}\end{aligned}$$

据此可设计出数字钟校时电路,如图 9.27 所示。

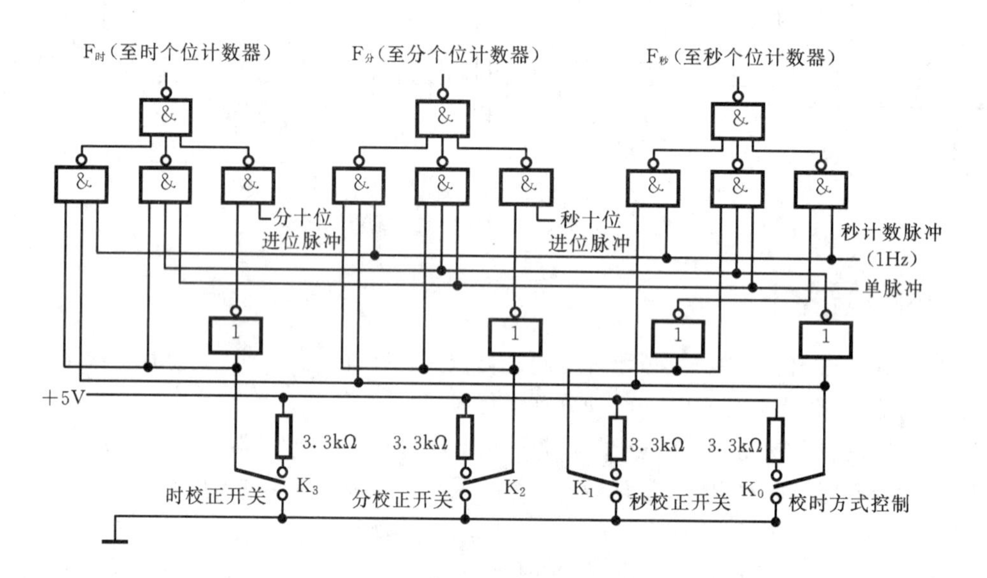

图 9.27　数字钟校时电路

5. 译码显示电路设计

译码显示电路的功能是将时、分、秒计数器输出的 4 位二进制码进行翻译后显示出相应的十进制数字。通常译码器与显示器是配套使用的,假定选择共阴极发光二极管数码显示器 BS202,则可选择译码驱动器 74LS48 与之配套使用。

完成各部分电路设计之后,按照图 9.23 所示总体框图中的信号流向,将各部分组装成一个整体,即可得到满足设计要求的数字钟电路,如图 9.28 所示。

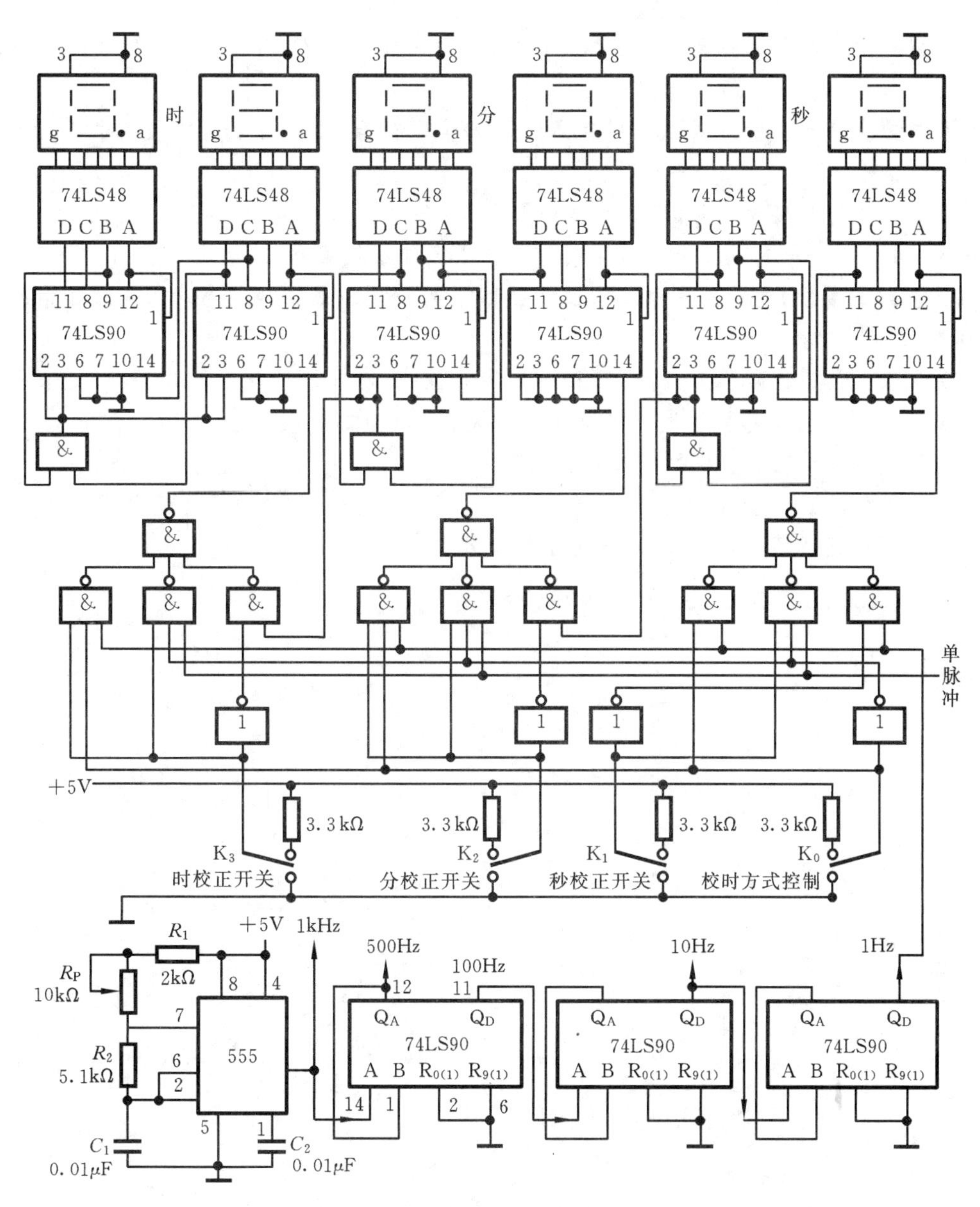

图 9.28 数字钟电路

习 题 九

9.1 设计一个数字密码锁电路，具体要求如下。

(1) 电路输入端接收用 8421 码表示的 4 位密码。当密码正确时，输出 F 为 1，锁打开；否则，输出 F 为 0，锁关闭。

(2) 8421 码表示的 4 位密码由 8 个逻辑开关分时输入，先输入高 2 位，后输入低 2 位。

(3) 当输入密码错误时，亮红灯报警。

9.2 设计一个红外线数据发送与接收电路，具体要求如下。

(1) 发送端首先预置并显示发送数据(两位十进制数的8421码),然后串行发送出8位数据。

(2) 接收端串行接收8位数据并存入一个8位寄存器,然后用七段数码显示器显示接收数据的8421码。

(3) 比较发送与接收数据,确保数据可靠传送。

9.3 设计一个洗衣机工作过程控制电路。假定洗衣机启动后,首先进入注水状态,一旦水的注入量达到要求,便产生一个工作过程启动信号,令其进入工作状态。工作过程控制电路的具体要求如下。

(1) 洗衣机的工作过程为:待机5秒→正转55秒→待机5秒→反转55秒。要求分别用指示灯和七段译码显示器显示洗衣机所处工作状态和相应的时间。

(2) 能够自行设定洗衣机的循环次数(范围:0～15),重复执行上述工作过程。

(3) 能够处理紧急事件,当发生紧急情况时立即进入待机状态,直至紧急情况排除。

(4) 工作过程循环次数结束后,发出报警信号。

附录A 硬件描述语言VHDL基础

硬件描述语言(Hardware Description Language,简称HDL)从诞生至今,已有约30年的历史,其间先后出现了各种各样的硬件描述语言,它们被应用于设计的建模、仿真、验证和综合等各个阶段。可以说,HDL的诞生和发展对电子设计自动化的发展进程起到了极大的推动作用。VHDL是目前数字系统设计领域最受欢迎的硬件描述语言之一。

VHDL是超高速集成电路硬件描述语言(Very-High-Speed Integrated Circuit Hardware Description Language)的英文简称,诞生于1982年。1987年底,VHDL被IEEE和美国国防部确认为标准硬件描述语言。自从IEEE公布了VHDL的标准版本IEEE—1076—1987之后,各EDA公司相继推出了自己的VHDL设计环境,或宣布自己的设计工具可以和VHDL接口。此后,VHDL被电子设计领域广泛接受。1993年,IEEE对VHDL进行了修订,从更高抽象层次和系统描述能力上扩展了VHDL的内容,公布了新版本的VHDL,即IEEE—1076—1993。目前,VHDL作为IEEE的工业标准硬件描述语言,在电子工程领域,已成为事实上的通用硬件描述语言。随着可编程逻辑器件的迅速发展,VHDL已成为数字系统设计的重要工具。

本附录在对VHDL的特点、基本结构和描述风格作简单介绍的基础上,将从实用的角度对VHDL的语言要素、基本语句和设计方法进行讨论,以便帮助读者掌握使用VHDL进行逻辑电路设计的基本方法。

A.1 VHDL概述

A.1.1 VHDL的特点

VHDL主要用于描述数字系统的结构、行为、功能和接口,其语言形式、描述风格和句法非常类似于一般的计算机高级语言。VHDL与其他硬件描述语言相比具有如下主要特点。

①行为描述能力强,设计独立性好。行为描述能力是避开具体器件结构,从逻辑行为上描述和设计大规模数字系统的重要保证。VHDL具有很强的行为描述能力,它使得设计独立于硬件,与具体器件和工艺无关,从而使一个设计可对应于不同的硬件结构。

②采用先进的设计方法,设计效率高。VHDL支持结构化和自顶向下的设计方法,便于采用模块化设计,有利于对复杂设计进行分解和对已有设计重复使用,实现多人协同完成大规模系统设计和避免重复设计,因而可有效提高设计效率,缩短开发周期。

③支持多层次仿真,设计可靠性好。VHDL拥有丰富的仿真语句和库函数,具有多层次描述和建模能力,可以从系统级到门电路不同层次对数字系统进行描述和功能仿真。在设计复杂系统时,设计者可以通过在不同层次进行不同级别的仿真,及时发现和修正设计中的错误,确保设计的可靠性。

④开发软件丰富,设计通用性好。VHDL是被IEEE确认的标准硬件描述语言,用它完成的设计具有丰富的开发软件支持,可以利用常用的各种EDA工具进行逻辑综合和优化,设计成果便于移植、交流和二次开发。

⑤描述相对独立,设计容易掌握。由于 VHDL 语言对设计的描述独立于具体硬件,所以设计者不需要过多地了解硬件结构,也不必关心最终设计实现的目标器件细节,因而使用方便、容易掌握。

A. 1. 2 VHDL 程序的结构

一个 VHDL 程序对应着一项具体工程设计,通常被称为设计实体。设计实体是 VHDL 设计的基本单元。设计实体所描述的可以是一个元件、一个简单电路模块或者一个复杂数字系统。一个完整的设计实体一般由库(Library)、程序包(Package)、实体(Entity)、结构体(Architecture)和配置(Configuration)等 5 个部分组成,其中实体和结构体是一个设计实体必须包含的两个基本组成部分。VHDL 程序的一般结构和基本结构分别如图 A. 1(a)和图 A. 1 (b)所示。

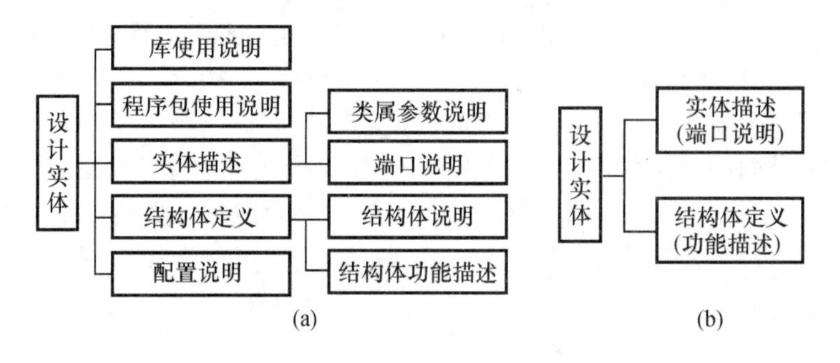

图 A. 1 VHDL 程序结构

图中,实体描述用于说明设计实体与外部的接口信号,是可视部分;结构体定义用于描述设计实体内部的电路结构和逻辑关系,是不可视部分;库、程序包使用说明用于介绍打开设计实体将要用到的库、程序包;配置说明主要用于描述实体与结构体之间的连接关系,为实体选定某个特定的结构体。

如前所述,实体和结构体是一个设计实体必须包含的两个基本组成部分。无论设计的复杂程度如何,即无论是一个简单的全加器还是一个复杂的 CPU,都必须包含实体描述和结构体定义两个组成部分。值得指出的是:一个 VHDL 程序只能有一个实体,但可以有多个结构体。实体的电路意义相当于一个器件符号,实体说明主要描述器件的外部接口;结构体的电路意义相当于电路的内部结构,它描述器件的内部逻辑功能。具有相同外部接口且能完成同一逻辑功能的电路结构可有多种不同形式,所以一个实体可有多个结构体,在电路综合时根据需要用配置语句加以选定。

下面,以一个简单的 2 选 1 多路选择器为例,介绍 VHDL 程序的基本结构,建立设计实体的初步概念。

例如,2 选 1 多路选择器是一个简单的组合逻辑电路,设计思想如图 A. 2 所示。

图 A. 2(a)是 2 选 1 多路选择器的逻辑符号,其中,mux21 是电路的名字,d0、d1 分别为 2 个数据输入信号,s 为选择控制信号,y 为输出信号。

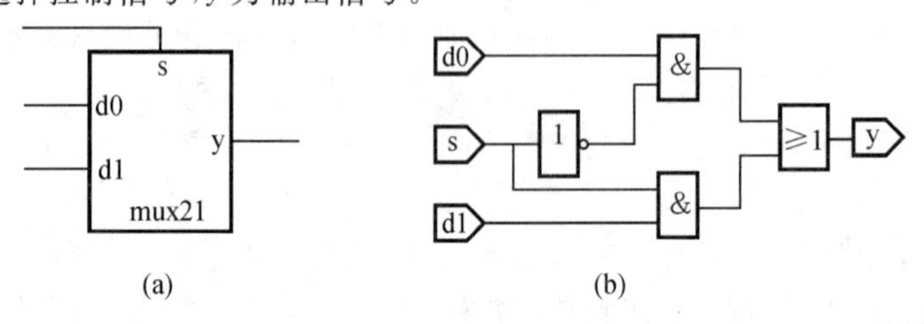

图 A. 2 2 选 1 多路选择器

该电路逻辑功能可以描述为：若 s=0，则 y=d0；若 s=1，则 y=d1。图 A.2(b)是实现给定功能的逻辑电路图之一（注意：实现给定功能的电路结构不是唯一的）。

上述 2 选 1 多路选择器的 VHDL 源程序如下：

```
ENTITY  mux21 IS                              -- 实体描述
PORT(d0,d1,s:IN BIT;
      y:OUT BIT);
END ENTITY  mux21;
ARCHITECTURE mux21a OF mux21 IS               -- 结构体定义
BEGIN
      y <= d0  WHEN  s='0'ELSE d1;
END  ARCHITECTURE  mux21a;
```

该多路选择器的 VHDL 源程序由实体和结构体两部分组成。程序中的关键词用大写字母表示，小写字母是设计者添加部分。实际上 VHDL 无大写、小写之分，这样处理仅仅为了阅读方便。

实体用于描述 2 选 1 多路选择器的外部特性，即设计实体与外部的接口信号及各信号端口（PORT）的性质，其内部实现是不可见的。图 A.2(a)所示的逻辑符号可以理解为实体的图形表达。

结构体用于定义设计实体的内部逻辑功能和电路结构，可以将图 A.2(b)所示逻辑电路视为 2 选 1 多路选择器结构体的一种电路原理图表达。值得注意的是，与结构体对应的电路结构不是唯一的，它取决于基本元件库的来源、优化方向和目标器件结构等因素。

1. 实体

实体用于描述设计实体与外部的接口信号，它从外观上描述了一个设计实体，规定了其输入/输出接口信号，是设计实体对外的一个通信界面。

实体说明一般具有如下语句结构：

```
ENTITY 实体名 IS
[GENERIC(类属表);]
[PORT(端口表);]
END ENTITY 实体名;
```

实体说明以关键词“ENTITY 实体名 IS”开始，至“END ENTITY 实体名”结束。实体名即设计实体的名称，可由设计者自由确定（但注意不要使用纯数字、中文或者数字开头的实体名），通常根据所描述的系统或电路功能命名，以便理解和识别。中间方括号“[]”内的语句是可选的，即在特定条件下并非是必须的。结束语句“END ENTITY 实体名”中的“ENTITY”可以省略。

(1)类属参数说明

类属（GENERIC）参数说明语句一般放在实体开始的说明部分，为设计实体和外部环境传递静态信息提供通道。类属参数说明语句由关键词 GENERIC 引导一个类属参数表，表中提供设计实体和外部环境通信的各种静态信息，例如，总线宽度、元件数量、实体的物理特性（如延时）等。

格式

```
GENERIC (常数名:数据类型[:=设定值];
         …
         常数名:数据类型[:=设定值]);
```

其中，常数名为设计者自己确定的类属常数名，数据类型一般取整数 INTEGER 或时间 TIME 等类型。注意：类属参数与常数不同，常数只能从设计实体的内部得到赋值，且其值不能改变，而类属参数的值可以由设计实体外部提供。因此，设计者可以通过从外部对类属参数的重新设定而非常方便地改变一个设计实体的内部结构和规模。

(2)端口说明

端口(PORT)说明语句是对一个设计实体界面的说明。端口为设计实体和外部环境的动态通信提供通道。

格式　PORT(端口名:端口模式 数据类型;

…

端口名:端口模式 数据类型);

其中,端口名是设计者为实体的每一个对外通道所取的名字;端口模式是指这些通道上的数据流动方式,如输入/输出等;数据类型指端口上流动的数据的表达格式。

IEEE 1076 标准包中定义了 4 种常用的端口模式,各端口模式的功能如表 A.1 所示。

表 A.1　4 种端口模式

端口模式	模式说明
IN	输入,只读模式,将变量或信号信息通过该端口读入。主要用于时钟输入、控制输入(如复位和使能控制)及单向的数据输入
OUT	输出,单向赋值模式,将信号通过该端口输出。这种输出模式不能用于反馈,因为这样的端口不能看作在实体内可读。该模式常用于计数器输出
BUFFER	具有读功能的输出模式,即信号输出到实体外部,但同时也可在内部反馈使用。该模式不允许作为双向端口使用
INOUT	信号是双向的,既可以进入实体,也可以离开实体。双向模式允许用于内部反馈

数据类型可以是 VHDL 预定义的,也可以是用户自己定义的。系统预定义的数据类型有 BIT、BIT_VECTOR、BOOLEAN、INTEGER、CHARACTER 等。在逻辑电路设计中,端口描述中的数据类型主要有 BIT(位)和 BIT_VECTOR(位矢量)两类。若端口的数据类型定义为 BIT,则其信号值是一位二进制数,取值只能是 0 或 1;若端口的数据类型定义为 BIT_VECTOR,则其信号值是一组二进制数。

2. 结构体

结构体用于描述设计实体的内部结构,建立实体输出和输入之间的逻辑关系,是对实体功能的具体实现。结构体不能脱离实体独立存在,必须跟在实体后面,但每个实体可以有多个结构体,每个结构体对应着实体的不同结构和算法实现方案,各个结构体的地位是同等的。对于一个拥有多个结构体的实体,在综合后的可映射于硬件电路的设计实体中,只对应于其中的一个结构体。一般结构体由结构体说明和结构体功能描述两个基本层次组成,其内部构造的描述层次和描述内容如图 A.3 所示。

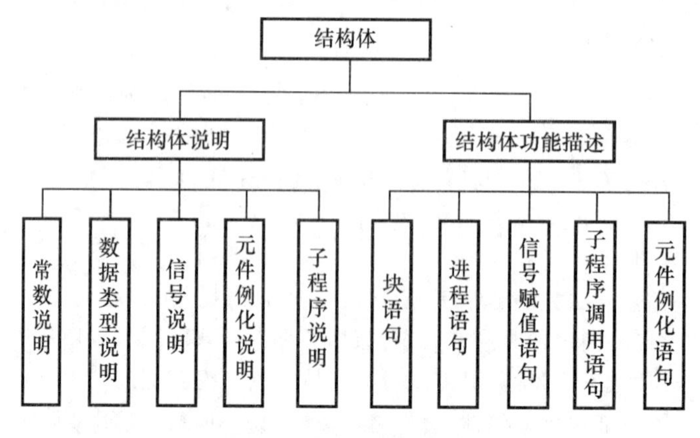

图 A.3　结构体的基本组成

(1)结构体的一般语句格式

格式　ARCHITECTURE 结构体名 OF 实体名 IS

```
ARCHITECTURE 结构体名 OF 实体名 IS
    [说明语句]
BEGIN
    [功能描述语句]
END ARCHITECTURE 结构体名;
```

上述语句格式中,实体名必须是结构体所对应的实体名称。结构体名可以由设计者自己选择,便于阅读和理解即可,但当一个实体具有多个结构体时,结构体的名称不能重复。

(2)结构体说明语句

结构体说明语句用于对结构体内部使用的信号、常数、数据类型、元件、函数和过程等进行说明,结构体说明语句不是必须的,有时可以省略。此外,在结构体中说明的信号、常数、数据类型、元件、函数和过程等只能在该结构体中使用。

(3)功能描述语句结构

功能描述语句用于描述结构体的行为及连接关系,它可以含有 5 种不同类型的、以并行方式工作的语句结构,它们分别是块语句、进程语句、子程序调用语句、信号赋值语句和元件例化语句。这 5 种语句结构可以被看成结构体的 5 种子结构,这些子结构相互之间是并行的,但子结构内部的语句并不一定是并行的。

5 种语句结构的基本功能如下。

① 块语句由一系列并行执行语句构成的组合体,它的功能是将结构体中的并行语句组成一个或多个模块;

② 进程语句定义顺序语句模块,用以将从外部获得的信号值,或内部的运算数据向其他的信号进行赋值;

③ 信号赋值语句将设计实体内的处理结果向定义的信号或界面端口进行赋值;

④ 子程序调用语句用于调用一个已设计好的子程序;

⑤ 元件例化语句用于对其他的设计实体作元件调用说明,并将此元件的端口与其他的元件、信号或高层次实体的界面端口进行连接。

3. 库

库是一种用来存储预先完成的程序包和数据集合体的仓库。在利用 VHDL 进行工程设计中,为了提高设计效率以及使设计遵循某些统一的语言标准或数据格式,有必要将一些有用的信息汇集在一个或几个库中以供调用。这些信息可以是预先定义好的数据类型、子程序等设计单元的集合体(程序包),或者预先设计好的各种设计实体(元件库程序包)。

在 VHDL 程序中,库的说明总是放在设计实体的最前面。库的语句格式如下:

```
LIBRARY.库名;
```

这一语句相当于为其后的设计实体打开了以此库名命名的库,以便设计实体可以利用其中的程序包和其他资源。

VHDL 程序设计中常用的库有 IEEE 库、STD 库、WORK 库和 VITAL 库 4 种类型。

① IEEE 库。IEEE 库是 VHDL 设计中最常见的库,它包含 IEEE 标准的程序包和其他一些支持工业标准的程序包。IEEE 库中的标准程序包主要有 STD_LOGIC_1164、STD_LOGIC_ARITH、STD_LOGIC_SIGNED 和 STD_LOGIC_UNSIGNED 等 4 种类型,对于一般基于大规模可编程器件的数字系统设计,这 4 个程序包已经足够使用。其中,STD_LOGIC_1164 是最重要、最常用的程序包,大部分基于数字系统设计的程序包都是以此程序包中设定的标准为基础的。

② STD库。VHDL语言定义了两个标准程序包,即STANDARD和TEXTIO程序包,它们都被收入在STD库中。只要在VHDL应用环境中,就可以随时调用这两个程序包中的所有内容,即在编译和综合过程中,VHDL的每一项设计都自动将其包含进去了。由于STD库符合VHDL语言标准,所以在应用中不必以显式表达。

③ WORK库。WORK库是用户利用VHDL进行设计时的现行工作库,用于存放用户设计和定义的一些设计单元和程序包。WORK库自动满足VHDL语言标准,使用时不必预先说明。

④ VITAL库。使用VITAL库,可以提高VHDL门级时序模拟的精度,只在VHDL仿真器中使用。实际上,由于各PLD器件生产厂商的适配工具都能为各自的芯片生成带时序信息的VHDL门级网表,用VHDL仿真器仿真该网表可以得到非常精确的时序仿真结果,所以在目前的各类复杂PLD设计开发中,一般不需要VITAL库中的程序包。

4. 程序包

通常在某一个设计实体中定义的常量、数据类型和子程序等对于其他设计实体是不可见的,为了使它们能被更多的设计实体访问和共享,VHDL提供了程序包(Package)机制。程序包是构成库的单元,一个库中可以包含多个不同的程序包。通过将已说明或定义的信号、常数、数据类型、元件、函数和过程等收集到一个程序包,并将其并入一个库中,可以使它们适应一般的访问和调用范围。这一点对于多人协同完成大系统开发显得尤其重要。

定义格式
```
PACKAGE 程序包名 IS                -- 程序包首开始
    [程序包首说明部分]
END 程序包名;                      -- 程序包首结束
PACKAGE BODY 程序包名 IS           -- 程序包体开始
    [程序包体说明部分]
END 程序包名;                      -- 程序包体结束
```

一个程序包一般由程序包首和程序包体两部分组成,要求两部分中的程序包名相同。

(1)程序包首

程序包首用于收集多个不同的VHDL设计所需的公共信息,其中包括数据类型说明、信号说明、子程序说明及元件说明。程序包结构中,程序包体并非是必需的,即程序包首可以独立定义和使用。

(2)程序包体

程序包体主要用于定义在程序包首中已说明的子程序所对应的子程序体。程序包体说明部分的组成可以是USE语句(允许对其他程序包的调用)、子程序定义、子程序体、数据类型说明、子类型说明和常数说明等。若程序包首中只包含一些数据类型的定义和说明,则程序包体可以省去。但当程序包首中有子程序说明时,则必须有对应的子程序包体,子程序必须放在程序包体中。

5. 配置

配置用于描述层与层之间的连接关系或者实体与结构体之间的连接关系。当一个实体对应多个结构体时,设计者可以利用配置语句为实体指定某一个结构体为具体的实现方案,也可以利用配置功能为同一实体配置不同的结构体,以便比较不同结构体的性能,从中选择最符合设计要求的方案。

一般格式
```
CONFIGURATION 配置名 OF 实体名 IS
    [配置说明语句]
END 配置名;
```

其中,配置名由设计者自己添加,配置说明语句根据不同情况而有所区别。

A.1.3　VHDL 的描述风格

在 VHDL 程序中，一个设计实体的逻辑功能是在结构体中描述的。对于相同的电路功能，可以有不同的语句表达方式，通常将这些不同的描述方式称为描述风格。VHDL 的描述风格可以归纳为行为描述、数据流描述、结构描述 3 种方式。在实际应用中，为了兼顾功能、资源、性能等方面的因素，通常将 3 种方式混合使用。

1. 行为描述

行为描述能力强是 VHDL 语言的突出优点之一。行为描述只考虑电路输入与输出之间的转换行为，而不关心实现预定功能的硬件结构。如果 VHDL 程序的结构体只描述了设计单元的功能（或称行为），即电路的输入与输出间转换关系，而不包含任何实现这些功能的硬件结构信息（包括硬件电路的连接结构、元件或其他功能单元的层次结构等），则称这种描述风格为行为描述。

采用行为描述时，通常使用函数、过程和进程语句，以算法形式描述数据的变换和传送。设计者只需要关注设计实体正确的行为，无需在具体硬件结构、门级电路实现以及具体实现芯片的性能结构上花费精力，即编程与硬件无关。将 VHDL 的行为描述转换为门级描述是由 VHDL 开发工具自动完成的，是 VHDL 综合器的任务。

2. 数据流描述

数据流描述方式也称为 RTL（寄存器传输级）描述方式，它以类似于寄存器传输级的方式描述数据的传输和变换。数据流描述主要使用并行的信号赋值语句，它既能明显地表示设计单元的行为，又隐含了设计单元的结构。

数据流描述风格是建立在采用并行信号赋值语句描述基础之上的。当语句中任何一个输入信号发生变化时，赋值语句就被激活，随着这种语句对电路行为的描述，有关这种结构的信息也从这种逻辑描述中“流出”。在 VHDL 中，将这种数据从输入到输出流动的描述风格称为数据流描述。它反映了数据经过一定的逻辑运算后在输入和输出之间的传递过程，即数据流出的方向、路径和结果。

3. 结构描述

所谓结构描述方式是指对设计单元的硬件结构进行描述。该方式主要以元件或已完成的功能模块为基础，使用元件例化语句及配置语句来描述元件的类型及元件的互连关系。利用结构描述，可以完成多层次的设计工程，即：可从简单的门到复杂的模块，就像搭积木似的将它们按层次互相连接起来描述整个系统。

在结构描述中，元件间的连接是通过定义端口界面来实现的，主要描述端口及其互联关系，不仅结构清晰，而且可以将已有的设计成果非常方便地应用到新的设计方案中，从而大大提高设计效率。

在实际应用中，通常根据设计实体的资源及性能要求，灵活地将上述三种描述方式进行组合，即采用混合描述方式。

A.2　VHDL 的语言要素

VHDL 的语言要素是编程语句的基本元素，它反映了该硬件描述语言的重要特征。VHDL 的语言要素主要有文字规则、数据对象、数据类型以及运算操作符等。准确无误地理解和掌握 VHDL 的语言要素的基本含义和用法，是正确完成 VHDL 程序设计的基本保证。

A.2.1 VHDL 的文字规则

VHDL 与其他编程语言一样，有自己的文字规则，在编程中必须认真遵守。VHDL 中的文字类型主要有数字、字符串、标识符、下标名和下标段名等几种类型。

1. 数字型文字

数字型文字包括整数文字、实数文字、以数制基数表示的文字和物理量文字。

(1)整数文字

整数文字由数字和下划线组成，例如 6，558，369E2(=36900)，12_118_008(=12118008)。数字间的下划线仅仅是为了提高文字的可读性，相当于一个空的间隔符。

(2)实数文字

实数文字是带有小数点的一种十进制的数，例如 18.998，1.0，68_551.666_909(=68551.666909)。

(3) 以数制基数表示的文字

在以数制基数表示的文字中，数由五个部分组成。第一部分用十进制数标明进位计数制的基数；第二部分为数制隔离符号"#"；第三部分是表达的文字；第四部分为指数隔离符号"#"；第五部分是用十进制表示的指数部分(如果是 0 可以省去不写)。

例如，10#36#2　　-- 表示十进制数 3600

　　16#1E#　　-- 表示十六进制数 1E，即十进制数 30

(4)物理量文字

物理量文字用来表示时间、长度等物理量。例如，50s(50 秒)，100m(100 米)，10A(10 安培)等。

2. 字符串型文字

字符串型文字包括字符和字符串。

(1)字符

字符是放在单引号中的 ASCII 字符，例如，'R'，'6'，'*'。

(2)字符串

字符串是放在双引号中的一维字符数组。VHDL 中的字符串有文字字符串和数位字符串两种类型。

文字字符串是放在双引号中的一串文字，例如，"RIGHT"。

数位字符串也称位矢量，是预定义为位(BIT)数据类型的一维数组，所代表的是二进制、八进制或十六进制的数组，其位矢量的长度即为等值的二进制数的位数。

　　数制基数符号"数值字符串"

例如，格式　B"110110010"—二进制数数组，位矢量组长度为 9

　　O"65" —八进制数数组，等效 B"110101"，位矢量组长度为 6

　　X"8A" —十六进制数数组，等效 B"10001010"，位矢量组长度为 8

3. 标识符

标识符用来定义常数、变量、信号、端口、子程序或参数的名字。VHDL 的基本标识符是以英文字母开头，不连续使用下划线"_"，不以下划线"_"结尾的，由 26 个大小写英文字母、数字 0～9 及下划线"_"组成的字符串。标识符中的英语字母不分大小写。VHDL 的保留字不能用于作为标识符使用。

例如，DECODER_1，FFT，Sig N，NOT_ACK，State0，Idle 是合法的标识符

　　2FFT，_DECOER_1，SIG_#N，NOT—ACK，RYY_RST_，data_ _ BUS，BEGIN 则是非法的标识符

4. 下标名及下标段名

下标名用于指示数组型变量或信号的某一元素，而下标段名则用于指示数组型变量或信号的某一段元素。

格式 数组类型符号名或变量名(表达式)； -- 下标名

数组类型符号名或变量名(表达式 1 TO/DOWNTO 表达式 2)； -- 下标段名

表达式的数值必须在数组元素下标号范围以内，并且必须是可计算的。TO 表示数组下标序列由低到高，如"3 TO 9"；DOWNTO 表示数组下标序列由高到低，如"8 DOWNTO 2"。

例如，A(2)，b(m)是下标名；c(0 to 5)，B(8 DOWNTO 2) 是下标段名。

如果表达式是一个可计算的值，则此操作可很容易地进行综合。如果是不可计算的，则只能在特定情况下综合，且耗费资源较大。

此外，为了增加 VHDL 的可读性，在程序中要加入注释行。VHDL 语言中的注释以字符"-- "标识(到本行末尾文字)。注释的内容不参加编译，仅仅为了对程序进行说明和解释。

A.2.2 VHDL 的数据对象

在 VHDL 中，凡是可以赋予一个值的对象就称为数据对象(Data Objects)，数据对象类似于一种容器，可接受不同数据类型的赋值。VHDL 中的数据对象主要有常量(CONSTANT)、变量(VARIABLE)和信号(SIGNAL)3 种类型。

1. 常量

常量的定义和设置主要是为了使程序更容易阅读和修改。在程序中，常量是一个恒定不变的值，一旦作了数据类型的赋值定义后，在程序中不能再改变，因而具有全局意义。

格式 CONSTANT 常量名:数据类型[:=表达式];

VHDL 要求所定义的常量数据类型必须与表达式的数据类型一致。

常量定义语句所允许的设计单元有实体、结构体、程序包、块、进程和子程序。在程序中定义的常量可以暂不设具体数值，它可以在程序包体中设定。

常量的使用范围取决于它被定义的位置。在程序包中定义的常量具有最大全局化特征，可以用在调用此程序包的所有设计实体中；定义在设计实体中的常量，其有效范围为这个实体定义的所有的结构体；定义在设计实体的某一结构体中的常量，则只能用于此结构体；定义在结构体的某一单元的常量，如一个进程中，则这个常量只能用在这一进程中。这一特征即所谓常量的可视性。

2. 变量

在 VHDL 语法规则中，变量是一个局部量，它只能在进程和子程序中使用。变量不能将信息带出对它作出定义的当前设计单元。变量的赋值是一种理想化的数据传输，不存在任何延时的行为。变量常用在进程或子程序中作临时数据存储单元。

格式 VARIABLE 变量名:数据类型[:=初始值];

例如，VARIABLE B:INTEGER:=5; —定义 B 为整形变量，初始值为 5

变量作为局部量，使用的范围仅限于定义该变量的进程或子程序。仿真过程中唯一的例外是共享变量。变量的值将随变量赋值语句的运算而改变。变量定义语句中的初始值可以是一个与变量具有相同数据类型的常数值，也可以是一个全局静态表达式，这个表达式的数据类型必须与所赋值变量一致。此初始值不是必需的，综合过程中综合器将略去所有的初始值。

格式 目标变量名:=表达式;

需要注意的是，赋值语句右边表达式必须与左边变量具有相同的数据类型。

3. 信号

信号是 VHDL 特有的数据对象，它更多地对应于系统的硬件结构，类似于电路内部的连接线。

信号可以作为设计实体中并行语句模块间的信息交流通道。在 VHDL 中，信号及其相关的信号赋值语句、决断函数、延时语句等很好地描述了硬件系统的许多基本特征，如硬件系统运行的并行性，信号传输过程中的惯性延时特性等。可以说，信号是具有更多硬件特征的特殊数据对象，是 VHDL 中最有特色的语言要素之一。

信号作为一种数值容器，不但可以容纳当前值，也可以保持历史值。这一属性与触发器的记忆功能有很好的对应关系。

格式　SIGNAL 信号名：数据类型[：=初始值]；

例如，SIGNAL a：INTEGER：=0；

　　SIGNAL s：BIT；

信号初始值的设置不是必需的，而且初始值仅在 VHDL 的行为仿真中有效。当信号定义了数据类型和表达方式后，即可对信号进行赋值。信号的赋值语句表达式如下：

目标信号名，<=表达式；

信号与变量相比，其硬件特征更为明显，它具有全局性特性。例如，在实体中定义的所有信号，在其对应的结构体中都是可见的。信号的使用和定义范围是实体、结构体和程序包。在进程和子程序中不允许定义信号。

对于常量、变量和信号 3 种数据对象，在使用时应注意它们区别。

A.2.3　VHDL 的数据类型

VHDL 是一种强类型语言，要求设计实体中的每一个常数、信号、变量、函数及设定的各种参量都必须具有确定的数据类型，只有相同数据类型的量才能互相传递和作用。VHDL 作为强类型语言的好处是使 VHDL 编译或综合工具很容易地找出设计中的各种常见错误。

1. 数据类型的分类

(1)按照数据类型的性质分类

①标量型(SCALAR TYPE)：单元素的最基本的数据类型，通常用于描述一个单值数据对象。它包括实数类型、整数类型、枚举类型和时间类型。

②复合类型(COMPOSITE TYPE)：由最基本的数据类型复合而成，例如，可以由标量复合而成。复合类型主要有数组型(ARRAY)和记录型(RECORD)。

③存取类型(ACCESS TYPE)：存取类型即指针类型，为给定数据类型的数据对象提供存取方式。

④文件类型(FILES TYPE)：用于提供包含数据序列的对象，即文件。

(2)按照数据类型的来源分类

①VHDL 预定义数据类型：VHDL 最常用的、最基本的数据类型。这些数据类型都已在 VHDL 的标准程序包 STANDARD 和 STD_LOGIC_1164 及其他的标准程序包作了定义，无需另作申明，可在设计中直接使用。

②用户自定义数据类型：其基本元素一般属 VHDL 的预定义数据类型。但是，自定义的数据类型必须先申明后，才能在设计中直接使用。

2. 常用数据类型

(1)VHDL 的预定义数据类型

VHDL 的预定义数据类型有整数类型、实数类型、位类型等，在实际使用中，已经自动包含在 VHDL 的源文件中，因而不必通过 USE 语句以显式调用。

①整数类型。整数(INTEGER)类型的数包括正整数、负整数和零。在 VHDL 中，整数是 32 位的带符号数，其取值范围是－2147483647～＋2147483647。

由于预定义的整数取值范围太大，所以在实际工程设计中使用整数时，VHDL 综合器要求设计者根据实际需要对整数的范围作一个限定，即由用户自己定义一个含有约束范围的整数类型的子类型，以便节省资源。

②实数类型。实数(REAL)类型类似于普通代数中的实数，也称为浮点数。预定义实数的取值范围为－1.0E38～＋1.0E38。通常情况下，实数类型仅能在VHDL仿真器中使用，VHDL综合器不支持实数，因为实数类型的硬件实现相当复杂。

③位类型。位(BIT)类型实际上是一个二值枚举型数据类型，取值只能是'0'或'1'，表示逻辑0和逻辑1。位数据类型支持逻辑运算，运算结果仍然是位数据类型。VHDL综合器用一个二进制位来表示一个位类型的变量或信号。

④位矢量类型。位矢量(BIT_VECTOR)类型是基于位类型的数据类型，它是一个由位类型数据元素构成的数组，使用时应注明数组的长度和方向。

⑤字符类型。字符(CHARACTER)类型是用单引号引起来的ASCII字符，例如，'A'。字符类型有大、小写之分，如'B'不同于'b'。

⑥字符串类型。字符串(STRING)类型是用双引号引起来的一个字符序列，有时又称为字符矢量或字符串数组，例如，"A BOY"，"10011"等。

⑦布尔类型。布尔(BOOLEAN)类型实际上是一个二值枚举型数据类型，它的取值有FALSE和TRUE两种。综合器将用一个二进制位表示布尔型变量或信号。

⑧时间类型。时间(TIME)是VHDL中唯一预定义的物理量类型数据。完整的时间类型包括整数和物理量单位两部分，整数和单位之间至少留一个空格。预定义的时间类型的量纲有：飞秒fs、(10^{-15} s)、皮秒ps(10^{-12} s)、纳秒ns(10^{-9} s)、微秒us(10^{-6} s)、毫秒ms(10^{-3} s)、秒s、分min(60s)、时hr(60min)。

⑨错误等级类型。错误等级(SEVERITY LEVEL)类型用来指示设计系统的工作状态，在VHDL仿真器中，共有四种可能的状态值：NOTE(注意)、WARNING(警告)、ERROR(出错)、FAILURE(失败)。在仿真过程中，可输出这四种值来提示被仿真系统当前的工作情况。

(2)用户自定义数据类型

VHDL使用户很感兴趣的一个特点是，可以由用户自己定义数据类型。用户自定义数据类型分为基本数据类型定义和子类型数据定义两种格式，分别用类型(TYPE)定义语句和子类型(SUBTYPE)定义语句来实现。基本数据类型定义语句格式为：

TYPE 数据类型名 IS 数据类型定义[OF 基本数据类型]；

子类型只是由TYPE所定义的原数据类型的一个子集，其类型定义语句格式为

SUBTYPE 子类型名 IS 数据类型 RANGE 约束范围；

注意，子类型定义中的数据类型必须是在前面已由TYPE定义的类型。

例如：SUBTYPE DIGITS IS INTEGER RANGE 0 TO 15；

例中，INTEGER是预定义的数据类型，子类型DIGITS只是将INTEGER约束到0至15这个范围。

常用的用户自定义的数据类型有枚举、数组和记录等类型。

①枚举类型。枚举(ENUMERATED)数据类型是用文字符号来表示一组实际的二进制数。枚举类型在状态机中得到广泛应用，设计者为了便于阅读和编辑和编译，常采用枚举类型来描述状态机的一组状态。

②数组类型。数组类型属复合类型，是将一组具有相同数据类型的元素集合在一起，作为一个数据对象来处理的类型。数组可以是一维数组(每个元素只有一个下标)或多维数组(每个元素有多个下标)，数组的元素可以是任何一种数据类型。数组类型通常用来描述RAM和ROM等线结构的模型，如定义数据总线、地址总线等。

③记录类型。由不同数据类型的元素构成的数组称为记录类型。构成记录类型的元素可以是

已定义过的各种不同的数据类型,包括数组类型和已定义的记录类型。记录数据类型适合描述指令集或者数据集的数据或信号。

有关用户定义的数据类型的详细介绍请查阅有关 VHDL 的专门书籍。

A.2.4 VHDL 的操作符

VHDL 的各种表达式是由操作符和操作数组成的。其中,操作数是各种运算的对象,而操作符则规定运算的方式。

1. 操作符的类型

VHDL 中有 4 类操作符:逻辑操作符(LOGICAL OPERATOR)、关系操作符(RELATIONAL OPERATOR)、算术操作符(ARITHMETIC OPERATOR)和符号操作符(SIGN OPERATOR)。各种操作符及所要求的操作数类型如表 A.2 所示。

表 A.2 VHDL 操作符列表

类 型	操 作 符	功 能	操作数数据类型
算术操作符	+	加	整数
	−	减	整数
	&	并置	一维数组
	*	乘	整数和实数(包括浮点数)
	/	除	整数和实数(包括浮点数)
	MOD	取模	整数
	REM	取余	整数
	SLL	逻辑左移	BIT 或布尔型一维数组
	SRL	逻辑右移	BIT 或布尔型一维数组
	SLA	算术左移	BIT 或布尔型一维数组
	SRA	算术右移	BIT 或布尔型一维数组
	ROL	逻辑循环左移	BIT 或布尔型一维数组
	ROR	逻辑循环右移	BIT 或布尔型一维数组
	**	乘方	整数
	ABS	取绝对值	整数
	+,−	正,负	整数
关系操作符	=	等于	任何数据类型
	/=	不等于	任何数据类型
	<	小于	枚举与整数以及对应的一维数组
	>	大于	枚举与整数以及对应的一维数组
	<=	小于等于	枚举与整数以及对应的一维数组
	>=	大于等于	枚举与整数以及对应的一维数组
逻辑操作符	AND	与	BIT,BOOLEAN,STD_LOGIC
	OR	或	BIT,BOOLEAN,STD_LOGIC
	NAND	与非	BIT,BOOLEAN,STD_LOGIC
	NOR	或非	BIT,BOOLEAN,STD_LOGIC
	XOR	异或	BIT,BOOLEAN,STD_LOGIC
	XNOR	异或非	BIT,BOOLEAN,STD_LOGIC
	NOT	非	BIT,BOOLEAN,STD_LOGIC
符号操作符	+	正	整数
	−	负	整数

2. 操作符的优先级

运算操作符是有优先级别的,如逻辑运算符 NOT 在所有操作符中优先级别最高。表 A.3 给出了 VHDL 所有操作符的优先级别。

表 A.3 VHDL 操作符优先级

运算符	优先级
NOT,ABS,* *	最高优先级
*,/,MOD,REM	
+(正号),-(负号)	↑
+,-,&	
SLL,SLA,SRL,SRA,ROL,ROR	
=,/=,<,<=,>,>=	
AND,OR,NAND,NOR,XOR,XNOR	最低优先级

注意:使用各种操作符时,应严格遵守有关规则。例如,操作符间的操作数必须具有相同数据类型,操作数的数据类型必须与操作符所要求的数据类型完全一致,以及遵守操作符之间的优先级别等。

A.3 VHDL 的基本语句

VHDL 的基本描述语句包括顺序语句和并行语句两大类。在 VHDL 程序设计中,这些语句从众多侧面完整地描述了数字系统的硬件结构和逻辑功能。学习和掌握 VHDL 的关键是充分理解 VHDL 中语句和硬件电路的关系,实际上,编写 VHDL 程序就是在描述一个电路。

A.3.1 顺序语句

顺序语句是相对并行语句而言的,其特点是每一条顺序语句的执行顺序是与它们的书写顺序基本一致的。但这里的顺序是就仿真软件的执行和 VHDL 的编程思路而言的,其综合后的硬件电路在实际工作时的情况未必如此,所以应该注意区分 VHDL 语言的软件行为与综合后的硬件行为之间的差异。

顺序描述语句只能出现在进程和子程序中(子程序包括函数和过程),用来定义进程或子程序的算法和操作行为。在 VHDL 中,进程本身属于并行语句,一个进程是由一系列顺序语句构成的。这就是说,同一个设计实体中的所有进程是并行执行的,但在任一给定时刻,每一个进程内只能执行一条顺序语句。利用顺序语句可以描述数字系统中的组合逻辑、时序逻辑或它们的综合体。VHDL 语言中的基本顺序语句有赋值语句、转向控制语句、过程调用语句、等待语句、返回语句和空操作语句等不同类型。下面对常用顺序语句进行介绍。

1. 赋值语句

VHDL 设计实体内的数据传递以及对端口界面外部数据的读/写都是通过执行赋值语句来实现的。赋值语句的功能是,将一个值或一个表达式的运算结果传递给某一个数据对象,如信号、变量或由它们组成的数组。赋值语句有变量赋值语句和信号赋值语句两种。每一种赋值语句都由赋值目标、赋值符号和赋值源 3 个基本部分组成。赋值目标是赋值的受体,可以是标识符、数组元素等;赋值符号分为变量赋值符号和信号赋值符号;赋值源是赋值的主体,可以是一个数值或者一个逻辑或运算表达式。VHDL 规定,赋值源与赋值目标的数据类型必须严格一致。

(1)变量赋值语句

格式 变量赋值目标 := 赋值源;

例如，x:=2；表示将数值2赋值给变量x。

变量具有局部特征，有效范围只局限于其所定义的进程或子程序中，它是一个局部的、暂时性的数据对象。变量赋值是立即发生的，即延迟时间为零。

(2)信号赋值语句

格式　信号赋值目标 <= 赋值源；

例如，y <= a AND b；表示将信号量a和b相与后的值赋值给信号量y。

信号具有全局特征，它不但可以作为一个设计实体内部各单元之间数据传送的载体，而且可以通过信号与其他实体进行通信。信号的赋值并不是立即发生的，而是发生在一个进程结束时。赋值过程总存在一定的时间延迟，它反映了硬件系统的重要特性，综合后可以找到与信号对应的硬件结构，如导线、输入/输出端口等。

2. 转向控制语句

转向控制语句通过条件控制开关决定是否执行一条或几条语句，或重复执行一条或几条语句，或跳过一条或几条语句等。转向控制语句有IF语句、CASE语句、LOOP语句、NEXT语句和EXIT语句5种类型。

(1)IF语句

IF语句是VHDL设计中最重要的条件语句，它根据语句中所设置的一个或多个条件，有选择地执行指定的顺序语句。常用的IF语句有如下3种语句格式。

格式1
```
IF 条件句 THEN
顺序语句;
END IF;
```

格式2
```
IF 条件句 THEN
顺序语句;
ELSIF
顺序语句;
END IF;
```

格式3
```
IF 条件句 THEN
顺序语句;
ELSIF 条件句 THEN
顺序语句;
...
ELSIF
顺序语句;
END IF;
```

从以上3种格式可以看出，IF语句中至少包含一个条件句。条件句可以是一个BOOLEAN型的标识符，一个BOOLEAN型表达式，或者一个判别表达式。IF语句根据条件句产生的结果为TRUE或者FALSE，有条件地选择执行其后的顺序语句。

格式1中的IF语句的执行情况是：首先检查IF后面条件句的布尔值，如果为TRUE，则执行其后的顺序语句，直至END IF，即完成IF语句的执行；如果为FALSE，则跳过其后的顺序语句，结束IF语句的执行。

格式2与格式1的区别是：当IF后面条件句的布尔值为FALSE时，并不结束IF语句的执行，而是根据其值为TRUE或者FALSE决定执行两组不同顺序语句中的哪一组，在执行完其中的一组语句后，结束IF语句的执行。

格式3中IF语句的特点是：通过关键词ELSIF可设定多个判定条件，使顺序语句的执行分支可以超过两个。这种格式可以实现对不同类型电路的描述。

(2)CASE 语句

CASE 语句是一种分支控制语句,它根据表达式的值从多项顺序语句中选择满足条件的一项执行。

格式

```
CASE 表达式 IS
WHEN 选择值 => 顺序语句;
WHEN 选择值 => 顺序语句;
        ⋮
WHEN 选择值=> 顺序语句;
END CASE;
```

当执行 CASE 语句时,首先计算表达式的值,然后根据条件语句中与之相同的选择值,执行对应的顺序语句,最后结束 CASE 语句。表达式可以是一个整数类型或枚举类型的值,也可以是由这些数据类型构成的数组。注意:CASE 语句中的“=>”不是操作符,它相当于“THEN”的作用。

选择值可以是单个普通数值(如 3)、数值选择范围(如 3 TO 5,表示取值 3、4、5)、并列数值(如 1 | 3,表示取值 1 或者 3)和 OTHERS(用于其他所有的默认值)等四种形式。

使用 CASE 语句需注意以下几点:

①条件句中的选择值必须在表达式的取值范围内;

②每一条语句的选择值只能出现一次,即不能有相同选择值的条件语句出现;

③CASE 语句执行中必须选中,且只能选中所列条件语句中的一条,即 CASE 语句至少包含一个条件语句。

④除非所有条件语句中的选择值能完全覆盖 CASE 语句中的表达式的取值,否则最末一个条件语句中的选择必须用“OTHERS”表示,它代表已给出的所有条件语句中未能列出的其他可能的取值。关键词 OTHERS 只能出现一次,且只能作为最后一种条件取值。

(3)LOOP 语句

LOOP 语句是循环语句,它可以使一组顺序语句重复执行。重复执行的次数受循环条件控制。在 VHDL 中的 LOOP 语句有 3 种形式,每种形式都可以使用“标号”给语句定位,也可以不使用。

①FOR_LOOP 语句。

格式

```
[标号:] FOR 循环变量 IN 循环次数范围 LOOP
    顺序语句;
END LOOP [标号];
```

FOR 循环语句适应于循环次数已知的情况。语句中“循环变量”的值在每次循环中都将发生变化,而“循环次数范围”则表示循环变量在循环过程中依次取值的范围。

②WHILE_ LOOP 语句。

格式

```
[标号:] WHILE 条件表达式 LOOP
    顺序语句;
END LOOP[标号];
```

WHILE 循环语句用控制条件判断循环是否结束。如果“条件表达式”为“真”,则进行循环;如果“条件表达式”为“假”,则结束循环。

③单个 LOOP 语句

格式

```
[标号:] LOOP
    顺序执行语句;
END LOOP[标号];
```

这种循环语句需引入其他控制语句(如 NEXT、EXIT)后才能确定,否则为无限循环。

(4)NEXT 语句

NEXT 语句主要用于 LOOP 语句执行中的转向控制。

格式 NEXT [标号][WHEN 条件表达式]

上述格式中的"标号"和"WHEN 条件表达式"都可省略。如果都省略,则执行 NEXT 语句后立即无条件结束本次循环,跳回到本次循环 LOOP 语句开始处;如果只有"标号"而没有"WHEN 条件表达式",则执行 NEXT 语句后立即无条件结束本次循环,跳转到"标号"指定处继续循环;如果只有"WHEN 条件表达式"而没有"标号",则执行 NEXT 语句时,若"条件表达式"的值为 TRUE,则立即结束本次循环,否则继续循环。

(5)EXIT 语句

EXIT 语句也是用来控制 LOOP 循环的控制语句,它与 NEXT 语句不同的是,NEXT 语句是结束本次循环,开始下一次循环;而 EXIT 语句是从循环中跳出,结束循环。

格式 EXIT [标号][WHEN 条件表达式];

当上述格式中的"标号"和"WHEN 条件表达式"都省略时,执行 EXIT 语句后立即结束循环,执行 END LOOP 后面的语句;如果只有"标号"而没有"WHEN 条件表达式",则执行 EXIT 语句后立即退出循环体,跳转到"标号"指定处执行顺序语句;如果只有"WHEN 条件表达式"而没有"标号",则执行 EXIT 语句时,若"条件表达式"的值为 TRUE,则退出循环,否则继续循环。

3. 等待语句

等待(WAIT)语句用来在进程(包括过程)中,将运行程序挂起暂停执行,直到满足此语句设置的结束挂起条件后,才重新执行程序。

格式 WAIT [ON 信号表][UNTIL 条件表达式][FOR 时间表达式]

根据等待语句的可选项,可以设置无限等待、敏感信号量变化、条件满足以及时间等 4 种不同的语句格式。

格式 1 WAIT -- 无限等待语句

该格式在关键字"WAIT"后面不带任何信息,属于无限等待,表示将程序永远挂起。

格式 2 WAIT ON 信号表 -- 敏感信号等待语句

该格式的等待语句使进程暂停,直到敏感信号表中某个信号值发生变化才结束挂起。

格式 3 WAIT UNTIL 条件表达式 —条件等待语句

该格式的等待语句使进程暂停,直到条件表达式中所含信号发生变化,并且条件表达式的值为 TRUE 时才结束挂起。

格式 4 WAIT FOR 时间表达式 -- 超时等待语句

该格式的等待语句使进程暂停,直到指定的等待时间到,才结束挂起。

4. 返回语句

返回(RETURN)语句只能出现在子程序中,用来结束当前子程序体的执行。返回语句有两种格式。

格式 1 RETURN;

格式 2 RETURN 表达式;

格式 1 只能用于过程,它只是结束过程,并不返回任何值;格式 2 只能用于函数,每个函数至少包含一个返回语句,并且必须返回一个值。

5. 空操作语句

空操作(NULL)语句不完成任何操作,其作用仅仅是让程序运行流程走到下一个语句。

格式 NULL;

空操作语句常用于 CASE 语句中,为满足 CASE 语句对条件值全部列举的要求,利用 NULL

来表示其余不同条件下的操作行为。

A.3.2 并行语句

相对传统的计算机编程语言而言，并行语句结构是 VHDL 描述风格中最具特色的部分。在 VHDL 中，各种不同语句格式的并行语句是并行执行的，其执行方式与书写顺序无关。在执行过程中，各并行语句之间既可以有信息往来，也可以相互独立。

格式
```
ARCHITECTURE 结构体名 OF 实体名 IS
    说明语句；
BEGIN
    并行语句；
END ARCHITECTURE 结构体名；
```

并行语句主要有进程语句、块语句、并行信号赋值语句、条件信号赋值语句、元件例化语句、生成语句、并行过程调用语句和函数语句等。结构体中的并行语句关系如图 A.4 所示。

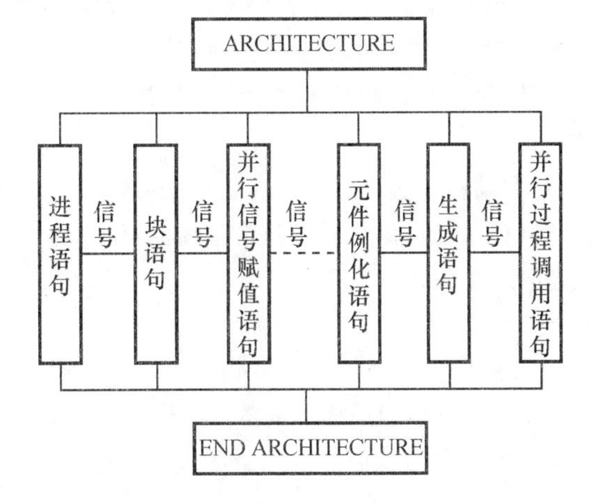

图 A.4 结构体中的并行语句关系

图中，各种语句不必同时存在，所存在的每个语句可以彼此独立地并行执行，并通过信号交换信息。下面对几种最常用的语句作简单介绍。

1. 进程语句

进程(PROCESS)语句是 VHDL 程序设计中最常用的、最能体现硬件描述语言特点的一种并行语句。进程语句是由顺序语句组成的，实际上是用顺序语句描述一种进行过程，它提供了一种用算法描述硬件行为的方法。在大规模电路设计中，可以把整个系统分成若干个功能独立的进程来描述，进程之间可以通过信号进行通信。

格式
```
[进程标号:] PROCESS [(敏感信号参数表)] [IS]
        [进程说明语句]
    BEGIN
        顺序执行语句；
    END PROCESS [进程标号]；
```

格式中的“进程标号”是用来区别结构体中各个进程的标志，当结构体中只有一个进程时，进程标号可以省略。“进程说明语句”不是必需的，它主要用来定义一些局部量，不允许定义信号和共享变量。进程通过检测“敏感信号参数表”中信号的变化来激活、启动进程的执行。当参数表中任一敏感信号发生变化时，由相应顺序语句定义的行为就被执行一次。如果进程中没有敏感信号表，则该进程必须含有 WAIT 语句，由满足条件的 WAIT 语句来启动进程的执行。一个进程中不能既没有敏感信号表,又没有 WAIT 语句,也不能同时包含敏感信号表和 WAIT 语句。

2. 块语句

块(BLOCK)语句作为一种并行语句,本身就是由许多并行语句组合在一起形成的,可以看作是结构体中的子模块。块语句本身没有独特功能,主要目的是改善并行语句及其结构的可读性,使结构体层次鲜明,描述清晰。在 VHDL 编程中恰当地使用块语句,有利于程序的移植和交流等。

格式
```
块标号: BLOCK [块保护表达式]
        [说明语句;]
        BEGIN
        并行语句;
END BLOCK 块标号;
```

BLOCK 后面的"块保护表达式"可以用来控制块语句是否执行,当其值为 TURE 时,该 BLOCK 语句被执行,否则,禁止执行。块保护表达式可以缺省,缺省时它和其它块一起并发执行。说明语句主要用于对 BLOCK 的接口设置以及外界信号的连接状态说明,它包括类属说明语句和接口说明语句,类属说明语句一般用于参数的定义,而接口说明语句一般用于信号定义。值得注意的是,在块中说明的数据对象是局部量,它们只能在本块或所属的子块中使用。

3. 并行信号赋值语句

并行信号赋值语句是一种在结构体进程之外的赋值语句,赋值的对象是信号。并行信号赋值语句有简单信号赋值语句、条件信号赋值语句和选择信号赋值语句 3 种形式,它们与其他并行语句一样,在结构体内的执行是同时发生的,与书写顺序无关。

(1) 简单信号赋值语句

格式
```
赋值目标信号<=表达式
```

简单信号赋值语句是 VHDL 并行语句结构中最基本的语句。语句格式中,信号赋值目标的数据对象必须是信号,且其数据类型必须与赋值号右边表达式的数据类型一致。

(2) 条件信号赋值语句

格式
```
赋值目标信号 <=表达式 1 WHEN 条件表达式 1 ELSE
               表达式 2 WHEN 条件表达式 2 ELSE
                     ⋮
               表达式 n WHEN 条件表达式 n ELSE
               表达式 n+1;
```

条件信号赋值语句根据不同条件将不同表达式的值赋给目标信号。在执行条件信号赋值语句时,依次对条件表达式进行判断,一旦条件表达式的值为 TRUE,立即将相应表达式的值赋给目标信号;如果所有条件表达式的值均不满足条件,则将最后一个无条件表达式的值赋给目标信号。

(3) 选择信号赋值语句

格式
```
WITH 选择表达式 SELECT
赋值目标信号<=表达式 1 WHEN 选择值 1,
              表达式 2 WHEN 选择值 2,
                    ⋮
              表达式 n WHEN 选择值 n;
```

执行选择信号赋值语句时,根据"选择表达式"的当前值确定将某个子句"表达式"的值赋给目标信号。即当某子句中的"选择值"与"选择表达式"的值相同时,则将该子句中"表达式"的值赋给目标信号。选择信号赋值语句对各子句选择值的测试具有周期性,它不允许有条件重叠的现象。

4. 并行过程调用语句

过程(PROCEDURE)是一种子程序。过程调用语句可以出现在进程中,也可以出现在结构体和块语句中。若出现在进程中,则属于顺序过程调用语句;若出现在结构体和块语句中,则属于并行过程调用语句。过程调用前需要在包集合中进行定义。

(1)过程语句

过程定义包括过程首和过程体两部分。

格式
```
PROCEDURE 过程名 (参数表)            -- 过程首
PROCEDURE 过程名 (参数表) IS         -- 过程体
    [说明部分]
BEGIN
    顺序语句;
END 过程名;
```

过程首由“过程名”和“参数表”组成。参数表用来对常量、变量和信号 3 类数据对象作出说明,并用关键词 IN、OUT 和 INOUT 定义这些参数的工作模式,即信息流向。在过程语句结构中,过程首不是必需的,即过程体可以独立存在和使用。

过程体包含“说明部分”和“顺序语句”部分。说明部分用来对数据类型、常数、变量等进行局部说明;顺序语句用来完成规定功能,可以包含任意顺序语句。过程定义之后就可以被调用了。

(2)过程调用语句

过程调用即启动过程的执行。

格式
```
[过程标号]: 过程名[([形参名=>]实参表达式
                  {,[形参名=>] 实参表达式})];
```

被调用语句中的形参与调用语句中的实参可以采用位置关联法和名字关联法进行对应,位置关联可以省略形参名。一个过程调用有 3 个步骤:

①将 IN 和 INOUT 模式的实参值赋给欲调用的过程中与它们对应的形参;

②顺序语句的执行过程;

③将过程中 IN 和 INOUT 模式的形参值返回给它们对应的实参。

5. 元件例化语句

元件例化是使 VHDL 设计实体构成自上而下层次化设计的一种重要途径。所谓元件例化就是引入一种连接关系,将预先设计好的设计实体定义为一个元件,然后利用特定的语句将此元件与当前设计实体中的指定端口相连接,从而为当前设计实体引入一个新的低一级的设计层次。

元件例化语句由两部分组成,第一部分是将一个现成的设计实体进行封装,使其只留出对外的接口界面,即将其定义为一个元件,称为元件定义语句。第二部分是此元件与当前设计实体中端口的连接说明,称为端口映射语句。

格式
```
COMPONENT 元件名 IS            -- 元件定义语句
GENERIC (类属表);
PORT (端口名表);
END COMPONENT 元件名;
例化名:元件名 PORT MAP([端口名 =>] 连接端口名,…); -- 端口映射语句
```

语句格式第一部分中的“类属表”可以列出端口的数据类型和参数,“端口名表”可以列出对外通信的各端口名。语句格式第二部分中的“例化名”是不可缺少的,它类似于当前系统(电路板)上的一个插座名,而元件名则标明准备安插到该插座上的、已定义好的元件;PORT MAP 是端口映射的意思,其中“端口名”是在第一部分中的端口名表中已定义好的元件端口的名字,“连接端口名”则

是当前系统与准备接入的元件对应端口相连的通信端口,相当于插座上与元件各引脚对应的插孔的名字。

以上仅仅对部分最基本的语句进行了介绍,建议读者用心钻研常用语句,理解这些语句的硬件含义。其他语句可查阅有关 VHDL 的书籍。

A.4　VHDL 设计举例

学习和掌握 VHDL 的关键是充分理解 VHDL 中语句和硬件电路的关系。编写 VHDL 程序,就是在描述一个电路,写完一段程序以后,应当对生成的电路有一个大体上的了解,而不能用纯软件的设计思路来编写 VHDL 程序。下面分别给出简单组合逻辑电路和时序逻辑电路的 VHDL 程序实例。

A.4.1　组合逻辑电路设计

1. 逻辑门电路

逻辑门是构成组合逻辑电路的基本逻辑器件。常用逻辑门有与门、或门、非门、与非门、或非门、与或非门和异或门。下面以 2 输入与非门为例,给出相应的 VHDL 描述。

例 A.1　2 输入与非门

```
LIBRARY IEEE;
USE IEEE.STD_LOGIC_1164.ALL;
ENTITY nandgate2 IS
  PORT (a,b: IN STD_LOGIC; -- a,b 为输入端口
     y: OUT STD_LOGIC); -- y 为输出端口
END nandgate2;
ARCHITECTURE nand2 OF nandgate2 IS
BEGIN
     y <= a NAND b;
END nand2;
```

2. 组合逻辑电路

常用的组合逻辑电路有半加器、全加器、译码器、数据选择器等。下面以全加器为例,给出 3 种不同风格的 VHDL 描述。

例 A.2　全加器

全加器接收 2 个加数 a 和 b,以及来自低位的进位输入 cin 共 3 个输入信号,产生“和”SUM 和进位输出 cout 共 2 个输出信号。

(1)全加器行为描述

```
LIBRARY IEEE;
USE IEEE.STD_LOGIC_1164.ALL;
ENTITY full_adder IS
  PORT (a,b,cin: IN STD_LOGIC;               -- a,b,cin 为输入端口
      sum,cout: OUT STD_LOGIC);              -- Sum,cout 为输出端口
END full_adder;
ARCHITECTURE f_adder1 OF full_adder IS
BEGIN
```

```
PROCESS(a,b,cin)
  VARIABLE n: INTEGER;
  BEGIN
    n := 0;
    IF(a ='1')THEN
      n := n+1;
    END IF;
    IF(b ='1')THEN
      n := n+1;
    END IF;
    IF(cin='1')THEN
      n := n+1;
    END IF;
    IF (n=0) THEN
      sum <='0';cout <='0';
    ELSIF (n=1) THEN
      sum <='1';cout <='0';
    ELSIF (n=2) THEN
      sum <='0';cout <='1';
    ELSE
      sum <='1';cout <='1';
    END IF;
    END PROCESS;
 END f_adder1;
```

(2)全加器数据流描述

```
LIBRARY IEEE;
USE IEEE.STD_LOGIC_1164.ALL;
ENTITY full_adder IS
  PORT (a,b,cin: IN BIT;
      sum,cout: OUT BIT);
END full_adder;
ARCHITECTURE f_adder2 OF full_adder IS
BEGIN
    sum <= a XOR b XOR cin;
    cout <=(a AND b)OR(a AND cin)OR(b AND cin);
END f_adder2;
```

(3)全加器结构描述

```
LIBRARY IEEE;
USE IEEE.STD_LOGIC_1164.ALL;
ENTITY full_adder IS
  PORT (a,b,cin: IN BIT;
      sum,cout: OUT BIT);
END full_adder;
ARCHITECTURE f_adder3 OF full_adder IS
```

```
    COMPONENT xor3
      PORT(a,b,c: IN BIT;
        O:OUT BIT)
  END COMPONENT;
  COMPONENT and2
    PORT(a,b: IN BIT;
        O:OUT BIT)
  END COMPONENT;
  COMPONENT or3
    PORT(a,b,c: IN BIT;
        O:OUT BIT)
    END COMPONENT;
  SIGNAL s1,s2,s3:BIT;
  BEGIN
    G1:xor3 PORT MAP(a,b,cin,sum);
    G2:and2 PORT MAP(a,b, s1);
    G3:and2 PORT MAP(a,cin,s2);
    G4:and2 PORT MAP(b,cin,s3);
    G5:or3 PORT MAP(s1,s2,s3,cout);
  END f_adder3;
```

A.4.2 时序逻辑电路设计

1. 触发器

触发器是构成时序逻辑电路的记忆元件。常用触发器有 R-S 触发器、D 触发器、T 触发器和 J-K触发器。以 D 触发器为例,给出相应的 VHDL 描述。

例 A.3 以 D 触发器为例,D 触发器有 1 个数据输入端 D,1 个时钟输入端 CP 和 2 个反相输出端 Q 和 NQ。D 触发器的 VHDL 描述如下:

```
LIBRARY IEEE;
  USE IEEE.STD_LOGIC_1164.ALL;
  ENTITY dff IS
    PORT (CP,D: IN STD_LOGIC;
        Q,NQ: BUFFER STD_LOGIC);
END dff;
ARCHITECTURE ff_d OF dff IS
BEGIN
  PROCESS(CP,D)
      BEGIN
      IF(CP'EVENT AND CP ='1')THEN Q <= D;
          ELSE Q <= Q;
      END IF;
    NQ <= NOT Q;
  END PROCESS;
END ff_d;
```

2. 时序逻辑电路

常用的时序逻辑电路有计数器、寄存器、序列检测器、序列信号发生器等。下面以计数器为例，给出相应 VHDL 描述。

例 A.4　4 位二进制计数器

该计数器输入时钟信号 CLK 作用下，实现四位二进制计数。

```
LIBRARY IEEE;
    USE IEEE.STD_LOGIC_1164.ALL;
    ENTITY count4 IS
      PORT (CLK: IN STD_LOGIC;
          Q: BUFFER INTEGER RANGE 15 DOWNTO 0);
    END count4;
    ARCHITECTURE counter OF count4 IS
    BEGIN
        PROCESS(CLK)
          BEGIN
              IF (CLK'EVENT AND CLK ='1') THEN
                  Q <= Q+1;
              END IF;
          END PROCESS;
      END counter;
```

例 A.5　十进制加法计数器

该计数器输入信号在异步复位 RST、同步时钟使能控制 EN 和时钟 CLK 作用下，实现十进制加法计数。

```
LIBRARY IEEE;
    USE IEEE.STD_LOGIC_1164.ALL;
    USE IEEE.STD_LOGIC_UNSIGNED.ALL;
    ENTITY count10 IS
      PORT (CLK,RST,EN: IN STD_LOGIC;
          CQ: OUT STD_LOGIC_VECTOR(3 DOWNTO 0);
          COUT: OUT STD_LOGIC);
END count10;
ARCHITECTURE counter OF count10 IS
  BEGIN
    PROCESS(CLK,RST,EN)
      VARIABLE CQI : STD_LOGIC_VECTOR(3 DOWNTO 0);
    BEGIN
        IF RST ='1'THEN CQI :=(OTHERS =>'0');-- 计数器异步复位
          ELSIF CLK'EVENT AND CLK ='1' THEN    -- 检测时钟上升沿
            IF EN ='1' THEN                    -- 检测是否允许计数
              IF CQI < 9 THEN CQI := CQI+1;    -- 检测计数值小于 9 时,允许计数
                ELSE CQI := (OTHERS =>'0');    -- 若不小于 9,计数值清零
              END IF;
            END IF;
```

```
        END IF;
        IF CQI = 9 THEN COUT <='1';                  -- 计数值等于 9,进位输出信号为 1
            ELSE COUT <='0';
        END IF;
            CQ <= CQI;                               -- 向端口输出计数值
    END PROCESS;
END counter;
```

该程序的进程中包含两个独立的 IF 语句。第一个 IF 语句的功能是:当时钟信号 CLK、复位信号 RST 或 时钟使能信号 EN 中任一信号发生变化时,启动进程语句 PROCESS。此时,若 RST 为'1',则对计数器复位,即清零。若 RST 为'0',则看是否有时钟信号 CLK 的上升沿。如果有 CLK 信号,且测得 EN='1'(即允许计数),此时若满足计数值小于 9(即 CQI<9),计数器进行正常计数(即执行语句 CQI := CQI+1),否则对 CQI 清零。如果测得 EN='0',则跳出 IF 语句。

第二个 IF 语句功能是:当计数器 CQI 的计数值达到 9 时,COUT 输出高电平'1',产生进位信号,当计数器 CQI 为其他值时,COUT 输出低电平'0'。

有关 VHDL 的详细介绍请查阅有关 VHDL 的专门书籍。

附录B　英汉名词对照（以汉字笔画为序）

二　画

二进制　Binary
二进制数　Binary Number
二-十进制代码　Binary-Coded-Decimals, BCD
八进制数　Octal Number
十进制数　Decimal Number
十六进制数　Hexadecimal Number
二极管　Diode
七段译码器　Seven-Segment Decoder
七段显示器　Seven-Segment Displayer

三　画

门　Gate
与门　AND Gate
与非门　NAND Gate
与或非门　AND-OR-INVERT Gate
三态门　Three State Gate
三极管　Bipolar Junction Transistor, BJT
上升沿　Rise Edge
下降沿　Fall Edge
小规模集成　Small Scale Integration, SSI
大规模集成　Large Scale Integration, LSI

四　画

反码　One's Complement
反相器　Inverter
反演规则　Complementary Operation Theorem
反向恢复时间　Reverse Recovery Time
开通时间　Switch on Time
开关理论　Switching Theory
开关电路　Switching Circuit
开关时间　Switching Time
开关速度　Switching Speed
开关特性　Switching Characteristics
开启电压　Threshold Voltage
无关项　Don't Care Terms
冗余项　Redundant Terms
分辨率　Resolution
不完全确定电路　Incompletely Specified Circuits
计数器　Counter
双向移位寄存器　Bidirectional Shift Register
双积分型 A/D 转换器　Dual Slope A/D Converter
互补 MOS　Complementary MOS, CMOS
专用集成电路
　Application Specific Integrated Circuit, ASIC
中规模集成　Medium Scale Integration, MSI

五　画

布尔代数　Boolean Algebra
卡诺图　Karnaugh Map
必要质蕴涵项　Essential Prime Implicant
正逻辑　Positive Logic
发射极　Emitter
电平触发　Level Triggered
边沿触发　Edge Triggered
主从触发器　Master-Slave Flip-Flop
边沿触发器　Edge-Triggered Flip-Flop
加法器　Adder
加/减计数器　Up-Down Counter
半加器　Half Adder
半用户定制集成电路　Semi-custom design IC
占空比　Pulse Duration Ration
只读存储器　Read Only Memory, ROM
可逆计数器　Reversible Counter
可编程只读存储器
　Programmable Read Only Memory, PROM
可擦可编程只读存储器　Erasable Programmable Read Only Memory, EPROM
可编程逻辑器件　Programmable Logic Device, PLD
可编程逻辑阵列　Programmable Logic Array, PLA
可编程阵列逻辑　Programmable Array Logic, PAL
可配置逻辑块
　Configurable Logic Block, CLB
可编程输入/输出块
　Programmable Input/Output Block, PIOB
可编程互连资源

Programmable Interconnect Resource,PIR

可编程开关矩阵

Programmable Switch Matrix,PSM

六　画

有权码　Weighted Code

字符代码　Alphanumeric Code

尖脉冲　Spike Pulse

约束条件　Constraint Condition

负脉冲　Negative Pulse

负逻辑　Negative Logic

负载能力　Load Capacity

多输出　Multiple Output

多发射极晶体管　Multiemitter Transistor

多谐振荡器　Multivibrator

传输门　Transmission Gate

异或门　Exclusive OR Gate

全加器　Full Adder

并行进位加法器　Parallel Carry Adder

异步时序逻辑　Asynchronous Sequential Logic

异步计数器　Asynchronous Counter

次态　Next State

次态方程　Next State Equation

同或门　Exclusive NOR Gate

同步时序逻辑　Synchronous Sequential Logic

同步计数器　Synchronous Counter

多路选择器　Multiplexer

多路分配器　Demultiplexer

优先编码器　Priority Encoder

地址译码器　Address Decoder

回差电压　Backlash Voltage

权电阻　Weighted Resistance

存储器　Memory

全用户定制集成电路　Full-custom design IC

全局布线区　Global Routing Pool,GRP

在系统编程　In-System Programmable

七　画

位　Bit

进位　Carry

补码　Two's Complement　(Complement Code)

余 3 码　Excess Three Code

启动脉冲　Starting Pulse

时间图　Timing Diagram

时钟脉冲　Clock Pulse,CP

时钟频率　Clock Frequency

时间常数　Time Constant

时序发生器　Sequence Generator

时序逻辑电路　Sequential Logic Circuit

延迟时间　Delay Time

初态　Initial State

状态　State

状态表　State Table

状态图　State Diagram

状态合并图　State Merger Diagram

状态分配　State Assignment

状态化简　State Reduction

完全确定电路　Completely Specified Circuits

串行进位加法器　Serial Carry Adder

译码器　Decoder

运算放大器　Operational Amplifier

采样保持电路　Sample-Hold Circuit

快闪存储器　Flash Memory

快速功能模块　Fast Function Blocks,FFB

灵活逻辑单元阵列

Flexible Logic Element Matrix,FLEX

八　画

或门　OR Gate

或非门　NOR Gate

非门　NOT Gate

非用户定制集成电路　Non-Custom Design IC

非临界竞争　Noncritical Race

线与　Wire-AND

奇偶校验　Parity Check

奇偶检验码　Parity Codes

质蕴涵项　Prime Implicant

建立时间　Setup Time

金属-氧化物-半导体

Metal-Oxide-Semiconductor,MOS

现态　Present State

参考电压　Reference Voltage

组合逻辑电路　Combinational Logic Circuit

拉电流　Draw-Off　Current

定时器　Timer

波形变换　Wave Conversion

函数发生器　Function Generator

单稳态触发器　Monostable Trigger

现场可编程门阵列

Field Programmable Gate Array,FPGA

九 画

相邻项 Adjacency
相容状态 Compatible States
相容类 Compatible Classes
标准形式 Standard Form
标准积之和 Standard Sum of Product
标准和之积 Standard Product of Sum
保持时间 Hold Time
恢复时间 Recovery Time
奎恩-麦克拉斯基法 Quine-McClusky Procedure
临界竞争 Critical Race
险象 Hazard
脉冲 Pulse
脉冲波形 Pulse Wave
脉冲宽度 Pulse Width
脉冲发生器 Pulse Generator
脉冲前沿 Pulse Leading Edge
钟控触发器 Clocked Flip-Flop
总态 Total State
选择器 Selector
选通脉冲 Strobe Pulse
显示器件 Display Device
施密特触发器 Schmitt Trigger
复杂可编程逻辑器件
Complex Programmable Logic Device,CPLD
查找表 Look Up Table,LUT

十 画

离散量 Discrete Quantity
借位 Borrow
原码 True Form
原始状态表 Primitive State Table
原始流程表 Primitive Flow Chart
格雷码 Gray Code
真值表 Truth Table
栅极 Gate
扇出 Fan Out
扇入 Fan In
竞争 Race
流程表 Flow Chart
流程图 Flow Diagram
逐次逼近型 A/D 转换器
Successive Approximation A/D Converter
浮栅雪崩注入
MOS Floating Gate Avalanche Injection MOS,FAMOS
通用阵列逻辑 Generic Array Logic,GAL
通用互连阵列 Universal Interconnect Matrix,UIM
高集成度功能模块
High-integration Density Function Blocks,HDFB

十一画

逻辑 Logic
逻辑门 Logic Gate
逻辑代数 Logic Algebra
逻辑电平 Logic Level
逻辑电路 Logic Circuit
逻辑设计 Logic Design
逻辑变量 Logic Variables
逻辑常量 Logic Constant
逻辑函数 Logic Function
逻辑运算 Logic Operation
逻辑表达式 Logic Expression
逻辑阵列块 Logic Array Block,LAB
逻辑单元 Logic Element,LE
减法器 Subtracter
基极 Base
基本 RS 触发器 Basic RS Flip-Flop
寄存器 Register
移位寄存器 Shift Register
隐含表 Implication Table
推拉输出 Totem Pole Output
随机存取存储器 Random Access Memory,RAM

十二画

最小项 Minterm
最大项 Maxterm
最简电路 Simplest Circuit
最小闭覆盖 Minimal Closed Cover
最低有效位 Least Significant Bit,LSB
最高有效位 Most Significant Bit,MSB
集电极 Collector
集成电路 Integrated Circuit,IC
集电极开路门 Open Collector Gate
等价 Equivalent
等效状态 Equivalent States
等效类 Equivalent Classes
量化 Quantization

编码　Encode
编码器　Encoder
晶体管-晶体管逻辑
　　Transistor-Transistor Logic,TTL
超前进位　Look-Ahead Carry
超大规模集成　Very Large Scale Integration,VLSI
嵌入阵列块　Embedded Array Block,EAB

十三画

数字系统　Digital System
数字电路　Digital Circuit
数字信号　Digital Signal
数制　Number System
数字比较器　Digital Comparator
数模转换器　Digital to Analog Converter,DAC
简化　Simplification
置位　Set
源极　Source
触发　Trigger
触发器　Flip-Flop,FF
输入/输出单元　Input Output Cell,IOC
输出布线区　Output Routing Pool,ORP

十四画

模拟电路　Analog Circuit
模拟信号　Analog Signal
模数转换器　Analog to Digital Converter,ADC
漏极　Drain
稳定状态　Stable State
漂移　Drift

十五画

摩根定律　De Morgan's Theorem
蕴涵项　Implicant

十六画

激励表　Excitation Table
激励函数　Excitation Function

十八画

瞬态　Transient State
覆盖　Covering
翻转　Turnover

二十画

灌入电流　Injection Current

附录C　数字资源列表

资源名称	二维码	网址
MOOC 资源		https://www.icourse163.org/course/HUST-1207043813?from=searchPage
多媒体课件资源		http://dzdq.hustp.com/index.php?m=Resource&a=point_detail&id=6799
线上自测试卷		http://dzdq.hustp.com/index.php?m=Resource&a=point_detail&id=6798

参考文献

[1] 欧阳星明. 数字逻辑. 4 版[M]. 武汉:华中科技大学出版社,2007.

[2] 王毓银. 数字电路逻辑设计[M]. 北京:高等教育出版社,1999.

[3] 康华光. 电子技术基础:数字部分 4 版. [M]. 北京:高等教育出版社,2000.

[4] 欧阳星明. 数字系统逻辑设计[M]. 北京:电子工业出版社,2004.

[5] 曹汉房. 数字电路与逻辑设计. 4 版[M]. 武汉:华中科技大学出版社,2004.

[6] 白中英. 数字逻辑与数字系统. 3 版[M]. 北京:科学出版社,2002.

[7] 朱正伟,何宝祥,刘训非. 数字电路逻辑设计[M]. 北京:清华大学出版社,2006.

[8] 欧阳星明. 数字逻辑学习与解题指南. 2 版[M]. 武汉:华中科技大学出版社,2005.

[9] 王树堃,徐惠民. 数字电路与逻辑设计[M]. 北京:人民邮电出版社,1995.

[10] 赵明富,李立军等. EDA 技术基础[M]. 北京:北京大学出版社,2007.

[11] 江国强等. 数字系统的 VHDL 设计[M]. 北京:机械工业出版社,2009.

[12] WakerlyJF. 数字设计原理与实践[M]. 林生译. 北京:机械工业出版社,2003.

[13] Yarbrough J M. 数字逻辑应用与设计[M]. 李书浩译. 北京:机械工业出版社,2000.

[14] Charles H, Roth, Jr. Fundamentals of Logic Design[M]. 5th ed. a division of Thomson Learning. 2004.

[15] Wakerly J F. Digital Design Principles & Practices[M]. 3rd ed. Prentice Hall. 2001.

[16] Victor P N, H T N, Bill D C, et al. Digital Logic Circuit
Analysis & Design[M]. Prentice-Hall, 1995.

[17] Milos D. E, Tomas-Lang, Jaime H M. Introduction to Digital System[M]. John Wiley Son, 1998.

[18] Kenneth J, Breeding. Digital Design Fundamentals[M]. 2nd ed. New Jersey: Prentice-Hall International Inc,1992.

[19] Wilkinson, Barry. Digital System Design[M]. 2nd ed. New York: Prentice-Hall Inc,1992.

[20] Douglas A Pucknell. Fundamentals of Digital Logic Design: With VLSI Circuit Application[M]. New York: Prentice Hall of Australia Pty Ltd, 1990.

[21] 孟宪元,陈彰林,陆佳华. Xilinx 新一代 FPGA 设计套件 Vivado 应用指南[M]. 北京:清华大学出版社,2014.

[22] 廉玉欣,侯博雅,王猛,侯云鹏. 基于 XilinxVivado 的数字逻辑实验教程[M]. 北京:电子工业出版社,2016.

[23] 高亚军. vivado 从此开始[M]. 北京:电子工业出版社, 2017.

[24] 何宾. Xilinx FPGA 权威设计指南 :基于 Vivado 2018 集成开发环境[M]. 北京:电子工业出版社,2018.